新编21世纪高等职业教育精品教材

公共基础课系列

高等应用数学

■ 主　审　马凤敏

■ 主　编　王建刚　赵会引　刘　骥

■ 副主编　白翠霞　刘丽娜　薛红肖

　　　　　强琴英　梁海军　王素华

■ 参　编　宋从芝　许　彪　田慧竹　节存来

　　　　　白瑞云　牛双双　李英芳　闫　超

中国人民大学出版社

·北京·

图书在版编目（CIP）数据

高等应用数学 / 王建刚，赵会引，刘骥主编. --北京：中国人民大学出版社，2022.9
新编21世纪高等职业教育精品教材. 公共基础课系列
ISBN 978-7-300-31054-1

Ⅰ.①高… Ⅱ.①王… ②赵… ③刘… Ⅲ.①应用数学－高等职业教育－教材 Ⅳ.①O29

中国版本图书馆CIP数据核字（2022）第177964号

新编21世纪高等职业教育精品教材·公共基础课系列
高等应用数学
主　审　马凤敏
主　编　王建刚　赵会引　刘　骥
副主编　白翠霞　刘丽娜　薛红肖　强琴英　梁海军　王素华
参　编　宋从芝　许　彪　田慧竹　节存来　白瑞云　牛双双　李英芳　闫　超
Gaodeng Yingyong Shuxue

出版发行　中国人民大学出版社
社　　址　北京中关村大街31号　　**邮政编码**　100080
电　　话　010－62511242（总编室）　010－62511770（质管部）
　　　　　010－82501766（邮购部）　010－62514148（门市部）
　　　　　010－62515195（发行公司）　010－62515275（盗版举报）
网　　址　http://www.crup.com.cn
经　　销　新华书店
印　　刷　北京溢漾印刷有限公司
规　　格　185 mm×260 mm　16开本　　**版　　次**　2022年9月第1版
印　　张　17.5　　**印　　次**　2022年9月第1次印刷
字　　数　366 000　　**定　　价**　42.00元

前言

本书是在经过多年的教学改革与探索的基础上，针对目前高职高专高等数学课程的特点及在教学过程中存在的问题，在河北工业职业技术大学双高建设和三全育人背景下编写的.

在编写过程中，我们始终坚持以下原则：

1. 语言精练，层次分明

全书分模块、分层次编写，分为基础篇、应用篇、实践篇，每一章节的内容安排上尽量做到由浅入深，循序渐进. 为体现高职教育特色，注重数学概念与定理的直观解释及数学思想方法的渗透，本书在叙述上通俗易懂，内容简练，让学生无障碍学习.

本书内容包括函数、极限与连续，导数与微分，导数的应用，不定积分，定积分及其应用，常微分方程，拉普拉斯变换，行列式，矩阵与线性方程组，MATLAB 数学实验.

2. 学用结合，旨在应用

本书重要的知识点通过实例引入，让学生带着问题去学习. 精选物理、工程学上的案例，运用数学知识与方法解决，突出了高等数学课程目的，强化应用意识. 特别编写了数学实验一章，以提高学生应用数学软件操作运算的能力.

3. 文化熏陶，拓宽视野

本书每一章末尾都附有数学文化的阅读材料，介绍本章数学知识的起源、发展和应用，体验数学知识的严谨性，展现数学文化的魅力，凸显科学人文.

4. 选题全面，分层训练

本书从例题、课后习题、复习题三个维度覆盖数学知识. 正文精选例题，方法及类型覆盖面广，有助于学生理解相关的数学概念及方法；每节后配有多种类型的习题帮助学生进一步巩固和提高；每章末尾配有两套复习题，分为基础题和提高题两个层次，辅助教师分层教学，对学生进行递进式训练. 此外，书末附有习题答案，有助于学生自检学习效果.

5. 资源丰富，高效教学

本书配有高质量的教学资源、学习指导和教育平台. 配套的在线课程“微积分应用一点通”以及“智慧职教”平台，包括课件、习题、练习、教案、测试题等丰富的教学资源. 同时，本书配有精心编写的同步学习指导和习题详解，供学生课外学习使用.

本书由王建刚、赵会引、刘骥担任主编，马凤敏担任主审，白翠霞、刘丽娜、薛红肖、强琴英、梁海军、王素华担任副主编，参加编写工作的还有宋从芝、许彪（石家庄职业技术学院）、田慧竹、节存来、白瑞云、牛双双、李英芳、闫超等. 本书修订过程中得到我校赵益坤教授和有关领导的大力支持和帮助，在此表示由衷的感谢.

由于编写水平有限，书中难免会有很多不足之处，恳请各位专家、同仁和读者给予指正.

编　者

目　录

第一篇　基础篇

第二篇 应用篇

第三篇　实践篇

· 第一篇 ·

基础篇

01 第1章　函数、极限与连续

微积分是高等数学的主要内容，函数是微积分的研究对象，极限是学习微积分的理论基础和工具. 本章将在中学已有函数知识的基础上，进一步理解函数的概念与性质，学习建立实际问题的数学模型，讨论函数的极限和函数的连续性等问题.

1.1　函数

1.1.1　函数的概念

1. 函数的定义

定义1　设 D 是一个实数集. 如果对属于 D 的每一个数 x，按照某个对应关系 f，都有唯一确定的值 y 和它对应，那么 y 就叫作定义在数集 D 上的 x 的函数，记作 $y=f(x)$. 其中 x 叫作自变量，y 叫作因变量或函数. 数集 D 叫作函数的定义域，当 x 在定义域内取某确定的值 x_0 时，因变量 y 按照所给函数关系 $y=f(x)$ 所确定的对应值 y_0 叫作当 $x=x_0$ 时的函数值. 当 x 取遍 D 中一切实数值时与它对应的函数值的集合 M 叫作函数的值域.

在函数的定义中，并没有要求自变量变化时的函数值一定要变，只要求对于自变量 $x\in D$ 都有确定的 $y\in M$ 与它对应. 因此，常量 $y=C$ 也符合函数的定义.

2. 函数的定义域

研究函数时，必须注意函数的定义域. 在考虑实际问题时，应根据问题的实际意义来确定定义域.

说明：对于用数学式子表示的函数，它的定义域可由函数表达式来确定，即要使运算有意义.

① 在分式中，分母不能为零；

② 在根式中，负数不能开偶次方根；

③ 在对数式中，真数要大于零；

④ 在反三角函数式中，要符合反三角函数的定义域. 如 $y=\arcsin x$，$y=\arccos x$ 的定义域是 $[-1, 1]$；

⑤ 如果函数表达式中含有分式、根式、对数式或反三角函数式，则应取各部分定义域的交集.

注意：函数的定义域和对应法则是函数的两大要素. 两个函数只有当它们定义域

和对应关系完全相同时，才认为它们是相同的.

例如，① $y=1$ 与 $y=\sin^2x+\cos^2x$ 是同一函数；

② $y=\dfrac{x^2-1}{x-1}$ 与 $y=x+1$ 不是同一函数；

③ $y=|x|$ 与 $y=\sqrt{x^2}$ 是同一函数.

3. 函数与函数值的记号

已知 y 是 x 的函数，可记为 $y=f(x)$. 但在同一个问题中，如需要讨论几个不同的函数，为区别清楚起见，就要用不同的函数记号来表示. 例如，以 x 为自变量的函数也可表示为 $F(x)$，$\varphi(x)$，$Y(x)$，$S(x)$ 等.

函数 $y=f(x)$ 当 $x=x_0\in D$ 时，对应的函数值可以记为 $f(x_0)$.

4. 函数的表示法

表示函数的方法，常用的有三种：公式法、表格法、图像法.

有时，会遇到一个函数在自变量不同的取值范围内用不同的式子来表示. 在自变量的不同的取值范围内用不同的式子来表示的函数，叫作分段函数.

例如，函数 $f(x)=\begin{cases}\sqrt{x}, & x\geqslant 0,\\ -x, & x<0\end{cases}$ 是定义在区间 $(-\infty, +\infty)$ 内的一个函数. 当 $x\geqslant 0$ 时，$f(x)=\sqrt{x}$；当 $x<0$ 时，$f(x)=-x$. 它的图像如图 1－1 所示.

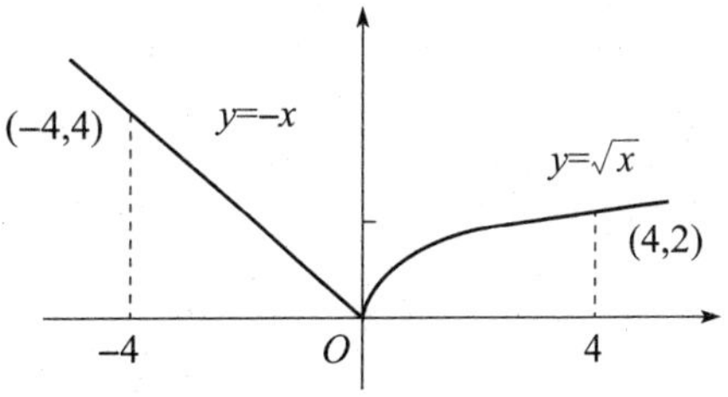

图 1－1

求分段函数的函数值时，应把自变量的值代入相应取值范围的表达式进行计算. 例如，在上面的分段函数中，$f(4)=\sqrt{4}=2$；$f(-4)=-(-4)=4$.

5. 反函数

定义 2　设有函数 $y=f(x)$，其定义域为 D，值域为 M. 如果对于 M 中的每一个 y 值 $(y\in M)$ 都有可以根据关系式 $y=f(x)$ 确定唯一的 x 值 $(x\in D)$ 与之对应，那么所确定的以 y 为自变量的函数 $x=\varphi(y)$ 或 $x=f^{-1}(y)$ 叫作 $y=f(x)$ 的反函数，它的定义域为 M，值域为 D.

习惯上函数的自变量都以 x 表示，所以通常把 $x=f^{-1}(y)$ 改写为 $y=f^{-1}(x)$.

$y=f(x)$ 的图像与其反函数 $y=f^{-1}(x)$ 的图像关于直线 $y=x$ 对称.

6. 函数的几种特性

(1) 函数的奇偶性.

定义 3　设函数 $y=f(x)$ 的定义域 D 关于原点对称，如果对于任一 $x\in D$，都有 $f(-x)=-f(x)$，则称 $y=f(x)$ 为奇函数；如果对于任一 $x\in D$，都有 $f(-x)=f(x)$，则称 $y=f(x)$ 为偶函数.

奇偶性是函数的整体性质. 奇函数的图像关于原点对称，偶函数的图像关于 y 轴对称.

注意：判断一个函数的奇偶性，首先要看其定义域是否关于原点对称，若对称，再计算 $f(-x)$，看其等于 $f(x)$ 还是等于 $-f(x)$，然后下结论；否则为非奇非偶函数.

总结：一般地，①若 $f(x)$、$g(x)$ 同为奇函数或同为偶函数，则 $f(x)\cdot g(x)$ 或 $\dfrac{f(x)}{g(x)}(g(x)\neq 0)$ 为偶函数，$f(x)\pm g(x)$ 与原来函数奇偶性相同；

② 若 $f(x)$、$g(x)$ 为一奇一偶，则 $f(x)\cdot g(x)$ 或 $\dfrac{f(x)}{g(x)}(g(x)\neq 0)$ 为奇函数，$f(x)\pm g(x)$ 为非奇非偶函数.

(2) 函数的单调性.

定义 4 如果函数 $y=f(x)$ 在区间 (a, b) 内随 x 的增大而增大，即对于 (a, b) 内任意两点 x_1 及 x_2，当 $x_1<x_2$ 时，有 $f(x_1)<f(x_2)$，则称 $y=f(x)$ 在区间 (a, b) 内单调递增，区间 (a, b) 称为函数 $y=f(x)$ 的单调增区间. 单调递增的函数，其图像自左向右是上升的.

如果函数 $y=f(x)$ 在区间 (a, b) 内随 x 的增大而减小，即对于 (a, b) 内任意两点 x_1 及 x_2，当 $x_1<x_2$ 时，有 $f(x_1)>f(x_2)$，则称 $y=f(x)$ 在区间 (a, b) 内单调递减，区间 (a, b) 称为函数 $y=f(x)$ 的单调减区间. 单调递减的函数，它的图像自左向右是下降的.

说明：上述定义也适用于其他有限区间和无限区间的情形.

在某一区间内单调递增或单调递减的函数都称为这个区间内的单调函数，该区间称为单调区间.

(3) 函数的有界性.

定义 5 设函数 $y=f(x)$ 在区间 (a, b) 内有定义，如果存在一个正数 M，使得对于区间 (a, b) 内的一切 x 值，对应的函数值 $f(x)$ 都有 $|f(x)|\leqslant M$ 成立，则称 $y=f(x)$ 为在区间 (a, b) 内有界. 如果这样的正数 M 不存在，则称 $y=f(x)$ 为在区间 (a, b) 内无界.

上述定义也适用于其他类型区间的情形.

(4) 函数的周期性.

定义 6 对于函数 $y=f(x)$，如果存在一个正数 T，使得对于定义域 D 内的一切 x，均有 $x\pm T\in D$，且 $f(x+T)=f(x)$，则称 $y=f(x)$ 为周期函数，T 叫作这个函数的周期. 一个以 T 为周期的函数，它的图像在定义域内每隔长度为 T 的相邻区间上有相同的形状(见图 1-2).

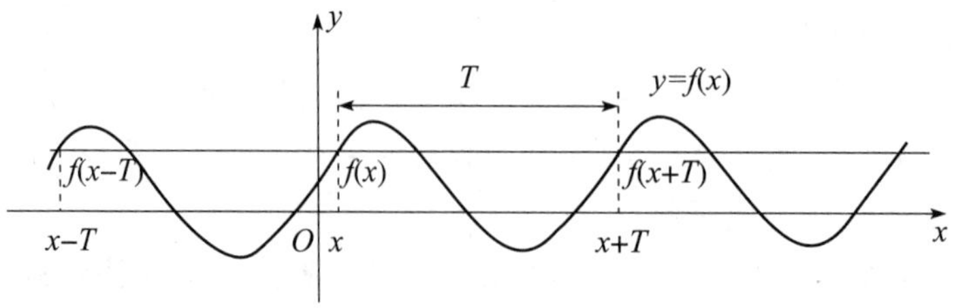

图 1-2

显然，如果函数 $y=f(x)$ 以正数 T 为周期，则 $2T$，$3T$，…，$nT(n\in N_+)$ 也是它的周期，通常最小的正数 T 称为周期函数的周期.

注意： 并不是每个周期函数都有最小正周期. 如常函数 $y=C$，任何正实数都是它的周期，它没有最小正周期.

1.1.2　基本初等函数

幂函数　　$y=x^a$（a 为任意实数）；

指数函数　$y=a^x$（$a>0$，$a\neq 1$，a 为常数）；

对数函数　$y=\log_a x$（$a>0$，$a\neq 1$，a 为常数）；

三角函数　$y=\sin x$，$y=\cos x$，$y=\tan x$，$y=\cot x$，$y=\sec x$，$y=\csc x$；

反三角函数　$y=\arcsin x$，$y=\arccos x$，$y=\arctan x$，$y=\text{arccot}\, x$.

这五种函数统称为基本初等函数，常用的基本初等函数的定义域、值域、图像和特性见列表 1－1.

表 1－1　常用的基本初等函数的定义域、值域、图像和特性

类别	函数	定义域与值域	图像	特性
幂函数	$y=x$	$x\in(-\infty,+\infty)$ $y\in(-\infty,+\infty)$	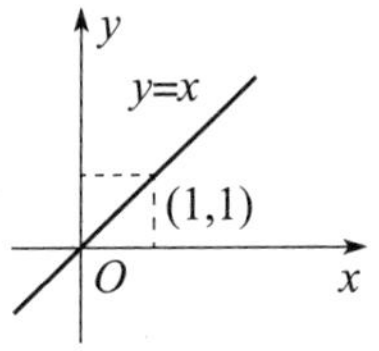	奇函数 单调增加
	$y=x^2$	$x\in(-\infty,+\infty)$ $y\in[0,+\infty)$	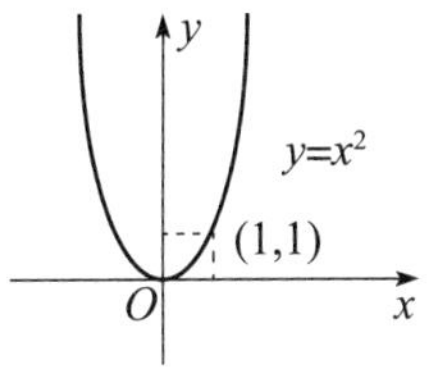	偶函数 在 $(-\infty,0)$ 内单调减少 在 $(0,+\infty)$ 内单调增加
	$y=x^3$	$x\in(-\infty,+\infty)$ $y\in(-\infty,+\infty)$	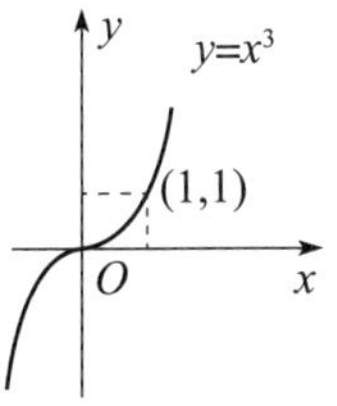	奇函数 单调增加
	$y=\dfrac{1}{x}$	$x\in(-\infty,0)\cup(0,+\infty)$ $y\in(-\infty,0)\cup(0,+\infty)$	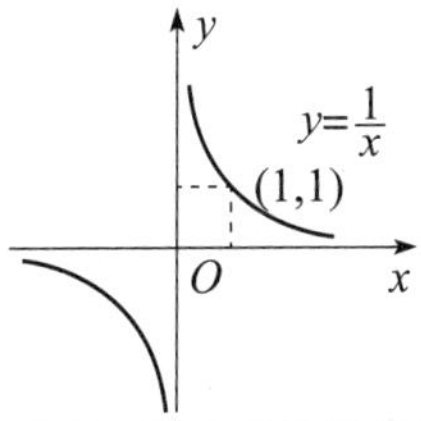	奇函数 单调减少

续表

类别	函数	定义域与值域	图像	特性
幂函数	$y=\sqrt{x}$	$x\in[0, +\infty)$ $y\in[0, +\infty)$	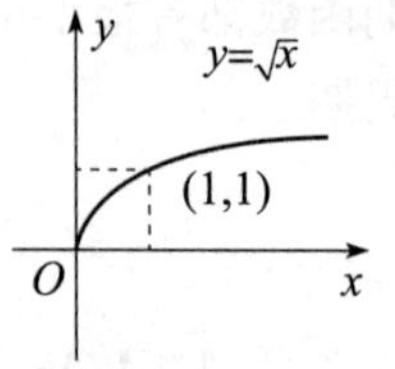	单调增加
指数函数	$y=a^x$ $(a>1)$	$x\in(-\infty, +\infty)$ $y\in(0, +\infty)$	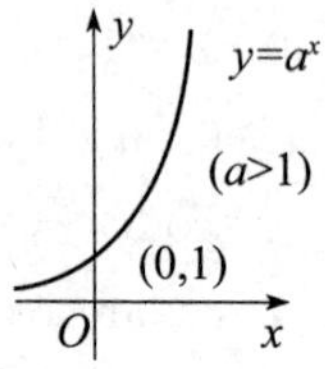	单调增加
	$y=a^x$ $(0<a<1)$	$x\in(-\infty, +\infty)$ $y\in(0, +\infty)$	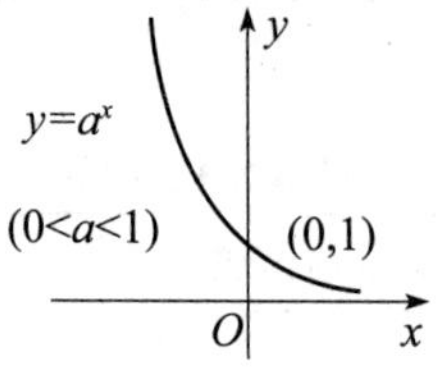	单调减少
对数函数	$y=\log_a x$ $(a>1)$	$x\in(0, +\infty)$ $y\in(-\infty, +\infty)$	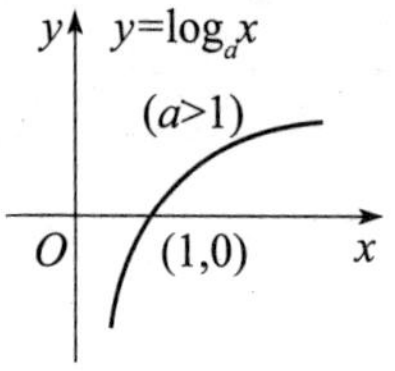	单调增加
	$y=\log_a x$ $(0<a<1)$	$x\in(0, +\infty)$ $y\in(-\infty, +\infty)$	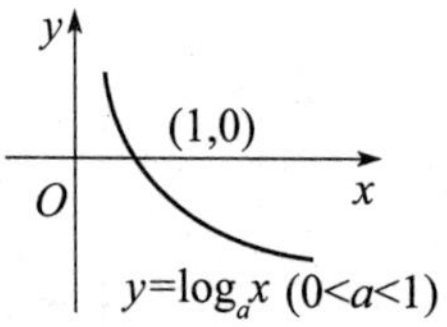	单调减少
三角函数	$y=\sin x$	$x\in(-\infty, +\infty)$ $y\in[-1, 1]$	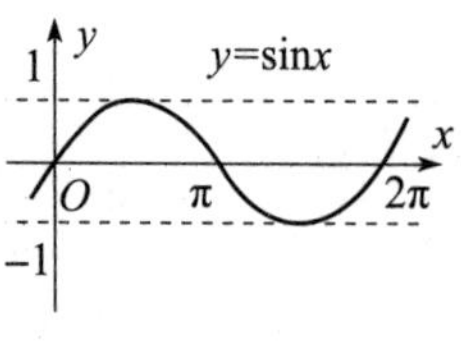	奇函数，周期为 2π，有界，在 $\left(2k\pi-\frac{\pi}{2}, 2k\pi+\frac{\pi}{2}\right)$ 内单调增加，在 $\left(2k\pi+\frac{\pi}{2}, 2k\pi+\frac{3\pi}{2}\right)$ 内单调减少
	$y=\cos x$	$x\in(-\infty, +\infty)$ $y\in[-1, 1]$	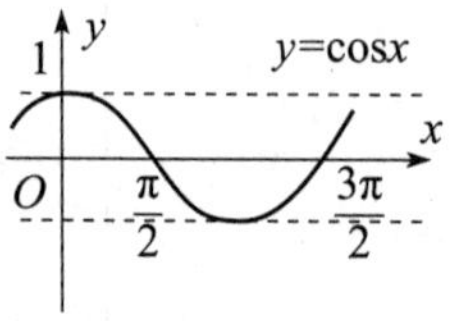	偶函数，周期为 2π，有界，在 $(2k\pi, 2k\pi+\pi)$ 内单调减少，在 $(2k\pi+\pi, 2k\pi+2\pi)$ 内单调增加

续表

类别	函数	定义域与值域	图像	特性
三角函数	$y=\tan x$	$x\neq k\pi+\frac{\pi}{2}(k\in Z)$ $y\in(-\infty,+\infty)$	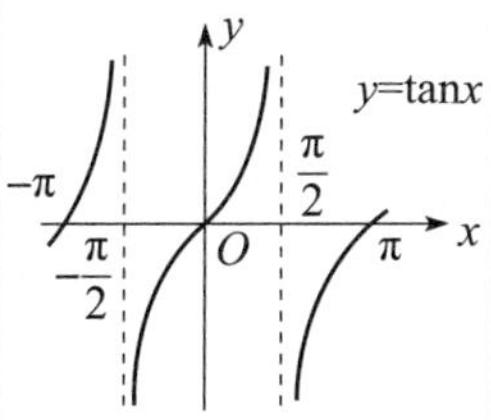	奇函数，周期为 π，在 $\left(k\pi-\frac{\pi}{2},k\pi+\frac{\pi}{2}\right)$ 内单调增加
	$y=\cot x$	$x\neq k\pi(k\in Z)$ $y\in(-\infty,+\infty)$	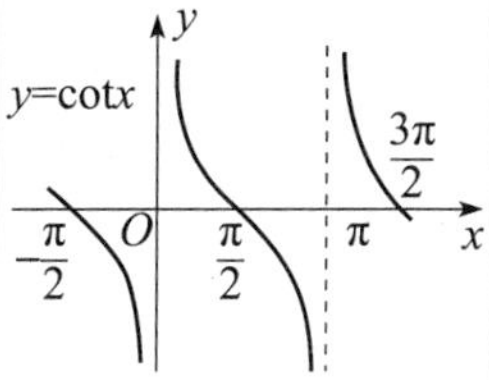	奇函数，周期为 π，在 $(k\pi,k\pi+\pi)$ 内单调减少
反三角函数	$y=\arcsin x$	$x\in[-1,1]$ $y\in\left[-\frac{\pi}{2},\frac{\pi}{2}\right]$	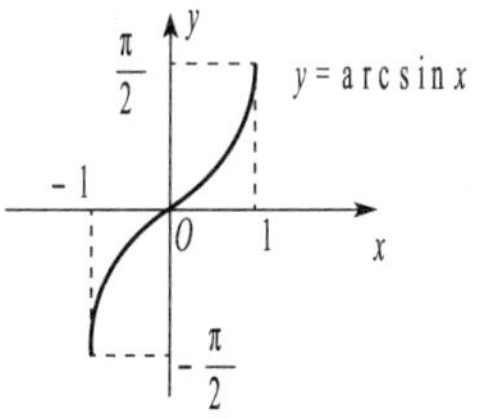	奇函数，单调增加，有界
	$y=\arccos x$	$x\in[-1,1]$ $y\in[0,\pi]$	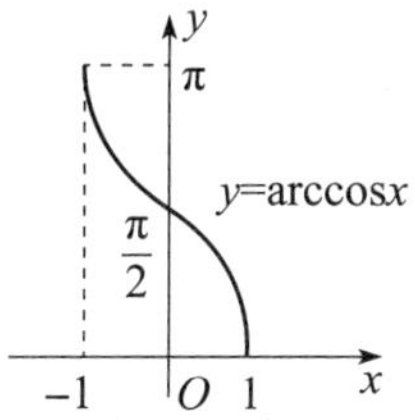	单调减少，有界
	$y=\arctan x$	$x\in(-\infty,+\infty)$ $y\in\left(-\frac{\pi}{2},\frac{\pi}{2}\right)$	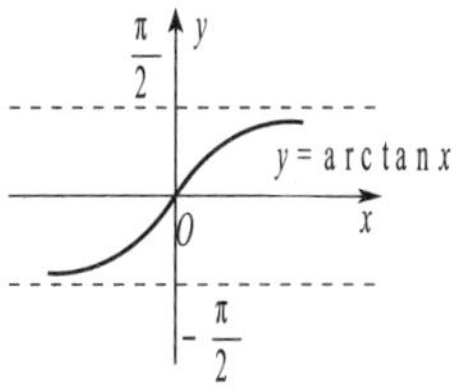	奇函数，单调增加，有界
	$y=\operatorname{arccot} x$	$x\in(-\infty,+\infty)$ $y\in(0,\pi)$	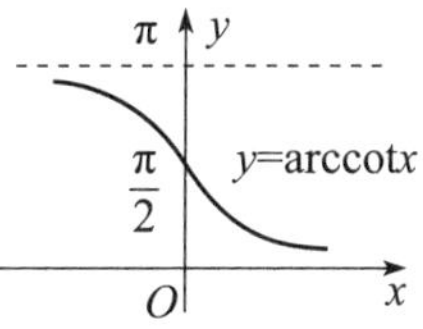	单调减少，有界

1.1.3　复合函数、初等函数

在实际问题中，常会遇到由几个简单的函数组合而成为较复杂的函数的情况．例如，函数 $y=\sin^2 x$ 可以看成是由幂函数 $y=u^2$ 与正弦函数 $u=\sin x$ 组合而成的. 因为对于每一个 $x\in R$，通过变量 u，都有确定的 y 与之对应，所以 y 是 x 的函数. 这个函数可通过把 $u=\sin x$ 代入 $y=u^2$ 而得到.

一般地，给出下面的复合函数的定义：

定义 7 设 $y=f(u)$是数集 B 上的函数，又 $u=\varphi(x)$是数集 A 到数集 B 的函数，则对于每一个 $x\in A$ 通过 u，都有确定的 y 与它对应，这时在数集 A 上，y 是 x 的函数，这个函数叫作数集 A 上的由 $y=f(u)$和 $u=\varphi(x)$复合而成的函数，简称为复合函数，记为 $y=f[\varphi(x)]$，其中变量 u 叫作中间变量.

例 1 指出下列复合函数的复合过程和定义域：

① $y=\sqrt{1+x^2}$；② $y=\lg(1-x)$.

解 ① $y=\sqrt{1+x^2}$是由 $y=\sqrt{u}$ 与 $u=1+x^2$ 复合而成，它的定义域与 $u=1+x^2$ 的定义域一样，都是 $x\in R$.

② $y=\lg(1-x)$是由 $y=\lg u$ 与 $u=1-x$ 复合而成，它的定义域是 $x<1$，只是 $u=1-x$ 的定义域R 的一部分.

从上面的例子不难看出，复合函数 $y=f[\varphi(x)]$的定义域与 $u=\varphi(x)$的定义域不一定相同，有时是 $u=\varphi(x)$的定义域的一部分.

注意：① 不是任何两个函数都可以构成一个复合函数. 例如，$y=\sqrt{u}$ 与 $u=-2-x^2$ 不能构成复合函数. 因为对于 $u=-2-x^2$ 的定义域$(-\infty，+\infty)$中任何 x 值所对应的 u 值都小于 0，它们都不能使 $y=\sqrt{u}$ 有意义；

② 可以由两个以上的函数经过复合构成一个函数. 例如，设 $y=\sin u$，$u=\sqrt{v}$，$v=1-x^2$，则 $y=\sin\sqrt{1-x^2}$，这里的 u，v 都是中间变量.

总结：分析复合函数的复合与拆分时，要从外向内逐层分解.

定义 8 由基本初等函数及常数经过有限次四则运算和有限次复合步骤所构成的，并可用一个解析式子表示的函数称为初等函数.

例如，上述例 1 中的函数以及 $y=1+\sqrt{x}$、$y=x\ln x$、$y=\dfrac{e^x}{1+x}$、$y=2\sin\sqrt{1-x^2}$、$y=\arcsin(\ln x)$等都是初等函数. 本课程中研究的函数大多是初等函数.

注意：分段函数可能是初等函数，也可能不是初等函数. 例如，函数 $y=\begin{cases}x^2, & x<0,\\ 1, & x\geqslant 0\end{cases}$是分段函数，但不是初等函数. 又如分段函数 $f(x)=\begin{cases}x, & x\geqslant 0,\\ -x, & x<0\end{cases}$能化为 $f(x)=\sqrt{x^2}$，所以这个分段函数是初等函数.

1.1.4 建立函数关系举例

在解决某些问题时，通常要找出这个问题所涉及的一些变量之间的关系，也就是列出函数关系式，下面通过例子看如何建立函数关系式.

例2 将直径 d 的圆木料锯成矩形的木材(见图1-3)，列出矩形截面两条边长之间的函数关系.

解 设矩形截面的一条边长为 x，另一条边长为 y，由勾股定理，得 $x^2+y^2=d^2$. 解出 y，得 $y=\pm\sqrt{d^2-x^2}$.

由于 y 只能取正值，所以 $y=\sqrt{d^2-x^2}$.

这就是矩形截面的两个边长之间的函数关系，它的定义域为 $(0, d)$.

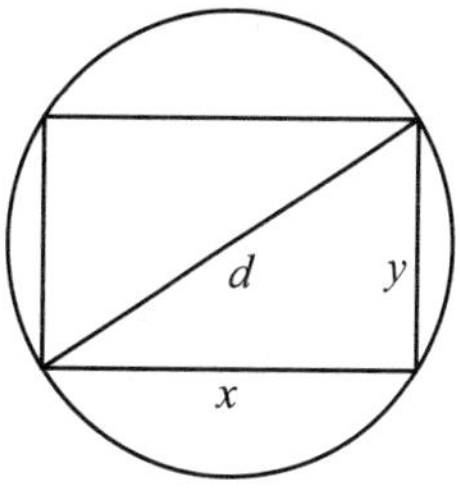

图1-3

例3 某运输公司规定货物的吨公里运价为：在 a 千米以内，每千米 k 元，超过 a 千米，超过部分每千米为 $\frac{4}{5}k$ 元，求运价 m 和里程 s 之间的函数关系.

解 由题意知，里程不同，运价不同，因此它们之间的关系要分段表示.

当 $0<s\leqslant a$ 时，$m=ks$；

当 $s>a$ 时，$m=ka+\frac{4}{5}k(s-a)$.

综上讨论，得函数关系式为 $m=\begin{cases} ks, & 0<s\leqslant a, \\ ka+\frac{4}{5}k(s-a), & s>a, \end{cases}$ 定义域为 $(0, +\infty)$.

从上面的例子可以看出，建立函数关系时，首先要弄清题意，分析问题中哪些是变量，哪些是常量；其次，分清变量中哪个应作为自变量，哪个作为函数，并用习惯上采用的字母区分它们；然后，把变量暂时固定，利用几何关系、物理定律或其他知识，列出变量间的等量关系式，并进行化简，便能得到所需要的函数关系. 建立函数关系式后，一般还要根据题意写出函数的定义域.

习题 1.1

1. 指出下列函数中哪些是奇函数？哪些是偶函数？哪些是非奇非偶函数？

(1) $f(x)=x^5-x^3+2x$；　　(2) $f(x)=x+x^2$；

(3) $f(x)=\cos x+x^2$；　　(4) $\varphi(x)=\sin x-5x^3$；

(5) $g(x)=\frac{1}{2}(e^x+e^{-x})$；　　(6) $F(x)=\frac{1}{2}(e^x-e^{-x})$.

2. 函数 $y=\frac{1}{x}$ 在 $(-\infty, 0)$、$(0, \infty)$ 上是否为单调减少的？能否说在 $(-\infty, +\infty)$ 上是单调减少的？

3. 指出下列各复合函数的复合过程.

(1) $y=(1+x)^4$；　　(2) $y=\sqrt{1+x^3}$；

(3) $y=\mathrm{e}^{x+1}$；　　(4) $y=\cos^2(3x+1)$；

(5) $s=\ln\sin(2t^2+3)$；　　(6) $y=[\arccos(1-x^2)]^3$.

4. 求 $f[\varphi(x)]$和$\varphi[f(x)]$，并指出其定义域：

(1) $f(x)=x^{\frac{1}{2}}$，$\varphi(x)=\left(\frac{1}{2}\right)^x$；　　(2) $f(x)=\begin{cases}-1, & x<0,\\ 1, & x\geqslant 0,\end{cases}$ $\varphi(x)=\sin x$；

5. 设 $f(x)=\begin{cases}\sqrt{3-x}, & -3<x<-1,\\ 0, & -1\leqslant x\leqslant 1,\\ x^2-1, & 1<x<3,\end{cases}$ 求 $f(-2)$、$f(1)$、$f(2)$、$f(4)$.

6. 如图 1-4 所示，有边长为 a 的正方形铁片，从它的四个角截去相同的小正方形，然后折起各边做成一个无盖的盒子. 求它的容积与截去的小正方形边长之间的关系式，并指出定义域.

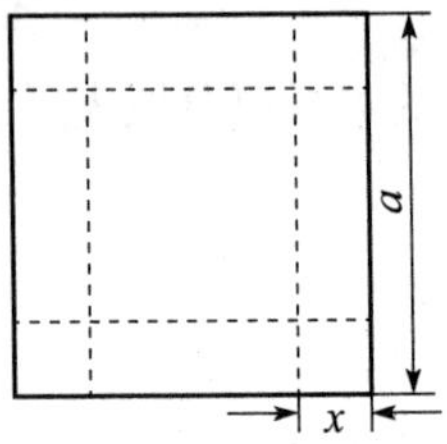

图 1-4

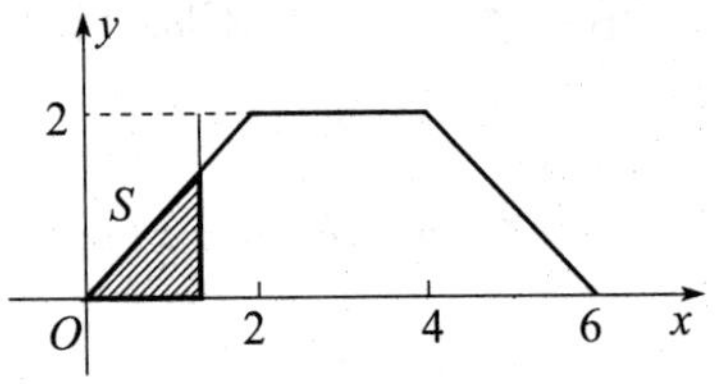

图 1-5

7. 有等腰梯形如图 1-5 所示，当垂直于 x 轴的直线扫过该梯形时，若直线与 x 轴的交点坐标为$(x，0)$，求直线扫过的面积 S 与 x 之间的关系式，指明定义域，并求 $S(1)$、$S(3)$、$S(5)$、$S(6)$的值.

8. 一物体做直线运动，已知阻力 f 的大小与物体运动的速度 v 成正比，但方向相反，而物体以 1m/s 的速度运动时，阻力为 1.96×10^{-2}N. 试建立阻力 f 与速度 v 之间的函数关系.

9. 火车站收取行李费的规定如下：当行李不超过 50kg 时，按基本运费计算，每 1kg 收费 0.40 元；当超过 50kg 时，超重的部分按每 1kg 收费 0.65 元. 试求运费 y(元)与质量 x(kg)之间的函数关系式，并作出函数的图形.

1.2　极限

极限是微积分的重要概念之一，是用于研究变量在某一过程中的变化趋势的基本工具. 高等数学中的许多基本概念，如连续、导数、定积分都是建立在极限基础之上的. 本节先给出函数的极限.

1.2.1　函数的极限

关于函数 $y=f(x)$ 的极限，根据自变量的变化过程，将分两种情形讨论.

1. 当 $x\to\infty$ 时，函数 $f(x)$ 的极限

为了易于理解函数极限的概念，先从下面几个函数图形来观察当 $x\to\infty$ 时，函数 $f(x)$ 的变化趋势.

由图 1-6、图 1-7、图 1-8 可直观地看出，当 $x\to\infty$（包括 $x\to+\infty$ 与 $x\to-\infty$ 两种情况）时，它们的变化趋势是各不相同的.

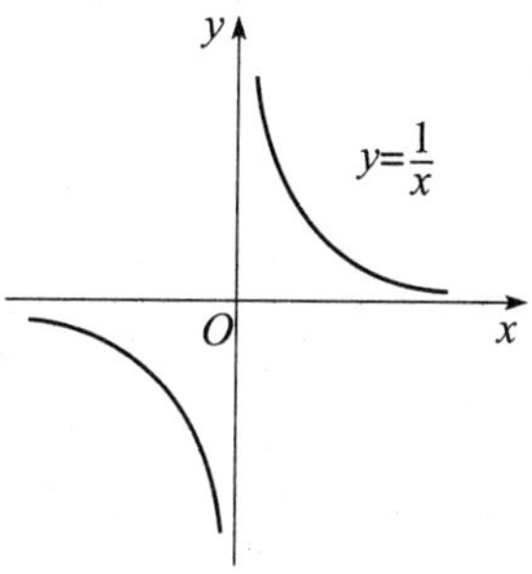

图 1-6

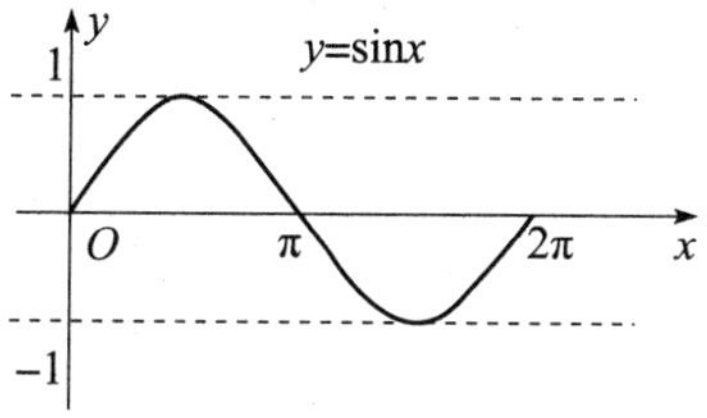

图 1-7

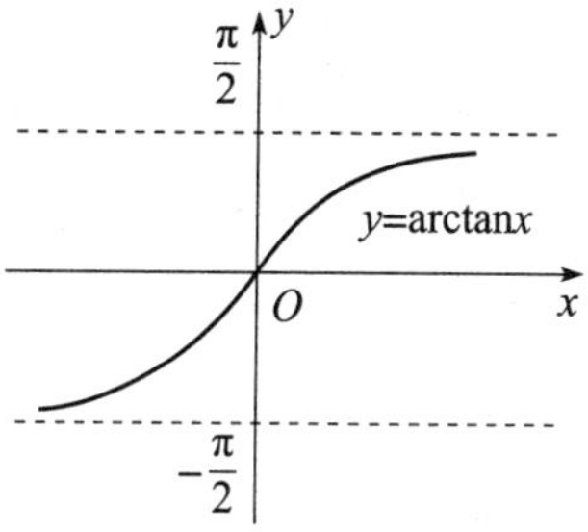

图 1-8

在图 1-6 中，当 $x\to\infty$ 时，$y=\dfrac{1}{x}$ 无限接近于 0.

在图 1-7 中，当 $x\to\infty$ 时，$y=\sin x$ 没有确定的变化趋势，它的值总是在 -1 与 1 之间摆动.

在图 1-8 中，当 $x\to+\infty$ 时，$y=\arctan x$ 无限接近于 $\dfrac{\pi}{2}$. 当 $x\to-\infty$ 时，$y=\arctan x$ 无限接近于 $-\dfrac{\pi}{2}$.

对于当 $x\to\infty$ 时，函数 $f(x)$ 有接近于某个确定值的变化趋势的情形，给出下面的定义.

定义 1　如果当 x 的绝对值无限增大，即 $x\to\infty$ 时，函数 $f(x)$ 无限接近于一个确定的常数 A，则称常数 A 为 $f(x)$ 当 $x\to\infty$ 时的极限，记为

$$\lim_{x\to\infty}f(x)=A \quad 或 \quad 当\ x\to\infty\ 时, f(x)\to A.$$

注意： 在这里假定函数 $f(x)$ 在 $x\to\infty$ 的过程中每一点都是有定义的. $x\to\infty$ 包括 $x\to+\infty$ 与 $x\to-\infty$. 若 x 取正值无限增大时，极限为 A，可记为 $\lim\limits_{x\to+\infty}f(x)=A$. 若 x 取负值且绝对值无限增大时，极限为 A，可记为 $\lim\limits_{x\to-\infty}f(x)=A$.

根据极限的定义可知，当 $x\to\infty$ 时，函数 $\dfrac{1}{x}$ 的极限是 0，可记为 $\lim\limits_{x\to\infty}\dfrac{1}{x}=0$. 而当 $x\to\infty$ 时，函数 $\sin x$ 不能无限接近于一个确定常数，故称 $\lim\limits_{x\to\infty}\sin x$ 不存在. 对于函数

$y=\arctan x$，如图 1－8 所示，有 $\lim\limits_{x \to +\infty} \arctan x=\dfrac{\pi}{2}$ 及 $\lim\limits_{x \to -\infty} \arctan x=-\dfrac{\pi}{2}$.

定理 1 $\lim\limits_{x \to \infty} f(x)=A \Leftrightarrow \lim\limits_{x \to +\infty} f(x)=\lim\limits_{x \to -\infty} f(x)=A$.

说明： 若 $\lim\limits_{x \to +\infty} f(x)$ 与 $\lim\limits_{x \to -\infty} f(x)$ 中至少有一个不存在或两个极限存在但不相等，则 $\lim\limits_{x \to \infty} f(x)$ 不存在. 例如，图 1－8 中，尽管 $\lim\limits_{x \to +\infty} \arctan x=\dfrac{\pi}{2}$，$\lim\limits_{x \to -\infty} \arctan x=-\dfrac{\pi}{2}$，但 $\lim\limits_{x \to \infty} \arctan x$ 不存在.

例 1 求 $\lim\limits_{x \to -\infty} e^{x}$ 和 $\lim\limits_{x \to +\infty} e^{-x}$.

解 如图 1－9 所示，可知 $\lim\limits_{x \to -\infty} e^{x}=0$，$\lim\limits_{x \to +\infty} e^{-x}=0$.

例 2 讨论当 $x \to \infty$ 时，$y=\operatorname{arccot} x$ 的极限.

解 因为 $\lim\limits_{x \to -\infty} \operatorname{arccot} x=\pi$，而 $\lim\limits_{x \to +\infty} \operatorname{arccot} x=0$，虽然 $\lim\limits_{x \to -\infty} \operatorname{arccot} x$ 与 $\lim\limits_{x \to +\infty} \operatorname{arccot} x$ 都存在，但不相等，所以 $\lim\limits_{x \to \infty} \operatorname{arccot} x$ 不存在.

2. 当 $x \to x_0$ 时，函数 $f(x)$ 的极限

例如，考察当 $x \to 3$ 时，函数 $f(x)=\dfrac{1}{3}x+1$ 的变化趋势(见图 1－10).

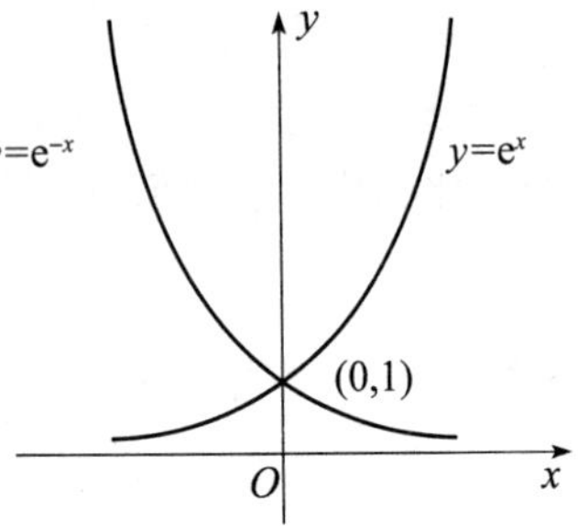

图 1－9

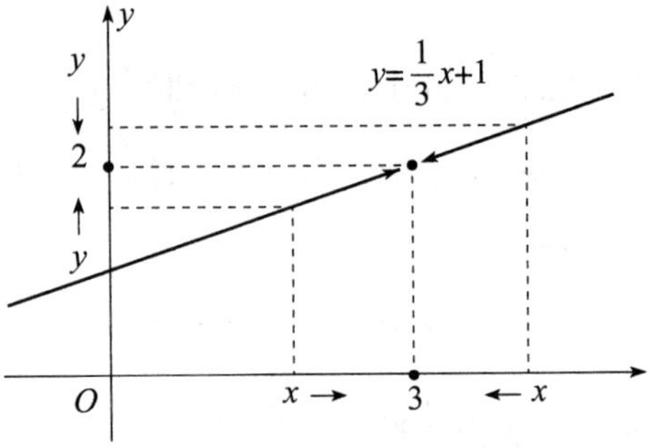

图 1－10

若 x 从 3 的左侧($x<3$)无限接近于 3，不妨设取 2.9，2.99，2.999，…→3，则对应的 $f(x)$ 的值 1.97，1.997，1.999 7，…→2.

若 x 从 3 的右侧($x>3$)无限接近于 3，不妨设 x 取 3.1，3.01，3.001，…→3，则对应的 $f(x)$ 的值 2.03，2.003，2.000 3，…→2.

由此可见，当 $x \to 3$ 时，函数 $f(x)=\dfrac{1}{3}x+1$ 的值无限接近于 2.

定义 2 设函数 $f(x)$ 在点 x_0 的左右近旁有定义，如果当 x 无限接近于定值 x_0 时，即 $x \to x_0$(但 $x \neq x_0$)时，函数 $f(x)$ 无限接近于一个确定的常数 A，则称常数 A 为函数 $f(x)$ 当 $x \to x_0$ 时的极限，记为

$$\lim_{x \to x_0} f(x)=A \text{ 或当 } x \to x_0 \text{ 时}, f(x) \to A.$$

注意：$f(x)$在 $x\to x_0$ 时极限是否存在，与函数 $f(x)$在 x_0 处是否有定义以及在 x_0 处的函数值无关.

由上述定义可知，当 $x\to 3$ 时，$f(x)=\frac{1}{3}x+1$ 的极限为 2，可记作 $\lim\limits_{x\to 3}\left(\frac{1}{3}x+1\right)=2$.

例 3　在单位圆上观察$\lim\limits_{x\to 0}\sin x$ 和$\lim\limits_{x\to 0}\cos x$ 的值.

解　作单位圆(见图 1-11)，并取$\angle AOB=x$(弧度)，则有 $\sin x=BA$，$\cos x=OB$，当 $x\to 0$ 时，BA 无限接近于 0，OB 无限接近于 1，所以

$$\lim_{x\to 0}\sin x=0,\lim_{x\to 0}\cos x=1.$$

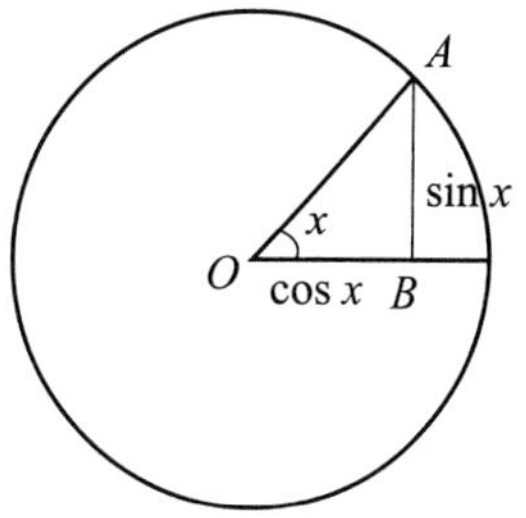

图 1-11

例 4　考察极限$\lim\limits_{x\to x_0}C$(C 为常数)和$\lim\limits_{x\to x_0}x$.

解　设 $f(x)=C$，$\varphi(x)=x$. 因为当 $x\to x_0$ 时，$f(x)$恒等于 C，所以$\lim\limits_{x\to x_0}f(x)=\lim\limits_{x\to x_0}C=C$.

因为当 $x\to x_0$ 时，$\varphi(x)$无限接近于 x_0，所以$\lim\limits_{x\to x_0}\varphi(x)=\lim\limits_{x\to x_0}x=x_0$.

3. 当 $x\to x_0$ 时，函数 $f(x)$的左、右极限

前面讨论$\lim\limits_{x\to x_0}f(x)=A$ 时，$x\to x_0$ 的方式是任意的，x 既可以从 x_0 的左侧趋向于 $x_0(x\to x_0^-)$，又可以从 x_0 的右侧趋向于 $x_0(x\to x_0^+)$，但在有些问题中，往往只能或只需考虑这两种变化中的一种情形来研究函数 $f(x)$的极限. 为此，下面给出左、右极限的定义.

定义 3　如果当 $x\to x_0^-(x\to x_0^+)$时，函数 $f(x)$无限接近于一个确定的常数 A，则称常数 A 为函数 $f(x)$当 $x\to x_0$ 时的左(右)极限，记为

$$\lim_{x\to x_0^-}f(x)=A \text{ 或 } f(x_0-0)=A\left(\lim_{x\to x_0^+}f(x)=A \quad \text{或} \quad f(x_0+0)=A\right).$$

定理 2　$\lim\limits_{x\to x_0}f(x)=A\Leftrightarrow \lim\limits_{x\to x_0^-}f(x)=\lim\limits_{x\to x_0^+}f(x)=A$.

说明：若$\lim\limits_{x\to x_0^-}f(x)$与$\lim\limits_{x\to x_0^+}f(x)$至少一个不存在或两个极限存在但不相等，则$\lim\limits_{x\to x_0}f(x)$就不存在.

例如，函数 $f(x)=\frac{1}{3}x+1$ 当 $x\to 3$ 时的左极限为 $f(3-0)=\lim\limits_{x\to 3^-}\left(\frac{1}{3}x+1\right)=2$，右极限为 $f(3+0)=\lim\limits_{x\to 3^+}\left(\frac{1}{3}x+1\right)=2$. 因为 $f(3-0)=f(3+0)$，所以 $\lim\limits_{x\to 3}\left(\frac{1}{3}x+1\right)=2$.

又如，函数 $f(x)=\arctan\dfrac{1}{x}$（见图 1-12），当 $x\to 0$ 时的左、右极限分别为

$f(0-0)=\lim\limits_{x\to 0^-}\arctan\dfrac{1}{x}=-\dfrac{\pi}{2}$，$f(0+0)=\lim\limits_{x\to 0^+}\arctan\dfrac{1}{x}=\dfrac{\pi}{2}$.

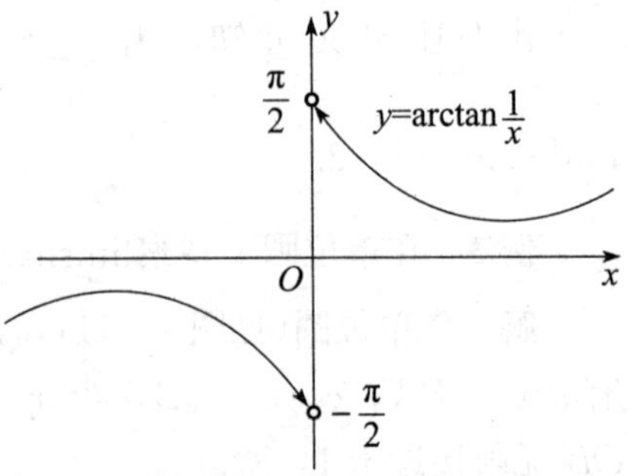

图 1-12

虽然 $\arctan\dfrac{1}{x}$ 的左、右极限存在，但不相等，故 $\lim\limits_{x\to 0}\arctan\dfrac{1}{x}$ 不存在.

例 5 讨论函数 $f(x)=\dfrac{x^2-1}{x+1}$ 当 $x\to -1$ 时的极限.

解 函数的定义域 $(-\infty,\ -1)\cup(-1,\ +\infty)$. 因为 $x\neq -1$，所以 $f(x)=\dfrac{x^2-1}{x+1}=x-1$，由图 1-13 可知函数的左、右极限分别为 $f(-1-0)=\lim\limits_{x\to -1^-}\dfrac{x^2-1}{x+1}=\lim\limits_{x\to -1^-}(x-1)=-2$；$f(-1+0)=\lim\limits_{x\to -1^+}\dfrac{x^2-1}{x+1}=\lim\limits_{x\to -1^+}(x-1)=-2$. 由于 $f(-1-0)=f(-1+0)=-2$，则 $\lim\limits_{x\to -1}\dfrac{x^2-1}{x+1}=-2$.

例 6 讨论 $f(x)=\begin{cases}x-1, & x\leqslant 0,\\ x+1, & x>0\end{cases}$ 当 $x\to 0$ 时的极限.

解 求分段函数在相邻定义区间分界点处的左、右极限时，函数要用相应的表达式. 由图 1-14 可知，函数的左、右极限分别为 $f(0-0)=\lim\limits_{x\to 0^-}f(x)=\lim\limits_{x\to 0^-}(x-1)=-1$，$f(0+0)=\lim\limits_{x\to 0^+}f(x)=\lim\limits_{x\to 0^+}(x+1)=1$.

虽然函数的左、右极限存在，但不相等，故 $\lim\limits_{x\to 0}f(x)$ 不存在.

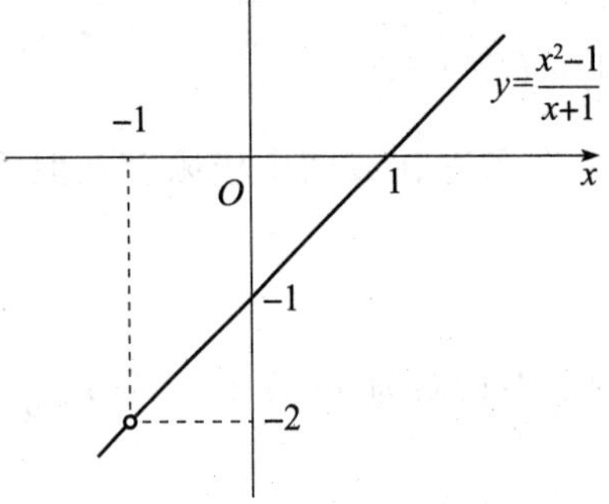

图 1-13

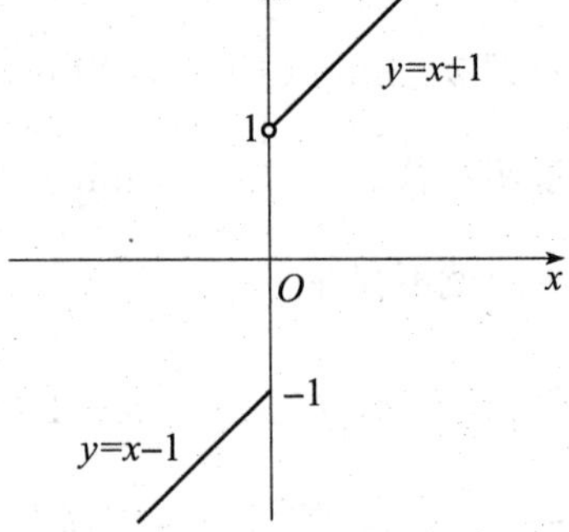

图 1-14

说明：通过上例看到，函数当 $x\to x_0$ 时的极限是否存在，与函数在 $x=x_0$ 处是

否有定义无关. 函数极限若存在，则极限只有一个.

1.2.2　数列的极限

一个无穷数列$\{x_n\}$：x_1，x_2，x_3，…，x_n，…可看作自变量为正整数 n 的函数，即 $x_n=f(n)(n=1, 2, 3, \cdots)$，数列也是函数. 因此数列$\{x_n\}$的极限可看作整变量函数 $f(n)$当 $n\to\infty$时的极限来讨论. 先观察下列两数列$\{x_n\}$：

① $\frac{1}{2}$，$\frac{1}{4}$，$\frac{1}{8}$，$\frac{1}{16}$，…，$\frac{1}{2^n}$，…；

② 2，$\frac{1}{2}$，$\frac{4}{3}$，$\frac{3}{4}$，…，$\frac{n+(-1)^{n-1}}{n}$，….

以上两个数列可分别由函数 $f(n)=\frac{1}{2^n}$，$f(n)=\frac{n+(-1)^{n-1}}{n}$依次取 $n=1, 2, 3, \cdots$时的函数值来表示. 为清楚起见，现将数列①、②的前几项分别用数轴上的点表示出来(见图 1－15、图 1－16).

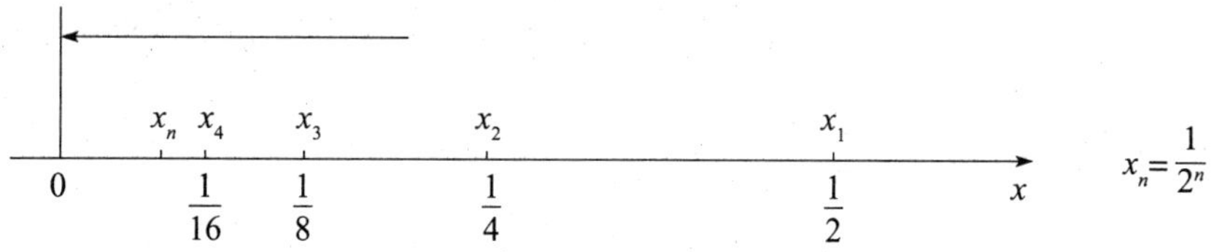

图 1－15

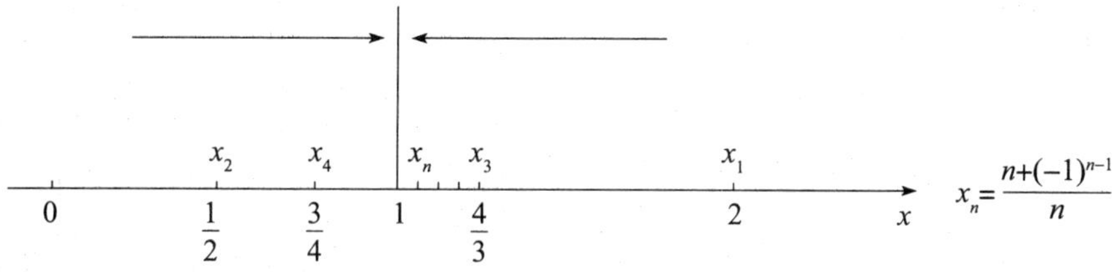

图 1－16

观察两个数列的变化趋势，不难发现当 n 无限增大时，表示数列 $x_n=\frac{1}{2^n}$的点逐渐密集在 $x=0$ 的右侧近旁，即数列①无限接近于 0；而数列 $x_n=\frac{n+(-1)^{n-1}}{n}$的点逐渐密集在 $x=1$ 的左右近旁，即数列②无限接近于 1. 两个数列的变化趋势有共同特点：当 n 无限增大时，两个数列都分别无限接近于一个确定的常数. 为此，给出下面的定义.

定义 4　如果当 n 无限增大，即 $n\to\infty$时，数列$\{x_n\}$无限接近于一个确定的常数 A，则称常数 A 为数列$\{x_n\}$的极限，记为

$$\lim_{n\to\infty}x_n=A \quad 或 \quad 当\ n\to\infty时, x_n\to A.$$

由此，数列①的极限是 0，可记为 $\lim\limits_{n\to\infty}\frac{1}{2^n}=0$；数列②的极限是 1，可记为 $\lim\limits_{n\to\infty}\frac{n+(-1)^{n-1}}{n}=1$.

若数列$\{x_n\}$有极限 A，则称数列$\{x_n\}$收敛，且收敛于 A；否则是发散的.

注意：① 数列极限只针对无穷数列而言；

② 数列极限是个动态概念，是变量无限运动渐进变化的过程，是一个变量(项数 n)无限运动的同时另一个变量(对应的通项 x_n)无限接近于某个确定的常数的过程，这个常数(极限)是这个无限运动变化的最终趋势.

例 7 观察下列数列的变化趋势，写出它们的极限：

① $x_n=2-\frac{1}{n^2}$；② $x_n=(-1)^n\frac{1}{3^n}$；③ $x_n=-3$；④ $x_n=2^n$；⑤$x_n=(-1)^{n+1}$.

解 ① $x_n=2-\frac{1}{n^2}$. 当 n 依次取 1，2，3…一切正整数时，数列$\{x_n\}$的各项依次为 $2-1$，$2-\frac{1}{4}$，$2-\frac{1}{9}$，$2-\frac{1}{16}$，…. 即当 n 无限增大时，x_n 无限接近于常数 2，根据定义可知$\lim\limits_{n\to\infty}\left(2-\frac{1}{n^2}\right)=2$.

② $x_n=(-1)^n\frac{1}{3^n}$. 当 n 依次取 1，2，3…一切正整数时，数列$\{x_n\}$的各项依次为$-\frac{1}{3}$，$\frac{1}{9}$，$-\frac{1}{27}$，$\frac{1}{81}$，$-\frac{1}{243}$，…. 即当 n 无限增大时，x_n 无限接近于常数 0，根据定义可知$\lim\limits_{n\to\infty}(-1)^n\frac{1}{3^n}=0$.

③ $x_n=-3$. 当 n 依次取 1，2，3…一切正整数时，这数列的各项都是-3，故 $\lim\limits_{n\to\infty}(-3)=-3$.

④ $x_n=2^n$. 当 n 无限增大时，x_n 随 n 的增大而无限增大，且不能无限接近于一个确定的常数. 因此，称数列 $x_n=2^n$ 的极限不存在.

⑤ $x_n=(-1)^{n+1}$. 当 n 无限增大时，x_n 在 1 与-1 两个数之间跳动，不能无限接近于一个确定的常数，因此，称数列 $x_n=(-1)^{n+1}$ 的极限不存在.

由此例中④、⑤说明，并不是任何数列的极限都存在.

说明：一般地，任何一个常数列的极限就是这个常数本身，即$\lim\limits_{n\to\infty}C=C$($C$ 为常数).

1.2.3 无穷小量与无穷大量

在自变量的一定变化趋势下，函数 $f(x)$的极限可能存在，也可能不存在，其中有两种特殊的情况：一种是函数的绝对值“无限变小”；一种是函数的绝对值“无限变大”. 下面就这两种特殊情况加以研究.

1. 无穷小量

在实际问题中，经常会遇到极限为零的变量．例如，单摆离开铅直位置而摆动，由于空气阻力和机械摩擦力的作用，它的振幅是个变量，随着时间的增加而逐渐减少并趋近于零．又如函数 $f(x)=(x-1)^2$，当 $x\to1$ 时，函数 $f(x)=(x-1)^2\to0$．一般地，给出下面的定义．

定义 5　如果当 $x\to x_0$（或 $x\to\infty$）时，函数 $f(x)$ 的极限为零，即 $\lim\limits_{\substack{x\to x_0\\(x\to\infty)}} f(x)=0$，则函数 $f(x)$ 称为当 $x\to x_0$（或 $x\to\infty$）时的无穷小量，简称为无穷小．

例如，因为 $\lim\limits_{x\to2}(x-2)=0$，所以 $x-2$ 是当 $x\to2$ 时的无穷小量．又如，$\lim\limits_{x\to\infty}\dfrac{1}{x}=0$，所以 $\dfrac{1}{x}$ 是当 $x\to\infty$ 时的无穷小量．

注意：① 说一个函数是无穷小，必须指明自变量 x 的变化趋向．例如，函数 $x-2$ 只有当 $x\to2$ 时是无穷小，而 $x\to1$ 时，$x-2$ 就不是无穷小；

② 无穷小量是一种极限为零的变量，绝不能把任何一个绝对值很小的常数（如 10^{-10}，10^{-100} 等）说成无穷小量，因为这些很小的常数在 $x\to x_0$ 或 $x\to\infty$ 时的极限并不是零，而是常数本身；

③ 常数中只有“0”可看成是无穷小量．因为 $\lim\limits_{\substack{x\to x_0\\(x\to\infty)}} 0=0$．

2. 无穷小量的性质

对于无穷小量，有下列运算性质．

性质 1　有限个无穷小量的代数和是无穷小量．

性质 2　有界函数与无穷小量的乘积是无穷小量．

特别地，常数与无穷小量的乘积是无穷小量．

性质 3　有限个无穷小量的乘积是无穷小量．

注意：两个无穷小的商未必是无穷小．

例 8　求 $\lim\limits_{x\to0}x\sin\dfrac{1}{x}$．

解　因为 $\lim\limits_{x\to0}x=0$，则当 $x\to0$ 时 x 是无穷小量，而 $\left|\sin\dfrac{1}{x}\right|\leqslant1$，故 $\sin\dfrac{1}{x}$ 为有界函数，由性质 2 得 $\lim\limits_{x\to0}x\sin\dfrac{1}{x}=0$．

例 9　证明 $\lim\limits_{x\to\infty}\dfrac{1}{x^2}=0$．

证明　当 $x\to\infty$ 时，$\dfrac{1}{x}$ 是无穷小．由性质 3 知当 $x\to\infty$ 时，$\dfrac{1}{x^2}=\dfrac{1}{x}\cdot\dfrac{1}{x}$ 为无穷小，故有 $\lim\limits_{x\to\infty}\dfrac{1}{x^2}=0$．

3. 无穷大量

在极限不存在的情况下，着重讨论函数的绝对值无限增大的情形. 一般地，给出下面定义.

定义 6 如果当 $x\to x_0$(或 $x\to\infty$)时，函数 $f(x)$的绝对值无限增大，则称函数 $f(x)$当 $x\to x_0$(或 $x\to\infty$)时的无穷大量，简称为无穷大，记为

$$\lim_{\substack{x\to x_0\\(x\to\infty)}} f(x)=\infty \quad 或 \quad 当 x\to x_0(或 x\to\infty)时, f(x)\to\infty.$$

例如，当 $x\to 1$ 时，$\left|\dfrac{1}{x-1}\right|$无限增大，故$\dfrac{1}{x-1}$是当 $x\to 1$ 时的无穷大.

又如，当 $x\to\dfrac{\pi}{2}$时，$|\tan x|$无限增大，故 $\tan x$ 是当 $x\to\dfrac{\pi}{2}$时的无穷大.

如果当 $x\to x_0$(或 $x\to\infty$)时，函数 $f(x)$取正值而绝对值无限增大(取负值而绝对值无限增大)，则称函数 $f(x)$为正(负)无穷大，记作

$$\lim_{\substack{x\to x_0\\(x\to\infty)}} f(x)=+\infty(或 \lim_{\substack{x\to x_0\\(x\to\infty)}} f(x)=-\infty).$$

例如，$\lim\limits_{x\to\frac{\pi}{2}^-}\tan x=+\infty$，$\lim\limits_{x\to\frac{\pi}{2}^+}\tan x=-\infty$. 又如，$\lim\limits_{x\to+\infty}\ln x=+\infty$，$\lim\limits_{x\to-\infty}(1-x^2)=-\infty$.

注意：① 说一个函数 $f(x)$是无穷大，必须指明自变量 x 的变化趋向. 例如，函数$\dfrac{1}{x}$，当 $x\to 0$ 时是无穷大，当 $x\to\infty$时是无穷小；

② 无穷大量是指绝对值可以无限增大的变量，绝不能与任何一个绝对值很大的常数(如 10^{10}，10^{100} 等)混为一谈；

③ 当 $x\to x_0$(或 $x\to\infty$)时，函数 $f(x)$的绝对值无限增大，按通常的意义来说，极限是不存在的. 但为了便于叙述，也说“函数的极限为无穷大”.

4. 无穷大量与无穷小量的关系

在自变量的同一变化过程中：

① 若 $f(x)$为无穷大，则$\dfrac{1}{f(x)}$为无穷小；

② 若 $f(x)$为无穷小，且 $f(x)\neq 0$，则$\dfrac{1}{f(x)}$为无穷大.

例如，当 $x\to 1$ 时，$f(x)=x-1$ 是无穷小，则$\dfrac{1}{f(x)}=\dfrac{1}{x-1}$是无穷大.

又如，当 $x\to+\infty$时，$f(x)=e^x$ 是正无穷大，则$\dfrac{1}{f(x)}=\dfrac{1}{e^x}=e^{-x}$ 是无穷小.

1.2.4　极限的运算

1. 极限的运算法则

定理3　设 $x\to x_0$(或 $x\to\infty$)时，有 $\lim f(x)=A$，$\lim g(x)=B$，则

① $\lim[f(x)\pm g(x)]=\lim f(x)\pm\lim g(x)=A\pm B$；

② $\lim[f(x)\cdot g(x)]=\lim f(x)\cdot\lim g(x)=AB$；

特别地 $\lim[C\cdot f(x)]=C\cdot\lim f(x)=CA$（$C$ 为常数），$\lim[f(x)]^n=[\lim f(x)]^n=A^n(n\in N_+)$；

③ $\lim\dfrac{f(x)}{g(x)}=\dfrac{\lim f(x)}{\lim g(x)}=\dfrac{A}{B}(B\neq 0)$.

注意：① 运用上述法则的前提是各极限存在；

② 法则可推广到有限个具有极限的函数的情况. 由于数列可视为整变量函数，此法则对数列极限也完全适用.

例10　求① $\lim\limits_{x\to 3}\left(\dfrac{1}{3}x+1\right)$；② $\lim\limits_{x\to 2}x^3$；③ $\lim\limits_{x\to 1}\dfrac{x^2-2x+5}{x^3+7}$.

解　① $\lim\limits_{x\to 3}\left(\dfrac{1}{3}x+1\right)=\lim\limits_{x\to 3}\left(\dfrac{1}{3}x\right)+\lim\limits_{x\to 3}1=\dfrac{1}{3}\lim\limits_{x\to 3}x+\lim\limits_{x\to 3}1=\dfrac{1}{3}\times 3+1=2$.

② $\lim\limits_{x\to 2}x^3=(\lim\limits_{x\to 2}x)^3=2^3=8$.

③ $\lim\limits_{x\to 1}\dfrac{x^2-2x+5}{x^3+7}=\dfrac{\lim\limits_{x\to 1}(x^2-2x+5)}{\lim\limits_{x\to 1}(x^3+7)}=\dfrac{(\lim\limits_{x\to 1}x)^2-2\lim\limits_{x\to 1}x+\lim\limits_{x\to 1}5}{(\lim\limits_{x\to 1}x)^3+\lim\limits_{x\to 1}7}=\dfrac{1-2+5}{1+7}=\dfrac{1}{2}$.

从例10可以看出，求有理整函数(即多项式)和分母极限不为零的有理分式函数的极限时，只要把趋向值代入函数就可以得到.

对于分母极限为零的情况，不能直接用法则③求极限. 下面举例说明.

例11　求① $\lim\limits_{x\to 1}\dfrac{x+4}{x-1}$；② $\lim\limits_{x\to 3}\dfrac{x-3}{x^2-9}$.

解　① 因为 $\lim\limits_{x\to 1}\dfrac{x-1}{x+4}=0$，即函数 $\dfrac{x-1}{x+4}$ 是当 $x\to 1$ 时的无穷小，根据无穷大与无穷小的关系得 $\lim\limits_{x\to 1}\dfrac{x+4}{x-1}=\infty$.

② 当 $x\to 3$ 时，$x\neq 3$，故分子分母可先约去不为零的因子 $x-3$，再求极限. 所以有

$$\lim_{x\to 3}\frac{x-3}{x^2-9}=\lim_{x\to 3}\frac{x-3}{(x+3)(x-3)}=\lim_{x\to 3}\frac{1}{x+3}=\frac{1}{6}.$$

总结：对于有理函数 $\dfrac{f(x)}{g(x)}$(两个多项式的商表示的函数)，当 $x\to x_0$ 时，需注意以下三种情况：

① 若分母极限不为零，可直接用 $x=x_0$ 代入计算，即 $\lim\limits_{x\to x_0}\dfrac{f(x)}{g(x)}=\dfrac{f(x_0)}{g(x_0)}$；

② 若分母极限为零，但分子极限不为零，也不能直接用商的极限法则，要考虑其倒数的极限，然后利用无穷小量和无穷大量的关系求原极限；

③ 若分母极限为零，分子极限也为零$\left(\text{称为}\dfrac{0}{0}\text{型未定式}\right)$，则不能直接用商的极限法则，要先对函数变形，消去零因子，再求极限.

例 12 求① $\lim\limits_{x\to\infty}\dfrac{3x^3-4x^2+2}{x^3+2x+1}$；② $\lim\limits_{x\to\infty}\dfrac{x^2+2}{2x^3+x^2+1}$；③ $\lim\limits_{x\to\infty}\dfrac{2x^3+x^2+1}{x^2+2}$.

解 ① 当 $x\to\infty$ 时，分子、分母均为无穷大. 此时，不能直接用极限的运算法则. 若将分子、分母分别除以 x^3，则可利用极限运算法则. 于是

$$\lim_{x\to\infty}\frac{3x^3-4x^2+2}{x^3+2x+1}=\lim_{x\to\infty}\frac{3-\dfrac{4}{x}+\dfrac{2}{x^3}}{1+\dfrac{2}{x^2}+\dfrac{1}{x^3}}=\frac{\lim\limits_{x\to\infty}3-\lim\limits_{x\to\infty}\dfrac{4}{x}+\lim\limits_{x\to\infty}\dfrac{2}{x^3}}{\lim\limits_{x\to\infty}1+\lim\limits_{x\to\infty}\dfrac{2}{x^2}+\lim\limits_{x\to\infty}\dfrac{1}{x^3}}=3.$$

② 先将分子、分母分别除以 x^3，再求极限，于是

$$\lim_{x\to\infty}\frac{x^2+2}{2x^3+x^2+1}=\lim_{x\to\infty}\frac{\dfrac{1}{x}+\dfrac{2}{x^3}}{2+\dfrac{1}{x}+\dfrac{1}{x^3}}=\frac{0}{2}=0.$$

③ 由上例可知 $\lim\limits_{x\to\infty}\dfrac{2x^3+x^2+1}{x^2+2}=\lim\limits_{x\to\infty}\dfrac{1}{\dfrac{x^2+2}{2x^3+x^2+1}}=\infty$.

总结： ① 当 $x\to\infty$ 时，分子、分母极限都是无穷大(称为 $\dfrac{\infty}{\infty}$ 型未定式)，此时不能直接用商的极限法则，可将分子、分母同除以 x 的最高次幂后，再应用法则求极限；

② 一般地，有结论：当 $a_0\neq 0$，$b_0\neq 0$ 时，有 $\lim\limits_{x\to\infty}\dfrac{a_0x^m+a_1x^{m-1}+\cdots+a_{m-1}x+a_m}{b_0x^n+b_1x^{n-1}+\cdots+b_{n-1}x+b_n}=$

$$\begin{cases}\dfrac{a_0}{b_0}, & m=n,\\ 0, & m>n,\\ \infty, & m<n.\end{cases}$$

例 13 求 $\lim\limits_{x\to-2}\left(\dfrac{1}{x+2}-\dfrac{12}{x^3+8}\right)$.

解 当 $x\to-2$ 时，$\dfrac{1}{x+2}\to\infty$，$\dfrac{12}{x^3+8}\to\infty$，故不能直接用法则①，但在 $x\to-2$ 时，$x\neq-2$，故 $x+2\neq 0$，于是 $\dfrac{1}{x+2}-\dfrac{12}{x^3+8}=\dfrac{(x^2-2x+4)-12}{(x+2)(x^2-2x+4)}=$

$$\frac{(x+2)(x-4)}{(x+2)(x^2-2x+4)}=\frac{x-4}{x^2-2x+4}.$$

所以 $\lim\limits_{x\to-2}\left(\frac{1}{x+2}-\frac{12}{x^3+8}\right)=\lim\limits_{x\to-2}\frac{x-4}{x^2-2x+4}=\frac{-6}{4+4+4}=-\frac{1}{2}.$

例 14 求 $\lim\limits_{x\to0^+}\frac{e^{\frac{1}{x}}-e^{-\frac{1}{x}}}{e^{\frac{1}{x}}+e^{-\frac{1}{x}}}$.

解 此题采用换元法，设 $t=e^{\frac{1}{x}}$，则当 $x\to0^+$ 时，$t\to+\infty$，且 $e^{-\frac{1}{x}}=\frac{1}{t}$，从而

$$\lim_{x\to0^+}\frac{e^{\frac{1}{x}}-e^{-\frac{1}{x}}}{e^{\frac{1}{x}}+e^{-\frac{1}{x}}}=\lim_{t\to+\infty}\frac{t-\frac{1}{t}}{t+\frac{1}{t}}=\lim_{t\to+\infty}\frac{1-\frac{1}{t^2}}{1+\frac{1}{t^2}}=1.$$

例 15 求 $\lim\limits_{n\to\infty}\frac{1+2+3+\cdots+n}{n^2}$.

解 已知 $1+2+3+\cdots+n=\frac{n(n+1)}{2}$，所以

$$\lim_{n\to\infty}\frac{1+2+3+\cdots+n}{n^2}=\lim_{n\to\infty}\frac{n(n+1)}{2n^2}=\lim_{n\to\infty}\frac{n^2+n}{2n^2}=\frac{1}{2}.$$

2. 具有极限的函数与无穷小的关系

定理 4 若 $\lim\limits_{\substack{x\to x_0\\(x\to\infty)}}f(x)=A$，则 $f(x)=A+a(x)$；若 $f(x)=A+a(x)$，则 $\lim\limits_{\substack{x\to x_0\\(x\to\infty)}}f(x)=A$，其中 A 为常数，$a(x)$ 为 $x\to x_0$（或 $x\to\infty$）时的无穷小量.

说明： 定理表明具有极限的函数等于它的极限与一个无穷小之和. 反之，如果函数可表示为一个常数与无穷小之和，则这个常数为该函数的极限.

1.2.5 无穷小量的比较

已经知道，两个无穷小量的代数和及乘积仍然是无穷小. 但是两个无穷小量的商却会出现不同的情况. 例如，当 $x\to0$ 时，x，$3x$，x^2 都是无穷小，而 $\lim\limits_{x\to0}\frac{x^2}{3x}=0$，$\lim\limits_{x\to0}\frac{3x}{x^2}=\infty$，$\lim\limits_{x\to0}\frac{3x}{x}=3$.

两个无穷小之比的极限值，反映了无穷小趋向于零的"快慢"程度. 例如，当 $x\to0$ 时，x^2 比 $3x$ 更快地趋向零，反过来 $3x$ 比 x^2 较慢地趋向零，而 $3x$ 与 x 趋向零的快慢相仿，见下表.

函数	$x=1$	$x=0.5$	$x=0.1$	$x=0.01$	…	极限
x	1	0.5	0.1	0.01	…	0
$3x$	3	1.5	0.3	0.03	…	0
x^2	1	0.25	0.01	0.000 1	…	0

为了描述这种“快慢”程度，我们引入以下概念.

定义 7 设 α 和 β 都是在自变量的同一变化过程中无穷小. 又 $\lim \frac{\beta}{\alpha}$ 也是在这个变化过程中的极限.

① 如果 $\lim \frac{\beta}{\alpha}=0$，就说 β 是 α 的高阶无穷小；

② 如果 $\lim \frac{\beta}{\alpha}=\infty$，就说 β 是 α 的低阶无穷小；

③ 如果 $\lim \frac{\beta}{\alpha}=C$（$C$ 为不等于零的常数），就说 β 与 α 是同阶无穷小；

④ 如果 $\lim \frac{\beta}{\alpha}=1$，就说 β 与 α 是等价无穷小，记为 $\alpha \sim \beta$.

显然，等价无穷小是同阶无穷小的特例，即 $C=1$ 的情形. 以上定义对数列的极限也同样适用.

根据以上定义，可知当 $x\to 0$ 时，x^2 是 $3x$ 的高阶无穷小，$3x$ 是 x^2 的低阶无穷小，$3x$ 与 x 是同阶无穷小.

注意：并不是任意的两个无穷小都可以比较. 例如，当 $x\to 0$ 时，x 与 $x\sin\frac{1}{x}$ 是无穷小量，而 $\lim\limits_{x\to 0}\frac{x\sin\frac{1}{x}}{x}=\lim\limits_{x\to 0}\sin\frac{1}{x}$ 不存在，这说明了它们是不能比较的.

例 16 当 $x\to 0$ 时，比较 $\frac{1}{1-x}-1-x$ 与 x^2 的阶数的高低.

解 因为 $\lim\limits_{x\to 0}\frac{\frac{1}{1-x}-1-x}{x^2}=\lim\limits_{x\to 0}\frac{1-(1+x)(1-x)}{x^2(1-x)}=\lim\limits_{x\to 0}\frac{1}{1-x}=1$，所以 $\frac{1}{1-x}-1-x$ 是与 x^2 等价的无穷小.

习题 1.2

1. 观察并写出下列各极限值：

(1) $\lim\limits_{x\to\infty}\frac{1}{x^2}$；　　(2) $\lim\limits_{x\to-\infty}2^x$；　　(3) $\lim\limits_{x\to\infty}\left(2+\frac{1}{x}\right)$；

(4) $\lim\limits_{x\to 1}\ln x$；　(5) $\lim\limits_{x\to\frac{\pi}{4}}\tan x$；　(6) $\lim\limits_{x\to -1}\dfrac{x^3+1}{x+1}$.

2. 设 $f(x)=\begin{cases}1-x, & x\leqslant 1,\\ 1+x, & x>1,\end{cases}$ 画出它的图像，并求当 $x\to 1$ 时 $f(x)$ 的左、右极限. 并说明在 $x\to 1$ 时，$f(x)$ 的极限是否存在.

3. 证明函数 $f(x)=\begin{cases}x^2+1, & x<1,\\ 1, & x=1,\\ -1, & x>1\end{cases}$ 在 $x\to 1$ 时，极限不存在.

4. 说明下列极限不存在的原因：

(1) $\lim\limits_{x\to\infty}\sin x$；　(2) $\lim\limits_{x\to 1}\dfrac{|x-1|}{x-1}$.

5. 观察下列数列当 $n\to\infty$ 时的变化趋势，写出它们的极限：

(1) $x_n=(-1)^n\dfrac{1}{n}$；　(2) $y_n=\dfrac{n}{n+1}$；　(3) $x_n=1-\dfrac{1}{10^n}$；

(4) $y_n=n(-1)^n$；　(5) $x_n=\sin\dfrac{n\pi}{2}$.

6. 已知 $\lim\limits_{n\to\infty}x_n=\dfrac{1}{2}$，$\lim\limits_{n\to\infty}y_n=-\dfrac{1}{2}$，求下列各极限：

(1) $\lim\limits_{n\to\infty}(2x_n+3y_n)$；　(2) $\lim\limits_{n\to\infty}\dfrac{x_n-y_n}{x_n}$.

7. 求下列各极限：

(1) $\lim\limits_{n\to\infty}\left(3-\dfrac{1}{n}\right)$；　(2) $\lim\limits_{n\to\infty}\dfrac{5n+3}{n}$；

(3) $\lim\limits_{n\to\infty}\dfrac{n^2-4}{n^2+1}$；　(4) $\lim\limits_{n\to\infty}\dfrac{3n^3-2n+1}{8-n^3}$.

8. 下列函数在自变量如何变化时是无穷小？无穷大？

(1) $y=\dfrac{1}{x^3}$；　(2) $y=\dfrac{1}{x+1}$；　(3) $y=\dfrac{x}{2}$；

(4) $y=\sqrt[3]{x}$；　(5) $y=-x$；　(6) $y=\cot x$；

(7) $y=\ln x$.

9. 计算下列各极限：

(1) $\lim\limits_{x\to 1}\dfrac{x}{x-1}$；　(2) $\lim\limits_{x\to 1}\left(\dfrac{1}{1-x}-\dfrac{1}{1-x^2}\right)$；　(3) $\lim\limits_{x\to\infty}\dfrac{4x^3-2x+8}{3x^2+1}$；

(4) $\lim\limits_{x\to\infty}\dfrac{\sin 2x}{x^2}$；　(5) $\lim\limits_{x\to\infty}\dfrac{\arctan x}{x}$；　(6) $\lim\limits_{n\to\infty}\dfrac{e^n-1}{e^{2n}+1}$.

10. 计算下列各极限：

(1) $\lim\limits_{x\to 1}(x^2-4x+5)$；　(2) $\lim\limits_{x\to -1}\dfrac{x^2+2x+5}{x^2+1}$；　(3) $\lim\limits_{x\to -2}\dfrac{x^2-4}{x+2}$；

(4) $\lim\limits_{x\to 4}\dfrac{x^2-6x+8}{x^2-5x+4}$；　(5) $\lim\limits_{x\to 1}\dfrac{x^2-2x+1}{x^3-x}$；　(6) $\lim\limits_{h\to 0}\dfrac{(x+h)^2-x^2}{h}$.

11. 计算下列各极限：

(1) $\lim\limits_{x\to\infty}\dfrac{x^2-1}{2x^2-x-1}$；　(2) $\lim\limits_{x\to\infty}\dfrac{x^2+x}{x^4-3x^2+1}$；　(3) $\lim\limits_{x\to\infty}\dfrac{2x^2-4x+8}{x^3+2x^2-1}$；

(4) $\lim\limits_{x\to\infty}\dfrac{8x^3-1}{6x^3-5x^2+1}$；　(5) $\lim\limits_{n\to\infty}\left(1+\dfrac{1}{2}+\dfrac{1}{4}+\cdots+\dfrac{1}{2^n}\right)$；

(6) $\lim\limits_{n\to\infty}\dfrac{n(n+1)}{(n+2)(n+3)}$；　(7) $\lim\limits_{x\to\infty}\left(\dfrac{2x}{3-x}-\dfrac{2}{3x^2}\right)$.

12. 当 $x\to 1$ 时，$1-x$ 与 $1-\sqrt{x}$ 是否同阶？是否等价？

1.3　两个重要极限

这一节将讨论以下两个重要的极限：$\lim\limits_{x\to 0}\dfrac{\sin x}{x}=1$，$\lim\limits_{x\to\infty}\left(1+\dfrac{1}{x}\right)^x=e$. 为此，先介绍函数极限存在的定理.

定理 1　如果对于点 x_0 的左右近旁($x\neq x_0$)的一切 x(或 $|x|$ 相当大的一切 x)有 $g(x)\leqslant f(x)\leqslant h(x)$ 成立，并且 $\lim\limits_{\substack{x\to x_0\\(x\to\infty)}}g(x)=\lim\limits_{\substack{x\to x_0\\(x\to\infty)}}h(x)=A$，那么 $\lim\limits_{\substack{x\to x_0\\(x\to\infty)}}f(x)$ 存在且等于 A.

1.3.1　极限 $\lim\limits_{x\to 0}\dfrac{\sin x}{x}=1$

现在来证明这个极限.

首先注意到，函数 $\dfrac{\sin x}{x}$ 的定义域为 $x\neq 0$ 的一切实数. 它是偶函数. 图 1－17 为一个单位圆，设 $\angle AOB=x\left(0<x<\dfrac{\pi}{2}\right)$，过点 A 作圆的切线 AD，与 OB 的延长线相交于 D 点，作 $BC\perp OA$，连接 AB，则 $S_{\triangle AOB}<S_{扇AOB}<S_{\triangle AOD}$，即 $\dfrac{1}{2}OA\cdot BC<\dfrac{1}{2}OA\cdot\overset{\frown}{AB}<\dfrac{1}{2}OA\cdot AD$. 因为 $OA=OB=1$，所以 $BC=\sin x$，$\overset{\frown}{AB}=x$，$AD=\tan x$.

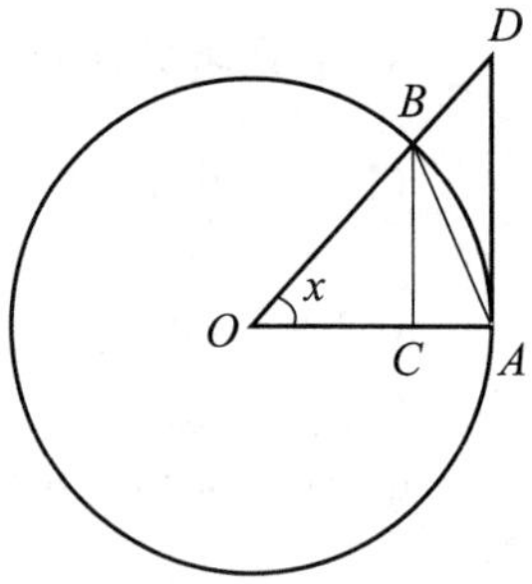

图 1－17

因此，上面的不等式可以写成 $\dfrac{1}{2}\sin x<\dfrac{1}{2}x<\dfrac{1}{2}\tan x$.

因为 $0<x<\dfrac{\pi}{2}$，所以 $\sin x>0$. 在不等式中除以正数 $\dfrac{1}{2}\sin x$，不等号的方向不

变，得 $1<\frac{x}{\sin x}<\frac{1}{\cos x}$，取倒数得 $\cos x<\frac{\sin x}{x}<1$.

因为 $\lim\limits_{x\to0^+}\cos x=1$，$\lim\limits_{x\to0^+}1=1$，所以根据函数极限存在定理，可知 $\lim\limits_{x\to0^+}\frac{\sin x}{x}=1$.

由于函数 $\frac{\sin x}{x}$ 是偶函数，函数关于 y 轴对称，则当 $-\frac{\pi}{2}<x<0$ 时，$\lim\limits_{x\to0^-}\frac{\sin x}{x}=1$.

由于 $\lim\limits_{x\to0^+}\frac{\sin x}{x}=\lim\limits_{x\to0^-}\frac{\sin x}{x}=1$，则 $\lim\limits_{x\to0}\frac{\sin x}{x}=1$.

例 1 求 $\lim\limits_{x\to0}\frac{\sin 2x}{x}$.

解 设 $t=2x$，则当 $x\to0$ 时，$t\to0$. 所以 $\lim\limits_{x\to0}\frac{\sin 2x}{x}=2\lim\limits_{t\to0}\frac{\sin t}{t}=2\cdot1=2$.

也可以写成：$\lim\limits_{x\to0}\frac{\sin 2x}{x}=\lim\limits_{x\to0}\left(\frac{\sin 2x}{2x}\cdot2\right)=2\lim\limits_{x\to0}\frac{\sin 2x}{2x}=2$.

总结：利用换元法，可得到较一般的形式：$\lim\limits_{x\to0}\frac{\sin mx}{mx}=1$.

例 2 求 $\lim\limits_{x\to0}\frac{\tan x}{x}$.

解 $\lim\limits_{x\to0}\frac{\tan x}{x}=\lim\limits_{x\to0}\left(\frac{\sin x}{\cos x}\cdot\frac{1}{x}\right)=\lim\limits_{x\to0}\left(\frac{\sin x}{x}\cdot\frac{1}{\cos x}\right)=\lim\limits_{x\to0}\frac{\sin x}{x}\cdot\lim\limits_{x\to0}\frac{1}{\cos x}=1$.

例 3 求 $\lim\limits_{x\to0}\frac{1-\cos x}{x^2}$.

解 $\lim\limits_{x\to0}\frac{1-\cos x}{x^2}=\lim\limits_{x\to0}\frac{2\sin^2\frac{x}{2}}{x^2}=\lim\limits_{x\to0}\frac{1}{2}\left(\frac{\sin\frac{x}{2}}{\frac{x}{2}}\right)^2=\frac{1}{2}$.

例 4 求 $\lim\limits_{x\to0}\frac{\sin(\sin x)}{\sin x}$.

解 设 $t=\sin x$，则当 $x\to0$ 时，$t\to0$. 所以 $\lim\limits_{x\to0}\frac{\sin(\sin x)}{\sin x}=\lim\limits_{x\to0}\frac{\sin t}{t}=1$.

例 5 求 $\lim\limits_{\theta\to\frac{\pi}{2}}\frac{\cos\theta}{\frac{\pi}{2}-\theta}$.

解 因为 $\cos\theta=\sin\left(\frac{\pi}{2}-\theta\right)$，所以 $\lim\limits_{\theta\to\frac{\pi}{2}}\frac{\cos\theta}{\frac{\pi}{2}-\theta}=\lim\limits_{\theta\to\frac{\pi}{2}}\frac{\sin\left(\frac{\pi}{2}-\theta\right)}{\frac{\pi}{2}-\theta}=1$.

总结：一般地，$\lim\limits_{\square\to0}\frac{\sin\square}{\square}=1$，其中□可以是满足□→0 的任何函数.

1.3.2 极限$\lim\limits_{x\to\infty}\left(1+\frac{1}{x}\right)^x=e$

先考察当$x\to+\infty$，$x\to-\infty$时，函数$\left(1+\frac{1}{x}\right)^x$的变化趋势.

x	1	2	5	10	100	1 000	10 000	100 000	…	→	$+\infty$
$\left(1+\frac{1}{x}\right)^x$	2	2.25	2.49	2.59	2.705	2.717	2.718	2.718 27	…		
x	−10	−100	−1 000	−10 000	−100 000	…	$\to-\infty$				
$\left(1+\frac{1}{x}\right)^x$	2.88	2.732	2.72	2.718 3	2.717 27	…					

由上表可看出，当$x\to+\infty$或$x\to-\infty$时，函数$\left(1+\frac{1}{x}\right)^x$的对应值无限接近于2.718.

可以证明，$x\to+\infty$及$x\to-\infty$时，函数$\left(1+\frac{1}{x}\right)^x$的极限存在且相等，用e来表示极限值，即

$$\lim_{x\to\infty}\left(1+\frac{1}{x}\right)^x=\mathrm{e}. \tag{1}$$

数e是无理数，它的值是e=2.718 281 828 459 045….

在式(1)中，设$t=\frac{1}{x}$，则当$x\to\infty$时，$t\to0$，则极限又可写成

$$\lim_{t\to0}(1+t)^{\frac{1}{t}}=\mathrm{e}. \tag{2}$$

例 6 求$\lim\limits_{x\to\infty}\left(1+\frac{2}{x}\right)^x$.

解 先将$1+\frac{2}{x}$写成$1+\frac{1}{\frac{x}{2}}$，令$\frac{x}{2}=t$，由于当$x\to\infty$时，$t\to\infty$，从而

$$\lim_{x\to\infty}\left(1+\frac{2}{x}\right)^x=\lim_{t\to\infty}\left(1+\frac{1}{t}\right)^{2t}=\lim_{t\to\infty}\left[\left(1+\frac{1}{t}\right)^t\right]^2=\mathrm{e}^2.$$

例 7 求$\lim\limits_{x\to\infty}\left(1-\frac{1}{x}\right)^x$.

解 $\lim\limits_{x\to\infty}\left(1-\frac{1}{x}\right)^x=\lim\limits_{x\to\infty}\left[1+\left(-\frac{1}{x}\right)\right]^{-x\cdot(-1)}=\mathrm{e}^{-1}$.

例 8 求$\lim\limits_{x\to0}(1+\tan x)^{\cot x}$.

解 $\lim\limits_{x\to0}(1+\tan x)^{\cot x}=\lim\limits_{x\to0}(1+\tan x)^{\frac{1}{\tan x}}=\mathrm{e}$.

例 9　$\lim\limits_{x\to\infty}\left(\dfrac{2x-1}{2x+1}\right)^{x+\frac{3}{2}}$

解　先对函数变形 $\dfrac{2x-1}{2x+1}=\dfrac{2x+1-2}{2x+1}=1-\dfrac{2}{2x+1}$.

设 $t=-\dfrac{2}{2x+1}$，则 $x=-\dfrac{1}{2}-\dfrac{1}{t}$. 由于当 $x\to\infty$ 时，$t\to 0$，所以

$$\lim_{x\to\infty}\left(\frac{2x-1}{2x+1}\right)^{x+\frac{3}{2}}=\lim_{x\to\infty}\left(1-\frac{2}{2x+1}\right)^{x+\frac{3}{2}}=\lim_{t\to 0}(1+t)^{1-\frac{1}{t}}=\lim_{t\to 0}[(1+t)(1+t)^{-\frac{1}{t}}]=$$

$$\lim_{t\to 0}(1+t)\cdot\lim_{t\to 0}(1+t)^{-\frac{1}{t}}=e^{-1}.$$

总结：一般地，$\lim\limits_{\square\to\infty}\left(1+\dfrac{1}{\square}\right)^{\square}=e$，$\lim\limits_{\square\to 0}(1+\square)^{\frac{1}{\square}}=e$.

习题 1.3

1. 计算下列各极限：

(1) $\lim\limits_{x\to 0}\dfrac{\sin\omega x}{x}$；　(2) $\lim\limits_{x\to 0}\dfrac{\sin 3x}{\sin 2x}$；

(3) $\lim\limits_{x\to 0}\dfrac{\tan 3x}{x}$；　(4) $\lim\limits_{x\to 0}x\cot x$；

(5) $\lim\limits_{x\to 0}\dfrac{1-\cos 2x}{x\sin x}$；　(6) $\lim\limits_{x\to 0}\dfrac{2\arcsin x}{3x}$；

(7) $\lim\limits_{x\to 0}\dfrac{x(x+3)}{\sin x}$；　(8) $\lim\limits_{x\to\infty}x^2\sin^2\dfrac{1}{x}$.

2. 计算下列各极限：

(1) $\lim\limits_{x\to 0}(1-x)^{\frac{1}{x}}$；　(2) $\lim\limits_{x\to 0}(1+2x)^{\frac{1}{x}}$；

(3) $\lim\limits_{x\to\infty}\left(1+\dfrac{1}{x}\right)^{\frac{x}{2}}$；　(4) $\lim\limits_{x\to\infty}\left(\dfrac{1+x}{x}\right)^{2x}$；

(5) $\lim\limits_{x\to\infty}\left(1-\dfrac{1}{x}\right)^{kx}$；　(6) $\lim\limits_{x\to\frac{\pi}{2}}(1+\cos x)^{3\sec x}$；

(7) $\lim\limits_{x\to\infty}\left(\dfrac{2x+3}{2x+1}\right)^{x+1}$；　(8) $\lim\limits_{x\to\infty}\left(\dfrac{x^2}{x^2-1}\right)^{x}$.（提示：$1-\dfrac{1}{x^2}=\left(1+\dfrac{1}{x}\right)\left(1-\dfrac{1}{x}\right)$）.

1.4　函数的连续性

1.4.1　函数连续性的概念

有许多自然现象，如气温的变化、河水的流动、植物的生长等，都是随着时间在

连续不断地变化的，这些现象反映在数学上就是函数的连续性. 前面学过的许多函数，例如 $y=x^2$、$y=\sin x$，它们的图像是一条连续变化的曲线. 连续变化的概念从变量关系上看是当自变量的变化很微小时，函数相应的变化也很微小. 反映这种变量间的关系是连续函数的特征. 本节将用极限来研究函数的连续性. 为此，先引入增量的概念.

1. 函数的增量

定义 1 如果变量 u 从初值 u_0 变到终值 u_1，那么终值与初值的差 u_1-u_0，叫作变量 u 的增量(或改变量)，记为 Δu，即 $\Delta u=u_1-u_0$.

注意：① 记号 Δu 并不表示 Δ 与 u 的乘积，而是一个整体记号；

② 增量并不一定是正值，当 $u_1>u_0$ 时，$\Delta u>0$；当 $u_1<u_0$ 时，$\Delta u<0$；当 $u_1=u_0$ 时，$\Delta u=0$.

现假定函数 $y=f(x)$在点 x_0 及其近旁有定义，当自变量 x 从 x_0 变到 $x_0+\Delta x$ 有增量 Δx，函数 $f(x)$相应地从 $f(x_0)$变到 $f(x_0+\Delta x)$也有增量 Δy，即 $\Delta y=f(x_0+\Delta x)-f(x_0)$.

例 1 设 $f(x)=3x^2-1$，求适合下列条件的自变量的增量 Δx 和函数增量 Δy：

① 当 x 由 1 变到 1.5；② 当 x 由 1 变到 0.5；③ 当 x 由 1 变到 $1+\Delta x$.

解 ① $\Delta x=1.5-1=0.5$，$\Delta y=f(1.5)-f(1)=5.75-2=3.75$.

② $\Delta x=0.5-1=-0.5$，$\Delta y=f(0.5)-f(1)=-0.25-2=-2.25$.

③ $\Delta x=(1+\Delta x)-1=\Delta x$，$\Delta y=f(1+\Delta x)-f(1)=3(1+\Delta x)^2-3=6\Delta x+3(\Delta x)^2$.

2. 函数 $y=f(x)$在 x_0 的连续性

首先从函数的图像上来观察在给定点 x_0 处函数 $f(x)$的变化情况.

由图 1－18 可以看出，函数 $y=f(x)$是连续变化的. 它的图像是一条不间断的曲线. 当 x_0 保持不变而让 Δx 趋近于零时，曲线上的点 N 就沿着曲线趋近于M，即 Δy 趋近于零.

由图 1－19 可以看出，函数 $y=\varphi(x)$不是连续变化的. 它的图像是一条在点 x_0 处间断的曲线. 当 x_0 保持不变而让 Δx 趋近于 0 时，曲线上的点 N 就沿着曲线趋近于 N'，Δy 不能趋近于零.

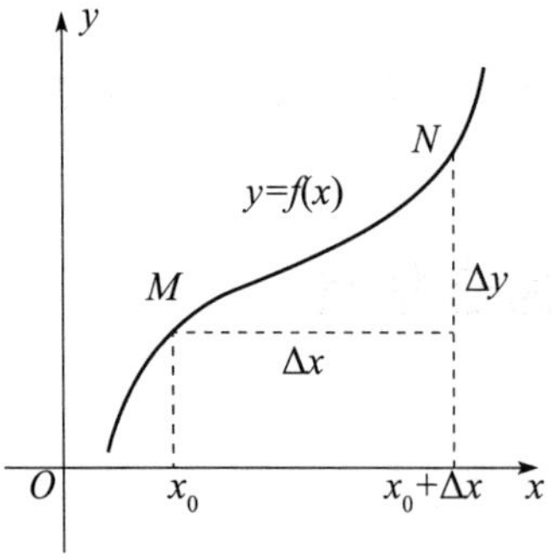

图 1－18

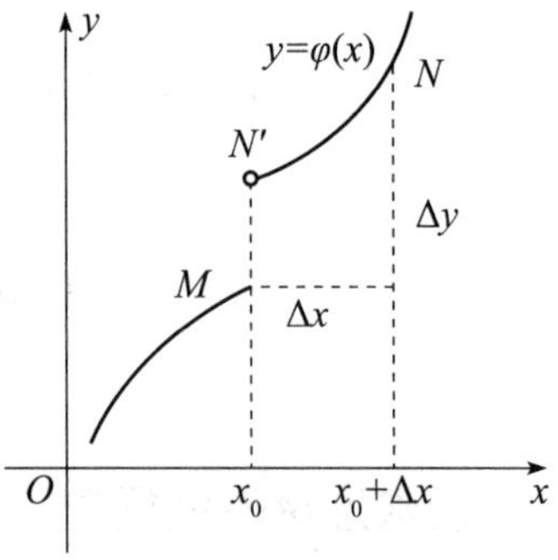

图 1－19

下面给出函数 $y=f(x)$ 在点 x_0 处连续的定义.

定义 2 设函数 $y=f(x)$ 在点 x_0 及其近旁有定义，如果当自变量 x 在 x_0 处的增量 Δx 趋近于 0 时，函数 $y=f(x)$ 相应的增量 $\Delta y=f(x_0+\Delta x)-f(x_0)$ 也趋近于 0，即 $\lim\limits_{\Delta x\to 0}\Delta y=0$，则称 $y=f(x)$ 在点 x_0 处连续.

例 2 根据定义 2，证明 $y=3x^2-1$ 在点 $x_0=1$ 处连续.

证明 函数 $y=3x^2-1$ 在点 $x_0=1$ 及近旁有定义.

设自变量 x 在 $x_0=1$ 处有增量 Δx，则函数相应的增量 $\Delta y=f(1+\Delta x)-f(1)=6\Delta x+3\Delta x^2$. 且有

$$\lim_{\Delta x\to 0}\Delta y=\lim_{\Delta x\to 0}[6\Delta x+3\Delta x^2]=0.$$

根据定义 2 得，函数 $y=3x^2-1$ 在点 $x_0=1$ 处连续.

在定义 2 中，若设 $x=x_0+\Delta x$，则 $\Delta y=f(x_0+\Delta x)-f(x_0)=f(x)-f(x_0)$. 由 $\Delta x\to 0$ 就有 $x\to x_0$，$\Delta y\to 0$ 就有 $f(x)\to f(x_0)$，因此，函数 $y=f(x)$ 在点 x_0 处连续的定义也可如下叙述.

定义 3 设函数 $y=f(x)$ 在点 x_0 及其近旁有定义，若当 $x\to x_0$ 时，函数 $f(x)$ 的极限存在，且等于它在 x_0 处的函数值，即

$$\lim_{x\to x_0}f(x)=f(x_0),$$

则称 $y=f(x)$ 在点 x_0 处连续.

说明：由定义 3 可知，函数 $y=f(x)$ 在点 x_0 处连续必须同时满足以下三个条件：

① 函数在点 x_0 及其近旁有定义，即 $f(x_0)$ 存在；

② 函数在点 x_0 处有极限，即 $\lim\limits_{x\to x_0}f(x)$ 存在；

③ 函数在点 x_0 处的极限值等于 x_0 处的函数值.

例 3 根据定义 3，证明 $y=3x^2-1$ 在点 $x_0=1$ 处连续.

证明 ① 函数 $y=3x^2-1$ 在点 $x_0=1$ 及近旁有定义；

② $\lim\limits_{x\to 1}f(x)=\lim\limits_{x\to 1}(3x^2-1)=2$；

③ $\lim\limits_{x\to 1}f(x)=2=f(1)$.

根据定义 3 得，函数 $y=3x^2-1$ 在点 $x_0=1$ 处连续.

说明：若 $f(x)$ 在开区间 (a, b) 内每一点都连续，则称 $f(x)$ 在 (a, b) 内连续，(a, b) 就是函数 $f(x)$ 的连续区间.

若 $f(x_0+0)=f(x_0)$，即 $\lim\limits_{x\to x_0^+}f(x)=f(x_0)$，则称 $f(x)$ 在 x_0 右连续.

若 $f(x_0-0)=f(x_0)$，即 $\lim\limits_{x\to x_0^-}f(x)=f(x_0)$，则称 $f(x)$ 在 x_0 左连续.

定理 1 $f(x)$ 在 x_0 处连续 $\Leftrightarrow$ $f(x)$ 在 x_0 处左、右连续.

若函数 $f(x)$ 在 (a, b) 内连续，且在 a 点右连续，b 点左连续，则称函数 $f(x)$

在闭区间$[a, b]$上连续.

若函数$f(x)$在定义域内连续，则称$f(x)$是连续函数. 例如，$y=\sin x$ 在$(-\infty, +\infty)$内连续，则称 $\sin x$ 是连续函数. 连续函数的图像就是一条连续不间断的曲线.

注意： 基本初等函数在其定义域内都是连续的.

1.4.2 函数的间断点

定义 4 若函数$f(x)$在点x_0处不连续，则称点x_0为函数$f(x)$的不连续点或间断点.

根据函数在一点处连续的定义，满足下列条件之一的点x_0为函数$f(x)$的间断点：

① $f(x)$在点x_0无定义，但在其近旁有定义；

② $\lim\limits_{x\to x_0} f(x)$不存在；

③ $\lim\limits_{x\to x_0} f(x)\neq f(x_0)$.

例 4 考虑下列三个函数在$x=1$处的连续性.

① $y=\dfrac{x^2-1}{x-1}$；　② $f(x)=\begin{cases} x+1, & x>1, \\ x-1, & x\leqslant 1; \end{cases}$　③ $f(x)=\begin{cases} x, & x\neq 1, \\ \dfrac{1}{2}, & x=1. \end{cases}$

解 ① 因为函数$y=\dfrac{x^2-1}{x-1}$在$x=1$处无定义，则y在$x=1$处不连续(见图 1-20).

② 函数$f(x)=\begin{cases} x+1, & x>1, \\ x-1, & x\leqslant 1 \end{cases}$在$x=1$处及其近旁有定义，但因为

$f(1-0)=\lim\limits_{x\to 1^-} f(x)=\lim\limits_{x\to 1^-}(x-1)=0$，$f(1+0)=\lim\limits_{x\to 1^+} f(x)=\lim\limits_{x\to 1^+}(x+1)=2$，即有$f(1-0)\neq f(1+0)$，于是$\lim\limits_{x\to 1} f(x)$不存在，则$f(x)$在$x=1$处不连续(见图 1-21).

③ 函数$f(x)=\begin{cases} x, & x\neq 1, \\ \dfrac{1}{2}, & x=1 \end{cases}$在$x=1$处及其近旁有定义，且有$\lim\limits_{x\to 1} f(x)=\lim\limits_{x\to 1} x=1$，但$f(1)=\dfrac{1}{2}$，于是$\lim\limits_{x\to 1} f(x)\neq f(1)$. 故函数$f(x)$在$x=1$处不连续(见图 1-22).

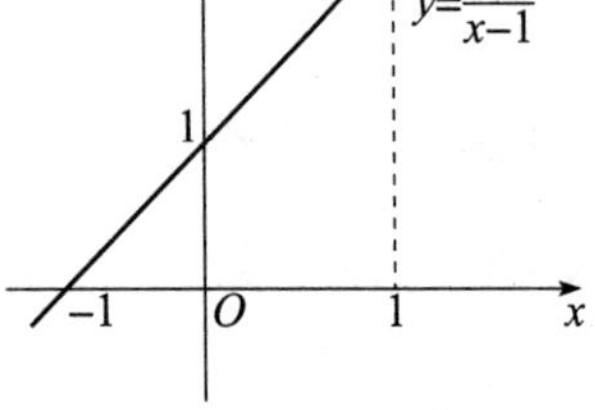

图 1-20

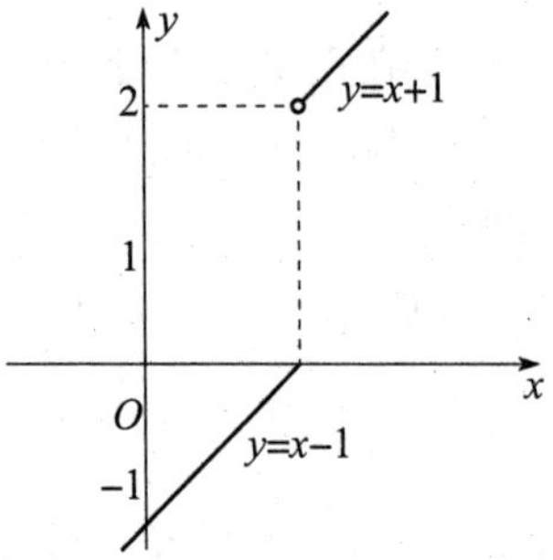

图 1-21

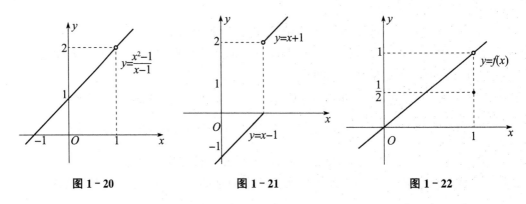

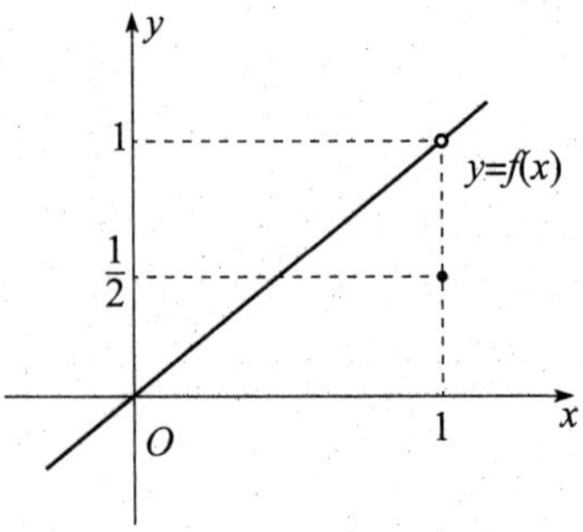

图 1-22

间断点通常分为两类：第一类间断点和第二类间断点．若函数 $f(x)$在 $x \to x_0$ 时左极限 $f(x_0-0)$与右极限 $f(x_0+0)$都存在，但 $f(x)$在点 x_0 不连续，则点 x_0 称为函数 $f(x)$的第一类间断点．不是第一类间断点的其他间断点都称为第二类间断点．

例 4 中的三个函数，$x=1$ 均为第一类间断点．

例 5　函数 $y=\tan x$ 在 $x=\frac{\pi}{2}$处无定义，则点 $x=\frac{\pi}{2}$是 $\tan x$ 的间断点，又因为

$$\lim_{x \to \frac{\pi}{2}^-} \tan x=+\infty，\lim_{x \to \frac{\pi}{2}^+} \tan x=-\infty.$$

可知 $y=\tan x$ 在 $x \to \frac{\pi}{2}$时的左、右极限不存在，则 $x=\frac{\pi}{2}$是 $y=\tan x$ 的第二类间断点．

1.4.3　初等函数的连续性

1．连续函数的四则运算

定理 2　如果函数 $f(x)$和 $g(x)$在点 x_0 处连续，则 $f(x)\pm g(x)$、$f(x)\cdot g(x)$、$\frac{f(x)}{g(x)}(g(x_0)\neq 0)$，也在 x_0 处连续．

2．复合函数的连续性

定理 3　设 $u=g(x)$在 x_0 处连续，$y=f(u)$在 u_0 处连续，且 $u_0=g(x_0)$，则复合函数 $y=f[g(x)]$在 x_0 处也连续．

由定理 3 可得

$$\lim_{x \to x_0} f[g(x)]=f[g(x_0)]=f[\lim_{x \to x_0} g(x)]. \tag{1}$$

$$\lim_{x \to x_0} f[g(x)]=\lim_{u \to u_0} f(u). \tag{2}$$

式(1)说明了在满足定理条件下，函数记号 f 与极限记号lim 可交换次序．式(2)说明求极限时可以做变量代换．这为极限运算提供了很多的方便．

3．反函数的连续性

定理 4　设函数 $y=f(x)$为在区间$[a，b]$上的单调连续函数，且 $f(a)=\alpha$，$f(b)=\beta$，则反函数 $x=\varphi(y)$在区间$[\alpha，\beta]$上也单调连续．

4．初等函数的连续性

初等函数是由基本初等函数与常数经过有限次四则运算和有限次复合得到的．而基本初等函数在其定义域内都是连续的．因此，根据定理 2 及定理 3 可得重要结论：一切初等函数在其定义区间内都是连续的．

根据这个结论，求初等函数在其定义区间内某点处的极限时，只要求出该点处的函数值即可．

例 6　① $\lim\limits_{x \to 0}\sqrt{1-x^2}$；② $\lim\limits_{x \to \frac{\pi}{4}}\ln\tan x$.

解　① $f(x)=\sqrt{1-x^2}$是初等函数．它的定义域为$[-1，1]$，而 $x=0$ 在其定义

域内，于是

$$\lim_{x\to 0}\sqrt{1-x^2}=\sqrt{1-0}=1.$$

② $f(x)=\ln\tan x$ 是初等函数，$x=\dfrac{\pi}{4}$ 在其定义域内，于是

$$\lim_{x\to\frac{\pi}{4}}\ln\tan x=\ln\tan\frac{\pi}{4}=0.$$

再看下面几个初等函数求极限的例子.

例 7 求下列极限：

① $\lim\limits_{x\to 4}\dfrac{\sqrt{x+5}-3}{x-4}$；② $\lim\limits_{x\to 0}\dfrac{\ln(1+x)}{x}$；③ $\lim\limits_{x\to 0}\dfrac{a^x-1}{x}$.

解 ① 函数 $\dfrac{1}{\sqrt{x+5}+3}$ 在 $x=4$ 处连续，所以 $\lim\limits_{x\to 4}\dfrac{\sqrt{x+5}-3}{x-4}=\lim\limits_{x\to 4}\dfrac{1}{\sqrt{x+5}+3}=\dfrac{1}{\sqrt{4+5}+3}=\dfrac{1}{6}$.

② 因为 $\dfrac{\ln(1+x)}{x}=\ln(1+x)^{\frac{1}{x}}$，所以 $\lim\limits_{x\to 0}\dfrac{\ln(1+x)}{x}=\lim\limits_{x\to 0}\ln(1+x)^{\frac{1}{x}}=\ln[\lim\limits_{x\to 0}(1+x)^{\frac{1}{x}}]=\ln e=1$.

这里把 $(1+x)^{\frac{1}{x}}$ 先取对数再求极限换成先求极限再取对数，是因为 $\lim\limits_{x\to 0}(1+x)^{\frac{1}{x}}=e$，且对数函数在点 e 处是连续的.

③ 设 $a^x-1=t$，则 $x=\dfrac{\ln(1+t)}{\ln a}$，显然，当 $x\to 0$ 时，$t\to 0$，再利用上题的结果，有

$$\lim_{x\to 0}\frac{a^x-1}{x}=\lim_{t\to 0}\frac{t\ln a}{\ln(1+t)}=\lim_{t\to 0}\frac{\ln a}{\ln(1+t)^{\frac{1}{t}}}=\ln a.$$

1.4.4 闭区间上连续函数的性质

性质 1 （最大值和最小值定理）在闭区间上连续的函数，在该区间上至少取得它的最大值和最小值各一次.

例如，图 1-23 中，函数 $y=f(x)$ 在闭区间 $[a, b]$ 上连续，则在 $[a, b]$ 上至少有一点 ξ_1 和 ξ_2，使当 $x\in[a, b]$ 时，$f(\xi_1)\leqslant f(x)$，$f(\xi_2)\geqslant f(x)$ 恒成立，则 $f(\xi_1)$ 和 $f(\xi_2)$ 分别为函数 $y=f(x)$ 在 $[a, b]$ 上的最小值和最大值.

例如，函数 $y=\sin x$ 在闭区间 $[0, 3\pi]$ 上连续，由性质 1 可知，$y=\sin x$ 在 $[0, 3\pi]$ 上必存在最大值和最小值. 事实上，在 $\xi_1=\dfrac{\pi}{2}$，$\xi_2=\dfrac{5\pi}{2}$ 时，$\sin x$ 有最大值 1，即

$f\left(\frac{\pi}{2}\right)=f\left(\frac{5\pi}{2}\right)=1$. 在 $\xi_3=\frac{3\pi}{2}$时，$\sin x$ 有最小值-1，即 $f\left(\frac{3\pi}{2}\right)=-1$.

注意：此性质对开区间不成立. 如果函数在开区间(a, b)内连续或函数在闭区间上有间断点，则函数在该区间上不一定有最大值和最小值.

例如，函数 $y=x$ 在$[-1, 1]$上最大值为 1，最小值为-1. 但是在$(-1, 1)$上无最值(因为最大值无限接近于 1，但不为 1，则无最大值)(见图 1－24).

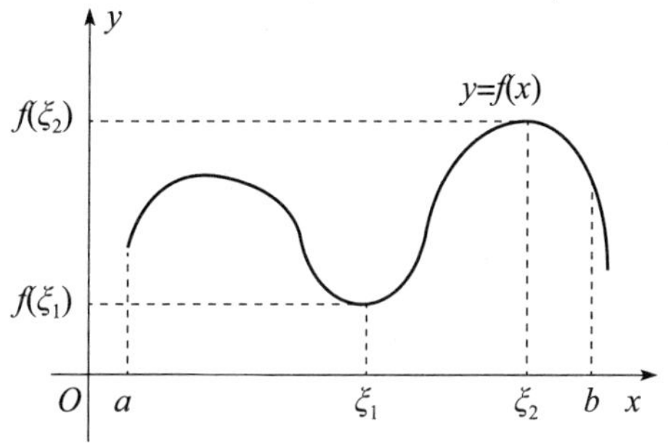

图 1－23

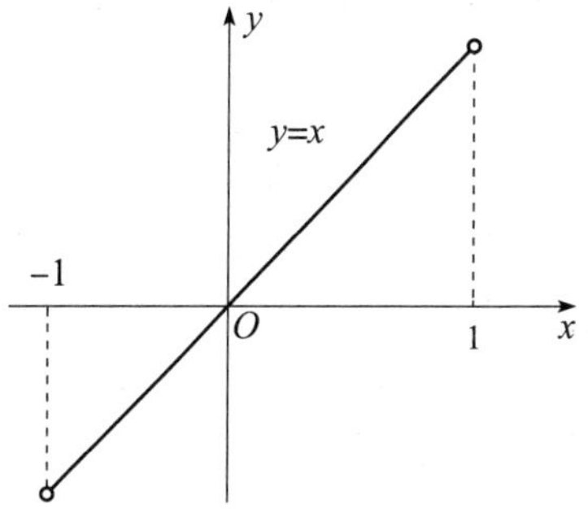

图 1－24

又如，函数 $f(x)=\begin{cases}-x+1, & 0\leqslant x\leqslant 1,\\ 1, & x=1,\\ -x+3, & 1<x\leqslant 2,\end{cases}$ $f(x)$在闭区间$[0, 2]$上有间断点 $x=1$，这时函数 $f(x)$在$[0, 2]$上既无最大值又无最小值(见图 1－25).

性质 2　(介值定理)设函数 $f(x)$在闭区间$[a, b]$上连续，且 $f(a)\neq f(b)$，那么对于介于 $f(a)$和 $f(b)$之间的任意一个数 C，在开区间(a, b)内至少有一点 $\xi(a<\xi<b)$，使得 $f(\xi)=C$.

由图 1－26 可以看出，在闭区间$[a, b]$上连续的曲线 $y=f(x)$与直线 $y=C(A<B<C)$至少有一交点，设其中一交点的坐标为$(\xi, f(\xi))$，则 $f(\xi)=C$.

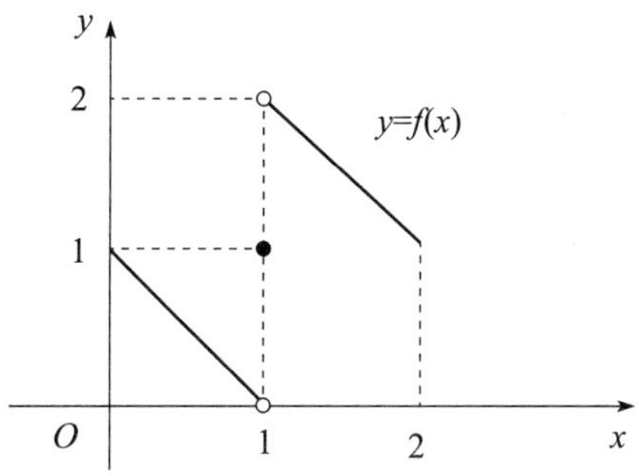

图 1－25

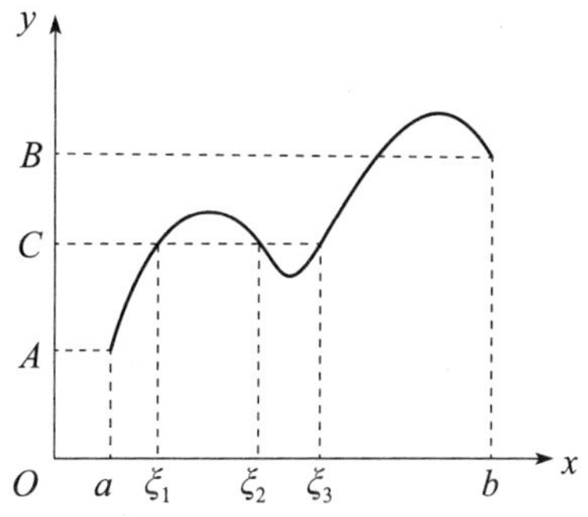

图 1－26

推论　(零点定理)设函数 $f(x)$在闭区间$[a, b]$上连续，且 $f(a)$和 $f(b)$异号，则在开区间(a, b)内至少有一点$\xi(a<\xi<b)$，使得$f(\xi)=0$.

如图1-27，如果$f(a)$和$f(b)$异号，那么曲线$y=f(x)$与x轴至少有一个交点，设其中一交点坐标为$(\xi, f(\xi))$，即$f(\xi)=0$.

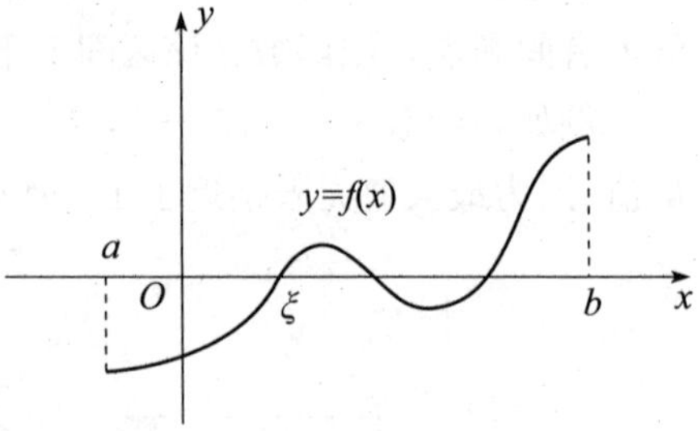

图1-27

例8 证明$x^3-4x^2+1=0$在区间$(0, 1)$内至少有一个根.

证明 因为函数$f(x)=x^3-4x^2+1$在闭区间$[0, 1]$上连续，而且两端点的函数值异号

$$f(0)=1>0, f(1)=-2<0$$

根据零点定理，在$(0, 1)$内至少有一点$\xi(0<\xi<1)$，使$f(\xi)=0$，即$\xi^3-4\xi^2+1=0$. 这说明了$x^3-4x^2+1=0$在$(0, 1)$内至少有一个根.

注意：若函数仅在开区间(a, b)内连续，或在闭区间上有间断点，那么零点定理的结论就不一定成立.

习题1.4

1. 设函数$f(x)=x^3-2x+5$，求适合下列条件的自变量的增量和对应的函数的增量：

(1) 当x由2变到3；　　(2) 当x由2变到1；

(3) 当x由2变到$2+\Delta x$；(4) 当x由x_0变到x_1.

2. 设函数$y=f(x)$在点x_0及其近旁有定义，当自变量有增量Δx时，相应地函数也有增量Δy，在图1-28(a)(b)(c)中分别指出Δx与Δy的正负.

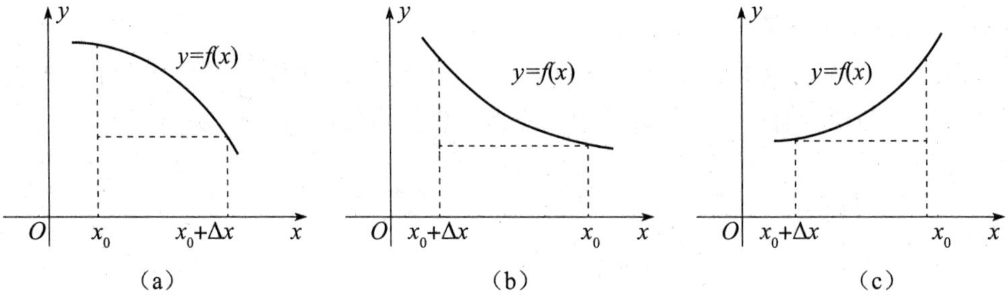

图1-28

3. 求函数$y=\ln x$在任意正值x处有改变量Δx的增量.

4. 讨论函数$f(x)=\begin{cases}x^2-1, & -1\leqslant x\leqslant 1,\\ x+2, & x>1\end{cases}$在$x=0$，$x=1$，$x=2$各点的连续性，并画出它的图像.

5. 讨论下列函数在指定点处是否连续？是否左连续(或右连续)？若间断，说明其类型.

(1) $f(x)=\sqrt[3]{x}$，$x=0$；　(2) $f(x)=\dfrac{x-1}{x^2-1}$，$x=1$；

(3) $f(x)=\begin{cases}x+1, & x<0,\\ 2-x, & x\geqslant 0,\end{cases}$ $x=0$；　(4) $f(x)=\begin{cases}\dfrac{\sin x}{x}, & x\neq 0,\\ 0, & x=0,\end{cases}$ $x=0$；

(5) $f(x)=\begin{cases}\dfrac{\sin x}{x}, & x\neq 0,\\ 1, & x=0,\end{cases}$ $x=0$.

6. 求函数 $f(x)=\dfrac{x^3+3x^2-x-3}{x^2+x-6}$ 的连续区间，并求极限 $\lim\limits_{x\to 0}f(x)$、$\lim\limits_{x\to 2}f(x)$ 及 $\lim\limits_{x\to -3}f(x)$.

7. 求下列函数的间断点，并说明其类型：

(1) $y=\dfrac{1}{1+x}$；　(2) $y=\dfrac{1-\cos x}{x^2}$；

(3) $y=\dfrac{x^2-1}{x^2-3x+2}$；　(4) $y=\dfrac{2x^2-5x}{2x}$；

(5) $y=\mathrm{e}^{\frac{1}{x}}$；　(6) $y=\begin{cases}3+x, & x\leqslant 0,\\ \dfrac{\sin 3x}{x}, & x>0.\end{cases}$

8. 设函数 $f(x)=\begin{cases}\mathrm{e}^x, & x<0,\\ a+x, & x\geqslant 0,\end{cases}$ 应当怎样选择 a，使得 $f(x)$ 在 $(-\infty, +\infty)$ 内为连续函数.

9. 求下列各极限：

(1) $\lim\limits_{x\to 0}\sqrt{\mathrm{e}^{2x}+2+\sin 2x}$；　(2) $\lim\limits_{x\to 2}\dfrac{2x^2+1}{x+1}$；

(3) $\lim\limits_{t\to -2}\dfrac{\mathrm{e}^t+1}{t}$；　(4) $\lim\limits_{x\to 0}\dfrac{\sqrt{1+x}-1}{x}$；

(5) $\lim\limits_{\Delta x\to 0}\dfrac{\sqrt{x+\Delta x}-\sqrt{x}}{\Delta x}$；　(6) $\lim\limits_{x\to 3}\dfrac{\sqrt{1+5x}-4}{\sqrt{x}-\sqrt{3}}$；

(7) $\lim\limits_{x\to 0}\dfrac{\sqrt{x+4}-2}{\sin 5x}$；　(8) $\lim\limits_{x\to \frac{\pi}{4}}\dfrac{\sin 2x}{2\cos(\pi-x)}$；

(9) $\lim\limits_{x\to \frac{\pi}{4}}\dfrac{\sin x-\cos x}{\cos 2x}$；　(10) $\lim\limits_{x\to a}\dfrac{\ln x-\ln a}{x-a}$.

本章小结

一、主要内容

函数、分段函数、复合函数、初等函数的概念及函数的基本特性；函数极限和数列极限的概念，极限的运算法则，无穷小与无穷大的概念，无穷小的比较，两个重要极限；函数连续的概念，函数的间断点的分类及闭区间上连续函数的性质等.

二、学习指导

1. 函数的概念.

函数的两大要素包括定义域和对应法则；函数定义域是使表达式有意义或实际问题有意义的自变量的所有取值组成的集合.

2. 函数的基本特性.

奇偶性是函数的整体性质. 讨论函数的奇偶性，其前提是定义域关于原点对称；单调性是函数的局部性质，单调函数是与相应的区间相联系的.

3. 复合函数.

当一个函数的自变量用另一个函数的因变量来代替时，就有可能产生复合函数，要注意复合函数生成的条件；会分析复合函数的复合和拆分过程.

4. 极限概念及方法.

极限是个动态概念，要充分体会极限的无限运动并渐进变化过程，函数在自变量的某个变化过程中，是否有极限存在与函数在该点处是否有定义无关；极限的运算法则是极限方法的基础，应掌握在不同情形下求极限的方法及两个重要极限.

5. 函数的连续性.

连续是函数的重要性质，结合函数的表达式和图像理解函数在某点处连续、间断的含义，并对函数连续性做出判断.

数学文化

极限的发展史

极限的思想和应用可追溯到古代，我国古代哲学名著《庄子》记载着庄子的朋友惠施的一句话：“一尺之棰，日取其半，万世不竭.”其含义是：长为一尺的木棒，第一天截取它的一半，第二天截取剩下的一半，这样的过程无穷无尽地进行下去. 随着天数的增多，所剩下的木棒越来越短，截取量也越来越小，无限地接近于0，但永远不会等于0.

中国早在2 000年前就已经能算出方形、圆形、圆柱等几何图形的面积和体积，3世纪刘徽创立的割圆术，就是用圆内接正多边形的极限是圆面积这一思想来近似计算圆周率的，并指出“割之弥细，所失弥少，割之又割，以至不可割，则与圆合体而无所失矣”，这就是早期的极限思想.

到17世纪，由于科学与技术上的要求促使数学家们研究运动与变化，包括量的变化与形的变换，还产生了函数概念和无穷小分析，即现在的微积分，使数学从此进入了一个研究变量的新时代．到17世纪后半叶，牛顿和莱布尼茨在前人研究的基础上，从物理与几何的不同思想基础、不同研究方法入手，分别独立地建立了微积分学．他们建立微积分的出发点是直观的无穷小量，极限概念虽被明确提出，但含混不清．因此，整个18世纪可以说是微积分的世纪，但由于它逻辑上的不完备也招来了哲学上的非难甚至嘲讽与攻击．贝克莱主教曾猛烈地攻击牛顿的微分概念，并且牛顿及其后一百年间的数学家，都不能有力地还击贝克莱的这种攻击，这就是数学史上所谓第二次数学危机．

经过近一个世纪的尝试与酝酿，数学家们在严格化基础上重建微积分的努力到19世纪初开始获得成效．19世纪，法国数学家柯西在《分析教程》中比较完整地说明了极限的概念及理论．柯西认为：当一个变量逐次所取的值无限趋于一个定值，最终使变量的值和该定值之差要多小就多小，这个定值就称为所有其他值的极限．柯西还指出零是无穷小的极限，这个思想已经摆脱了常量数学的束缚，走向变量数学，表现了无限与有限的辩证关系．柯西的定义已经用数学语言准确表达了极限的思想，但这种表达仍然是定性的、描述性的．

被誉为“现代分析之父”的德国数学家魏尔斯特拉斯提出了极限的定量定义：“如果对任意$\varepsilon>0$，总存在自然数N，使得当$n>N$时，不等式$|x_n-A|<\varepsilon$恒成立，则称A为x_n的极限”，给微积分提供了严格的理论基础．这个定义定量而具体地刻画了两个“无限过程”之间的联系，除去了以前极限概念中的直观痕迹，将极限思想转化为数学的语言，完成了从思想到数学的一个转变．在数学分析书籍中，这种描述一直沿用至今．

祖冲之简介

祖冲之(429—500年)，字文远，范阳郡遒县(今河北省涞水县)人，南北朝时期杰出的数学家、天文学家．

祖冲之一生钻研自然科学，其主要贡献在数学、天文历法和机械制造三方面．他在刘徽开创的探索圆周率的精确方法的基础上，首次将“圆周率”精算到小数第七位，即在3.141 592 6和3.141 592 7之间，他提出的“祖率”对数学的研究有重大贡献．直到16世纪，阿拉伯数学家阿尔·卡西才打破了这一纪录．

由他撰写的《大明历》是当时最科学最进步的历法，对后世的天文研究提供了正确的方法．其主要著作有《安边论》《缀术》《述异记》《历议》等．

复习题 1

基础题

1. 判别下列函数是否具有奇偶性、周期性，并作出函数的图形：

(1) $y=1+\cos x$；(2) $y=\sin x+\cos x$；

(3) $y=\dfrac{x^2-x}{x-1}$；(4) $y=\begin{cases}\cos x, & -\pi\leqslant x<0,\\ 0, & x=0,\\ -\cos x, & 0<x\leqslant\pi.\end{cases}$

2. 设 $f(x)$为奇函数，$g(x)$为偶函数，观察下列复合函数的奇偶性：

(1) $f[g(x)]$；(2) $g[f(x)]$；

(3) $f[f(x)]$.

3. 设 $f(x)=\begin{cases}-1, & x\leqslant 0,\\ 1, & x>0,\end{cases}$ $\varphi(x)=2x+1$，求 $f[\varphi(x)]$，$\varphi[f(x)]$.

4. 下列各题所给函数是否相同？为什么？

(1) $y=\dfrac{x^2-4}{x+2}$ 与 $y=x-2$；(2) $y=\cos x$ 与 $y=\sqrt{1-\sin^2 x}$.

5. 求下列函数的定义域：

(1) $y=\lg\dfrac{1+x}{1-x}$；(2) $y=\dfrac{\sqrt{x+1}}{x^2-5x+6}$.

6. 指出下列复合函数的复合过程：

(1) $y=\cos^2(2-3x)$；(2) $y=(x+\lg x)^3$.

7. 求下列各极限：

(1) $\lim\limits_{x\to 1}\dfrac{x^4-1}{x^3-1}$；(2) $\lim\limits_{x\to 5}\dfrac{x^2-7x+10}{x^2-25}$；

(3) $\lim\limits_{x\to\infty}\dfrac{3x^2+2}{1-4x^3}$；(4) $\lim\limits_{x\to\infty}\dfrac{3x^3+2}{1-4x^2}$；

(5) $\lim\limits_{x\to\infty}\dfrac{(x-1)(x-2)(x-3)}{(1-4x)^3}$；(6) $\lim\limits_{n\to\infty}\dfrac{1+\dfrac{1}{2}+\dfrac{1}{4}+\cdots+\dfrac{1}{2^n}}{1+\dfrac{1}{3}+\dfrac{1}{9}+\cdots+\dfrac{1}{3^n}}$；

(7) $\lim\limits_{x\to 0}\dfrac{\sqrt{1+x}-\sqrt{1-x}}{x}$；(8) $\lim\limits_{x\to 3}\dfrac{\sqrt{1+x}-2}{\sqrt{x}-\sqrt{3}}$；

(9) $\lim\limits_{x\to+\infty}\sqrt{x}\left(\sqrt{x+a}-\sqrt{x}\right)$；(10) $\lim\limits_{x\to -1}\dfrac{\sin(x+1)}{2(x+1)}$；

(11) $\lim\limits_{x\to 0}\dfrac{\sin 3x}{e^{2x}-e^x}$；(12) $\lim\limits_{x\to\infty}\left(\dfrac{2x-1}{2x+1}\right)^x$.

8. 设 $f(x)=\dfrac{x^2-1}{|x-1|}$，求 $\lim\limits_{x\to 1^+}f(x)$ 及 $\lim\limits_{x\to 1^-}f(x)$，并说明在 $x\to 1$ 时 $f(x)$ 的极限是否存在？

9. 设函数 $f(x)=\begin{cases}x, & 0<x<1,\\ 2, & x=1,\\ 2-x, & 1<x\leqslant 2,\end{cases}$ (1) 写出函数的定义域，并作出函数的图像；(2) 求函数的间断点.

10. 设函数 $f(x)=\begin{cases}\dfrac{x^2-1}{x-1}, & x\neq 1,\\ 3, & x=1,\end{cases}$ 讨论函数在 $x=1$ 的连续性.

11. 如图 1-29，$OABC$ 是边长为 1 的正方形，另有一直线 $x+y=t$. 设正方形与平面区域 $x+y<t$ 的公共部分(阴影部分)的面积为 $s(t)$：

(1) 写出 $s(t)$ 的表达式；

(2) 证明 $s(t)$ 是 t 的连续函数.

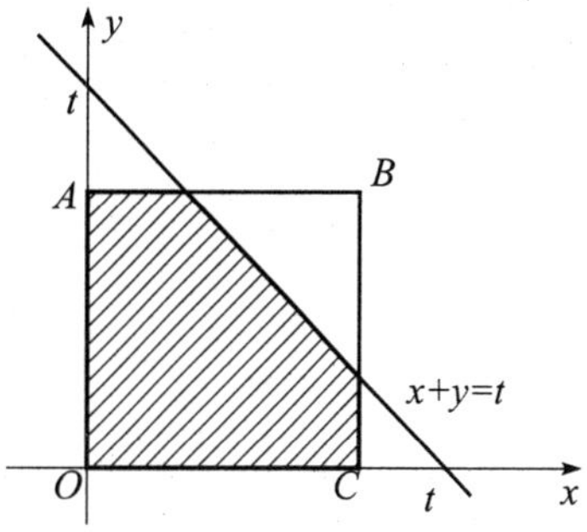

图 1-29

提高题

1. 设函数 $f\left(\dfrac{1}{t}\right)=\dfrac{5}{t}+2t^2$，求 $f(t)$ 和 $f(t^2+1)$.

2. 求下列函数的定义域：

(1) $y=\dfrac{1}{\lg|x-1|}+\sqrt{x-1}$；　　(2) $f(x)=\sqrt{3+2x-x^2}+\ln(x-2)$.

3. 求下列函数的极限：

(1) $\lim\limits_{x\to 1}\dfrac{\sqrt{x}-1}{\sqrt[4]{x}-1}$；　　(2) $\lim\limits_{x\to 0}\dfrac{(1-\cos x)\arcsin 2x}{x^3}$；

(3) $\lim\limits_{x\to 0}\dfrac{e^{-x}-1}{x}$；　　(4) $\lim\limits_{x\to 0}x^2\cos\dfrac{1}{x}$；

(5) $\lim\limits_{x\to\infty}\left(\dfrac{x+1}{x-2}\right)^x$；　　(6) $\lim\limits_{x\to 0}\dfrac{1-\cos x}{x\sin x}$.

4. 确定常数 a，使得函数 $f(x)=\begin{cases}x\sin\dfrac{1}{x}, & x>0,\\ a+x^2, & x\leqslant 0\end{cases}$ 在 $(-\infty, +\infty)$ 内连续.

5. 讨论下列函数的连续性，如有间断点，指出其类型.

(1) $y=\dfrac{x^2-4}{x^2-3x+2}$；　　(2) $y=\begin{cases}e^{\frac{1}{x}}, & x<0,\\ 1, & x=0,\\ x, & x>0.\end{cases}$

6. 某品牌耳机每个售价为 90 元，成本为 60 元．厂方为鼓励销售商大量采购，决定凡是订购量超过 100 个的，每多订购 1 个，售价就降低 1 分，但最低价为每台 75 元．

(1) 将每台的实际售价 p 表示为订购量 x 的函数；

(2) 将厂方所获的利润 L 表示成订购量 x 的函数；

(3) 某一商行订购了 1 000 台，厂方可获利润多少？

02 第 2 章　导数与微分

微积分在自然科学和工程技术中有着广泛的应用. 微分学是微积分的一个重要组成部分，它的基本内容包括导数与微分. 本章将从求变速直线运动的速度和非恒定电流的电流强度这两个问题入手引出导数的概念，建立求导法则和计算公式，最后介绍函数的微分的概念及计算方法.

2.1　导数的概念

在许多实际问题中，不仅要研究变量之间的函数关系，而且要研究由于自变量的变化而引起的函数变化的快慢问题，即函数的变化率问题. 下面是两个关于导数的经典例子.

2.1.1　变化率问题举例

1. 变速直线运动的速度

由物理学知道，物体做匀速直线运动时，它在任何时刻的速度可用公式 $v=\frac{s}{t}$ 来计算，这里 s 为物体在时间 t 内经过的路程. 若物体做变速直线运动，它在不同时刻的速度一般是不同的. 例如自由落体运动，物体在下落过程中速度是越来越快的. 如何精确地计算物体做变速直线运动在任意时刻的速度(又称瞬时速度)呢?

设一物体做变速直线运动，物体的位移 s 与经过的时间 t 之间的函数关系为 $s=s(t)$，现求 t_0 时刻的瞬时速度 $v(t_0)$.

物体在 t_0 时刻的位移为 $s(t_0)$，在 $t_0+\Delta t$ 时刻的位移是 $s(t_0+\Delta t)$，则在 Δt 这段时间内，物体经过的路程为 $\Delta s=s(t_0+\Delta t)-s(t_0)$.

于是 $\frac{\Delta s}{\Delta t}=\frac{s(t_0+\Delta t)-s(t_0)}{\Delta t}$ 就是物体在 Δt 这段时间内的平均速度 $\overline{v}$.

显然，这个平均速度是随着 Δt 的变化而变化的. 一般地，当 $|\Delta t|$ 很小时，$\overline{v}$ 可近似看作 $v(t_0)$，且当 $|\Delta t|$ 越小，$\overline{v}$ 与 $v(t_0)$ 就越接近，当 $\Delta t\to 0$ 时，平均速度 $\overline{v}$ 的极限就是物体在 t_0 时刻的瞬时速度，即

$$v(t_0)=\lim_{\Delta t\to 0}\overline{v}=\lim_{\Delta t\to 0}\frac{\Delta s}{\Delta t}=\lim_{\Delta t\to 0}\frac{s(t_0+\Delta t)-s(t_0)}{\Delta t}.$$

例 1　2020 年东京奥运会上，14 岁的跳水小将全红婵在 10 米跳台项目上，五跳

三满分，并以创纪录的 466.2 的总成绩夺得该项目的金牌．当全红婵从 10m 的高台跳水时，从腾空到进入水面不同时刻的速度是不同的．假设 ts 后她相对水面的高度为 $H(t)=-4.9t^2+8.3t+10$．问：在 1s 时刻全红婵的速度(瞬时速度)为多少？

解 当时间 t 在 1s 时刻获得增量 Δt 时，高度函数 H 的增量为

$$\begin{aligned}\Delta H &= H(1+\Delta t)-H(1)=-4.9(1+\Delta t)^2+4.9+8.3\Delta t\\ &=-4.9\Delta t^2-1.5\Delta t.\end{aligned}$$

因此，运动员在 1 到 $1+\Delta t$ 这段时间内的平均速度为 $\bar{v}=\dfrac{\Delta H}{\Delta t}=-4.9\Delta t-1.5$.

于是，运动员在 $t_0=1$ 时刻的瞬时速度为

$$v(1)=\lim_{\Delta t\to 0}\bar{v}=\lim_{\Delta t\to 0}\frac{\Delta H}{\Delta t}=\lim_{\Delta t\to 0}(-4.9\Delta t-1.5)=-1.5.$$

由此可以看出：当时间间隔越来越小时，平均速度趋于一个常数，这一常数就是全红婵在 1s 时刻的速度．通过对平均速度取极限就可以得到瞬时速度．

2．非恒定电流的电流强度

对于恒定电流，单位时间内通过导线横截面的电量叫作电流强度．它可用公式 $i=\dfrac{Q}{t}$(Q 为时间 t 内通过的电量)来计算．对于非恒定电流，例如，正弦交流电，在不同时刻电流强度一般是不同的．如何求在任意时刻的电流强度(又称瞬时电流)呢？

设通过导线截面的电量 Q 与时间 t 的函数关系为 $Q=Q(t)$，现求 t_0 时刻的电流强度 $i(t_0)$．当时间从 t_0 变到 $t_0+\Delta t$ 时，电量的增量为 $\Delta Q=Q(t_0+\Delta t)-Q(t_0)$，于是通过导线的平均电流强度为

$$\bar{i}=\frac{\Delta Q}{\Delta t}=\frac{Q(t_0+\Delta t)-Q(t_0)}{\Delta t}.$$

令 $\Delta t\to 0$，则平均电流强度 $\bar{i}$ 的极限就是 t_0 时刻的电流强度 $i(t_0)$，即

$$i(t_0)=\lim_{\Delta t\to 0}\bar{i}=\lim_{\Delta t\to 0}\frac{\Delta Q}{\Delta t}=\lim_{\Delta t\to 0}\frac{Q(t_0+\Delta t)-Q(t_0)}{\Delta t}.$$

以上两例的实际意义虽然不同，但最终得到的数学形式一样，即当自变量的增量趋向于零时，函数的增量与自变量的增量的比的极限．在自然科学和工程技术中，具有这种形式的极限问题是很多的．为了便于研究，引入导数的概念．

2.1.2 导数的定义

定义 1 设函数 $y=f(x)$ 在 x_0 及其左右近旁有定义．当自变量在 x_0 处有增量 Δx 时，函数有相应的增量 $\Delta y=f(x_0+\Delta x)-f(x_0)$．如果当 $\Delta x\to 0$ 时，$\dfrac{\Delta y}{\Delta x}$的极限

存在，则称该极限值为 $y=f(x)$ 在 x_0 处的导数，记为 $y'|_{x=x_0}$，即

$$y'|_{x=x_0}=\lim_{\Delta x\to 0}\frac{\Delta y}{\Delta x}=\lim_{\Delta x\to 0}\frac{f(x_0+\Delta x)-f(x_0)}{\Delta x},\tag{1}$$

也可记为 $f'(x_0)$，$\left.\frac{\mathrm{d}y}{\mathrm{d}x}\right|_{x=x_0}$，$\left.\frac{\mathrm{d}f(x)}{\mathrm{d}x}\right|_{x=x_0}$.

函数 $f(x)$ 在 x_0 处导数存在，又称为函数 $f(x)$ 在点 x_0 处可导，若极限不存在，则函数 $f(x)$ 在点 x_0 处不可导. 如果函数 $y=f(x)$ 在区间 (a, b) 内每一点都可导，称函数 $f(x)$ 在区间 (a, b) 内可导. 这时对于每一个点 $x\in(a, b)$，都有一个导数值与之对应，于是构成一个 x 的新函数，称为函数 $y=f(x)$ 的导函数，记作 y' 或 $f'(x)$，$\frac{\mathrm{d}y}{\mathrm{d}x}$，$\frac{\mathrm{d}f(x)}{\mathrm{d}x}$.

在式(1)中，把 x_0 换成 x，即得 $y=f(x)$ 的导函数公式

$$y'=\lim_{\Delta x\to 0}\frac{f(x+\Delta x)-f(x)}{\Delta x}.$$

显然，函数 $y=f(x)$ 在 x_0 处的导数 $f'(x_0)$ 就是导函数 $f'(x)$ 在 x_0 处的函数值，即 $f'(x_0)=f'(x)|_{x=x_0}$.

在不致发生混淆的情况下，导函数也简称为导数.

由导数的定义可知，导数反映函数 $y=f(x)$ 在 x 处的变化快慢程度，因此函数 $y=f(x)$ 的导数也叫作函数 $y=f(x)$ 关于 x 的变化率.

根据导数的定义可知，变速直线运动的速度 $v(t)$ 是路程函数 $s(t)$ 对时间 t 的导数，即 $v(t)=s'(t)=\frac{\mathrm{d}s}{\mathrm{d}t}$.

电流强度 $i(t)$ 是电量函数 $Q(t)$ 对时间 t 的导数，即 $i(t)=Q'(t)=\frac{\mathrm{d}Q}{\mathrm{d}t}$.

2.1.3　求导举例

根据定义，求函数 $y=f(x)$ 的导数，一般可按下列步骤进行.

① 求函数的增量：$\Delta y=f(x+\Delta x)-f(x)$；

② 算比值：$\frac{\Delta y}{\Delta x}=\frac{f(x+\Delta x)-f(x)}{\Delta x}$；

③ 取极限：$y'=\lim\limits_{\Delta x\to 0}\frac{\Delta y}{\Delta x}=\lim\limits_{\Delta x\to 0}\frac{f(x+\Delta x)-f(x)}{\Delta x}$.

例 2　求函数 $y=C$（C 为常数）的导数.

解　① 求函数的增量：因为 $y=C$，即不论 x 取何值，y 的值总等于 C，所以 $\Delta y=C-C=0$.

② 算比值：$\frac{\Delta y}{\Delta x}=0$.

③ 取极限：$y'=\lim\limits_{\Delta x\to 0}\dfrac{\Delta y}{\Delta x}=\lim\limits_{\Delta x\to 0}0=0$，即$(C)'=0$.

说明：常数的导数等于零.

例 3 求函数 $f(x)=x^2$ 的导数.

解 ① $\Delta y=f(x+\Delta x)-f(x)=(x+\Delta x)^2-x^2=2x\Delta x+\Delta x^2$.

② $\dfrac{\Delta y}{\Delta x}=\dfrac{2x\Delta x+\Delta x^2}{\Delta x}=2x+\Delta x$.

③ $y'=\lim\limits_{\Delta x\to 0}\dfrac{\Delta y}{\Delta x}=\lim\limits_{\Delta x\to 0}(2x+\Delta x)=2x$. 即$(x^2)'=2x$.

类似地，$(x^3)'=3x^2$.

说明：一般地，幂函数 $y=x^\alpha(\alpha\in R)$，有公式$(x^\alpha)'=\alpha x^{\alpha-1}$.

例 4 利用幂函数的导数公式求下列函数在指定点的导数：

① $y=\sqrt{x}$，求$y'|_{x=1}$；② $f(x)=\dfrac{1}{x}$，求 $f'(2)$.

解 ① $y=\sqrt{x}=x^{\frac{1}{2}}$，由幂函数的导数公式得 $y'=(x^{\frac{1}{2}})'=\dfrac{1}{2}x^{-\frac{1}{2}}=\dfrac{1}{2\sqrt{x}}$. 于是 $y'|_{x=1}=\dfrac{1}{2\sqrt{x}}\Big|_{x=1}=\dfrac{1}{2}$.

② $f(x)=\dfrac{1}{x}=x^{-1}$，由幂函数的导数公式得 $f'(x)=(x^{-1})'=-x^{-2}=-\dfrac{1}{x^2}$. 于是 $f'(2)=-\dfrac{1}{x^2}\Big|_{x=2}=-\dfrac{1}{4}$.

例 5 求函数 $f(x)=\sin x$ 的导数.

解 ① $\Delta y=f(x+\Delta x)-f(x)=\sin(x+\Delta x)-\sin x=2\cos\left(x+\dfrac{\Delta x}{2}\right)\sin\dfrac{\Delta x}{2}$.

② $\dfrac{\Delta y}{\Delta x}=\dfrac{2\cos\left(x+\dfrac{\Delta x}{2}\right)\sin\dfrac{\Delta x}{2}}{\Delta x}=\cos\left(x+\dfrac{\Delta x}{2}\right)\dfrac{\sin\dfrac{\Delta x}{2}}{\dfrac{\Delta x}{2}}$.

③ $y'=\lim\limits_{\Delta x\to 0}\dfrac{\Delta y}{\Delta x}=\lim\limits_{\Delta x\to 0}\left[\cos\left(x+\dfrac{\Delta x}{2}\right)\dfrac{\sin\dfrac{\Delta x}{2}}{\dfrac{\Delta x}{2}}\right]=\lim\limits_{\Delta x\to 0}\cos\left(x+\dfrac{\Delta x}{2}\right)\lim\limits_{\Delta x\to 0}\dfrac{\sin\dfrac{\Delta x}{2}}{\dfrac{\Delta x}{2}}$.

由于$\lim\limits_{\Delta x\to 0}\cos\left(x+\dfrac{\Delta x}{2}\right)=\cos x$，$\lim\limits_{\Delta x\to 0}\dfrac{\sin\dfrac{\Delta x}{2}}{\dfrac{\Delta x}{2}}=1$，从而 $y'=\lim\limits_{\Delta x\to 0}\dfrac{\Delta y}{\Delta x}=\cos x$，即

$$(\sin x)'=\cos x.$$

类似地，可求得 $$(\cos x)'=-\sin x.$$

利用导数的定义，可求得对数函数的导数：$(\log_a x)'=\frac{1}{x\ln a}$. 特别地$(\ln x)'=\frac{1}{x}$.

还可求得指数函数的导数：$(a^x)'=a^x\ln a$. 特别地$(e^x)'=e^x$.

2.1.4　导数的几何意义

如图 2－1(a)所示曲线为 $y=f(x)$的图像，在曲线上任取两点 $M(x, y)$，$N(x+\Delta x, y+\Delta y)$，作割线 MN，其斜率为 $\tan\varphi=\frac{\Delta y}{\Delta x}$($\varphi$ 是割线 MN 的倾斜角).

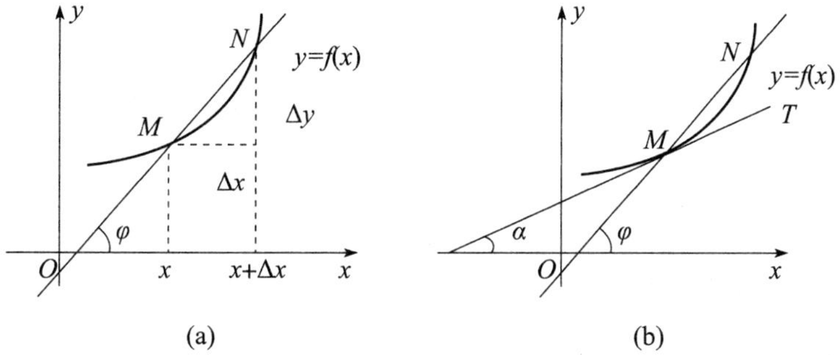

图 2－1

当点 N 沿曲线 $y=f(x)$移动而趋于点 M 时，即 $\Delta x\to 0$，则割线 MN 就绕着点 M 旋转而无限趋于它的极限位置 MT(见图 2－1(b))，直线 MT 称为曲线 $y=f(x)$在 M 点的切线，由于切线的倾斜角 α 是割线的倾斜角 φ 的极限，所以切线斜率 $\tan\alpha$ 就是割线斜率 $\tan\varphi=\frac{\Delta y}{\Delta x}$的极限，即

$$\tan\alpha=\lim_{\varphi\to\alpha}\tan\varphi=\lim_{\Delta x\to 0}\frac{\Delta y}{\Delta x}\quad\left(\alpha\neq\frac{\pi}{2}\right).$$

因此，函数 $y=f(x)$在点 x 处的导数 $f'(x)$在几何上表示曲线 $y=f(x)$在点 $M(x, y)$处的切线斜率，即

$$f'(x)=\tan\alpha.$$

根据导数的几何意义及直线的点斜式方程，得曲线 $y=f(x)$在点 $M_0(x_0, y_0)$处的切线方程和法线方程为

$$\begin{aligned}&\text{切线}:y-y_0=f'(x_0)(x-x_0),\\&\text{法线}:y-y_0=-\frac{1}{f'(x_0)}(x-x_0)(f'(x_0)\neq 0).\end{aligned}\qquad(2-1)$$

说明：如果 $y=f(x)$在点 x_0 处的导数为无穷大，即 $\tan\alpha$ 不存在，则曲线在 $M_0(x_0, y_0)$处的切线垂直于 x 轴，故切线方程为 $x=x_0$.

例 6 求抛物线 $y=x^2$ 在点(2, 4)处的切线方程和法线方程.

解 根据导数的几何意义，所求切线的斜率为 $k=y'|_{x=2}=2x|_{x=2}=4$.

所以抛物线在点(2, 4)处的切线方程为 $y-4=4(x-2)$，即 $4x-y-4=0$.

法线方程为 $y-4=-\frac{1}{4}(x-2)$，即 $4y+x-18=0$.

例 7 曲线 $y=\ln x$ 上哪一点的切线与直线 $y=3x-1$ 平行?

解 设曲线 $y=\ln x$ 在点 $M(x, y)$处的切线与直线 $y=3x-1$ 平行. 由导数的几何意义得所求切线的斜率为 $y'=(\ln x)'=\frac{1}{x}$. 而直线 $y=3x-1$ 的斜率为 $k=3$. 根据两直线平行的条件，有 $\frac{1}{x}=3$，即 $x=\frac{1}{3}$.

将其代入曲线方程 $y=\ln x$，得 $y=\ln\frac{1}{3}=-\ln 3$，所以曲线 $y=\ln x$ 在点 $M\left(\frac{1}{3}, -\ln 3\right)$处的切线与直线 $y=3x-1$ 平行.

2.1.5 可导与连续的关系

定理 1 如果函数 $y=f(x)$在点 x_0 处可导，则函数在点 x_0 处连续.

总结：函数在某点可导，则函数在该点必连续. 但如果函数在某点连续，却不一定在该点可导. 若函数在某点不连续，则它在该点必不可导.

定义 2 如果 $\lim\limits_{\Delta x\to 0^+}\frac{f(x_0+\Delta x)-f(x_0)}{\Delta x}\left(\lim\limits_{\Delta x\to 0^-}\frac{f(x_0+\Delta x)-f(x_0)}{\Delta x}\right)$存在，则称此极限值为 $f(x)$在 x_0 的右(左)导数，记为 $f'_+(x_0)(f'_-(x_0))$.

定理 2 $f(x)$在 x_0 处可导$\Leftrightarrow f'_-(x_0)$、$f'_+(x_0)$存在且相等.

例如，函数 $y=\sqrt[3]{x^2}$ 在 $x=0$ 处连续，但在 $x=0$ 处不可导. 这是因为在 $x=0$ 处，$\frac{\Delta y}{\Delta x}=\frac{\sqrt[3]{(\Delta x)^2}}{\Delta x}=\frac{1}{\sqrt[3]{\Delta x}}$，而 $\lim\limits_{\Delta x\to 0}\frac{\Delta y}{\Delta x}=\infty$，即函数 $y=\sqrt[3]{x^2}$ 在 $x=0$ 处导数不存在(见图 2-2).

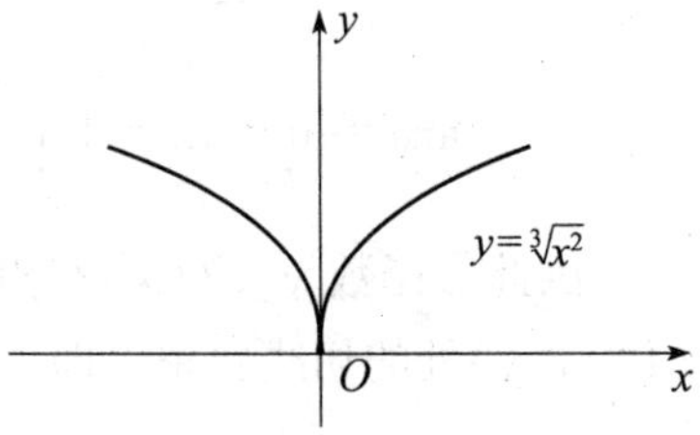

图 2-2

习题 2.1

1. 物体做直线运动的方程为 $s=3t^2-5t$(t 的单位为秒)，求:

(1) 物体在 2 秒到$(2+\Delta t)$秒的平均速度;

(2) 物体在 2 秒时的速度;

(3) 物体在 t_0 秒到 $(t_0+\Delta t)$ 秒的平均速度；

(4) 物体在 t_0 秒时的速度.

2. 根据导数的定义，求下列函数的导数和导数值：

(1) $f(x)=3x^2$，求 $f'(x)$ 和 $f'\left(\frac{1}{2}\right)$，$f'(2)$；

(2) $y=\frac{x^3}{3}$，求 $y'|_{x=0}$，$y'|_{x=\sqrt{2}}$.

3. 根据导数的定义，证明：$(\ln x)'=\frac{1}{x}$.

4. 求下列函数的导数：

(1) $y=\sqrt[3]{x^2}$；　(2) $y=x^{-3}$；　(3) $y=x^3\sqrt[5]{x}$；

(4) $y=\frac{x^2\sqrt{x}}{\sqrt[4]{x}}$；　(5) $y=(\sqrt{2})^x$；　(6) $y=\log_3 x$.

5. (1) 求曲线 $y=\sin x$ 在点 $\left(\frac{\pi}{4},\frac{\sqrt{2}}{2}\right)$ 处的切线斜率；

(2) 求曲线 $y=x^3$ 在 $x=2$ 处的切线方程和法线方程.

6. 设在抛物线 $y=x^2$ 上过 $M_1(1,1)$，$M_2(3,9)$ 两点作割线，问抛物线上哪一点的切线与该割线平行？

7. 求双曲线 $y=\frac{1}{x}$ 和抛物线 $y=\sqrt{x}$ 的夹角(指交点处两切线的夹角).

8. 函数 $y=\sqrt{x^2}=\begin{cases}x, & x\geqslant 0,\\ -x, & x<0\end{cases}$ 在点 $x=0$ 处是否连续，是否可导，为什么？

9. 设 $f(x)=\begin{cases}x^2, & x\leqslant 1,\\ ax+b, & x>1\end{cases}$ 试确定 a，b 的值，使 $f(x)$ 在 $x=1$ 处可导.

2.2 函数的和、差、积、商的求导法则

按照导数的定义求一般函数的导数是非常麻烦的，甚至是困难的. 为此，从本节开始，将研究函数的求导方法.

2.2.1 基本初等函数的导数公式

基本初等函数的导数公式是求导运算的基础，为了便于应用，我们将基本初等函数的导数公式归纳如下：

(1) $(C)'=0$(C 为常数)；　(2) $(x^a)'=ax^{a-1}$；

(3) $(\sin x)'=\cos x$；　(4) $(\cos x)'=-\sin x$；

(5) $(\tan x)'=\sec^2 x$；　(6) $(\cot x)'=-\csc^2 x$；

(7) $(\sec x)'=\sec x\tan x$； (8) $(\csc x)'=-\csc x\cot x$

(9) $(e^x)'=e^x$； (10) $(a^x)'=a^x\ln a(a>0，a\neq 1)$；

(11) $(\ln x)'=\dfrac{1}{x}$； (12) $(\log_a x)'=\dfrac{1}{x\ln a}(a>0，a\neq 1)$；

(13) $(\arcsin x)'=\dfrac{1}{\sqrt{1-x^2}}$； (14) $(\arccos x)'=-\dfrac{1}{\sqrt{1-x^2}}$；

(15) $(\arctan x)'=\dfrac{1}{1+x^2}$； (16) $(\text{arccot}\, x)'=-\dfrac{1}{1+x^2}$.

说明：公式(5)—(8)，(13)—(16)后续给出推导过程.

2.2.2 函数的和、差、积、商的求导法则

定理 设函数 $u=u(x)$、$v=v(x)$都在点 x 处可导，则函数 $u\pm v$、uv、$\dfrac{u}{v}(v\neq 0)$在点 x 处也可导，且

① $(u\pm v)'=u'\pm v'$；

② $(uv)'=u'v+uv'$；

③ $\left(\dfrac{u}{v}\right)'=\dfrac{u'v-uv'}{v^2}(v\neq 0)$.

定理中的法则①②对有限个函数也是成立的. 例如，$(u+v-w)'=u'+v'-w'$.

推论 ① $[Cu(x)]'=Cu'(x)$(C 为常数)；

② $\left(\dfrac{1}{u(x)}\right)'=-\dfrac{u'(x)}{u^2(x)}$；

③ $(uvw)'=u'vw+uv'w+uvw'$.

例 1 求函数 $y=x^2\ln x$ 的导数.

解 $y'=(x^2\ln x)'=(x^2)'\ln x+x^2(\ln x)'=2x\ln x+x^2\cdot\dfrac{1}{x}=2x\ln x+x$.

例 2 求函数 $y=2\sin x-\dfrac{1}{x\sqrt{x}}+3$ 的导数.

解 $y'=\left(2\sin x-\dfrac{1}{x\sqrt{x}}+3\right)'=(2\sin x)'-\left(\dfrac{1}{x\sqrt{x}}\right)'+(3)'=2(\sin x)'-(x^{-\frac{3}{2}})'+(3)'=2\cos x+\dfrac{3}{2}x^{-\frac{5}{2}}$.

例 3 求函数 $y=a^x(\log_a x-1)$的导数.

解 $y'=[a^x(\log_a x-1)]'=a^x\ln a(\log_a x-1)+a^x\dfrac{1}{x\ln a}=a^x\left(\ln a\log_a x-\ln a+\dfrac{1}{x\ln a}\right)$.

例 4 求正切函数 $y=\tan x$ 的导数.

解 因为 $\tan x=\dfrac{\sin x}{\cos x}$，所以

$y'=(\tan x)'=\left(\dfrac{\sin x}{\cos x}\right)'=\dfrac{(\sin x)'\cos x-\sin x(\cos x)'}{\cos^2 x}=\dfrac{\cos^2 x+\sin^2 x}{\cos^2 x}=\dfrac{1}{\cos^2 x}=\sec^2 x$. 即$(\tan x)'=\sec^2 x$.

类似地，可求得余切函数的导数$(\cot x)'=-\csc^2 x$.

例 5 求正割函数 $y=\sec x$ 的导数.

解 因为 $\sec x=\dfrac{1}{\cos x}$，所以 $y'=(\sec x)'=\left(\dfrac{1}{\cos x}\right)'=\dfrac{(1)'\cos x-1\cdot(\cos x)'}{\cos^2 x}=\dfrac{\sin x}{\cos^2 x}=\sec x\tan x$. 即$(\sec x)'=\sec x\tan x$.

类似地，可得余割函数的导数$(\csc x)'=-\csc x\cot x$.

例 6 求下列函数的导数：

① 已知 $y=\dfrac{2-3x}{2+x}$，求 y'；② 已知 $f(x)=\dfrac{\sin x}{1+\cos x}$，求 $f'\left(\dfrac{\pi}{3}\right)$，$f'\left(\dfrac{\pi}{2}\right)$.

解 ① $y'=\dfrac{(2-3x)'(2+x)-(2-3x)(2+x)'}{(2+x)^2}=\dfrac{-3(2+x)-(2-3x)}{(2+x)^2}=-\dfrac{8}{(2+x)^2}$.

② 因为
$$f'(x)=\frac{(\sin x)'(1+\cos x)-\sin x(1+\cos x)'}{(1+\cos x)^2}$$
$$=\frac{\cos x+\cos^2 x+\sin^2 x}{(1+\cos x)^2}=\frac{\cos x+1}{(1+\cos x)^2}=\frac{1}{1+\cos x},$$

所以 $f'\left(\dfrac{\pi}{3}\right)=\dfrac{1}{1+\cos\dfrac{\pi}{3}}=\dfrac{1}{1+\dfrac{1}{2}}=\dfrac{2}{3}$，$f'\left(\dfrac{\pi}{2}\right)=\dfrac{1}{1+\cos\dfrac{\pi}{2}}=\dfrac{1}{1+0}=1$.

例 7 设函数 $y=(\sqrt{x}+1)\left(\dfrac{1}{\sqrt{x}}-1\right)$，求 y'.

解 因为 $y=(\sqrt{x}+1)\left(\dfrac{1}{\sqrt{x}}-1\right)=\dfrac{1}{\sqrt{x}}-\sqrt{x}$，所以 $y'=\left(\dfrac{1}{\sqrt{x}}-\sqrt{x}\right)'=-\dfrac{1}{2\sqrt{x^3}}-\dfrac{1}{2\sqrt{x}}=-\dfrac{1}{2\sqrt{x}}\left(\dfrac{1}{x}+1\right)$.

注意： 求导数时要先观察函数，看函数能否化简. 若能，为简化计算过程，应先将函数化简再求导数.

习题 2.2

1. 求下列函数的导数：

(1) $y=3x^2-\dfrac{2}{x^2}+\cos x$；　　(2) $y=(1+x^2)\sin x$；

(3) $y=\frac{x^5+\sqrt{x}+1}{x^3}$；　　(4) $y=x^2\sin x$；

(5) $y=\frac{1}{x+\cos x}$；　　(6) $u=\frac{\sin t}{\sin t+\cos t}$；

(7) $\rho=\sqrt{\varphi}\sin\varphi$；　　(8) $y=3\ln x-\frac{2}{x}+\tan x$；

(9) $y=x\tan x-2\sec x$；　　(10) $y=\left(\sin x-\frac{\cos x}{x}\right)\tan x$；

(11) $y=\frac{1-\log_a x}{1+\log_a x}$；　　(12) $y=e^x(\sin x+\cos x)$.

2. 求下列函数在给定点的导数：

(1) $y=\frac{x^2-5x+1}{x^3}$，求$y'|_{x=1}$；　　(2) $f(x)=x\sin x+\frac{1}{2}\cos x$，求 $f'\left(\frac{\pi}{4}\right)$；

(3) $y=3x^2+x\cos x+\cos\frac{\pi}{6}$，求$y'|_{x=\pi}$；(4) $\varphi(t)=\frac{t-2}{t^2-t+1}$，求 $\varphi'(1)$.

3. 设 u、v、w 均是 x 的函数，求证：$(uvw)'=u'vw+uv'w+uvw'$，并求 $y=x^5\ln x\tan x$ 的导数.

4. 过点 $A(1, 2)$引抛物线 $y=2x-x^2$ 的切线，求该切线的方程.

5. 求曲线 $y=x-\frac{1}{x}$与横坐标轴交点处的切线方程.

6. 已知物体做直线运动的方程为 $s=2t^3-15t^2+36t+2$，问何时速度等于零?

2.3　复合函数的求导法则

对由函数 $y=f(u)$，$u=\varphi(x)$复合而成的函数 $y=f[\varphi(x)]$的求导，有以下法则.

定理　设函数 $u=\varphi(x)$在点 x 处有导数$\frac{du}{dx}$，函数 $y=f(u)$在对应点 $u=\varphi(x)$处也有导数$\frac{dy}{du}$，则复合函数 $y=f[\varphi(x)]$在点 x 处的导数必存在，且

$$\frac{dy}{dx}=\frac{dy}{du}\cdot\frac{du}{dx},$$

也可写成　　$y'_x=y'_u\cdot u'_x$　或　$y'(x)=f'(u)\cdot\varphi'(x)$，
其中 y'_x 表示 y 对 x 的导数，y'_u 表示 y 对中间变量 u 的导数，u'_x 表示中间变量 u 对自变量 x 的导数.

说明： ① 复合函数的导数等于函数对中间变量的导数乘以中间变量对自变量的

导数；

② 复合函数的求导法则可以推广到有限个中间变量的情况．例如，$y=f(u)$、$u=\varphi(v)$、$v=\psi(x)$构成的复合函数为 $y=f[\varphi(\psi(x))]$，其导数为$\frac{\mathrm{d}y}{\mathrm{d}x}=\frac{\mathrm{d}y}{\mathrm{d}u}\cdot\frac{\mathrm{d}u}{\mathrm{d}v}\cdot\frac{\mathrm{d}v}{\mathrm{d}x}$或 $y'(x)=f'(u)\cdot\varphi'(v)\cdot\psi'(x)$．复合函数的求导法则一般称为链式法则．

例 1　求函数 $y=(1-2x)^3$ 的导数．

解　设 $y=u^3$，$u=1-2x$．因为 $y'_u=3u^2$，$u'_x=-2$，所以 $y'_x=y'_u u'_x=3u^2(-2)=-6u^2=-6(1-2x)^2$．

例 2　求函数 $y=\sqrt{\cos x}$ 的导数．

解　设 $y=\sqrt{u}$，$u=\cos x$．因为 $y'_u=\frac{1}{2\sqrt{u}}$，$u'_x=-\sin x$，所以 $y'_x=y'_u u'_x=\frac{1}{2\sqrt{u}}(-\sin x)=-\frac{\sin x}{2\sqrt{\cos x}}$．

注意：① 复合函数的求导关键是正确地分析复合函数的复合过程，确定其中的中间变量，将复合函数分解为基本初等函数或基本初等函数的和、差、积、商，即可根据复合函数求导法则进行求导；

② 求导后必须把引进的中间变量代换成原自变量的式子；

③ 对复合函数的求导熟练后，中间变量可以不写出，只要默记中间变量所代替的式子，按照函数复合的次序，逐层求导即可．

例 3　求函数 $y=\sin^2 2x$ 导数．

解　$y'=(\sin^2 2x)'=2\sin 2x\cdot(\sin 2x)'=2\sin 2x\cdot\cos 2x\cdot(2x)'=2\sin 4x$．

例 4　求函数 $y=\ln\left[\tan\left(\frac{\pi}{4}+\frac{x}{2}\right)\right]$ 导数．

解　$$y'=\left\{\ln\left[\tan\left(\frac{\pi}{4}+\frac{\pi}{2}\right)\right]\right\}'=\frac{1}{\tan\left(\frac{\pi}{4}+\frac{x}{2}\right)}\left[\tan\left(\frac{\pi}{4}+\frac{x}{2}\right)\right]'$$

$$=\frac{1}{\tan\left(\frac{\pi}{4}+\frac{x}{2}\right)}\sec^2\left(\frac{\pi}{4}+\frac{x}{2}\right)\left(\frac{\pi}{4}+\frac{x}{2}\right)'$$

$$=\frac{1}{2\sin\left(\frac{\pi}{4}+\frac{x}{2}\right)\cos\left(\frac{\pi}{4}+\frac{x}{2}\right)}=\frac{1}{\sin\left(\frac{\pi}{2}+x\right)}=\frac{1}{\cos x}=\sec x.$$

说明：求函数的导数，有时需要综合运用各种求导法则，有的函数在求导前需要进行化简或适当变形．

例 5　求下列函数的导数：

① $y=x\sin^2 x-\cos x^2$；　　② $y=\frac{1}{x-\sqrt{x^2-1}}$；

③ $y=\ln\sqrt{\frac{1+x}{1-x}}$；　　④ $f(x)=\frac{\sec^2 x-2}{1-\tan x}$.

解 ① $y'=(x)'\sin^2 x+x(\sin^2 x)'-(\cos x^2)'=\sin^2 x+x\cdot 2\sin x\cos x+\sin x^2\cdot 2x$
$=\sin^2 x+x\sin 2x+2x\sin x^2$.

② 先将分母有理化，得 $y=\frac{1}{x-\sqrt{x^2-1}}=\frac{x+\sqrt{x^2-1}}{(x-\sqrt{x^2-1})(x+\sqrt{x^2-1})}=x+\sqrt{x^2-1}$，于是

$$y'=(x+\sqrt{x^2-1})'=1+\frac{2x}{2\sqrt{x^2-1}}=1+\frac{x}{\sqrt{x^2-1}}.$$

③ 因为 $y=\ln\sqrt{\frac{1+x}{1-x}}=\frac{1}{2}[\ln(1+x)-\ln(1-x)]$，所以

$$y'=\frac{1}{2}[\ln(1+x)-\ln(1-x)]'=\frac{1}{2}\left(\frac{1}{1+x}-\frac{-1}{1-x}\right)=\frac{1}{1-x^2}.$$

④ 因为 $f(x)=\frac{\sec^2 x-2}{1-\tan x}=\frac{1+\tan^2 x-2}{1-\tan x}=\frac{\tan^2 x-1}{1-\tan x}=-1-\tan x$，所以

$$f'(x)=(-1-\tan x)'=-\sec^2 x.$$

例 6 证明：$(x^\alpha)'=\alpha x^{\alpha-1}(x>0,\ \alpha\in R)$.

证明 因为 $x^\alpha=e^{\ln x^\alpha}=e^{\alpha\ln x}$，所以 $(x^\alpha)'=(e^{\alpha\ln x})'=e^{\alpha\ln x}(\alpha\ln x)'=e^{\alpha\ln x}\frac{\alpha}{x}=x^\alpha\cdot\frac{\alpha}{x}=\alpha x^{\alpha-1}$.

习题 2.3

1. 求下列函数的导数：

(1) $y=\sqrt[3]{1-x^2}$；　(2) $y=\sin(\omega x+\varphi)$；　(3) $y=\tan^2\frac{x}{2}$；

(4) $y=\ln\sin 2x$；　(5) $y=\sqrt{\frac{x-1}{x+1}}$；　(6) $y=\cos^3(x^2+1)$；

(7) $y=(x-1)\sqrt{x^2+1}$；　(8) $y=\ln x^2+(\ln x)^2$；　(9) $y=\frac{1+\cos^2 x}{\cos x^2}$；

(10) $y=\frac{\sin 2x}{1-\cos 2x}$；　(11) $y=\sin\left(\frac{\cos x}{x}\right)$；　(12) $y=\sec^3(\ln x)$；

(13) $y=\ln[\ln(\ln x)]$；　(14) $y=\ln\sqrt{\frac{x^2+1}{x^2-1}}$.

2. 求下列函数在给定点的导数：

(1) $y=\sqrt[3]{4-3x}$，求$y'|_{x=1}$；(2) $y=\ln\cos(\pi-x)$，求$y'|_{x=\frac{\pi}{4}}$；

(3) $f(x)=\sqrt{1+\ln^2 x}$，求 $f'(\mathrm{e})$；(4) $f(x)=-\frac{3}{5}\cot^5\frac{x}{3}+\cot^3\frac{x}{3}-3\cot\frac{x}{3}-x$，求 $f'\left(\frac{\pi}{2}\right)$.

3. 已知质点做简谐运动时的规律为 $S=A\sin\frac{2\pi}{T}t$，式中 A 为振幅，T 为周期，求 $t=\frac{T}{4}$时，质点运动的速度.

4. 求证函数 $y=\ln\frac{1}{1+x}$满足关系式：$x\frac{\mathrm{d}y}{\mathrm{d}x}+1=\mathrm{e}^y$.

2.4 反函数和隐函数的导数

本节介绍反函数的求导法则，并利用复合函数的求导法则，求出隐函数的导数.

2.4.1 反函数的求导法则

定理 若单调连续函数 $x=\varphi(y)$的导数存在，且$\frac{\mathrm{d}x}{\mathrm{d}y}\neq 0$，则它的反函数 $y=f(x)$的导数存在，且有$\frac{\mathrm{d}y}{\mathrm{d}x}=\frac{1}{\frac{\mathrm{d}x}{\mathrm{d}y}}$或$f'(x)=\frac{1}{\varphi'(y)}$，即反函数的导数等于原来函数导数的倒数.

例 1 求函数 $y=\arcsin x(-1<x<1)$的导数.

解 因为 $y=\arcsin x$ 的反函数是$x=\sin y\left(-\frac{\pi}{2}<y<\frac{\pi}{2}\right)$，且$(\sin y)'=\cos y>0$，所以 $y'=\frac{1}{(\sin y)'}=\frac{1}{\cos y}=\frac{1}{\sqrt{1-x^2}}$，即$(\arcsin x)'=\frac{1}{\sqrt{1-x^2}}$.

类似地，可得到反余弦函数、反正切函数、反余切函数的导数：

$$(\arccos x)'=-\frac{1}{\sqrt{1-x^2}},(\arctan x)'=\frac{1}{1+x^2},(\operatorname{arccot} x)'=-\frac{1}{1+x^2}.$$

例 2 求函数 $y=\arctan\frac{1}{x}$的导数.

解 由反正切函数的导数公式及复合函数的求导法则，有

$$y'=\left(\arctan\frac{1}{x}\right)'=\frac{1}{1+\frac{1}{x^2}}\cdot\left(\frac{1}{x}\right)'=\frac{1}{1+\frac{1}{x^2}}\cdot\left(-\frac{1}{x^2}\right)=-\frac{1}{1+x^2}.$$

例 3 求函数 $y=e^{\arcsin\sqrt{x}}$ 的导数.

解 $y'=(e^{\arcsin\sqrt{x}})'=e^{\arcsin\sqrt{x}}\cdot(\arcsin\sqrt{x})'$

$$=e^{\arcsin\sqrt{x}}\cdot\frac{1}{\sqrt{1-x}}\cdot(\sqrt{x})'=\frac{e^{\arcsin\sqrt{x}}}{2\sqrt{x-x^2}}.$$

2.4.2 隐函数的导数

用解析法表示函数通常有两种不同的方式：一种是由 $y=f(x)$ 的形式给出的自变量为 x 的函数 y，称为显函数. 如 $y=x^2+3$、$y=\ln\cos x$、$s=e^t\sin t$ 等均为显函数；另一种是由方程 $F(x, y)=0$ 的形式所确定的自变量为 x 的函数 y，称为隐函数. 如 $x^2-y+3=0$、$\sin x+xy=3$、$e^{s+t}=st$ 等均为隐函数.

显函数与隐函数都反映了变量之间存在的某种依赖关系，只是表达形式不同. 有些隐函数可以化为显函数，如 $x^2-y+3=0$ 可化为 $y=x^2+3$；有些隐函数则不能化为显函数，如 $e^{s+t}=st$. 因此，在求隐函数的导数时，希望能找到一个不需要把隐函数化为显函数，而直接由方程 $F(x, y)=0$ 求出导数 $\frac{dy}{dx}$ 的方法. 利用复合函数的求导法则，就能解决一般隐函数的求导问题. 下面通过实例介绍隐函数的求导方法.

例 4 求由方程 $x^2+y^2=R^2$ 所确定的隐函数的导数 y'.

解 将方程的两边同时对 x 求导，并注意到 y 是 x 的函数，则 y^2 是 x 的复合函数，求导时应利用复合函数的求导法则，得

$$(x^2)'+(y^2)'=(R^2)',$$

即 $2x+2yy'=0$，解出 y'，得 $y'=-\frac{x}{y}$.

例 5 求由方程 $xy=e^x-e^y$ 所确定的函数 y 在 $x=0$ 处的导数.

解 将方程两边同时对 x 求导，得

$$(xy)'=(e^x)'-(e^y)',$$

即 $$y+xy'=e^x-e^y y',$$

解出 y'，得 $$y'=\frac{e^x-y}{x+e^y}.$$

由原方程知，当 $x=0$ 时，$y=0$. 所以 y 在 $x=0$ 处的导数 $y'|_{(0,0)}=\frac{e^0-0}{0+e^0}=1$.

总结： ① 求隐函数的导数 y' 时，总是将方程的两边同时对自变量 x 求导，注意到 y 是 x 的函数，y 的函数是 x 的复合函数. 合并 y'，解出 y'，就得到所求隐函数

的导数；

② 隐函数所确定的函数 y 的导数 y' 中含有 y，这是与显函数的导数不同的.

2.4.3　对数求导法

定义　形如 $y=[u(x)]^{v(x)}(u(x)>0)$ 的函数叫作幂指函数，其中 $u(x)$、$v(x)$ 是可导函数.

幂指函数虽然是显函数，但不易直接求导．幂指函数的导数可用对数求导法，即先将等式两边同时取自然对数，变成隐函数的形式，再利用隐函数求导法来求其导数.

对数的性质：$\log_a(b^c)=c\log_a b$，$\log_a(bc)=\log_a b+\log_a c$，$\log_a\left(\frac{b}{c}\right)=\log_a b-\log_a c$.

例 6　求函数 $y=x^x(x>0)$ 的导数.

解　对等式两边同时取自然对数，得　$\ln y=x\ln x$，

两边同时对 x 求导，得　$\frac{y'}{y}=\ln x+1$，

所以　$y'=y(\ln x+1)=x^x(\ln x+1)$.

若一个函数是由多个函数的积、商、幂、方根组成时，用对数求导法来求导数，也是一种简便易行的方法.

例 7　求函数 $y=\sqrt{\frac{(x-1)(x-2)}{(x-3)(x-4)}}$ 的导数.

解　对等式两边同时取自然对数，得 $\ln y=\frac{1}{2}[\ln(x-1)+\ln(x-2)-\ln(x-3)-\ln(x-4)]$，两边同时对 x 求导，得 $\frac{y'}{y}=\frac{1}{2}\left(\frac{1}{x-1}+\frac{1}{x-2}-\frac{1}{x-3}-\frac{1}{x-4}\right)$，

所以　$y'=\frac{y}{2}\left(\frac{1}{x-1}+\frac{1}{x-2}-\frac{1}{x-3}-\frac{1}{x-4}\right)$，

即　$y'=\frac{1}{2}\sqrt{\frac{(x-1)(x-2)}{(x-3)(x-4)}}\left(\frac{1}{x-1}+\frac{1}{x-2}-\frac{1}{x-3}-\frac{1}{x-4}\right)$.

总结：① 对数求导法则一般用于幂指函数或由多个函数的积、商、幂、方根组成的函数的求导；

② 利用对数求导法则时，函数两边取自然对数后要先利用对数性质化简，再两边对 x 求导.

习题 2.4

1. 求下列函数的导数：

(1) $y=\left(\frac{2}{3}\right)^x+x^{\frac{2}{3}}$；　　(2) $y=e^{\cos x}$；　　(3) $y=\sqrt{e^{2x}+1}$；

(4) $y=\sin(2^x)$；　(5) $y=2^{\frac{x}{\ln x}}$；　(6) $y=e^x\ln x$；

(7) $y=\arcsin 5x$；　(8) $y=\arctan e^{\sqrt{x}}$；　(9) $y=\arccos(\ln x)$；

(10) $y=\ln(x+\sqrt{x^2+a^2})$；　(11) $y=\ln\dfrac{x}{1-x}$.

2. 曲线 $y=xe^{-x}$ 上哪一点的切线平行于 x 轴？求此切线方程.

3. 一物体的运动方程为 $s=\dfrac{b}{a^2}(at+e^{-at})$（$a$，$b$ 为常数，$a\neq0$），求物体在 $t=\dfrac{1}{2a}$ 时的速度.

4. 求下列隐函数的导数：

(1) $y^5+2y-x-3x^7=0$；　(2) $\sqrt{x}+\sqrt{y}=\sqrt{a}$；

(3) $xy=e^{x+y}$；　(4) $\cos(xy)=x$；

(5) $y=1-xe^y$；　(6) $\ln\sqrt{x^2+y^2}=\arctan\dfrac{y}{x}$.

5. 求下列隐函数在指定点处的导数：

(1) $\dfrac{y^2}{x+y}=1-x^2$，在点(0，1)；(2) $e^y-xy=e$，在点(0，1)；

(3) 设 $y=f(x)$ 由方程 $\sin xy-\ln\dfrac{x+1}{y}=1$ 确定，求 $y'|_{x=0}$；

(4) 已知 $xy=x-e^{xy}$，求 $\dfrac{dy}{dx}\Big|_{y=0}$.

6. 用对数求导法求下列函数的导数：

(1) $y=(\sin x)^x$；　(2) $y=x^{\frac{1}{x}}$；

(3) $y=\sqrt{\dfrac{x(x-1)}{(x-2)(x+3)}}$；　(4) $y=\dfrac{\sqrt{x+2}(3-x)^4}{(x+1)^5}$.

2.5 高阶导数　由参数方程所确定的函数的导数

2.5.1 高阶导数的概念

一般来说，函数 $y=f(x)$ 的导数 $f'(x)$ 仍然是 x 的函数，因此可以对 x 再求导数.

定义　把函数 $y=f(x)$ 的导数的导数叫作函数 $y=f(x)$ 的二阶导数，记作 y''，$f''(x)$ 或 $\dfrac{d^2y}{dx^2}$. 即

$$y''=(y')',f''(x)=[f'(x)]',\frac{d^2y}{dx^2}=\frac{d}{dx}\left(\frac{dy}{dx}\right).$$

相应地，把 $y=f(x)$ 的导数 $f'(x)$ 叫作函数 $y=f(x)$ 的一阶导数.

类似地，可定义 $y=f(x)$ 的三阶导数、四阶导数、…、n 阶导数，分别记作 y'''、$y^{(4)}$、…、$y^{(n)}$ 或 $f'''(x)$、$f^{(4)}(x)$、…、$f^{(n)}(x)$ 或 $\frac{d^3y}{dx^3}$、$\frac{d^4y}{dx^4}$、…、$\frac{d^ny}{dx^n}$.

二阶及二阶以上的导数统称为高阶导数.

例1 求下列函数的二阶导数：

① $y=x^3+x^2+x+1$；② $y=x\ln x$.

解 ① $y'=3x^2+2x+1$，$y''=6x+2$.

② $y'=(x)'\ln x+x(\ln x)'=\ln x+1$，$y''=(\ln x+1)'=\frac{1}{x}$.

例2 求方程 $x^2+y^2=R^2$ 所确定的隐函数的二阶导数 y''.

解 将方程的两边同时对 x 求导，得 $2x+2yy'=0$，解出 y'，得 $y'=-\frac{x}{y}$.

将 y' 对 x 求导，得 $y''=-\frac{(x)'y-xy'}{y^2}=-\frac{y-xy'}{y^2}$，把 y' 的结果代入上式，注意到 $x^2+y^2=R^2$，于是

$$y''=-\frac{y-x\left(-\frac{x}{y}\right)}{y^2}=-\frac{y^2+x^2}{y^3}=-\frac{R^2}{y^3}.$$

例3 求指数函数 $y=e^x$ 的 n 阶导数.

解 因为 $y'=e^x$，$y''=e^x$，$y'''=e^x$，…，所以 $y^{(n)}=e^x$，即 $(e^x)^{(n)}=e^x$.

例4 求正弦函数 $y=\sin x$ 的 n 阶导数.

解 $y=\sin x$，$y'=\cos x=\sin\left(\frac{\pi}{2}+x\right)$，$y''=-\sin x=\sin\left(2\cdot\frac{\pi}{2}+x\right)$，$y'''=-\cos x=\sin\left(3\cdot\frac{\pi}{2}+x\right)$，$y^{(4)}=\sin x=\sin\left(4\cdot\frac{\pi}{2}+x\right)$，…. 依次类推，可得 $y^{(n)}=\sin\left(n\cdot\frac{\pi}{2}+x\right)$.

例5 求对数函数 $y=\ln x$ 的 n 阶导数.

解 $y=\ln x$，$y'=\frac{1}{x}=x^{-1}$，$y''=(-1)x^{-2}$，$y'''=(-1)(-2)x^{-3}$，$y^{(4)}=(-1)(-2)(-3)x^{-4}$，…. 依次类推，可得 $y^{(n)}=(-1)(-2)\cdots[-(n-1)]x^{-n}=(-1)^{n-1}\cdot 1\cdot 2\cdot 3\cdot 4\cdots(n-1)\cdot\frac{1}{x^n}=(-1)^{n-1}(n-1)!\cdot\frac{1}{x^n}$.

2.5.2 二阶导数的力学意义

设物体作变速直线运动，其路程函数为 $s=s(t)$，则物体运动的速度是路程 s 对

时间 t 的导数，即 $v=s'(t)=\frac{\mathrm{d}s}{\mathrm{d}t}$. 一般地，速度 v 仍是时间 t 的函数，可求速度 v 对时间 t 的导数，且用 a 表示，则 $a=v'=\frac{\mathrm{d}^2 s}{\mathrm{d}t^2}$. 在力学中，$a$ 表示物体运动的加速度，即物体运动的加速度 a 是路程函数 s 对时间 t 的二阶导数.

例 6 作直线运动的某物体的运动方程为 $s=\mathrm{e}^{-t}\cos t$，求物体运动的加速度.

解 因为 $s=\mathrm{e}^{-t}\cos t$，所以物体运动的速度 $v=s'=(\mathrm{e}^{-t})'\cos t+\mathrm{e}^{-t}(\cos t)'=-\mathrm{e}^{-t}(\sin t+\cos t)$，物体运动的加速度 $a=s''=\mathrm{e}^{-t}(\sin t+\cos t)-\mathrm{e}^{-t}(\cos t-\sin t)=2\mathrm{e}^{-t}\sin t$.

2.5.3 由参数方程所确定的函数的导数

设参数方程为 $\begin{cases}x=\varphi(t),\\ y=f(t),\end{cases}$ 可确定 y 是 x 的函数. 如何计算这个函数的导数 $\frac{\mathrm{d}y}{\mathrm{d}x}$ 呢?

例 7 求由参数方程 $\begin{cases}x=1-t,\\ y=\ln t\end{cases}$ 所确定的函数的导数 $\frac{\mathrm{d}y}{\mathrm{d}x}$.

解 由 $x=1-t$，得 $t=1-x$，代入 $y=\ln t$，得 $y=\ln(1-x)$. 于是 $\frac{\mathrm{d}y}{\mathrm{d}x}=\frac{1}{1-x}\cdot(1-x)'=\frac{1}{x-1}$.

由上例可以看到，求由参数方程 $\begin{cases}x=\varphi(t),\\ y=f(t)\end{cases}$ 确定的函数 y 对 x 的导数，可以通过消去参数 t 得到 y 与 x 的函数关系式，进而求得导数 $\frac{\mathrm{d}y}{\mathrm{d}x}$. 但是有的参数方程消去 t 很困难，因此，不能通过消去参数 t 的方法来求出参数方程所确定的函数 y 对 x 的导数.

在方程 $\begin{cases}x=\varphi(t),\\ y=f(t)\end{cases}$ 中，设 $x=\varphi(t)$，$y=f(t)$ 都可导，且 $x=\varphi(t)$ 具有单调连续的反函数 $t=\varphi^{-1}(x)$，则由方程确定的函数 y 可看作是由 $y=f(t)$ 及 $t=\varphi^{-1}(x)$ 复合而成的函数 $y=f[\varphi^{-1}(x)]$. 当 $\varphi'(t)\neq 0$ 时，根据复合函数与反函数的求导法则，有 $\frac{\mathrm{d}y}{\mathrm{d}x}=\frac{\mathrm{d}y}{\mathrm{d}t}\cdot\frac{\mathrm{d}t}{\mathrm{d}x}=\frac{\frac{\mathrm{d}y}{\mathrm{d}t}}{\frac{\mathrm{d}x}{\mathrm{d}t}}$，即 $\frac{\mathrm{d}y}{\mathrm{d}x}=\frac{\frac{\mathrm{d}y}{\mathrm{d}t}}{\frac{\mathrm{d}x}{\mathrm{d}t}}$ 或 $y'_x=\frac{y'_t}{x'_t}$.

例 8 求旋轮线 $\begin{cases}x=a(t-\sin t),\\ y=a(1-\cos t)\end{cases}$ 在 $t=\frac{\pi}{4}$ 处的切线斜率.

解 因为 $\frac{\mathrm{d}y}{\mathrm{d}t}=a\sin t$，$\frac{\mathrm{d}x}{\mathrm{d}t}=a(1-\cos t)$，所以 $\frac{\mathrm{d}y}{\mathrm{d}x}=\frac{\frac{\mathrm{d}y}{\mathrm{d}t}}{\frac{\mathrm{d}x}{\mathrm{d}t}}=\frac{a\sin t}{a(1-\cos t)}=\frac{\sin t}{1-\cos t}$.

于是在 $t=\frac{\pi}{4}$ 处的切线斜率为 $\left.\frac{dy}{dx}\right|_{t=\frac{\pi}{4}}=\frac{\sin\frac{\pi}{4}}{1-\cos\frac{\pi}{4}}=1+\sqrt{2}$.

例 9　求由参数方程 $\begin{cases}x=3e^{-t}\\y=2e^{t}\end{cases}$，所确定的函数的二阶导数 $\frac{d^2y}{dx^2}$.

解　$\frac{dy}{dx}=\frac{\frac{dy}{dt}}{\frac{dx}{dt}}=\frac{2e^t}{-3e^{-t}}=-\frac{2}{3}e^{2t}$，

$$\frac{d^2y}{dx^2}=\frac{d}{dx}\left(\frac{dy}{dx}\right)=\frac{d}{dx}\left(-\frac{2}{3}e^{2t}\right)=\frac{\frac{d}{dt}\left(-\frac{2}{3}e^{2t}\right)}{\frac{dx}{dt}}=\frac{-\frac{2}{3}e^{2t}\cdot 2}{-3e^{-t}}=\frac{4}{9}e^{3t}.$$

习题 2.5

1. 求下列函数的二阶导数：

(1) $y=(x+3)^4$；　　(2) $y=e^x+\ln x$；

(3) $y=\left(\frac{3}{5}\right)^x$；　　(4) $y=\cos^2\frac{x}{2}$；

(5) $y=(1+x^2)\arctan x$；　　(6) $y=\frac{x^2}{\sqrt{1+x^2}}$.

2. 已知做直线运动的某物体运动方程为 $s=A\cos(\omega t+\varphi)$（$A$、$\omega$、$\varphi$ 均为常数），求物体运动的加速度.

3. 求由方程 $y=\tan(x+y)$ 所确定的隐函数 y 对 x 的二阶导数.

4. 求下列函数的 n 阶导数：

(1) $y=\cos x$；　　(2) $y=a^x$；　　(3) $y=\ln(1+x)$；

(4) $y=x^n+a_1x^{n-1}+a_2x^{n-2}+\cdots+a_{n-1}x+a_n$（$a_1$、$a_2$、$\cdots$、$a_n$ 都是常数）.

5. 求下列参数方程所确定的函数的导数：

(1) $\begin{cases}x=1-t^2,\\y=t-t^3,\end{cases}$ 求 $\frac{dy}{dx}$；　　(2) $\begin{cases}x=\ln(1+t^2),\\y=t-\arctan t,\end{cases}$ 求 $\frac{dy}{dx}$；

(3) $\begin{cases}x=a\cos t,\\y=b\sin t,\end{cases}$ 求 $\left.\frac{dy}{dx}\right|_{t=\frac{\pi}{4}}$；　　(4) $\begin{cases}x=e^t\sin t,\\y=e^t\cos t,\end{cases}$ 求 $\left.\frac{dy}{dx}\right|_{t=\frac{\pi}{3}}$.

6. 求下列参数方程所确定的函数的二阶导数 $\frac{d^2y}{dx^2}$.

(1) $\begin{cases}x=\sqrt{1+t},\\y=\sqrt{1-t};\end{cases}$　　(2) $\begin{cases}x=a\cos^3t,\\y=a\sin^3t.\end{cases}$

7. 求曲线$\begin{cases}x=2\sin t,\\ y=\cos 2t\end{cases}$在$t=\dfrac{\pi}{4}$处的切线方程.

2.6 微分及其应用

前面研究了函数的导数. 在许多实际问题中，经常遇到与导数有关的一类问题：当自变量有微小增量时，要计算相应函数的增量. 这就是本节函数的微分所要讨论的问题，并由此引出微分的计算方法.

2.6.1 微分的概念

引例 一块正方形的金属薄片，当受热膨胀后，边长由x_0变到$x_0+\Delta x$. 问此薄片的面积A增加了多少?

解 由于正方形(见图2-3)的面积A是边长x_0的函数$A=x_0^2$，由题意得

$$\Delta A=(x_0+\Delta x)^2-x_0^2=2x_0\Delta x+\Delta x^2.$$

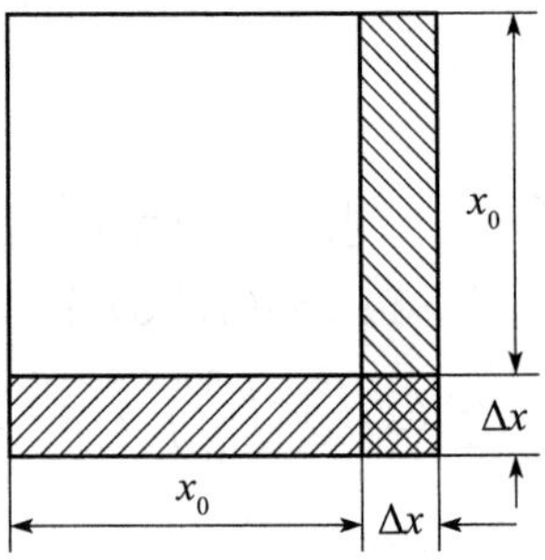

图2-3

由上式可以看到所求面积A的增量ΔA由两项的和构成. 第一项$2x_0\Delta x$是关于Δx的一次式(称线性式)，Δx的系数$2x_0$恰好是面积A在x_0点的导数；第二项是Δx的二次式. 显然，当Δx很小时，ΔA的主要部分是第一项$2x_0\Delta x$. 因此面积A的增量ΔA可近似表示为

$$\Delta A\approx 2x_0\Delta x \quad 或 \quad \Delta A\approx A'(x_0)\Delta x.$$

一般地，对于函数$y=f(x)$，当自变量x由x_0变到$x_0+\Delta x$时，函数y的增量$\Delta y=f(x_0+\Delta x)-f(x_0)$的具体表达式往往比较复杂，是否仍可用$\Delta x$的线性式去近似表达呢? 下面就可导函数$y=f(x)$进行研究.

由具有极限的函数与无穷小量的关系可知$\dfrac{\Delta y}{\Delta x}=f'(x_0)+\alpha$(当$\Delta x\to 0$时，$\alpha\to 0$)，于是

$$\Delta y=f'(x_0)\Delta x+\alpha\Delta x.$$

可见，Δy是由两项之和构成：第一项为$f'(x_0)\Delta x$，其中$f'(x_0)$为定值；第二项为$\alpha\Delta x$，其中α为当$\Delta x\to 0$时的无穷小量. 由于$\dfrac{\alpha\Delta x}{f'(x_0)\Delta x}\to 0$(当$\Delta x\to 0$且$f'(x_0)\neq 0$时)，故第二项与第一项比较是微不足道的. 因此，当$|\Delta x|$很小且$f'(x_0)\neq 0$时，可用$f'(x_0)\Delta x$作为Δy的近似值，即$\Delta y\approx f'(x_0)\Delta x$. 称$\Delta x$的线

性式 $f'(x_0)\Delta x$ 为 Δy 的线性主部．由此给出微分的定义．

定义　如果函数 $y=f(x)$在点 x_0 具有导数 $f'(x_0)$，则 $f'(x_0)\Delta x$ 称为$y=f(x)$在点 x_0 相应于自变量增量 Δx 的微分，记作 $\mathrm{d}y$，即 $\mathrm{d}y=f'(x_0)\Delta x$．

通常把自变量的增量 Δx 称为自变量的微分，记作 $\mathrm{d}x$．则函数 $y=f(x)$在点 x_0 处的微分可写成

$$\mathrm{d}y=f'(x_0)\mathrm{d}x. \tag{1}$$

当函数 $y=f(x)$在点 x_0 处有微分时，称函数 $y=f(x)$在点 x_0 处可微．

一般地，函数 $y=f(x)$在区间$(a,\ b)$内任意点 x 的微分称为函数的微分，记作 $\mathrm{d}y$，即

$$\mathrm{d}y=f'(x)\mathrm{d}x. \tag{2}$$

由式(2)可知，求出函数的导数 $f'(x)$后，再乘以 $\mathrm{d}x$，就得到函数的微分 $\mathrm{d}y$．由式(2)还可以看出，式(2)的两端除以 $\mathrm{d}x$ 得到$\frac{\mathrm{d}y}{\mathrm{d}x}=f'(x)$．

说明：函数的微分与自变量的微分之商等于该函数的导数，因此导数也称微商．

微分的几何意义：如图 2－4 所示，$P(x_0,\ y_0)$和 $Q(x_0+\Delta x,\ y_0+\Delta y)$是曲线 $y=f(x)$上邻近的两点．PT 为曲线在点 P 处的切线，其倾斜角为 α．容易得到 $RT=PR\tan\alpha=f'(x_0)\mathrm{d}x=\mathrm{d}y$，即函数 $y=f(x)$在点 x_0 处的微分在几何上表示曲线 $y=f(x)$在点 $P(x_0,\ y_0)$处切线 PT 的纵坐标的增量RT．

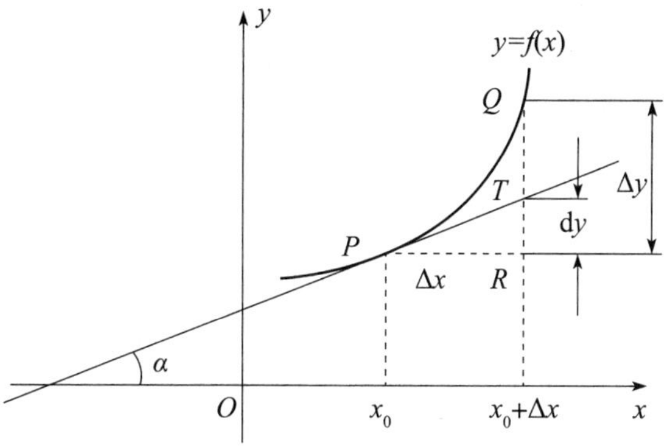

图 2－4

在图 2－4 中，$TQ=RQ-RT$ 表示 Δy 与 $\mathrm{d}y$ 之差，当$|\Delta x|$很小时，TQ 与RT 相比是微不足道的，因此，可用 RT 近似代替 RQ．这就是说，当$|\Delta x|$很小时，有 $\Delta y\approx\mathrm{d}y$．

2.6.2　微分的运算

根据函数微分的定义 $\mathrm{d}y=f'(x)\mathrm{d}x$ 及导数的基本公式和运算法则，可直接推出

微分的基本公式和运算法则.

1. 微分的基本公式

(1) $d(C)=0$；　(2) $d(x^{\alpha})=\alpha x^{\alpha-1}dx$；

(3) $d(\sin x)=\cos x dx$；　(4) $d(\cos x)=-\sin x dx$；

(5) $d(\tan x)=\sec^2 x dx$；　(6) $d(\cot x)=-\csc^2 x dx$；

(7) $d(\sec x)=\sec x\tan x dx$；　(8) $d(\csc x)=-\csc x\cot x dx$；

(9) $d(a^x)=a^x\ln a dx\,(a>0$ 且 $a\neq 1)$；　(10) $d(e^x)=e^x dx$；

(11) $d(\log_a x)=\dfrac{1}{x\ln a}dx\,(a>0$ 且 $a\neq 1)$；　(12) $d(\ln x)=\dfrac{1}{x}dx$；

(13) $d(\arcsin x)=\dfrac{1}{\sqrt{1-x^2}}dx$；　(14) $d(\arccos x)=-\dfrac{1}{\sqrt{1-x^2}}dx$；

(15) $d(\arctan x)=\dfrac{1}{1+x^2}dx$；　(16) $d(\text{arccot}\,x)=-\dfrac{1}{1+x^2}dx$.

2. 函数的和、差、积、商的微分法则

设 u、v 都是 x 的可微函数，C 为常数，则

① $d(u\pm v)=du\pm dv$；

② $d(uv)=vdu+udv$；

③ $d\left(\dfrac{u}{v}\right)=\dfrac{vdu-udv}{v^2}\,(v\neq 0)$.

3. 微分形式的不变性

由微分的定义知，当 u 是自变量时，函数 $y=f(u)$的微分是 $dy=f'(u)du$.

如果 u 不是自变量而是 x 的可微函数 $u=\varphi(x)$，那么对于复合函数 $y=f[\varphi(x)]$，根据微分的定义和复合函数的求导法则，有 $dy=y'_x dx=f'(u)\varphi'(x)dx$，其中 $\varphi'(x)dx=du$，所以上式仍可写成 $dy=f'(u)du$.

由此可见，不论 u 是自变量还是中间变量，函数 $y=f(u)$的微分总是同一个形式：$dy=f'(u)du$，此性质称为微分形式的不变性.

根据以上性质，前面微分基本公式中的 x 都可以换成可微函数 u. 例如，$y=\ln u$，u 是 x 的可微函数，则 $dy=d(\ln u)=\dfrac{1}{u}du$. 因此，求复合函数的微分时，也可利用微分形式的不变性来计算.

例 1　求函数 $y=e^{1-2x^2}$ 的微分.

解　$dy=e^{1-2x^2}d(1-2x^2)=-4xe^{1-2x^2}dx$.

例 2　求函数 $y=\dfrac{x-1}{x+1}$的微分.

解　$dy=d\left(\dfrac{x-1}{x+1}\right)=\dfrac{(x+1)d(x-1)-(x-1)d(x+1)}{(x+1)^2}=\dfrac{2dx}{(x+1)^2}$.

说明：因为导数$\frac{dy}{dx}$是函数微分 dy 与自变量微分 dx 之商，所以求导数也可以先求微分.

例 3　求由方程 $e^{xy}=a^x b^y$ 所确定的隐函数 y 的导数$\frac{dy}{dx}$.

解　对所给方程的两边求微分，得 $e^{xy}d(xy)=b^y d(a^x)+a^x d(b^y)$，

$$e^{xy}(x\,dy+y\,dx)=a^x b^y(\ln a\,dx+\ln b\,dy),$$

因为 $e^{xy}=a^x b^y\neq 0$，所以上式可以化为 $x\,dy+y\,dx=\ln a\,dx+\ln b\,dy$，整理得

$$(x-\ln b)dy=(\ln a-y)dx,$$

即
$$\frac{dy}{dx}=\frac{\ln a-y}{x-\ln b}.$$

此结果可用隐函数求导法来验证. 由以上例题可见，求导数与求微分在方法上没有什么本质的区别，故统称为微分法. 有时，用微分运算比用导数运算还要方便.

例 4　用微分来求由参数方程$\begin{cases}x=3e^{-t},\\ y=2e^t\end{cases}$所确定函数的二阶导数$\frac{d^2y}{dx^2}$.

解　因为 $dx=-3e^{-t}dt$，$dy=2e^t dt$，所以 $\frac{dy}{dx}=\frac{2e^t dt}{-3e^{-t}dt}=-\frac{2}{3}e^{2t}$，其二阶导数为

$$\frac{d^2y}{dx^2}=\frac{dy'}{dx}=\frac{d\left(-\frac{2}{3}e^{2t}\right)}{d(3e^{-t})}=\frac{-\frac{4}{3}e^{2t}dt}{-3e^{-t}dt}=\frac{4}{9}e^{3t}.$$

例 5　在下列等式左端的括号中填入适当的函数，使等式成立.

① $d(\quad)=x\,dx$；　　　　② $d(\quad)=\cos\omega t\,dt$.

解　① 因为 $d(x^2)=2x\,dx$，所以 $x\,dx=\frac{1}{2}d(x^2)=d\left(\frac{x^2}{2}\right)$，即 $d\left(\frac{x^2}{2}\right)=x\,dx$.

一般地，有 $d\left(\frac{x^2}{2}+C\right)=x\,dx$（$C$ 为任意的常数）.

② 因为 $d(\sin\omega t)=\omega\cos\omega t\,dt$，所以 $\cos\omega t=\frac{1}{\omega}d(\sin\omega t)=d\left(\frac{1}{\omega}\sin\omega t\right)$，即 $d\left(\frac{1}{\omega}\sin\omega t\right)=\cos\omega t\,dt$.

一般地，有 $d\left(\frac{1}{\omega}\sin\omega t+C\right)=\cos\omega t\,dt$（$C$ 为任意的常数）.

定理　一元函数的可微与可导是等价的.

2.6.3　微分在近似计算中的应用

函数微分是函数增量的线性主部，这就是说，当$|\Delta x|$很小时，函数的增量可用

其微分来近似代替，即

$$\Delta y=f(x_0+\Delta x)-f(x_0)\approx \mathrm{d}y=f'(x_0)\Delta x. \tag{3}$$

由于 $\mathrm{d}y$ 比 Δy 容易计算，且误差很小，所以上式很有实用价值. 下面来研究微分在近似计算中的应用.

1. 计算函数增量的近似值

由式(3)可得：

$$\boxed{\Delta y\approx f'(x_0)\Delta x\quad (|\Delta x|\text{较小})} \tag{2-2}$$

例 6 半径为 10cm 的金属圆片加热后，半径伸长了 0.05cm，问面积增大多少？

解 设圆片的半径为 r，圆片的面积为 $A=\pi r^2$，于是 $\mathrm{d}A=2\pi r\Delta r$.

当 $r=10\mathrm{cm}$，$\Delta r=0.05\mathrm{cm}$ 时，由公式(2-2)得 $\Delta A\approx \mathrm{d}A=2\pi r\Delta r=2\pi\times 10\times 0.05=\pi(\mathrm{cm}^2)$. 则面积增大了约 $\pi\mathrm{cm}^2$.

2. 计算函数值的近似值

由式(3)可得：

$$\boxed{f(x_0+\Delta x)\approx f(x_0)+f'(x_0)\Delta x\quad (|\Delta x|\text{较小})} \tag{2-3}$$

说明：利用上式可计算 $f(x)$在点 x_0 附近的近似值.

例 7 计算 $\sin 45°30'$的近似值.

解 设 $f(x)=\sin x$，则 $f'(x)=\cos x$. $45°30'=\frac{\pi}{4}+\frac{\pi}{360}$，即 $x_0=\frac{\pi}{4}$，$\Delta x=\frac{\pi}{360}$.

由公式(2-3)，得

$$\sin 45^0 30'\approx \sin\frac{\pi}{4}+\cos\frac{\pi}{4}\cdot\frac{\pi}{360}=\frac{\sqrt{2}}{2}\left(1+\frac{\pi}{360}\right)\approx 0.713\,3.$$

总结：在公式(2-3)中，令 $x_0=0$，$\Delta x=x$ 可得

$$\boxed{f(x)\approx f(0)+f'(0)x\quad (|x|\text{较小})} \tag{2-4}$$

利用此式可计算函数 $f(x)$在 $x=0$ 点附近的近似值，同时由它可以推导出工程上常用的近似公式，即当$|x|$较小时，有

① $\sqrt[n]{1+x}\approx 1+\frac{1}{n}x$； ② $\sin x\approx x$(x 用弧度作单位表达)；

③ $\tan x\approx x$(x 用弧度作单位表达)； ④ $\ln(1+x)\approx x$；

⑤ $\mathrm{e}^x\approx 1+x$； ⑥ $\arcsin x\approx x$.

下面证明近似公式①，其余公式可用类似方法证明.

证明 设 $f(x)=\sqrt[n]{1+x}$，则 $f'(x)=\frac{1}{n\sqrt[n]{(1+x)^{n-1}}}$，于是 $f(0)=\sqrt[n]{1+0}=1$，

$f'(0)=\frac{1}{n}$，由公式(2-4)，得 $f(x)\approx 1+\frac{1}{n}x$，即$\sqrt[n]{1+x}\approx 1+\frac{1}{n}x$.

例 8 求以下各数的近似值：

① $\sqrt{1.02}$； ② $\sqrt[4]{255}$； ③ $\ln 0.98$.

解 ① 由近似公式①，当 $n=2$ 时，有$\sqrt{1.02}=\sqrt{1+0.02}\approx 1+\frac{1}{2}\times 0.02=1.01$；

② 仍由近似公式①，当 $n=4$ 时，有

$$\sqrt[4]{255}=\sqrt[4]{256-1}=\sqrt[4]{256\times\left(1-\frac{1}{256}\right)}$$
$$=4\sqrt[4]{1-\frac{1}{256}}\approx 4\left[1+\frac{1}{4}\times\left(-\frac{1}{256}\right)\right]\approx 3.996;$$

③ 由近似公式④，得 $\ln 0.98=\ln[1+(-0.02)]\approx -0.02$.

在解决实际问题时，为了简化计算，经常要用到一些近似公式. 由微分得到的上述近似公式，为解决近似计算中的某些问题提供了较好的方法.

习题 2.6

1. 试计算函数 $y=x^2+1$ 在点 $x=1$ 处的 $\mathrm{d}y$、Δy 及 $\Delta y-\mathrm{d}y$：

(1) $\Delta x=0.1$； (2) $\Delta x=-0.01$.

2. 求下列函数的微分：

(1) $y=\frac{1}{x}+2\sqrt{x}$； (2) $y=\arctan\frac{1-x^2}{1+x^2}$；

(3) $y=\cos 3x$； (4) $y=2^{\ln\tan x}$；

(5) $y=\mathrm{e}^{-x}\cos(3-x)$； (6) $y=[\ln(1-x)]^2$；

(7) $y=\tan^2(1+2x^2)$； (8) $y=\arctan\sqrt{1-\ln x}$.

3. 利用函数的微分法则，求下列各方程所确定的函数 y 的导数$\frac{\mathrm{d}y}{\mathrm{d}x}$：

(1) $y\mathrm{e}^x=1-\ln y$，求$\left.\frac{\mathrm{d}y}{\mathrm{d}x}\right|_{\substack{x=0\\y=1}}$； (2) $y=1+x\mathrm{e}^y$，求$\frac{\mathrm{d}y}{\mathrm{d}x}$.

4. 将适当的函数填入下列括号，使等式成立：

(1) $\mathrm{d}(\quad)=\frac{x}{3}\mathrm{d}x$； (2) $\mathrm{d}(\quad)=\frac{1}{x}\mathrm{d}x$；

(3) $\mathrm{d}(\quad)=\frac{1}{x^2}\mathrm{d}x$； (4) $\mathrm{d}(\quad)=5\mathrm{d}x$；

(5) $\mathrm{d}(\quad)=\sin\omega t\,\mathrm{d}t$； (6) $\mathrm{d}(\sin^2 x)=(\quad)\mathrm{d}\sin x$；

(7) $\mathrm{d}(\quad)=\frac{\mathrm{d}x}{2\sqrt{x}}$； (8) $\mathrm{d}(\quad)=\mathrm{e}^{-2x}\mathrm{d}x$；

(9) $d(\sin x+\cos x)=d(\quad)+d(\quad)=(\quad)dx$；

(10) $d[\ln(2x+1)]=(\quad)d(2x+1)=(\quad)dx$.

5. 边长为 a 的金属立方体受热膨胀，当边长增加 h 时，求立方体所增加的体积的近似值.

6. 水管壁的正截面是一个圆环，设它的内径为 r_0，壁厚为 h，求这个圆环面积的近似值(h 相当小).

7. 计算下列各函数值的近似值：

(1) $\cos 151°$　　(2) $\tan 136°$；　　(3) $\arccos 0.5001$；

(4) $e^{1.01}$；　　(5) $\lg 1.03$；　　(6) $\sqrt[3]{998.5}$；

(7) $e^{-0.02}$；　　(8) $\ln 1.02$.

8. 当 $|x|$ 很小时，证明：

(1) $(1+x)^{\alpha}\approx 1+\alpha x$；　　(2) $\ln(1+\sin x)\approx x$；　　(3) $\arctan 2x\approx 2x$.

本章小结

一、主要内容

导数的概念与几何意义；导数的四则运算法则；复合函数、反函数及隐函数的求导法则；由参数方程所确定函数的求导法则；高阶导数的概念；二阶导数的力学意义；函数的微分的概念、几何意义及近似计算.

二、学习指导

1. 深入理解导数的概念，导数是函数增量与自变量增量之比的极限，即 $\lim\limits_{\Delta x\to 0}\dfrac{\Delta y}{\Delta x}=f'(x)$.

2. 必须熟记导数的基本公式和四则运算法则，它们是计算导数的基础.

3. 复合函数求导要注意“由外向内、逐层求导”，求隐函数导数是复合函数求导法则的一个应用.

数学文化

导数的起源

一、早期导数的概念

微积分成为一门学科是在十七世纪，但是，微分和积分的思想在古代就已经产生了.

公元前三世纪，古希腊的阿基米德在研究解决抛物弓形的面积、球和球冠面积、螺线下面积和旋转双曲体的体积的问题中，就隐含着近代积分学的思想. 作为微分学基础的极限理论，在古代已有比较清楚的论述. 比如我国的庄周所著《庄子》一书的“天下篇”中，记有“一尺之棰，日取其半，万世不竭”. 三国时期的刘徽在他的割圆术中提到“割之弥细，所失弥小，割之又割，以至于不可割，则与圆周和体而无所失矣”. 这些都是朴素的、也是很典型的极限概念. 到了十七世纪，有许多科学问题需要解决，这些问题也就成了促使微积分产生的因素. 归结起来，大约有四种主要类型的问题：第一类是研究运动的时候直接出现的，也就是求即时速度的问题；第二类问题是求曲线切线的问题；第三类问题是求函数的最大值和最小值问题；第四类问题是求曲线长、曲线围成的面积、曲面围成的体积、物体的重心、一个体积相当大的物体作用于另一物体上的引力. 大约在 1629 年，法国数学家费马研究了作曲线的切线和求函数极值的方法；1637 年左右，他写了一篇手稿《求最大值与最小值的方法》. 在作切线时，他构造了差分 $f(A+E)-f(A)$，发现的因子 E 就是我们现在所说的导数 $f'(A)$.

二、17 世纪广泛使用的“流数术”

17 世纪生产力的发展推动了自然科学和技术的发展，在前人创造性研究的基础上，大数学家牛顿、莱布尼茨等从不同的角度开始系统地研究微积分. 牛顿研究微积分着重于从运动学来考虑，莱布尼茨却是侧重于几何学来考虑的. 牛顿的微积分理论被称为“流数术”，他称变量为流量，称变量的变化率为流数，相当于我们所说的导数. 牛顿的有关“流数术”的主要著作是《求曲边形面积》《运用无穷多项方程的计算法》和《流数术和无穷级数》. 流数理论的实质概括为：它的重点在于一个变量的函数而不在于多变量的方程，在于自变量的变化与函数的变化之比的构成，最在于决定这个比当变化趋于零时的极限.

三、19 世纪导数逐渐成熟

1750 年达朗贝尔在为法国科学家院出版的《百科全书》第四版写的“微分”条目中提出了关于导数的一种观点，可以用现代符号简单表示：$\{\mathrm{d}y/\mathrm{d}x\}=\lim(\Delta y/\Delta x)$. 1823 年，柯西在他的《无穷小分析概论》中定义导数：如果函数 $y=f(x)$ 在变量 x 的两个给定的界限之间保持连续，并且我们为这样的变量指定一个包含在这两个不同界限之间的值，那么是使变量得到一个无穷小增量. 19 世纪 60 年代以后，魏尔斯特拉斯创造了 $\varepsilon-\delta$ 语言，对微积分中出现的各种类型的极限重加表达，导数的定义也就获得了今天常见的形式.

一门科学的创立不是某一个人的业绩，它是经过多少人的努力后，在积累了大量成果的基础上，最后由某个人或几个人总结完成的. 微积分也是这样. 微积分是高等数学的主要分支，不只是局限在解决力学中的变速问题，它驰骋在近代和现代科学技术园地里，建立了数不清的丰功伟绩.

牛顿简介

艾萨克·牛顿(Isaac Newton，1643—1727 年)，英国著名的物理学家、数学家，百科全书式的“全才”，著有《自然哲学的数学原理》《光学》.

微积分的创立是牛顿最卓越的数学成就.

牛顿是为解决运动问题，才创立这种和物理概念直接联系的数学理论的，牛顿称之为“流数术”. 牛顿超越了前人，他站在了更高的位置，对以往分散的结论加以综合，将自古希腊以来求解无限小问题的各种技巧统一为两类普通的算法——微分和积分，并确立了这两类运算的互逆关系，从而完成了微积分发明中最关键的一步，为近代科学发展提供了最有效的工具，开辟了数学上的一个新纪元.

复习题 2

基础题

1. 求下列函数的导数：

(1) $y=\frac{1}{x}+\frac{1}{\sqrt{x}}+\frac{1}{\sqrt[3]{x}}$；　(2) $y=2^x(x\sin x+\cos x)$；

(3) $y=x\arctan\frac{x}{a}-\frac{a^2}{2}\ln(x^2+a^2)$；　(4) $y=e\sqrt[3]{x+1}$；

(5) $y=(x^3-x)^6$；　(6) $y=\frac{x}{\sqrt{1-x^2}}$；

(7) $y=\sin^2(2x-1)$；　(8) $y=x^2\sin\frac{1}{x}$.

2. 求下列方程所确定函数 y 的导数：

(1) $\frac{x}{y}-\ln x=1$，求$\left.\frac{dy}{dx}\right|_{\substack{x=e\\ y=\frac{e}{2}}}$；　(2) $x^y=y^x(x>0,\ y>0)$，求 y'.

3. 求下列参数方程所确定的函数的导数：

(1) $\begin{cases}x=t(1-\sin t),\\ y=t\cos t;\end{cases}$　(2) $\begin{cases}x=\frac{a}{2}\left(t+\frac{1}{t}\right),\\ y=\frac{b}{2}\left(t-\frac{1}{t}\right).\end{cases}$

4. 求下列函数的微分：

(1) $y=5^{\tan\ln x}$；　(2) $y=\sin^2x^3$；

(3) $y=2^{-\frac{1}{\cos x}}$；　(4) $y=\ln\sqrt{\frac{1+\sin x}{1-\sin x}}$；

(5) $y=(2x^4-x^2+3)\left(\sqrt{x}-\frac{1}{x}\right)$；　　(6) $\rho=\frac{\sin\theta}{2\cos^2\theta}+\frac{1}{2}\ln\left[\tan\left(\frac{\theta}{2}+\frac{\pi}{4}\right)\right]$.

5. 求下列各函数值的近似值：

(1) $\sin 29°$；　　(2) $\arctan 1.05$；

(3) $\sqrt[3]{(1.02)^2}$；　　(4) $e^{2.01}$.

6. 在曲线 $y=2+x-x^2$ 上的哪一点，(1)切线平行于 x 轴；(2)切线平行于第Ⅰ象限的角平分线？

7. a 为何值时，抛物线 $y=ax^2$ 与曲线 $y=\ln x$ 相切？

8. 一物体的运动方程为 $s=e^{-kt}\sin\omega t$（k、ω 为常数）.

(1) 求物体运动的速度及加速度；(2)何时速度为零？何时加速度为零？

提高题

1. 填空题.

(1) 设 $y=f(x)$ 在点 x_0 处可导，且 $f(x_0)=0$，$f'(x_0)=1$，则 $\lim\limits_{h\to\infty}h\cdot f\left(x_0-\frac{1}{h}\right)=$__________.

(2) 若直线 $y=3x+b$ 是曲线 $y=x^2+5x+4$ 的一条切线，则 $b=$________.

(3) 设 $f(x)=\begin{cases}\ln(1+x), & x>0,\\ 0, & x=0,\\ \sin x, & x<0,\end{cases}$ 则 $\lim\limits_{x\to 0}f(x)=$________，$f'(0)=$________.

2. 设函数 $y=y(x)$ 由方程 $e^y+xy=e$ 所确定，求 $y''(0)$.

3. 求下列函数的导数：

(1) $y=\ln\frac{1}{x+\sqrt{x^2-1}}$；　　(2) $y=\ln[\ln^2(\ln^3 x)](x>e)$；

(3) $y=\frac{1}{\sqrt{2}}\operatorname{arccot}\frac{\sqrt{2}}{x}$；　　(4) $y=\frac{1}{2}\cot^2 x+\ln\sin x$；

(5) $y=\left(\frac{a}{b}\right)^x\cdot\left(\frac{b}{x}\right)^a\cdot\left(\frac{x}{a}\right)^b$；　　(6) $y=(\ln x)^x$.

4. 求由方程 $y^3-x^3-3xy=0$ 所确定的隐函数的导数 $\frac{dy}{dx}$.

5. 求由曲线 $\begin{cases}x=2e^t,\\ y=e^{-t}\end{cases}$ 在相应 $t=0$ 点处的切线方程和法线方程.

6. 半径为 10m 的圆盘，当半径改变 1cm 时，其面积大约改变多少？

7. 求下列函数的微分：

(1) $y=\ln\sin\frac{x}{2}$；　　(2) $y=\arctan\frac{1+x}{1-x}$；

(3) $e^{\frac{x}{y}}-xy=0$；　　(4) $y^2+\ln y=x^4$.

03 第3章　导数的应用

上一章建立了导数和微分的概念，并研究了它们的计算方法. 本章将利用导数来研究函数的某些性态(如单调性、凹凸性)，解决有关极值、最值的实际问题，并应用这些知识描绘函数图像. 微分中值定理是导数应用的理论依据，为此先介绍微分中值定理.

3.1　微分中值定理

3.1.1　罗尔定理

定理1　如果函数 $f(x)$满足下列条件：

① 在闭区间$[a, b]$上连续；

② 在开区间(a, b)内可导；

③ $f(a)=f(b)$.

那么在(a, b)内至少存在一点 ξ，使 $f'(\xi)=0$.

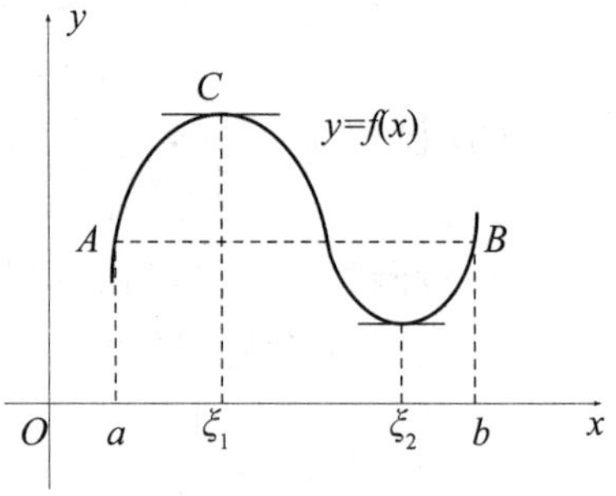

图3-1

说明：如果函数 $y=f(x)$满足罗尔定理的条件，即在$[a, b]$上连续，在(a, b)内可导，且 $f(a)=f(b)$，则函数 $y=f(x)$具有罗尔定理的结论，即在(a, b)内至少存在一点 ξ(图3-1中的 ξ_1 和 ξ_2)，使曲线在该点处有水平的切线，即 $f'(\xi)=0$.

例如，函数 $y=C$ 满足罗尔定理的条件，则有罗尔定理的结论. 事实上，函数 $y=C$ 在区间(a, b)内有无数个点 ξ，能使 $f'(\xi)=0$.

罗尔定理的几何意义　如果曲线 $y=f(x)$的弧段 AB 上(端点除外)处处具有不垂直于 x 轴的切线，且两端点的纵坐标相等，那么这段弧上至少有一点 C，使曲线在该点的切线平行于 x 轴(见图3-1).

注意：如果罗尔定理的三个条件中有一个不满足，则定理的结论就不一定成立.

例1　验证函数 $f(x)=x^2-4x$ 在区间$[1, 3]$上是否满足罗尔定理的条件及结论?

解　函数 $f(x)=x^2-4x$ 在闭区间$[1, 3]$上连续，在开区间$(1, 3)$内可导，且 $f(1)=f(3)=-3$，故满足罗尔定理的三个条件.

又 $f'(x)=2x-4$，若令 $f'(x)=0$，解得 $x=2$，故函数 $f(x)$在$(1, 3)$内确实存在一点 $\xi=2$ 使 $f'(\xi)=0$ 成立.

3.1.2　拉格朗日定理

从罗尔定理的几何意义可以看到，由于 $f(a)=f(b)$，弦 AB 平行于 x 轴，因此曲线弧 $\overset{\frown}{AB}$ 上点 C 处的切线实际上也平行于弦 AB. 但是，当 $f(a)\neq f(b)$ 的情况又将怎样呢？由图 3－2，可以看出曲线弧 $\overset{\frown}{AB}$ 上至少有一点 $C(\xi, f(\xi))$，使得点 C 处的切线平行于弦 AB. 由于点 C 处切线斜率为 $f'(\xi)$，弦 AB 的斜率为 $\frac{f(b)-f(a)}{b-a}$，因此 $f'(\xi)=\frac{f(b)-f(a)}{b-a}$，即有 $f(b)-f(a)=f'(\xi)(b-a)(a<\xi<b)$，于是给出拉格朗日定理.

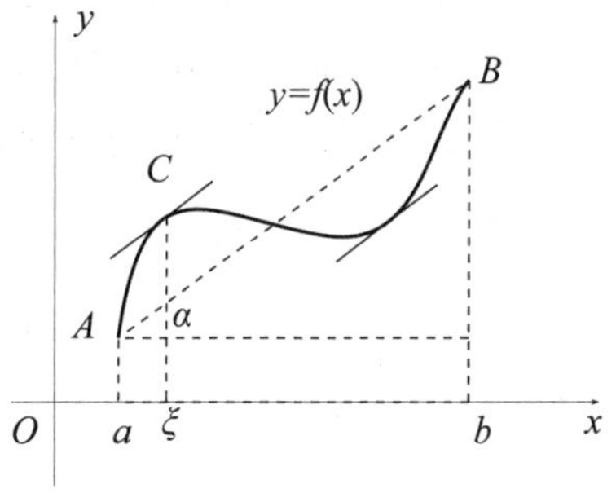

图 3－2

定理 2　如果函数 $f(x)$ 满足下列条件：

① 在闭区间 $[a, b]$ 上连续；

② 在开区间 (a, b) 内可导.

那么在区间 (a, b) 内至少存在一点 ξ，使

$$f(b)-f(a)=f'(\xi)(b-a) \quad 或 \quad f'(\xi)=\frac{f(b)-f(a)}{b-a}.$$

说明：定理 2 中如果 $f(b)=f(a)$，那么上式中 $f'(\xi)=0$. 因此罗尔定理是拉格朗日定理的特殊情况.

例 2　对于函数 $f(x)=x^3-4x^2+2x-3$ 在区间 $[0, 2]$ 上验证拉格朗日定理的正确性.

证明　因为函数 $f(x)=x^3-4x^2+2x-3$ 在 $[0, 2]$ 上连续，$f'(x)=3x^2-8x+2$ 在 $(0, 2)$ 内存在，则该函数满足拉格朗日定理的条件. 又因为 $f(2)=8-16+4-3=-7$，$f(0)=-3$，若设 $f(2)-f(0)=f'(x)(2-0)$ 成立，则有 $3x^2-8x+4=0$.

解得 $x_1=\frac{2}{3}$，$x_2=2$，其中 $x_1=\frac{2}{3}$ 在 $(0, 2)$ 内，则函数 $f(x)=x^3-4x^2+2x-3$ 在区间 $(0, 2)$ 内确有一点 $\xi=\frac{2}{3}$ 使 $f(2)-f(0)=f'(\xi)(2-0)$ 成立.

推论　如果函数 $f(x)$ 在区间 (a, b) 内导数恒为零，那么函数 $f(x)$ 在区间 (a, b) 内是一个常数.

事实上，在 (a, b) 内任意取两点 x_1，$x_2(x_1<x_2)$，则由拉格朗日定理得

$$f(x_2)-f(x_1)=f'(\xi)(x_2-x_1)(x_1<\xi<x_2)$$

由假定 $f'(\xi)=0$，所以 $f(x_1)-f(x_2)=0$，即 $f(x_1)=f(x_2)$. 由 x_1，x_2 的任意性表明函数 $f(x)$ 在区间 (a, b) 内函数值总是相等的，即函数 $f(x)$ 在区间 (a, b) 内是一个常数.

说明：这个推论是“常数的导数是零”的逆定理.

3.1.3 柯西定理

定理 3 如果函数 $f(x)$ 及 $\varphi(x)$ 满足下列条件：

① 在闭区间 $[a, b]$ 上连续；

② 在开区间 (a, b) 内可导，且 $\varphi'(x)\neq 0$.

那么在 (a, b) 内至少存在一点 ξ，使 $\dfrac{f(b)-f(a)}{\varphi(b)-\varphi(a)}=\dfrac{f'(\xi)}{\varphi'(\xi)}(a<\xi<b)$.

说明：如果 $\varphi(x)=x$，则 $\varphi(b)-\varphi(a)=b-a$，且 $\varphi'(x)=1$，则有 $\varphi'(\xi)=1$ 从而就有

$$f(b)-f(a)=f'(\xi)(b-a)(a<\xi<b).$$

所以可把柯西定理看成拉格朗日定理的推广.

总结：上述三个定理中的 ξ 都是区间 (a, b) 中的某一个值，所以这三个定理统称为微分中值定理. 其中尤以拉格朗日定理的应用最广.

习题 3.1

1. 下列函数在指定区间上是否满足罗尔定理的条件？有没有满足罗尔定理结论的 ξ 存在？

(1) $f(x)=|x-1|$，$[0, 2]$； (2) $f(x)=\dfrac{1}{(x-1)^2}$，$[0, 2]$；

(3) $f(x)=\begin{cases}\sin x, & 0<x\leqslant\pi \\ 1,. & x=0\end{cases}$，$[0, \pi]$.

2. 验证罗尔定理对函数 $y=\ln\sin x$ 在区间 $\left[\dfrac{\pi}{6}, \dfrac{5\pi}{6}\right]$ 上的正确性.

3. 验证拉格朗日定理对函数 $y=\arctan x$ 在区间 $[0, 1]$ 上的正确性.

4. 曲线 $y=x^3-x+1$ 上哪一点的切线与连接曲线上的点 $(0, 1)$ 和点 $(2, 7)$ 的割线平行？

5. 证明函数 $y=px^2+qx+r$ 在区间 $[a, b]$ 上应用拉格朗日定理所求得的点 $\xi=\dfrac{1}{2}(a+b)$.

3.2 洛必达法则

如果当 $x\to x_0$（或 $x\to\infty$）时，函数 $f(x)$ 和 $\varphi(x)$ 都趋向于零或都趋向于无穷大，

那么极限 $\lim\limits_{\substack{x\to x_0 \\ (x\to\infty)}}\dfrac{f(x)}{\varphi(x)}$可能存在，也可能不存在，通常把这种极限称为$\dfrac{0}{0}$型或$\dfrac{\infty}{\infty}$型的未定式. 例如，$\lim\limits_{x\to 0}\dfrac{\sin x}{x}$是$\dfrac{0}{0}$型未定式，$\lim\limits_{x\to+\infty}\dfrac{\ln x}{x}$是$\dfrac{\infty}{\infty}$型未定式. 对于上述两类未定式(即使极限存在)不能用商的极限的运算法则来求极限. 下面介绍用导数来求这两类极限的一种简便而重要的方法——洛必达法则.

3.2.1 $\dfrac{0}{0}$型未定式

定理(洛必达法则)　如果

① 函数 $f(x)$和 $\varphi(x)$在点 x_0 的左右近旁(除去点 x_0)有定义，且$\lim\limits_{x\to x_0}f(x)=0$ 和 $\lim\limits_{x\to x_0}\varphi(x)=0$；

② 在点 x_0 的左右近旁函数 $f(x)$和 $\varphi(x)$都可导，且 $\varphi'(x)\neq 0$；

③ $\lim\limits_{x\to x_0}\dfrac{f'(x)}{\varphi'(x)}$存在(或为无穷大)，则

$$\lim_{x\to x_0}\frac{f(x)}{\varphi(x)}=\lim_{x\to x_0}\frac{f'(x)}{\varphi'(x)}.$$

说明：① 在符合定理的条件下，当$\lim\limits_{x\to x_0}\dfrac{f'(x)}{\varphi'(x)}$存在时，$\lim\limits_{x\to x_0}\dfrac{f(x)}{\varphi(x)}$也存在且等于 $\lim\limits_{x\to x_0}\dfrac{f'(x)}{\varphi'(x)}$的值. 当$\lim\limits_{x\to x_0}\dfrac{f'(x)}{\varphi'(x)}$为无穷大时，$\lim\limits_{x\to x_0}\dfrac{f(x)}{\varphi(x)}$也为无穷大；

② 定理中将 $x\to x_0$ 改为 $x\to\infty$，其他条件不变，结论仍成立.

例 1　求$\lim\limits_{x\to 0}\dfrac{1-\cos x}{x^2}$.

解　这是$\dfrac{0}{0}$型未定式，所以$\lim\limits_{x\to 0}\dfrac{1-\cos x}{x^2}=\lim\limits_{x\to 0}\dfrac{\sin x}{2x}=\dfrac{1}{2}\lim\limits_{x\to 0}\dfrac{\sin x}{x}=\dfrac{1}{2}$.

例 2　求$\lim\limits_{x\to 0}\dfrac{\ln(1-2x)}{x^2}$.

解　$\lim\limits_{x\to 0}\dfrac{\ln(1-2x)}{x^2}\overset{\frac{0}{0}}{=}\lim\limits_{x\to 0}\dfrac{\frac{-2}{1-2x}}{2x}=\lim\limits_{x\to 0}\dfrac{-2}{2x(1-2x)}=\infty$.

注意：① 洛必达法则只能计算$\dfrac{0}{0}$或$\dfrac{\infty}{\infty}$型未定式的极限，其求导是分子、分母分别求导，而非对商求导；

② 洛必达法则可以多次使用，但每次使用必须验证满足定理的条件；

③ 如果所求极限已不满足洛必达法则的条件，则不能再用洛必达法则，否则会导致错误的结果.

例 3 求$\lim\limits_{x\to 0}\dfrac{x-\sin x}{x^3}$.

解 $\lim\limits_{x\to 0}\dfrac{x-\sin x}{x^3}\overset{\frac{0}{0}}{=}\lim\limits_{x\to 0}\dfrac{1-\cos x}{3x^2}\overset{\frac{0}{0}}{=}\lim\limits_{x\to 0}\dfrac{\sin x}{6x}=\dfrac{1}{6}\lim\limits_{x\to 0}\dfrac{\sin x}{x}=\dfrac{1}{6}$.

3.2.2 $\dfrac{\infty}{\infty}$型未定式

对于$\dfrac{\infty}{\infty}$型未定式，也有相应的洛必达法则，在相应的条件下，只要$\lim\limits_{\substack{x\to x_0\\(x\to\infty)}}\dfrac{f'(x)}{\varphi'(x)}$存在(或为无穷大)，也有下述结论：$\lim\limits_{\substack{x\to x_0\\(x\to\infty)}}\dfrac{f(x)}{\varphi(x)}=\lim\limits_{\substack{x\to x_0\\(x\to\infty)}}\dfrac{f'(x)}{\varphi'(x)}$.

例 4 求$\lim\limits_{x\to 0^+}\dfrac{\ln\cot x}{\ln x}$.

解 $\lim\limits_{x\to 0^+}\dfrac{\ln\cot x}{\ln x}\overset{\frac{\infty}{\infty}}{=}\lim\limits_{x\to 0^+}\dfrac{-\dfrac{\csc^2 x}{\cot x}}{\dfrac{1}{x}}=\lim\limits_{x\to 0^+}\left(-\dfrac{1}{\cos x}\cdot\dfrac{x}{\sin x}\right)=-1$.

例 5 求$\lim\limits_{x\to+\infty}\dfrac{\ln x}{x^n}(n\in N)$.

解 $\lim\limits_{x\to+\infty}\dfrac{\ln x}{x^n}\overset{\frac{\infty}{\infty}}{=}\lim\limits_{x\to+\infty}\dfrac{\dfrac{1}{x}}{nx^{n-1}}=\lim\limits_{x\to+\infty}\dfrac{1}{nx^n}=0$.

例 6 求$\lim\limits_{x\to+\infty}\dfrac{x^n}{\mathrm{e}^x}(n\in N)$.

解 $\lim\limits_{x\to+\infty}\dfrac{x^n}{\mathrm{e}^x}\overset{\frac{\infty}{\infty}}{=}\lim\limits_{x\to+\infty}\dfrac{nx^{n-1}}{\mathrm{e}^x}\overset{\frac{\infty}{\infty}}{=}\lim\limits_{x\to+\infty}\dfrac{n(n-1)x^{n-2}}{\mathrm{e}^x}=\cdots=\lim\limits_{x\to+\infty}\dfrac{n!}{\mathrm{e}^x}=0$.

注意 有些极限虽是未定式，但不能用洛必达法则求出极限值，此时可考虑用其他方法求其极限.

例 7 求$\lim\limits_{x\to 0}\dfrac{x^2\sin\dfrac{1}{x}}{\sin x}$.

解 此极限属于$\dfrac{0}{0}$型未定式，但因为$\left(x^2\sin\dfrac{1}{x}\right)'=2x\sin\dfrac{1}{x}+x^2\cos\dfrac{1}{x}\left(-\dfrac{1}{x^2}\right)=2x\sin\dfrac{1}{x}-\cos\dfrac{1}{x}$，其中$\lim\limits_{x\to 0}2x\sin\dfrac{1}{x}=0$，但$\lim\limits_{x\to 0}\cos\dfrac{1}{x}$不存在，所以不能用洛必达法则计算. 事实上

$$\lim_{x\to 0}\frac{x^2\sin\dfrac{1}{x}}{\sin x}=\lim_{x\to 0}\left(\frac{x}{\sin x}\cdot x\sin\frac{1}{x}\right)=1\times 0=0.$$

例 8　求 $\lim\limits_{x\to+\infty}\dfrac{\sqrt{1+x^2}}{x}$.

解　$\lim\limits_{x\to+\infty}\dfrac{\sqrt{1+x^2}}{x}\overset{\frac{\infty}{\infty}}{=}\lim\limits_{x\to+\infty}\dfrac{\dfrac{2x}{2\sqrt{1+x^2}}}{1}=\lim\limits_{x\to+\infty}\dfrac{x}{\sqrt{1+x^2}}\overset{\frac{\infty}{\infty}}{=}\lim\limits_{x\to+\infty}\dfrac{1}{\dfrac{2x}{2\sqrt{1+x^2}}}=$ $\lim\limits_{x\to+\infty}\dfrac{\sqrt{1+x^2}}{x}$.

注意　使用两次洛必达法则后，又还原为原来的极限，形成了循环，则洛必达法则失效.

例 8 可采用其他方法求解：$\lim\limits_{x\to+\infty}\dfrac{\sqrt{1+x^2}}{x}=\lim\limits_{x\to+\infty}\sqrt{\dfrac{1}{x^2}+1}=1$.

3.2.3　其他类型的未定式

未定式除$\dfrac{0}{0}$型和$\dfrac{\infty}{\infty}$型外，还有 $0\cdot\infty$、$\infty-\infty$、0^0、∞^0、1^∞ 等类型. 可通过适当恒等变形先将问题化为$\dfrac{0}{0}$型或$\dfrac{\infty}{\infty}$型未定式，再用洛必达法则来计算.

例 9　求 $\lim\limits_{x\to0^+}x^\alpha\ln x\,(\alpha>0)$.

解　$\lim\limits_{x\to0^+}x^\alpha\ln x\overset{0\cdot\infty}{=}\lim\limits_{x\to0^+}\dfrac{\ln x}{\dfrac{1}{x^\alpha}}\overset{\frac{\infty}{\infty}}{=}\lim\limits_{x\to0^+}\dfrac{\dfrac{1}{x}}{-\alpha x^{-\alpha-1}}=\lim\limits_{x\to0^+}\left(-\dfrac{x^\alpha}{\alpha}\right)=0$.

注意：$0\cdot\infty$型未定式转化的一般方法是，将其中一个函数取倒数，既可化为$\dfrac{0}{0}$型未定式，也可化为$\dfrac{\infty}{\infty}$型未定式，究竟如何转化应根据变形以后分子、分母的导数及其比的极限是否容易计算而定.

例 10　求$\lim\limits_{x\to\frac{\pi}{2}}(\sec x-\tan x)$.

解　$\lim\limits_{x\to\frac{\pi}{2}}(\sec x-\tan x)\overset{\infty-\infty}{=}\lim\limits_{x\to\frac{\pi}{2}}\left(\dfrac{1}{\cos x}-\dfrac{\sin x}{\cos x}\right)=\lim\limits_{x\to\frac{\pi}{2}}\dfrac{1-\sin x}{\cos x}\overset{\frac{0}{0}}{=}\lim\limits_{x\to\frac{\pi}{2}}\dfrac{-\cos x}{-\sin x}=0$.

注意：$\infty-\infty$型未定式，可考虑通分.

例 11　求 $\lim\limits_{x\to0^+}x^x$.

解　$\lim\limits_{x\to0^+}x^x\overset{0^0}{=}\lim\limits_{x\to0^+}e^{x\ln x}=e^{\lim\limits_{x\to0^+}x\ln x}=e^0=1$.

上式中，由例 9 知：$\lim\limits_{x\to0^+}x\ln x=0$.

注意：0^0 型、∞^0 型和 1^∞ 型未定式，使用指数恒等式 $f^g=\mathrm{e}^{g\ln f}$ 后，指数部分变成 $0\cdot\infty$型，再用相应转化方法求解.

例 12 求 $\lim\limits_{x\to0^+}\left(\dfrac{1}{x}\right)^{\tan x}$.

解 $\lim\limits_{x\to0^+}\left(\dfrac{1}{x}\right)^{\tan x}\overset{\infty^0}{=}\lim\limits_{x\to0^+}\mathrm{e}^{\ln\left(\frac{1}{x}\right)^{\tan x}}=\lim\limits_{x\to0^+}\mathrm{e}^{\tan x\ln\frac{1}{x}}$

因为 $\lim\limits_{x\to0^+}\tan x\ln\dfrac{1}{x}=-\lim\limits_{x\to0^+}\tan x\ln x\overset{0\cdot\infty}{=}-\lim\limits_{x\to0^+}\dfrac{\ln x}{\cot x}\overset{\frac{\infty}{\infty}}{=}-\lim\limits_{x\to0^+}\dfrac{\frac{1}{x}}{-\csc^2 x}=$

$\lim\limits_{x\to0^+}\dfrac{\sin^2 x}{x}\overset{\frac{0}{0}}{=}\lim\limits_{x\to0^+}\dfrac{2\sin x\cos x}{1}=0$，所以

$$\lim_{x\to0^+}\left(\frac{1}{x}\right)^{\tan x}=\lim_{x\to0^+}\mathrm{e}^{\tan x\ln\frac{1}{x}}=\mathrm{e}^0=1.$$

习题 3.2

1. 叙述 $x\to x_0$ 时$\dfrac{\infty}{\infty}$型未定式的洛必达法则.

2. 用洛必达法则求下列极限：

(1) $\lim\limits_{x\to0}\dfrac{\sin ax}{\sin bx}(b\neq0)$；　(2) $\lim\limits_{x\to\pi}\dfrac{\sin3x}{\tan5x}$；

(3) $\lim\limits_{x\to0}\dfrac{\mathrm{e}^x-\mathrm{e}^{-x}}{\sin x}$；　(4) $\lim\limits_{x\to a}\dfrac{\sin x-\sin a}{x-a}$；

(5) $\lim\limits_{x\to\frac{\pi}{2}}\dfrac{\ln\sin x}{(\pi-2x)^2}$；　(6) $\lim\limits_{x\to0^+}\dfrac{\ln\tan7x}{\ln\tan2x}$；

(7) $\lim\limits_{x\to0}\left(\dfrac{1}{x}-\dfrac{1}{\mathrm{e}^x-1}\right)$；　(8) $\lim\limits_{x\to0}x\cot2x$；

(9) $\lim\limits_{x\to0}x^2\mathrm{e}^{\frac{1}{x^2}}$；　(10) $\lim\limits_{x\to1}\left(\dfrac{2}{x^2-1}-\dfrac{1}{x-1}\right)$；

(11) $\lim\limits_{x\to0^+}(\sin x)^x$；　(12) $\lim\limits_{x\to1^-}(1-x)^{\cot\frac{\pi}{2}x}$.

3. 求下列极限：

(1) $\lim\limits_{x\to\infty}\dfrac{x+\sin x}{x}$；　(2) $\lim\limits_{x\to\infty}\dfrac{x-\sin x}{x+\sin x}$；

(3) $\lim\limits_{x\to+\infty}\left(\dfrac{x+1}{x-1}\right)^x$；　(4) $\lim\limits_{x\to\infty}\left[1-x\ln\left(1+\dfrac{1}{x}\right)\right]$；

(5) $\lim\limits_{x\to+\infty}\dfrac{\mathrm{e}^x-\mathrm{e}^{-x}}{\mathrm{e}^x+\mathrm{e}^{-x}}$.

3.3 函数的单调性 曲线的凹凸性及拐点

3.3.1 函数的单调性

前面已经介绍过单调函数的概念，现在利用导数来研究函数的单调性. 由图 3-3 可以看出，如果函数 $y=f(x)$在区间$[a, b]$上单调增加，那么它的图像是一条上升的曲线，这时曲线上各点的切线的斜率 $f'(x)$都是正的，即 $f'(x)>0$；同理，如图 3-4，如果函数 $y=f(x)$在区间$[a, b]$上单调减少，那么它的图像是一条下降的曲线，这时曲线上各点的切线的斜率 $f'(x)$都是负的，即 $f'(x)<0$.

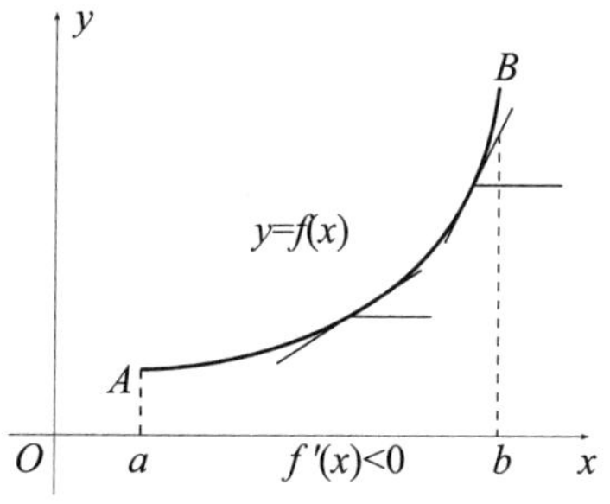

图 3-3

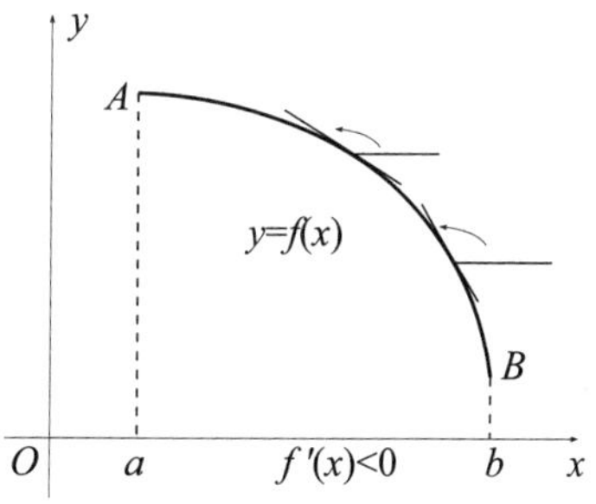

图 3-4

由此可见，函数的单调性与其导数的符号有密切联系. 下面给出函数单调性的判定定理.

定理 1 设函数 $y=f(x)$在区间$[a, b]$上连续，在(a, b)内可导，且 $f'(x)>0$（或 $f'(x)<0$），则函数 $f(x)$在区间$[a, b]$上单调增加（或单调减少）.

说明：① 上述定理中的闭区间若换成开区间或无限区间，相应的结论也成立；

② 如果将定理中的条件 $f'(x)>0$（或 $f'(x)<0$）换成 $f'(x)\geqslant 0$（或 $f'(x)\leqslant 0$），且在有限个点导数等于零，定理的结论仍成立. 例如，函数 $y=x^3$ 在$(-\infty, +\infty)$内单调增加，因为 $y'\geqslant 0$，当且仅当 $x=0$ 时，$y'=0$；

③ 函数的单调性只能在函数的定义域内来讨论，所以求函数的单调区间，必须先求出函数的定义域.

例 1 判定函数 $f(x)=x-\dfrac{1}{x}$的单调性.

解 因为函数 $f(x)$在定义域$(-\infty, 0)\cup(0, +\infty)$内连续，它的导数 $f'(x)=1+\dfrac{1}{x^2}$在定义域内存在，且 $f'(x)$恒为正值. 根据函数的单调性的判定定理可知，函数 $f(x)$在$(-\infty, 0)\cup(0, +\infty)$内都是单调增加的.

注意：由于函数 $f(x)$ 在 $x=0$ 点间断，故不能说该函数在 $(-\infty, +\infty)$ 内单调增加.

例 2 判定函数 $f(x)=e^x-x-1$ 的单调性.

解 函数 $f(x)$ 的定义域为 $(-\infty, +\infty)$，$f'(x)=e^x-1$.

当 $x>0$ 时，$f'(x)=e^x-1>0$，则函数 $f(x)$ 在区间 $(0, +\infty)$ 内单调增加.

当 $x<0$ 时，$f'(x)=e^x-1<0$，则函数 $f(x)$ 在区间 $(-\infty, 0)$ 内单调减少.

由例 2 可以看出，有些函数在它的定义域内不是单调的，用 $f'(x)=0$ 的点(称为驻点)和 $f'(x)$ 不存在的点划分定义域后，就可以判断各个子区间上的函数的单调性. 因此，得到讨论函数的单调性的一般步骤：

① 确定函数 $f(x)$ 的定义域；

② 求出 $f'(x)=0$ 的点和 $f'(x)$ 不存在的点，以这些点为分界点，将定义域划分成若干个子区间；

③ 列表判断各子区间上 $f'(x)$ 的符号，从而确定函数的单调区间.

例 3 求函数 $f(x)=x^3-6x^2+9x-3$ 的单调区间.

解 函数的定义域为 $(-\infty, +\infty)$.

$f'(x)=3x^2-12x+9=3(x-1)(x-3)$，令 $f'(x)=0$，解得 $x_1=1$，$x_2=3$.

用 $x_1=1$，$x_2=3$ 将定义域 $(-\infty, +\infty)$ 顺次划分成三个部分区间：$(-\infty, 1)$、$(1, 3)$、$(3, +\infty)$. 为了清楚起见，列表讨论各区间内 $f'(x)$ 的符号及函数的单调性.（表中“↘”表示单调减少，“↗”表示单调增加）

x	$(-\infty, 1)$	1	$(1, 3)$	3	$(3, +\infty)$
$f'(x)$	+	0	−	0	+
$f(x)$	↗		↘		↗

由上表可知，函数 $f(x)=x^3-6x^2+9x-3$ 在 $(-\infty, 1)$、$(3, +\infty)$ 内单调增加，在 $(1, 3)$ 内单调减少.

3.3.2 曲线的凹凸性与拐点

在图 3－5 中，两条曲线弧虽然它们从 A 到 B 都是上升的，但图形却有明显的不同，通常称曲线弧 $\overset{\frown}{ACB}$ 是凸的，曲线弧 $\overset{\frown}{ADB}$ 是凹的. 为了准确刻画函数图形的这个特点，需要研究曲线的凹凸性及其判别法.

由图 3－5 可以看出，弧 $\overset{\frown}{ACB}$ 上任意一点的切线总在曲线的上方，弧 $\overset{\frown}{ADB}$ 上任意一点的切线总在曲线的下方. 对于曲线的上述特性给出如下定义：

定义 1 在区间 (a, b) 内，如果曲线位于其任意一点处的切线的上方，那么曲线在 (a, b) 内是凹的；

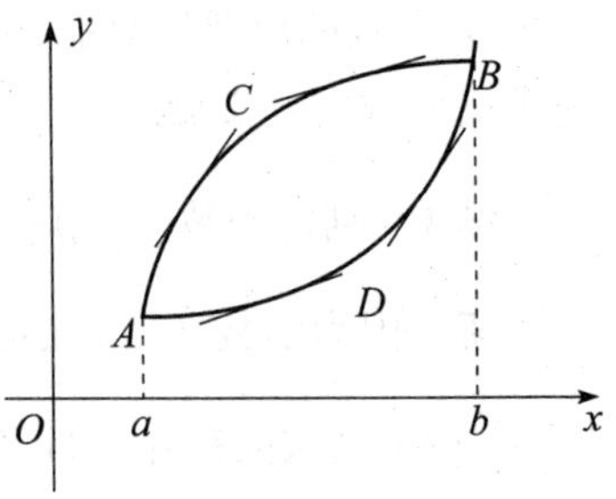

图 3－5

如果曲线位于其任意一点处的切线的下方，那么曲线在(a, b)内是凸的.

如何判定曲线的凹凸性呢?

如图 3－6，对于凹的曲线，切线斜率随 x 的增大而增大；对于凸的曲线，切线斜率随 x 的增大而减小. 由于切线的斜率可用函数 $y=f(x)$的导数的来表示. 因此，对于凹的曲线，$f'(x)$是单调增加的；而凸的曲线，$f'(x)$是单调减少的. 反之，若 $f'(x)$是单调增加的，则曲线是凹的；若 $f'(x)$是单调减少的，则曲线是凸的. 而 $f'(x)$的单调性可用它的导数 $f''(x)$的符号来判定，因此得到曲线凹凸性的判定定理.

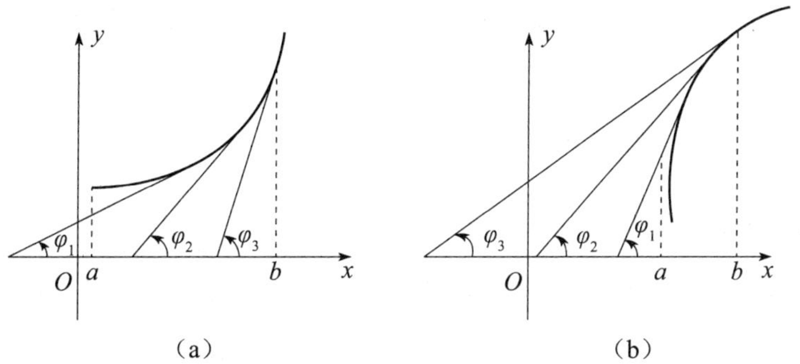

图 3－6

定理 2　设函数 $f(x)$在区间(a, b)内具有二阶导数，

① 如果在(a, b)内，$f''(x)>0$，则曲线 $y=f(x)$在(a, b)内是凹的；

② 如果在(a, b)内，$f''(x)<0$，则曲线 $y=f(x)$在(a, b)内是凸的.

例 4　判断曲线 $y=x^3$ 的凹凸性.

解　函数的定义域为$(-\infty, +\infty)$. 因为 $y'=3x^2$，$y''=6x$，所以当 $x>0$ 时，$y''>0$；当 $x<0$ 时，$y''<0$. 根据曲线凹凸性的判定定理可知：曲线 $y=x^3$ 在$(-\infty, 0)$内是凸的，在$(0, +\infty)$内是凹的. 点$(0, 0)$为曲线由凸变凹的分界点.

定义 2　连续曲线上凹弧与凸弧的分界点称为曲线的拐点.

说明：如果 $f''(x)$连续，那么 $f''(x)$由正变负或由负变正时，必定有一点 x_0 使 $f''(x_0)=0$，这样$(x_0, f(x_0))$就是曲线的一个拐点.

一般地，如果函数 $f(x)$在区间(a, b)内具有二阶导数，可按下面步骤来判定曲线 $y=f(x)$的拐点：

① 求出 $f(x)$的二阶导数，并解出 $f''(x)=0$ 在区间(a, b)内的全部实根；

② 对于①中解出的每一个实根 x_0，检查 $f''(x)$在 x_0 的左右近旁的符号. 如果 $f''(x)$变号，则点$(x_0, f(x_0))$是曲线的拐点；如果 $f''(x)$不变号，则点$(x_0, f(x_0))$不是曲线的拐点.

例 5　求曲线 $f(x)=x^3-6x^2+9x-3$ 的凹凸区间和拐点.

解　函数的定义域为$(-\infty, +\infty)$.

① $f'(x)=3x^2-12x+9$，$f''(x)=6x-12$，令 $f''(x)=0$，解得 $x=2$. $x=2$ 将定义域分成 $(-\infty, 2)$、$(2, +\infty)$.

② 为了研究方便，列表判断 $f''(x)$ 的符号和曲线的凹凸性（表中“ ⌒ ”表示曲线是凸的，“ ◡ ”表示曲线是凹的）

x	$(-\infty, 2)$	2	$(2, +\infty)$
$f''(x)$	$-$	0	$+$
$f(x)$	⌒	拐点 $(2, -1)$	◡

由上表可知，曲线在 $(-\infty, 2)$ 内是凸的，在 $(2, +\infty)$ 内是凹的，$(2, -1)$ 为曲线的拐点.

例 6 判定曲线 $y=\dfrac{1}{x}$ 的凹凸性.

解 函数的定义域为 $(-\infty, 0)\cup(0, +\infty)$. $y'=-\dfrac{1}{x^2}$，$y''=\dfrac{2}{x^3}$. 当 $x>0$ 时，$y''>0$；当 $x<0$ 时，$y''<0$. 所以曲线在 $(-\infty, 0)$ 内是凸的，在 $(0, +\infty)$ 内是凹的. 但由于函数 $y=\dfrac{1}{x}$ 在点 $x=0$ 处无定义，故曲线无拐点.

注意： 二阶导数为零的点不一定是拐点，如曲线 $y=x^4$ 在点 $x=0$ 处二阶导数为零，但点 $(0, 0)$ 不是拐点；而二阶导数不存在的点也可能是拐点，如曲线 $y=\sqrt[3]{x}$ 在点 $x=0$ 处二阶导数不存在，但点 $(0, 0)$ 是拐点.

习题 3.3

1. 判断下列函数在指定区间的单调性：

(1) $f(x)=\arctan x-x$，$(-\infty, +\infty)$；　(2) $f(x)=\tan x$，$\left(-\dfrac{\pi}{2}, \dfrac{\pi}{2}\right)$；

(3) $f(x)=x+\cos x$，$(0, 2\pi)$.

2. 确定下列函数的单调区间：

(1) $f(x)=2x^3-6x^2-18x-7$；　(2) $f(x)=2x^2-\ln x$；

(3) $f(x)=(x-1)(x+1)^3$；　(4) $f(x)=e^{-x^2}$.

3. 设质点做直线运动，其规律为：$s=\dfrac{1}{4}t^4-4t^3+10t^2\ (t>0)$.

(1) 何时速度为零？

(2) 何时做前进（s 增加）运动？

(3) 何时做后退（s 减少）运动？

4. 判断下列曲线的凹凸性：

(1) $y=\ln x$；　　(2) $y=4x-x^2$；

(3) $y=x+\frac{1}{x}(x>0)$；　　(4) $y=x\arctan x$.

5. 求下列曲线的拐点和凹凸区间：

(1) $y=2x^3+3x^2+x+2$；　　(2) $y=x\mathrm{e}^{-x}$；

(3) $y=\ln(x^2+1)$；　　(4) $y=\mathrm{e}^{\arctan x}$.

6. 已知曲线 $y=x^3+ax^2-9x+4$ 在 $x=1$ 有拐点，试确定系数 a，并求曲线的拐点坐标和凹凸区间.

7. a、b 为何值时，点(1，3)为曲线 $y=ax^3+bx^2$ 的拐点？

3.4　函数的极值及其求法

3.4.1　函数极值的定义

定义　设函数 $f(x)$在区间(a, b)内有定义，x_0 是区间(a, b)内的一个点. 如果对于 x_0 点近旁的任意点 $x(x\neq x_0)$，$f(x)<f(x_0)$均成立，那么就说 $f(x_0)$是函数 $f(x)$的一个极大值，点 x_0 叫作 $f(x)$的一个极大值点；如果对于点 x_0 近旁的任意点 $x(x\neq x_0)$，$f(x)>f(x_0)$均成立，那么就说 $f(x_0)$是函数 $f(x)$的一个极小值，点 x_0 叫作 $f(x)$的一个极小值点.

函数的极大值与极小值统称为极值，极大值点与极小值点统称为极值点. 如图 3－7 所示，$f(c_1)$、$f(c_4)$是函数 $f(x)$的极大值，c_1、c_4 是极大值点；$f(c_2)$、$f(c_5)$是函数的极小值，c_2、c_5 是极小值点.

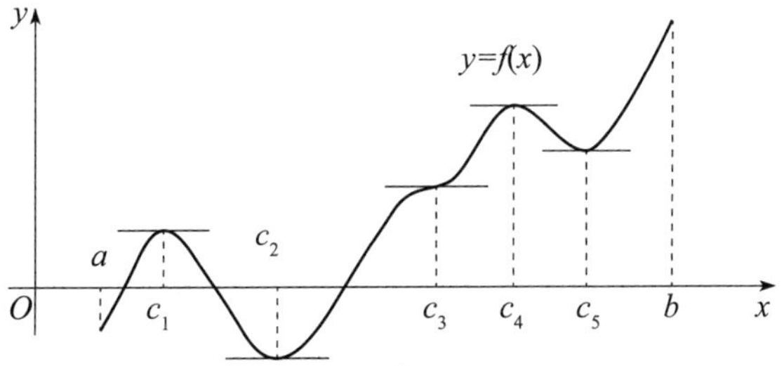

图 3－7

说明：① 函数极值是局部性的概念. 如果 $f(x_0)$是 $f(x)$的一个极大值，是针对极大值点附近的局部范围而言，在函数整个定义域内，它不一定是函数的最大值. 极小值也有类似情况. 如图 3－7，函数 $f(x)$在区间$[a, b]$上最大值是 $f(b)$，并不是 $f(c_1)$或 $f(c_4)$；

② 函数的极大值不一定比极小值大. 图 3－7 中，极大值 $f(c_1)$就比极小值 $f(c_5)$小；

③ 函数极值一定在区间的内部，在区间的端点处不能取得极值；而函数的最大值和最小值可能出现在区间的内部，也可能出现在区间的端点处.

3.4.2　函数极值的判定和求法

由图 3－7 可以看出，所有函数在取得极值处，曲线的切线是水平的，即函数在极值点处的导数为零. 这个结论对于可导函数来说具有一般性，于是得出下列定理.

定理 1　设函数 $f(x)$在点 x_0 可导，且在 x_0 取得极值，则函数 $f(x)$在点 x_0 的导数 $f'(x_0)=0$.

说明：① 函数取得极值的点只有两种：$f'(x_0)=0$(驻点)和 $f'(x_0)$不存在的点，但这些点是否是极值点，需要通过判定才能确定；

② 定理 1 说明可导函数的极值必定是它的驻点. 但是，驻点未必是极值点. 如图 3－7，在点 c_3 处虽然有水平的切线，即 $f'(c_3)=0$，但 $f(c_3)$并不是极值. 可见，$f'(x_0)=0$ 是可导函数 $f(x)$在点 x_0 取得极值的一个必要条件.

可导函数的驻点在什么条件下才是它的极值点呢?

分析　由图 3－8 不难看出，函数 $f(x)$在点 x_0 取得极大值，它除了在点 x_0 有水平切线外，还有以下特点：

① 曲线在 x_0 的左侧是上升的，右侧是下降的；

② 在 x_0 近旁的曲线是凸的.

这两个特点中符合任何一个便可得出函数 $f(x)$在驻点 x_0 处取得极大值. 对于 $f(x)$有极小值的情形(见图 3－9)可类似讨论.

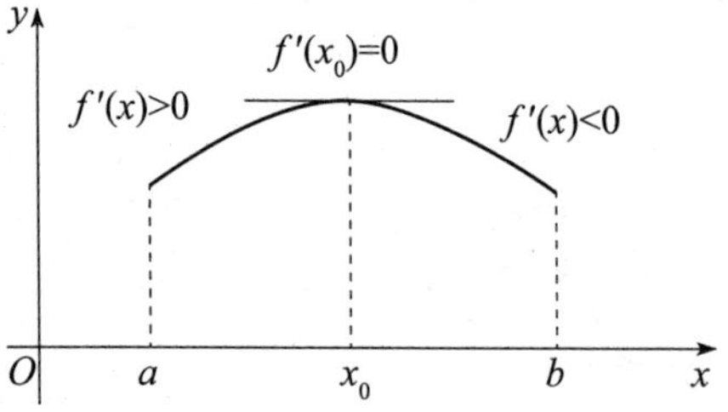

图 3－8

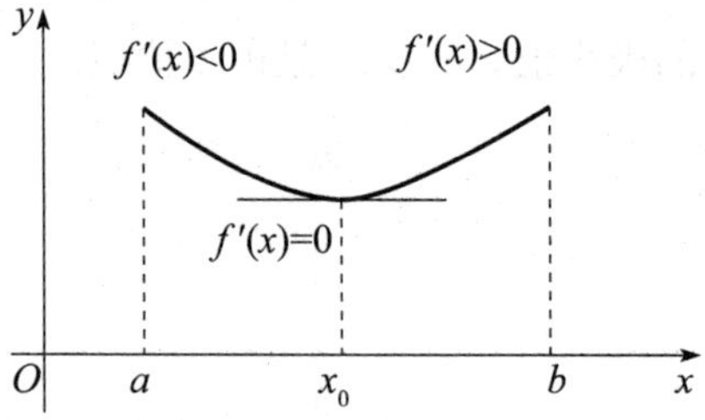

图 3－9

于是得到函数极值的两个判定定理.

定理 2　(极值判定定理 1)设函数 $y=f(x)$在点 x_0 近旁可导，且 $f'(x_0)=0$，如果

① 当 $x<x_0$ 时，$f'(x)>0$，而 $x>x_0$ 时，$f'(x)<0$，则 $f(x_0)$是函数的极大值；

② 当 $x<x_0$ 时，$f'(x)<0$，而 $x>x_0$ 时，$f'(x)>0$，则 $f(x_0)$是函数极小值；

③ 在 x_0 的两侧，$f'(x)$不变号，则 $f(x_0)$不是函数的极值.

注意：若函数 $f(x)$ 在 x_0 近旁可导，而在 x_0 连续但不可导，$f(x_0)$ 也可能是函数的极值.

根据上述定理，如果函数 $f(x)$ 在区间 (a, b) 内可导，可按下列步骤求出函数 $f(x)$ 在区间 (a, b) 内的极值：

① 求出函数 $f(x)$ 在 (a, b) 内的全部驻点；

② 对①中的每一个驻点 x_0 用极值判定定理 1 来判定，求出极值点及相应的极值.

例 1　求函数 $f(x)=x^3-6x^2+9x-3$ 的极值.

解　函数的定义域为 $(-\infty, +\infty)$. $f'(x)=3x^2-12x+9=3(x-1)(x-3)=0$，令 $f'(x)=0$，得驻点 $x_1=1$，$x_2=3$. 利用极值判定定理 1 通过列表讨论如下：

x	$(-\infty, 1)$	1	$(1, 3)$	3	$(3, +\infty)$
$f'(x)$	+	0	−	0	+
$f(x)$	↗	极大值 1	↘	极小值 −3	↗

由上表可知，函数的极大值为 1，极小值为 −3.

例 2　求函数 $f(x)=(x^2-1)^3+1$ 的极值.

解　函数的定义域为 $(-\infty, +\infty)$. $f'(x)=3(x^2-1)^2 \cdot 2x=6x(x+1)^2(x-1)^2=0$，令 $f'(x)=0$，得驻点 $x_1=-1$，$x_2=0$，$x_3=1$. 利用极值判定定理 1 列表讨论如下：

x	$(-\infty, -1)$	−1	$(-1, 0)$	0	$(0, 1)$	1	$(1, +\infty)$
$f'(x)$	−	0	−	0	+	0	+
$f(x)$	↘	无极值	↘	极小值 0	↗	无极值	↗

由上表可知，函数的极小值为 0，驻点 $x_1=-1$、$x_3=1$ 不是极值点.

定理 3　(极值判定定理 2) 设函数 $y=f(x)$ 在点 x_0 处存在二阶导数，且 $f'(x_0)=0$，但 $f''(x_0)\neq 0$：

① 如果 $f''(x_0)>0$，则 $f(x_0)$ 是函数的极小值；

② 如果 $f''(x_0)<0$，则 $f(x_0)$ 是函数的极大值.

注意：若 $f'(x_0)=0$ 且 $f''(x_0)=0$，极值判定定理 2 不能判定 $f(x_0)$ 是否为极值，此时仍需用极值判定定理 1 判定.

例 3　求函数 $f(x)=\sin x+\cos x$ 在区间 $(0, 2\pi)$ 内的极值.

解　$f'(x)=\cos x-\sin x$，$f''(x)=-\sin x-\cos x$. 令 $f'(x)=0$，即 $\cos x-\sin x=0$，得在 $(0, 2\pi)$ 内的驻点为 $x_1=\frac{\pi}{4}$、$x_2=\frac{5\pi}{4}$，而 $f''\left(\frac{\pi}{4}\right)=-\sin\frac{\pi}{4}-\cos\frac{\pi}{4}<0$，$f''\left(\frac{5\pi}{4}\right)=-\sin\frac{5\pi}{4}-\cos\frac{5\pi}{4}>0$. 由极值判定定理 2 知，函数 $f(x)=\sin x+\cos x$ 在 $(0, 2\pi)$ 内的极大值为 $f\left(\frac{\pi}{4}\right)=\sqrt{2}$，极小值为 $f\left(\frac{5\pi}{4}\right)=-\sqrt{2}$.

习题 3.4

1. 求下列函数的极值点和极值：

(1) $y=2x^2-8x+3$；

(2) $y=4x^3-3x^2-6x+2$；

(3) $f(x)=x-\ln(1+x)$；

(4) $f(x)=x+\tan x$；

(5) $f(x)=2e^x+e^{-x}$；

(6) $f(x)=x+\sqrt{1-x}$.

2. 求下列函数在指定区间内的极值：

(1) $f(x)=\sin x+\cos x$，$\left(-\frac{\pi}{2}, \frac{\pi}{2}\right)$；

(2) $f(x)=e^x\cos x$，$(0, 2\pi)$.

3. 如果函数 $f(x)=a\sin x+\frac{1}{3}\sin 3x$ 在 $x=\frac{\pi}{3}$ 处取得极值，求 a 的值.

3.5 函数的最大值和最小值

在生产实践和科学研究中，往往要求在一定条件下，考虑用料最省、用时间最少、成本最低、效率最高等问题. 这些问题，在数学上常常归结为求函数的最大值和最小值问题.

怎样求函数 $f(x)$ 在一个闭区间上的最大值和最小值呢？

设函数 $y=f(x)$ 在闭区间 $[a, b]$ 上连续，根据闭区间上连续函数的性质可知，函数 $y=f(x)$ 在闭区间 $[a, b]$ 上一定有最大值和最小值. 如果函数的最大(小)值是在区间内部某点取得，那么根据极值定义和定理可知，这个最大(小)值一定也是它的极大(小)值，并且这个最大(小)值只能在函数的驻点或不可导点处取得. 此外，最大值和最小值也可能在区间端点处取得. 因此，求可导函数 $f(x)$ 在闭区间 $[a, b]$ 上的最值的方法：

① 求出区间内所有可能的极值点(驻点和不可导点)；

② 计算上述驻点、不可导点及区间端点处的函数值；

③ 比较函数值的大小，其中最大者为最大值，最小者为最小值.

例 1 求函数 $f(x)=x^3-3x^2-9x+30$ 在 $[-2, 2]$ 上的最大值与最小值.

解 函数 $f(x)$ 在 $[-2, 2]$ 上连续，在 $(-2, 2)$ 内可导，且 $f'(x)=3x^2-6x-9=3(x-3)(x+1)$. 令 $f'(x)=0$，求得在 $(-2, 2)$ 内的驻点 $x=-1$. 比较函数在驻点与端点处的函数值：$f(-1)=35$，$f(-2)=28$，$f(2)=8$. 可知函数在 $[-2, 2]$ 上的最大值为 $f(-1)=35$，最小值 $f(2)=8$.

如果函数 $f(x)$ 在某区间内可导且有唯一的极值点 x_0，那么当 $f(x_0)$ 是极大值时，$f(x_0)$ 就是该区间上的最大值(见图 3-10). 当 $f(x_0)$ 为唯一极小值时，$f(x_0)$

为该区间上的最小值(见图 3 - 11).

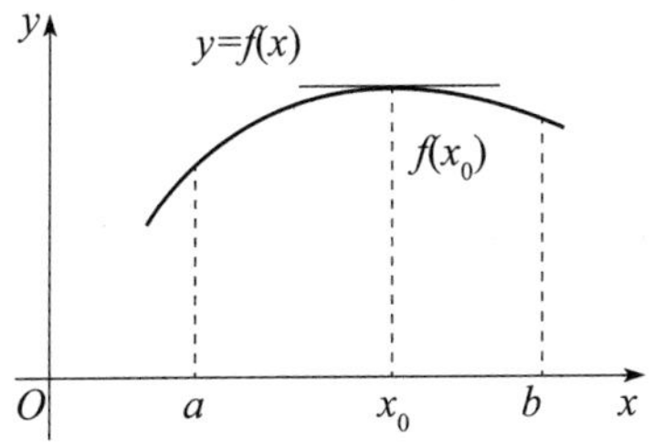

图 3 - 10

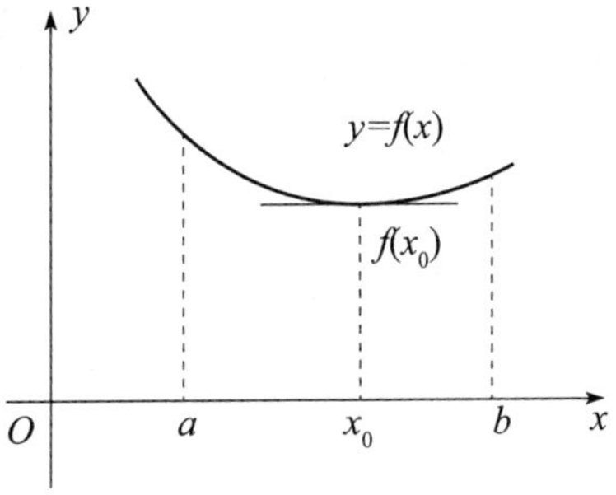

图 3 - 11

例 2　求函数 $y=-x^2+6x-4$ 的最大值.

解　函数的定义域为$(-\infty,\ +\infty)$. $y'=-2x+6$，$y''=-2$. 令 $y'=0$，解得驻点 $x=3$. 由于 $y''=-2<0$，由极值判定定理 2 知，$x=3$ 是函数的极大值点，相应的极大值为 $y=5$.

因为函数 $y=-x^2+6x-4$ 在定义域$(-\infty,\ +\infty)$内有唯一的极大值点，则函数的极大值就是函数的最大值，即函数的最大值为 $y=5$.

注意：求实际问题在开区间内的最大(小)值时，如果根据实际问题本身可以判定函数 $f(x)$在定义区间内确有最大(小)值，且在这个区间内只有一个驻点 x_0，那么可以断定 $f(x_0)$是所要求的最大(小)值.

例 3　用边长为 48cm 的正方形铁皮做成一个无盖的铁盒时，在铁皮的四角各截去一个面积相等的小正方形(见图 3 - 12(a)). 然后把四边折起，就能焊成铁盒(见图 3 - 12(b)). 问在四角截去多大正方形，才能使所做的铁盒容积最大?

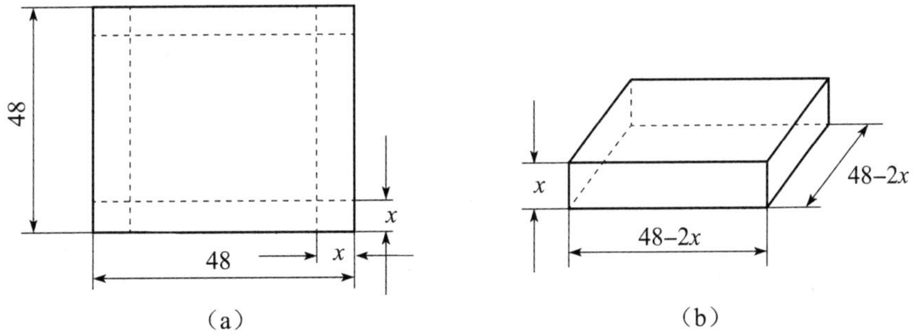

图 3 - 12

解　设截去的小正方形的边长为 $x$cm，铁盒的容积为 $V\text{cm}^3$，据题意，则有

$$V=x(48-2x)^2(0<x<24).$$

问题归结为：求 x 为何值时，函数 V 在区间$(0,\ 24)$内取得最大值. 对函数 V 求导数

$$V'=(48-2x)^2-4x(48-2x)=12(24-x)(8-x).$$

令 $V'=0$ 求得在(0，24)内函数的驻点为 $x=8$.

由题意知，铁盒必然存在最大容积，且函数在(0，24)内只有一个驻点，因此，当 $x=8$ 时，函数 V 取得最大值，即当截去正方形边长为 8cm 时，铁盒的容积最大.

例 4 铁路线上 AB 段的距离为 100km，工厂 C 距离 A 处为 20km，AC 垂直于 AB(见图 3-13). 为了运输需要，要在 AB 线上选定一点 D 向工厂修一条公路，已知铁路上每公里的货运的运费与公路上每公里货运的运费之比为 3∶5，为了使货物从供应站 B 运到工厂 C 的总运费最省，问 D 应选在何处?

解 设 D 点选在距 A 点 $x$km 处，则 $BD=100-x$，$CD=\sqrt{20^2+x^2}=\sqrt{400+x^2}$. 设铁路每公里的货运的运费为 $3k$，公路每公里的货运的运费为 $5k$(k 为正常数). 设货物从 B 点运到 C 点需要的总运费 y，则 $y=(100-x)\times 3k+5k\times\sqrt{x^2+400}\ (0\leqslant x\leqslant 100)$.

现在求在区间[0，100]上取何值时，总运费 y 取最小值.

对函数 y 求导数，得 $y'=-3k+5k\dfrac{x}{\sqrt{x^2+400}}=\dfrac{k(5x-3\sqrt{x^2+400})}{\sqrt{x^2+400}}$.

令 $y'=0$，得 $5x=3\sqrt{x^2+400}\Rightarrow 25x^2=9(x^2+400)$，整理得 $x^2=225$. 因为 $0\leqslant x\leqslant 100$，所以 $x=15$. 故 $y|_{x=15}=380k$，而闭区间[0，100]端点处的函数值为 $y|_{x=0}=400k$，$y|_{x=100}=5\sqrt{10400}k>500k$. 因此，当 $x=15$ 时，y 取得最小值. 即 D 应选在距离 A 点 15km 处，这时总运费最省.

例 5 用三块等宽的木板做成一个断面为梯形的水槽(见图 3-14)，问倾斜角 φ 为多大时水槽的横截面积最大? 并求此时最大的横截面积.

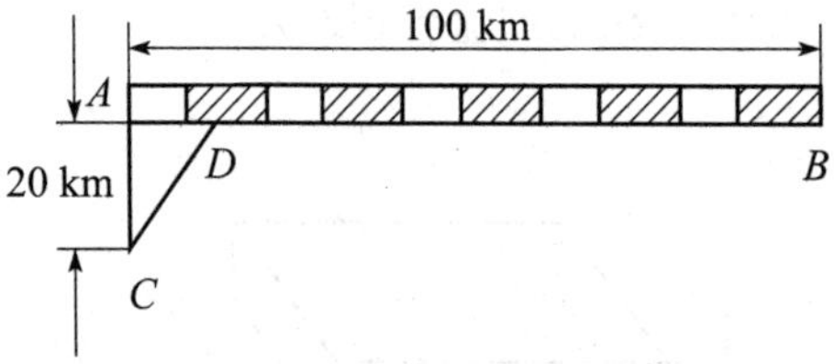

图 3-13

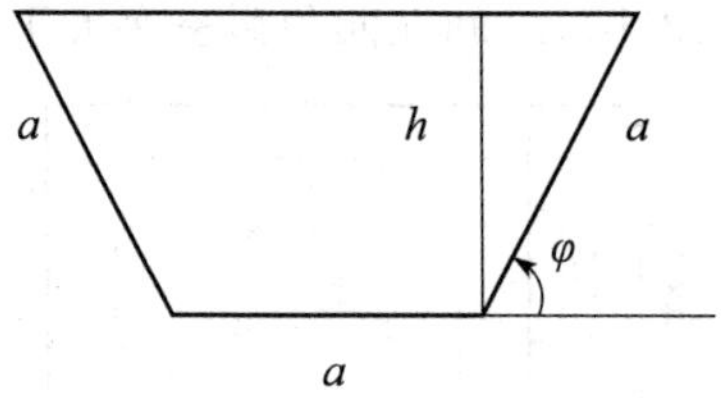

图 3-14

解 设木板的宽为 a，水槽的高为 h，横截面积为 S，则

$$S=\frac{1}{2}(2a+2a\cos\varphi)h\quad\left(0<\varphi<\frac{\pi}{2}\right)$$

$$=(a+a\cos\varphi)a\sin\varphi=a^2(1+\cos\varphi)\sin\varphi$$

$$S'=a^2[-\sin^2\varphi+(1+\cos\varphi)\cos\varphi]=a^2(\cos 2\varphi+\cos\varphi)=2a^2\cos\frac{3\varphi}{2}\cos\frac{\varphi}{2}$$

令 $S'=0$，得 $\cos\dfrac{3\varphi}{2}=0$ 及 $\cos\dfrac{\varphi}{2}=0$，由此解得在 $\left(0,\ \dfrac{\pi}{2}\right)$ 内的唯一驻点为 $\varphi=$

$\frac{\pi}{3}$，且由题意知 S 在 $\left(0,\ \frac{\pi}{2}\right)$ 内必有最大值，故当 $\varphi=\frac{\pi}{3}$ 时，水槽的横截面积最大，其值为 $S\big|_{\varphi=\frac{\pi}{3}}=a^2\left(1+\cos\frac{\pi}{3}\right)\sin\frac{\pi}{3}=\frac{3\sqrt{3}}{4}a^2$.

习题 3.5

1. 求下列函数在给定区间上的最大值和最小值.

(1) $y=x^4-2x^2+5$，$[-2,\ 2]$；　　(2) $y=\sin 2x-x$，$\left[-\frac{\pi}{2},\ \frac{\pi}{2}\right]$；

(3) $y=x+\sqrt{1-x}$，$[-5,\ 1]$；　　(4) $f(x)=2x^3-6x^2-18x-7$，$[1,\ 4]$.

2. 设两正数之和为定数，求其积的最大值.

3. 从长为 12cm、宽为 8cm 的矩形纸板的四个角剪去相同的小正方形，折成一个无盖的盒子，要使盒子的容积最大，剪去的小正方形的边长应为多少？

4. 把长为 24cm 的铁丝剪成两段，一段做成圆，另一段做成正方形，应如何剪法才能使圆与正方形的面积之和最小？

5. 求证面积一定的所有矩形中，正方形的周长最短.

6. 如图 3－15 所示某构件的横截面上部为一半圆，下部是矩形，周长为 15m，要求横截面的面积最大，宽应为多少米？

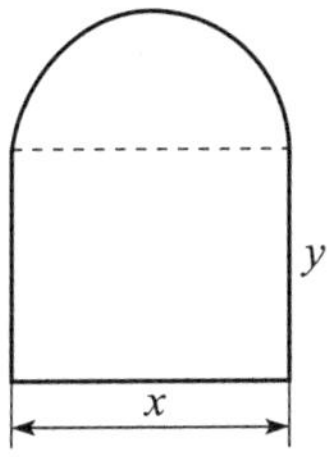

图 3－15

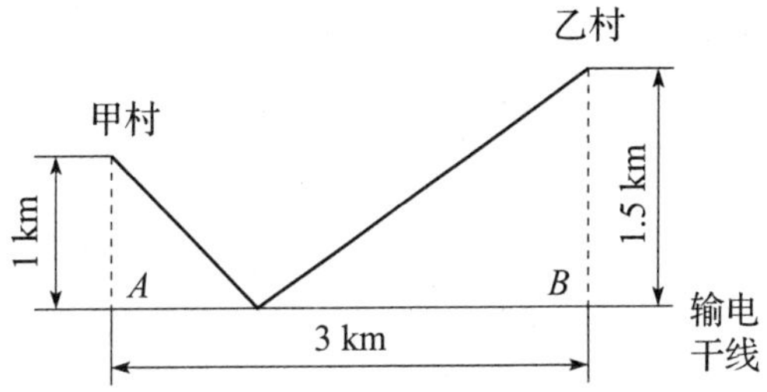

图 3－16

7. 甲乙两村合用一变压器，其位置如图 3－16 所示，问变压器在输电干线何处时，所需电线最短？

8. 求内接于椭圆 $\frac{x^2}{a^2}+\frac{y^2}{b^2}=1$ 面积最大的矩形的边长？

9. 如图 3－17 所示甲轮船位于乙轮船东 75 海里，以每小时 12 海里的速度向西行驶，而乙轮船则以每小时 6 海里的速度向北行驶. 问经过多少时间两船相距最近？

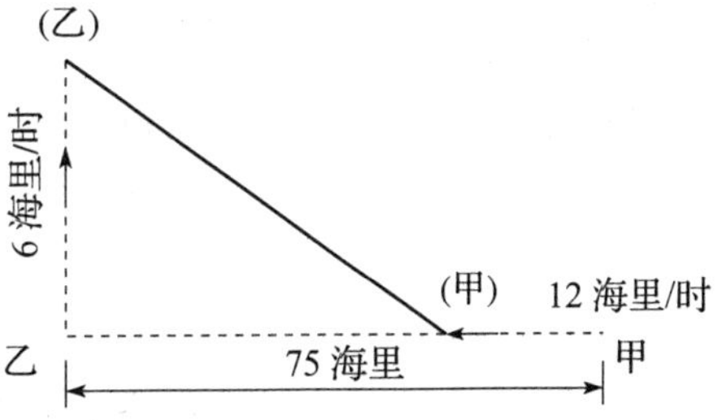

图 3－17

3.6　函数图形的描绘

前面利用导数研究了函数的单调性与极值、曲线的凹凸性与拐点，对函数的变化性态有了一个整体的了解．本节将综合这些知识描绘函数的图形．作函数的图形之前，先介绍曲线的水平渐近线和垂直渐近线．

3.6.1　曲线的水平渐近线和垂直渐近线

先看下面的例子：

① 当 $x\to+\infty$时，曲线 $y=\arctan x$ 无限接近于直线 $y=\frac{\pi}{2}$；当 $x\to-\infty$时，曲线 $y=\arctan x$ 无限接近于直线 $y=-\frac{\pi}{2}$(见图 3－18).

② 当 $x\to1^{+}$时，曲线 $y=\ln(x-1)$无限接近于直线 $x=1$(见图 3－19).

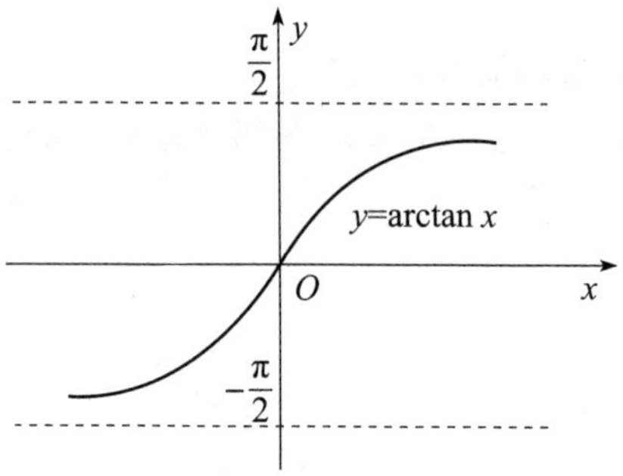

图 3－18

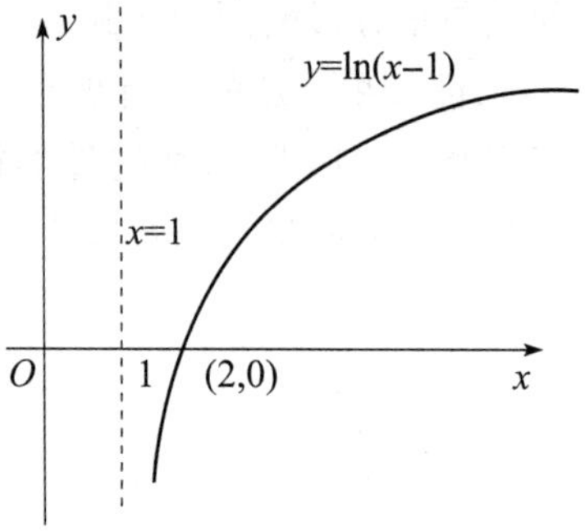

图 3－19

一般地，对于具有上述特性的直线，给出下面的定义．

定义 1　如果当自变量 $x\to\infty$($x\to+\infty$或 $x\to-\infty$)时，函数 $f(x)$以常量 b 为极限，即

$$\lim_{x\to\infty}y=b(\lim_{x\to+\infty}y=b \text{ 或 } \lim_{x\to-\infty}y=b)$$

那么直线 $y=b$ 叫作曲线 $y=f(x)$的水平渐近线．

定义 2　如果当自变量 $x\to x_0$($x\to x_0^{+}$ 或 $x\to x_0^{-}$)时，函数 $f(x)$为无穷大量，即

$$\lim_{x\to x_0}f(x)=\infty(\lim_{x\to x_0^{+}}f(x)=\infty\text{或}\lim_{x\to x_0^{-}}f(x)=\infty)$$

那么直线 $x=x_0$ 叫作曲线 $y=f(x)$的垂直渐近线．

例如，因为 $\lim\limits_{x\to+\infty}\arctan x=\frac{\pi}{2}$，$\lim\limits_{x\to-\infty}\arctan x=-\frac{\pi}{2}$，所以直线 $y=\frac{\pi}{2}$和 $y=-\frac{\pi}{2}$

是曲线 $y=\arctan x$ 的两条水平渐近线．又如，因为 $\lim\limits_{x\to 1^+}\ln(x-1)=-\infty$，所以直线 $x=1$ 是曲线 $y=\ln(x-1)$的垂直渐近线．

3.6.2　函数图形的描绘

以前曾运用描点法画函数的图像，但是图像上一些关键性的点(如极值点和拐点)却往往得不到反映．现可利用导数先讨论函数变化的主要性态，然后再作函数的图像．

利用导数描绘函数图形的一般步骤如下：

① 确定函数的定义域，考察函数奇偶性、周期性；

② 求出函数的一阶、二阶导数，确定定义域内可能的极值点及拐点；

③ 列表，确定函数的单调性、极值、凹凸性、拐点；

④ 求曲线的水平渐近线和垂直渐近线；

⑤ 计算特殊点，计算极值与拐点以及与坐标轴的交点；

⑥ 作图，结合③、④、⑤连成光滑的曲线，从而得到函数的图像．

例 1　作函数 $y=\dfrac{1}{3}x^3-x$ 的图像．

解　① 函数的定义域为$(-\infty, +\infty)$．由于 $f(-x)=\dfrac{1}{3}(-x)^3-(-x)=-\left(\dfrac{1}{3}x^3-x\right)=-f(x)$，所以函数是奇函数，它的图像关于原点对称．

② $y'=x^2-1$，由 $y'=0$，得 $x=\pm 1$；$y''=2x$，由 $y''=0$，得 $x=0$．

③ 列表讨论如下：(表中“↗”表示曲线递增且是凸的，“⤵”表示曲线递减且是凸的，“↘”表示曲线递减且是凹的，“⤴”表示曲线递增且是凹的)．

x	$(-\infty, -1)$	-1	$(-1, 0)$	0	$(0, 1)$	1	$(1, +\infty)$
y'	$+$	0	$-$	$-$	$-$	0	$+$
y''	$-$	$-$	$-$	0	$+$	$+$	$+$
y	↗	极大值$\dfrac{2}{3}$	⤵	拐点$(0, 0)$	↘	极小值$-\dfrac{2}{3}$	⤴

④ 无渐近线．

⑤ 取辅助点$\left(-1, \dfrac{2}{3}\right)$，$\left(1, -\dfrac{2}{3}\right)$，$(0, 0)$．

令 $y=0$，即$\dfrac{1}{3}x^3-x=x\left(\dfrac{1}{3}x^2-1\right)=0$，得 $x=0$ 或 $x=\pm\sqrt{3}$．则与坐标轴的交点$(\sqrt{3}, 0)$，$(-\sqrt{3}, 0)$，$(0, 0)$．

⑥ 结合上述讨论作出函数的图像(见图 3-20).

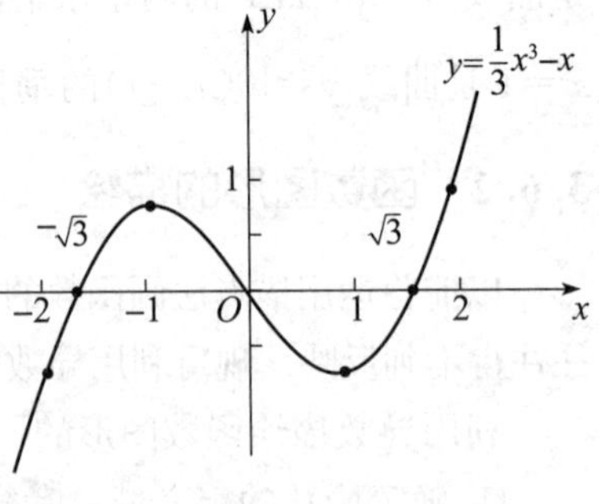

图 3-20

例 2 作函数 $y=\frac{1}{\sqrt{2\pi}}e^{-\frac{x^2}{2}}$ 的图像.

解 ① 函数的定义域为$(-\infty, +\infty)$. 由于

$y(-x)=\frac{1}{\sqrt{2\pi}}e^{-\frac{(-x)^2}{2}}=\frac{1}{\sqrt{2\pi}}e^{-\frac{x^2}{2}}=y(x)$，所以 $y(x)$是偶函数，它的图像关于 y 轴对称.

② $y'=\frac{1}{\sqrt{2\pi}}(-x)e^{-\frac{x^2}{2}}=-\frac{1}{\sqrt{2\pi}}xe^{-\frac{x^2}{2}}$，令 $y'=0$，得 $x=0$；

$y''=-\frac{1}{\sqrt{2\pi}}e^{-\frac{x^2}{2}}+\frac{1}{\sqrt{2\pi}}x^2e^{-\frac{x^2}{2}}=\frac{1}{\sqrt{2\pi}}(x^2-1)e^{-\frac{x^2}{2}}$，令 $y''=0$，得 $x=\pm 1$.

③ 列表讨论如下：

x	$(-\infty, -1)$	-1	$(-1, 0)$	0	$(0, 1)$	1	$(1, +\infty)$
y'	+	+	+	0	−	−	−
y''	+	0	−	−	−	0	+
y	↗(凹)	拐点 $\left(-1, \frac{1}{\sqrt{2\pi}}e^{-\frac{1}{2}}\right)$	↗(凸)	极大值 $\frac{1}{\sqrt{2\pi}}$	↘(凸)	拐点 $\left(1, \frac{1}{\sqrt{2\pi}}e^{-\frac{1}{2}}\right)$	↘(凹)

④ 因为 $\lim\limits_{x\to\infty}\frac{1}{\sqrt{2\pi}}e^{-\frac{x^2}{2}}=\frac{1}{\sqrt{2\pi}}\lim\limits_{x\to\infty}\frac{1}{e^{\frac{x^2}{2}}}=0$，所以直线 $y=0$ 是曲线的水平渐近线；

⑤ 取辅助点 $\left(-1, \frac{1}{\sqrt{2\pi}}e^{-\frac{1}{2}}\right)$，$\left(1, \frac{1}{\sqrt{2\pi}}e^{-\frac{1}{2}}\right)$，$\left(0, \frac{1}{\sqrt{2\pi}}\right)$.

$$f(\pm 2)=\frac{1}{\sqrt{2\pi}}e^{-2}=\frac{1}{\sqrt{2\pi}e^2}，则\left(\pm 2, \frac{1}{\sqrt{2\pi}e^2}\right).$$

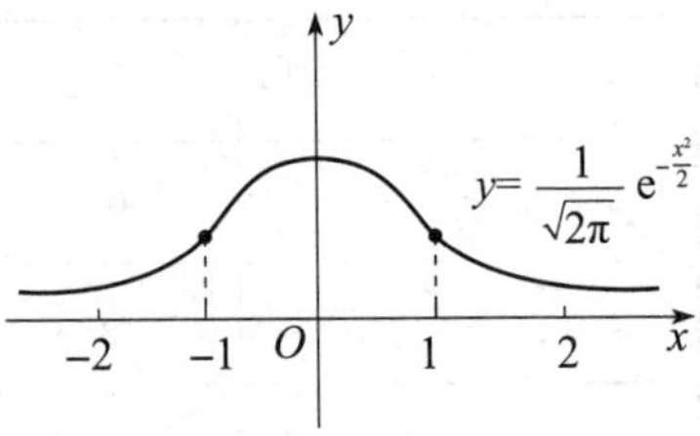

图 3-21

⑥ 综合以上讨论，作出函数的图像(见图 3-21). 此曲线称为标准正态分布曲线.

习题 3.6

1. 求下列曲线的渐近线：

(1) $y=\frac{1}{1-x^2}$；　　(2) $y=1+\frac{36x}{(x+3)^2}$；

(3) $y=e^{-(x-1)^2}$；　　(4) $y=x^2+\frac{1}{x}$.

2. 作出下列函数的图像：

(1) $y=2-x-x^3$；　　(2) $y=\frac{1}{4}x^4-\frac{3}{2}x^2$；

(3) $y=\frac{1}{5}(x^4-6x^2+8x+7)$；　　(4) $y=\ln(x^2+1)$.

本章小结

一、主要内容

1. 三个微分中值定理的内容及其关系.

2. 洛必达法则及七种未定式的求法.

3. 函数单调性的判定定理，曲线的凹凸性和拐点的概念及求法，函数的极值的概念及两个判定定理，函数的最大值与最小值，实际问题中的最值问题.

4. 水平渐近线与垂直渐近线的定义及求法，综合运用函数的性态作图.

二、学习指导

1. 三个微分中值定理的条件是充分的，但不是必要的，都是存在性定理，只肯定了有 ξ 存在，而未指出如何确定该点，理清各定理成立的条件.

2. 洛必达法则只能计算 $\frac{0}{0}$ 或 $\frac{\infty}{\infty}$ 型未定式的极限，多次运用法则时，须验证是否满足定理的条件.

其他类型未定式转化为 $\frac{0}{0}$ 或 $\frac{\infty}{\infty}$ 型未定式的思路：

① 对 $0\cdot\infty$ 型未定式，将其中一个函数取倒数；

② 对 $\infty-\infty$ 型未定式，可考虑通分；

③ 对 0^0 型、∞^0 型和 1^∞ 型未定式，使用指数恒等式 $f^g=e^{g\ln f}$ 后，指数部分变成 $0\cdot\infty$ 型，再用相应转化方法求解.

3. 讨论函数单调区间与极值、凹凸性及拐点时，通常先寻找定义域内的可能的极值点、可能的拐点，并划分定义域，采用列表的方法讨论定义域内函数的一阶导数、二阶导数的正负号，从而判定各区间单调性、凹凸性，最后讨论分界点处极值、拐点的情况.

4. 求解实际最值问题时，首先要学会根据条件及变量关系建立目标函数，再利用最值的计算方法去求解.

数学文化

微分中值定理的发展

微分中值定理是一系列中值定理的总称，它包括三个定理，是研究函数的有力工具．微分中值定理反映了导数的局部性与函数的整体性之间的关系，三个定理中拉格朗日中值定理尤为重要，罗尔定理、柯西定理是拉格朗日定理的特殊情况或推广．

人类对微分中值定理的认识始于古希腊时代，当时的数学家们发现：过抛物线顶点的切线必平行于抛物线底端的连线．同时，阿基米德利用这个结论求出了抛物线弓形的面积，这是拉格朗日中值定理的特殊情形．

十七世纪微积分建立之时，数学家开始对中值定理进行深入研究．1627 年，意大利数学家卡瓦列里在《不可分量几何学》中描述：曲线段上必有一点的切线平行于曲线的弦，称为卡瓦列里定理，它反映了微分中值定理的几何意义．

1637 年，法国数学家费马(Fermat)在《求最大值和最小值的方法》中描述：函数在极值点处的导数为零．它以皮埃尔·德·费马命名，称为费马引理．费马引理是实分析中的一个定理．通过证明可导函数的每一个可导的极值点都是驻点(函数的导数在该点为零)，此定理给出了一个求解可微函数的最值的方法．

1691 年，法国数学家罗尔在《方程的解法》中给出了多项式形式的罗尔定理．此定理后来发展成一般函数的罗尔定理，并且由费马引理推导出来．

1797 年，法国数学家拉格朗日在《解析函数论》中首先给出了拉格朗日中值定理，并提供了最初的证明．定理的最初形式是：函数 $f(x)$在 x 和 x_0 之间连续，$f'(x)$的最大值为 A，最小值为 B，则$\dfrac{f(x)-f(x_0)}{x-x_0}$必取 A、B 中的一个值．微分中值定理反映了函数的整体性与导数的局部性之间的关系，应用甚广．现代形式的拉格朗日中值定理是由法国数学家 O·博内给出．定理现代形式是：如果函数 $f(x)$在闭区间$[a,b]$上连续，在开区间(a,b)内可导，那么在区间(a,b)内至少存在一点 ξ，使 $f'(\xi)=\dfrac{f(b)-f(a)}{b-a}$．拉格朗日中值定理沟通了函数与其导数的联系，在研究函数的单调性、凹凸性以及不等式的证明等方面，都可能会用到拉格朗日中值定理．

19 世纪 10 年代至 20 年代，法国的数学家柯西对微分中值定理进行了更加深入的研究．在十八世纪微积分的分析严密性备受质疑时，他的三部巨著《分析教程》《无穷小计算教程概论》和《微分计算教程》，以严格化为主要目标，创立了极限理论，甚至可以说柯西对微积分理论进行了重构，他首先赋予中值定理以重要作用，使它成为微积分学的核心定理，他在《无穷小计算教程概论》中严格地证明了拉格朗日定理，并在《微分计算教程》中将其推广，最后发现了柯西中值定理，建立了现在的独立学科微积分. 柯西中值定理是拉格朗日中值定理的推广，是微分学的基本定理之一. 其几何意义为，用参数方程表示的曲线上至少有一点，它的切线平行于两端点所在的弦. 该定理可以视作在参数方程下拉格朗日中值定理的表达形式.

拉格朗日简介

约瑟夫·拉格朗日(Joseph-Louis Lagrange，1736—1813年)，法国著名数学家、物理学家.

他在数学、力学和天文学三个学科领域中都有历史性的贡献，其中尤以数学方面的成就最为突出.

他在数学上最突出的贡献是使数学分析与几何及力学脱离开来，使数学的独立性更为清楚，从此数学不再仅仅是其他学科的工具. 拉格朗日总结了18世纪的数学成果，同时又为19世纪的数学研究开辟了道路，堪称法国最杰出的数学大师.

复习题3

基础题

1. 求下列极限：

(1) $\lim\limits_{x\to a}\dfrac{x^m-a^m}{x^n-a^n}$；　　(2) $\lim\limits_{x\to 0}\dfrac{x-\arctan x}{x^3}$；

(3) $\lim\limits_{x\to+\infty}\dfrac{x^2+\ln x}{x\ln x}$；　　(4) $\lim\limits_{x\to+\infty}\dfrac{x^3}{e^x}$；

(5) $\lim\limits_{x\to 0}\left(\dfrac{1}{x}-\dfrac{1}{\sin x}\right)$.

2. 求下列函数的单调区间：

(1) $y=x^3-3x^2-9x+14$；　　(2) $y=x-2\sin x$，$x\in[0, 2\pi]$.

3. 求下列函数的极值：

(1) $y=\dfrac{\ln^2 x}{x}$；　　(2) $y=\dfrac{2x}{1+x^2}$；

(3) $y=\arctan x-\dfrac{1}{2}\ln(1+x^2)$.

4. 已知函数 $f(x)=ax^3+bx^2+cx+d$，当 $x=-3$ 时取得极小值 $f(-3)=-2$，当 $x=3$ 时取得极大值 $f(3)=6$，确定 a、b、c、d 的值.

5. 如图 3－22 所示，矿务局拟自地面上一点 A 掘一管道至地面下一点 C，设 AB 长 600m，BC 长 240m，地平面 AB 是黏土，掘进费用为 5 元/m；地平面下是岩石，掘进费用为 13 元/m. 怎样掘法费用最省？

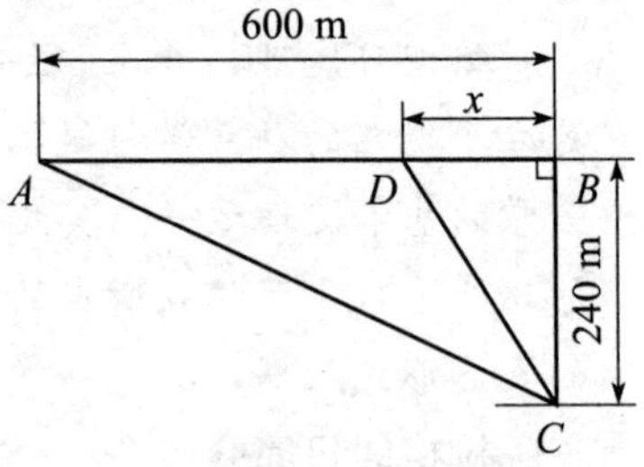

图 3－22

6. 某车间靠墙盖一间长方形小屋，现有存砖只够砌 20m 长的墙壁，问应围成怎样的长方形，才能使这间小屋的面积最大，最大面积是多少？

7. 求函数 $y=e^{2x-x^2}$ 的凹凸区间及拐点.

8. 作下列函数的图像：

(1) $y=\dfrac{e^x}{x}$；　(2) $y=\dfrac{x}{x^2+1}$；

(3) $y=\dfrac{1}{2}(e^x+e^{-x})$；　(4) $y=\dfrac{x^2}{x^2-1}$.

提高题

1. 求下列极限：

(1) $\lim\limits_{x\to\frac{\pi}{4}}\dfrac{\tan x-1}{\sin 4x}$；　(2) $\lim\limits_{x\to 0^+}\sin x\ln x$；

(3) $\lim\limits_{x\to+\infty}x(e^{\frac{1}{x}}-1)$；　(4) $\lim\limits_{x\to 0}\dfrac{e^x+e^{-x}-2}{\sin^2 x}$.

2. 确定函数 $y=\dfrac{3}{8}x^{\frac{8}{3}}-\dfrac{3}{2}x^{\frac{2}{3}}$ 的单调区间.

3. 讨论曲线 $y=2x^4-4x^3+3$ 的凹凸性，并求其拐点.

4. 采矿、采石或取土常用炸药包进行爆破，实践证明爆破部分呈圆锥漏斗形状（见图 3－23），圆锥母线长是炸药包的爆破半径 R，它是固定的. 问炸药包埋多深爆破体积最大？

5. 某房地产公司有 50 套公寓要出租，当租金定为每月 1 000 元时，公寓会全部租出去. 当租金每月增加 50 元时，就有一套公寓租不出去，而租出去的房子每月需花费 100 元的整修维护费. 试问房租定为多少可获得最大收入？

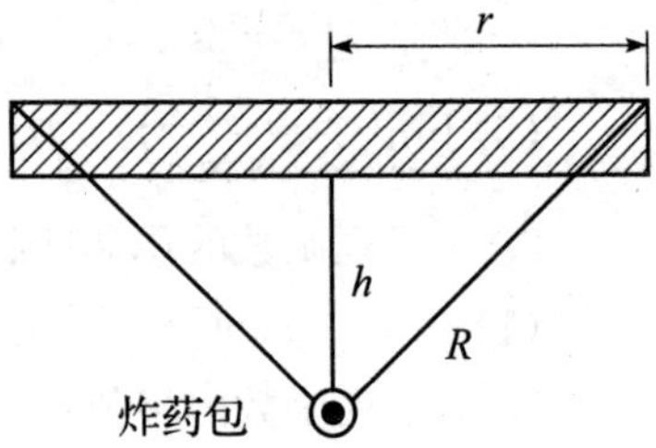

图 3－23

6. 在抛物线 $y^2=2px$ 上求一点使其与 $M(p, p)$ 点的距离最短.

7. 作下列函数的图像：

(1) $f(x)=\dfrac{x^2}{x+1}$；　(2) $y=\dfrac{1}{\sqrt{2\pi}}e^{-\frac{x^2}{2}}$；

(3) $y=\dfrac{4(x+1)}{x^2}-2$.

04 第 4 章 不定积分

前面已经研究了一元函数的微分学，但是在科学技术中，常常需要研究与其相反的问题，因而引进了一元函数的积分学．微分学和积分学无论在概念的确定上还是运算的方法上都可以说是互逆的．本章将从已知某函数的导函数求这个函数来引进不定积分的概念，然后介绍四种基本的积分方法．

4.1 不定积分的概念

4.1.1 原函数

先看下面的两个例子．

例 1 已知真空中的自由落体在任意时刻的运动速度为 $v(t)=gt$，其中常量 g 为重力加速度．又知当时间 $t=0$ 时，路程 $s=0$，求自由落体的运动规律．

解 所求运动规律是物体经过的路程 s 与时间 t 之间的函数关系．设所求自由落体的运动规律为 $s(t)$，于是有 $s'(t)=v(t)=gt$，且当 $t=0$ 时，$s=0$．

根据导数公式，$v(t)=s'(t)=\left(\frac{1}{2}gt^2\right)'=gt$，且当 $t=0$ 时，$s=0$，故 $s(t)=\frac{1}{2}gt^2$．因此 $s(t)=\frac{1}{2}gt^2$ 即为所求自由落体的运动规律．

例 2 设曲线上任意一点 $M(x, y)$处，其切线的斜率为 $k=f(x)=2x$，又该曲线经过坐标原点，求曲线的方程．

解 设所求的曲线方程为 $y=F(x)$，则曲线上任意一点 $M(x, y)$处的切线的斜率为 $y'=F'(x)=2x$．由于曲线经过坐标原点，所以当 $x=0$ 时，$y=0$．

事实上，$y'=(x^2)'=2x$；又当 $x=0$ 时，$y=0$．因此，$y=x^2$ 即为所求的曲线方程．

以上两个问题，如果抽掉物理意义或几何意义，可以归结为同一个问题，就是已知某函数的导函数，求这个函数，即已知 $F'(x)=f(x)$，求 $F(x)$．

定义 1 设函数 $F(x)$与 $f(x)$在某一区间内有定义，并且在该区间内的任一点 x 都有 $F'(x)=f(x)$或 $\mathrm{d}F(x)=f(x)\mathrm{d}x$，那么函数 $F(x)$就叫作函数 $f(x)$的一个原函数．

例如，函数 x^2 是函数 $2x$ 的一个原函数，事实上 x^2+1，$x^2-\sqrt{3}$，$x^2+\frac{1}{4}$，x^2+C 等都是 $2x$ 的原函数．可以看出：一个已知函数，如果有一个原函数，那么它就有无限多个原函数，并且其中任意两个原函数之间只差一个常数．现在要问，任何函数的原函数是否都是这样？下面的定理解决了这个问题.

定理 1 （原函数族定理）如果函数 $f(x)$有原函数，那么它就有无限多个原函数，并且其中任意两个原函数的差是常数.

证明 定理要求证明下列两点.

① $f(x)$的原函数有无限多个. 设函数 $f(x)$的一个原函数为 $F(x)$，即 $F'(x)=f(x)$，设 C 为任意常数. 由于$[F(x)+C]'=F'(x)+C'=f(x)$，所以 $F(x)+C$ 也是 $f(x)$的原函数，又因为 C 为任意常数，即 C 可以取无限多个值，所以函数 $f(x)$有无限多个原函数.

② $f(x)$的任意两个原函数的差是常数. 设 $F(x)$和 $G(x)$都是 $f(x)$的原函数，根据原函数的定义，则有 $F'(x)=f(x)$，$G'(x)=f(x)$. 令 $h(x)=F(x)-G(x)$，于是有 $h'(x)=[F(x)-G(x)]'=F'(x)-G'(x)=f(x)-f(x)=0$. 根据导数恒为零的函数必为常数的定理可知 $h(x)=C$(C 为常数)，即 $F(x)-G(x)=C$.

说明： 从原函数族定理得到，如果 $F(x)$是 $f(x)$的一个原函数，则 $F(x)+C$ 就是 $f(x)$的全部原函数(称为原函数族)，C 为任意常数.

上面的结论指出，假定已知函数有一个原函数，它就有无限多个原函数. 现在要问，任何一个函数是不是一定有一个原函数？下面的定理解决了这个问题.

定理 2 （原函数存在定理）如果函数 $f(x)$在某区间上连续，则函数 $f(x)$在该区间上的原函数必定存在.

4.1.2 不定积分

定义 2 函数 $f(x)$的全部原函数叫作 $f(x)$的不定积分，记为$\int f(x)\mathrm{d}x$. 其中“$\int$”叫作积分号，x 叫作积分变量，$f(x)$叫作被积函数，$f(x)\mathrm{d}x$ 叫作被积表达式，C 叫作积分常数.

根据上面的讨论可知，如果 $F(x)$是 $f(x)$的一个原函数，那么 $f(x)$的不定积分$\int f(x)\mathrm{d}x$ 就是原函数族$F(x)+C$，即$\int f(x)\mathrm{d}x=F(x)+C$($C$ 为任意常数).

说明： 为简便起见，今后在不发生混淆的情况下，不定积分也简称为积分，求不定积分的运算和方法分别称为积分运算和积分法.

例 3 用微分法验证下列各式.

① $\int x^3\mathrm{d}x=\dfrac{x^4}{4}+C$；　　② $\int \mathrm{e}^x\mathrm{d}x=\mathrm{e}^x+C$.

解 ① 由于$\left(\dfrac{x^4}{4}+C\right)'=x^3$，所以$\int x^3\mathrm{d}x=\dfrac{x^4}{4}+C$.

② 由于$(\mathrm{e}^x+C)'=\mathrm{e}^x$，所以$\int \mathrm{e}^x\mathrm{d}x=\mathrm{e}^x+C$.

说明： 从不定积分的概念可以知道，“求不定积分”和“求导数”或“求微分”

互为逆运算.

① $\left[\int f(x)\mathrm{d}x\right]'=f(x)$ 或 $\mathrm{d}\left[\int f(x)\mathrm{d}x\right]=f(x)\mathrm{d}x$，表明若先积分后微分，则两者的作用互相抵消；

② $\int F'(x)\mathrm{d}x=F(x)+C$ 或 $\int \mathrm{d}F(x)=F(x)+C$，表明若先微分后积分，则应该在抵消后加上任意常数 C.

4.1.3　不定积分的几何意义

根据不定积分的定义，例 2 中切线斜率为 $2x$ 的全部曲线是 $y=\int 2x\mathrm{d}x=x^2+C$，即 $y=x^2+C$. 对于任意常数 C 的每一个确定的值 C_0(如，-1，0，1 等)，就得到函数 $2x$ 的一个确定的原函数，即一条确定的抛物线 $y=x^2+C$. 由于所求的曲线经过坐标原点，当 $x=0$ 时，$y=0$，把它们代入上式得 $C=0$. 于是所求的曲线为 $y=x^2$. 因为 C 可取任意实数，所以 $y=x^2+C$ 表示无穷多条抛物线，所以这些抛物线构成一个曲线的集合，也叫曲线族. 图 4-1 中任意两条曲线，对于相同的横坐标 x，它们对应的纵坐标 y 的差总是一个常数，即曲线族中任一条抛物线可由另一条抛物线沿 y 轴方向平移而得到.

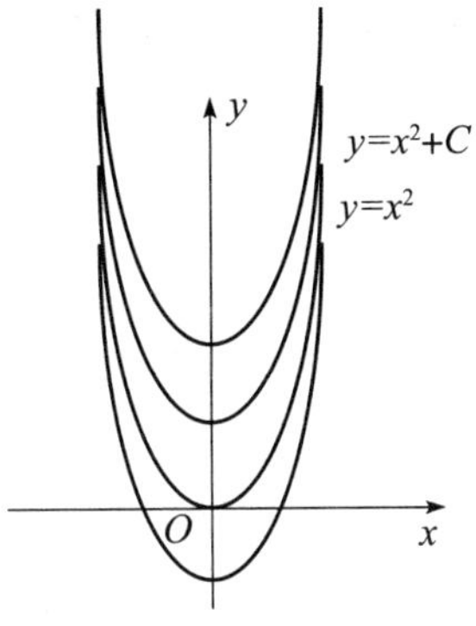

图 4-1

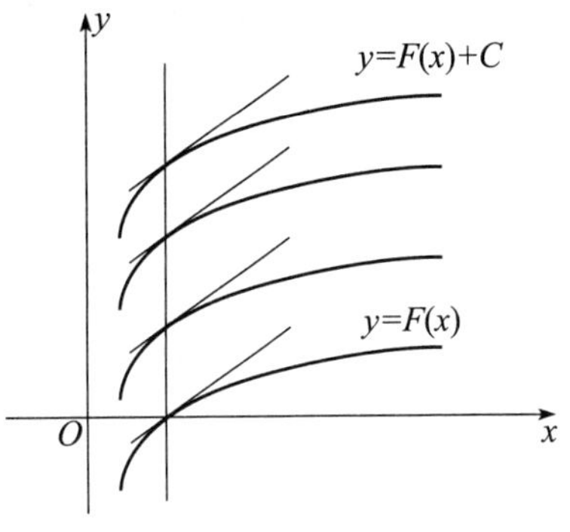

图 4-2

不定积分的几何意义： 若 $F(x)$是 $f(x)$的一个原函数，则 $f(x)$的不定积分 $\int f(x)\mathrm{d}x=F(x)+C$ 是 $f(x)$的原函数族，对于数 C 每取一个值 C_0，就确定 $f(x)$的一个原函数，在直角坐标系中就确定一条曲线 $y=F(x)+C_0$，这条曲线叫作函数 $f(x)$的一条积分曲线. 所有这些积分曲线构成一个曲线族，称为 $f(x)$的积分曲线族(见图 4-2)，这就是不定积分的几何意义.

说明： 积分曲线族中的任意两条曲线对于相同的横坐标 x，它们对应的纵坐标 y 的差总是一个常数；积分曲线族中每一条曲线上相同横坐标对应点处的切线互相平行.

习题 4.1

1. 用微分法验证下列各等式：

(1) $\int(3x^2+2x+2)\mathrm{d}x = x^3+x^2+2x+C$；(2) $\int\frac{1}{x^2}\mathrm{d}x=-\frac{1}{x}+C$；

(3) $\int\cos(2x+3)\mathrm{d}x=\frac{1}{2}\sin(2x+3)+C$；(4) $\int\cos^2 x\mathrm{d}x=\frac{x}{2}+\frac{1}{4}\sin 2x+C$；

(5) $\int\frac{1}{\sin x}\mathrm{d}x=\ln\left(\tan\frac{x}{2}\right)+C$；(6) $\int\frac{x\mathrm{d}x}{\sqrt{a^2+x^2}}=\sqrt{a^2+x^2}+C$；

(7) $\int\sqrt{a^2-x^2}\,\mathrm{d}x=\frac{a^2}{2}\arcsin\frac{x}{a}+\frac{x}{2}\sqrt{a^2-x^2}+C$，$(a>0)$.

2. 已知某曲线上任意一点切线的斜率等于 x，且曲线通过点 $M(0,1)$，求曲线的方程.

3. 设物体的运动速度为 $v=\cos t$ (m/s). 当 $t=\frac{\pi}{2}$ s 时，物体所经过的路程为 $s=10$m，求物体的运动规律.

4.2 积分的基本公式和法则 直接积分法

4.2.1 积分基本公式

由于不定积分是导数或微分的逆运算，可从导数基本公式，得到相应的积分基本公式，见下表：

表 4-1 基本初等函数积分公式

公式	导数基本公式 $F'(x)=f(x)$	积分基本公式 $\int f(x)\mathrm{d}x=F(x)+C$
1	$(x)'=1$	$\int 1\mathrm{d}x=\int\mathrm{d}x=x+C$
2	$\left(\frac{x^{\alpha+1}}{\alpha+1}\right)'=x^\alpha$	$\int x^\alpha\mathrm{d}x=\frac{x^{\alpha+1}}{\alpha+1}+C(\alpha\neq-1)$
3	$(\ln x)'=\frac{1}{x}(x>0),[\ln(-x)]'=\frac{1}{x}(x<0)$	$\int\frac{1}{x}\mathrm{d}x=\ln\lvert x\rvert+C$
4	$\left(\frac{a^x}{\ln a}\right)'=a^x$	$\int a^x\mathrm{d}x=\frac{a^x}{\ln a}+C$
5	$(\mathrm{e}^x)'=\mathrm{e}^x$	$\int\mathrm{e}^x\mathrm{d}x=\mathrm{e}^x+C$
6	$(\sin x)'=\cos x$	$\int\cos x\mathrm{d}x=\sin x+C$

续表

公式	导数基本公式 $F'(x)=f(x)$	积分基本公式 $\int f(x)\mathrm{d}x=F(x)+C$
7	$(-\cos x)'=\sin x$	$\int \sin x\mathrm{d}x=-\cos x+C$
8	$(\tan x)'=\sec^2 x$	$\int \sec^2 x\mathrm{d}x=\tan x+C$
9	$(-\cot x)'=\csc^2 x$	$\int \csc^2 x\mathrm{d}x=-\cot x+C$
10	$(\sec x)'=\sec x\tan x$	$\int \sec x\tan x\mathrm{d}x=\sec x+C$
11	$(-\csc x)'=\csc x\cot x$	$\int \csc x\cot x\mathrm{d}x=-\csc x+C$
12	$(\arctan x)'=\frac{1}{1+x^2}$	$\int \frac{\mathrm{d}x}{1+x^2}=\arctan x+C$
13	$(\arcsin x)'=\frac{1}{\sqrt{1-x^2}}$	$\int \frac{\mathrm{d}x}{\sqrt{1-x^2}}=\arcsin x+C$

以上 13 个公式是求不定积分的基础，读者必须熟记.

例 1　求① $\int x^5\mathrm{d}x$；② $\int \frac{1}{x^2}\mathrm{d}x$；③ $\int x\sqrt[3]{x}\,\mathrm{d}x$.

解　① $\int x^5\mathrm{d}x=\frac{x^{5+1}}{5+1}+C=\frac{x^6}{6}+C$；

② $\int \frac{1}{x^2}\mathrm{d}x=\int x^{-2}\mathrm{d}x=\frac{x^{-2+1}}{-2+1}+C=-\frac{1}{x}+C$；

③ $\int x\sqrt[3]{x}\,\mathrm{d}x=\int x^{\frac{4}{3}}\mathrm{d}x=\frac{x^{\frac{4}{3}+1}}{\frac{4}{3}+1}+C=\frac{3}{7}x^{\frac{7}{3}}+C$.

说明：例 1 表明，对某些含有分式或根式的函数求积分，可先把它们化为 x^α 的形式，然后应用幂函数的积分公式来积分.

4.2.2　积分的基本运算法则

法则 1　两个函数代数和的不定积分等于两个函数的积分的代数和，即

$$\int[f_1(x)\pm f_2(x)]\mathrm{d}x=\int f_1(x)\mathrm{d}x\pm\int f_2(x)\mathrm{d}x.$$

法则 2　被积表达式中的常数因子可以提到积分号的前面，即当 k 为不等于零的常数时，则有

$$\int kf(x)\mathrm{d}x=k\int f(x)\mathrm{d}x.$$

例 2　求 $\int(2x^3+1-\mathrm{e}^x)\mathrm{d}x$.

解　根据积分的基本运算法则，得$\int(2x^3+1-e^x)dx=2\int x^3dx+\int dx-\int e^x dx$，然后再应用积分基本公式，得$\int(2x^3+1-e^x)dx=2\cdot\frac{x^4}{4}+x-e^x+C=\frac{x^4}{2}+x-e^x+C.$

注意：① 其中每一项的积分虽然都应当有一个积分常数，但是这里并不需要在每一项后面各加一个积分常数. 因为任意常数的和还是任意常数，所以只把它们的和C写在末尾，以后仿此；

② 检验积分结果是否正确，只需对结果求导，看它的导数是否等于被积函数. 如上例，由于$\left(\frac{x^4}{2}+x-e^x+C\right)'=2x^3+1-e^x$，所以积分结果是正确的.

4.2.3　直接积分法

求解积分问题时，可以直接按积分基本公式和两条基本运算法则求出结果(见例2). 但有时，被积函数需要经过适当的恒等变形(包括代数和三角的恒等变形)，再利用积分的基本运算法则，最后按积分基本公式求出结果，这样的积分方法叫作直接积分法.

例 3　求$\int(x^2+2)x\,dx$.

解　$\int(x^2+2)x\,dx=\int(x^3+2x)dx=\int x^3dx+\int 2x\,dx=\frac{x^4}{4}+x^2+C.$

例 4　求$\int\frac{x^3-3x^2+2x+4}{x^2}dx$.

解

$$\begin{aligned}\int\frac{x^3-3x^2+2x+4}{x^2}dx&=\int\left(x-3+\frac{2}{x}+\frac{4}{x^2}\right)dx\\&=\int x\,dx-3\int dx+2\int\frac{1}{x}dx+4\int\frac{1}{x^2}dx\\&=\frac{x^2}{2}-3x+2\ln|x|-\frac{4}{x}+C.\end{aligned}$$

例 5　求$\int\left(\frac{2a}{\sqrt{x}}-\frac{b}{x^2}+3p\sqrt[3]{x^2}\right)dx$，其中$a$，$b$，$p$都是常数.

解

$$\begin{aligned}\int\left(\frac{2a}{\sqrt{x}}-\frac{b}{x^2}+3p\sqrt[3]{x^2}\right)dx&=\int(2ax^{-\frac{1}{2}}-bx^{-2}+3px^{\frac{2}{3}})dx\\&=2a\int x^{-\frac{1}{2}}dx-b\int x^{-2}dx+3p\int x^{\frac{2}{3}}dx\\&=2a\frac{x^{\frac{1}{2}}}{\frac{1}{2}}-b\frac{x^{-1}}{-1}+3p\frac{x^{\frac{5}{3}}}{\frac{5}{3}}+C\\&=4a\sqrt{x}+\frac{b}{x}+\frac{9}{5}px^{\frac{5}{3}}+C.\end{aligned}$$

例 6　求 $\int\left(\cos x+a^{x}+\frac{1}{\cos^{2}x}\right)\mathrm{d}x$.

解　$\int\left(\cos x-a^{x}+\frac{1}{\cos^{2}x}\right)\mathrm{d}x=\int\cos x\,\mathrm{d}x-\int a^{x}\,\mathrm{d}x+\int\sec^{2}x\,\mathrm{d}x=\sin x-\frac{a^{x}}{\ln a}+\tan x+C$.

例 7　求 $\int\frac{2x^{2}+1}{x^{2}(x^{2}+1)}\mathrm{d}x$.

解　在积分基本公式中没有这种类型的积分公式，可以先把被积函数作恒等变形，再逐项求积分.

$$\int\frac{2x^{2}+1}{x^{2}(x^{2}+1)}\mathrm{d}x=\int\frac{(x^{2}+1)+x^{2}}{x^{2}(x^{2}+1)}\mathrm{d}x$$
$$=\int\left(\frac{1}{x^{2}}+\frac{1}{1+x^{2}}\right)\mathrm{d}x=-\frac{1}{x}+\arctan x+C.$$

例 8　求 $\int\frac{x^{4}}{1+x^{2}}\mathrm{d}x$.

解　$$\int\frac{x^{4}}{1+x^{2}}\mathrm{d}x=\int\frac{(x^{4}-1)+1}{1+x^{2}}\mathrm{d}x=\int\frac{(x^{2}+1)(x^{2}-1)+1}{1+x^{2}}\mathrm{d}x$$
$$=\int\left(x^{2}-1+\frac{1}{1+x^{2}}\right)\mathrm{d}x$$
$$=\frac{x^{3}}{3}-x+\arctan x+C.$$

说明：求分式函数的不定积分时，基本思路是把商转化为和差再求积分. 例 7 和例 8 均采用“根据分母，变形分子”的方法.

例 9　求 $\int\tan^{2}x\,\mathrm{d}x$.

解　先利用三角恒等式进行变形，再求积分.

$$\int\tan^{2}x\,\mathrm{d}x=\int(\sec^{2}x-1)\mathrm{d}x=\tan x-x+C.$$

例 10　求 $\int\frac{\cos 2x}{\cos x-\sin x}\mathrm{d}x$.

解　$$\int\frac{\cos 2x}{\cos x-\sin x}\mathrm{d}x=\int\frac{\cos^{2}x-\sin^{2}x}{\cos x-\sin x}\mathrm{d}x$$
$$=\int\frac{(\cos x+\sin x)(\cos x-\sin x)}{\cos x-\sin x}\mathrm{d}x\ (\cos x\neq\sin x,\ 即\ \tan x\neq 1)$$
$$=\int(\cos x+\sin x)\,\mathrm{d}x=\sin x-\cos x+C.$$

例 11　已知物体以速度 $v=2t^{2}+1$(m/s)沿 Os 轴做直线运动，当 $t=1$s 时，物体

经过的路程为 3m，求物体的运动规律.

解 设所求的运动规律为 $s=s(t)$，于是有 $s'(t)=v=2t^2+1$，则 $s(t)=\int(2t^2+1)\mathrm{d}t=\frac{2}{3}t^3+t+C$. 将题设的条件：当 $t=1$ 时，$s=3$ 代入上式，得 $3=\frac{2}{3}+1+C$，即 $C=\frac{4}{3}$. 于是所求的物体的运动规律为 $s(t)=\frac{2}{3}t^3+t+\frac{4}{3}$.

习题 4.2

1. 求下列各不定积分：

(1) $\int x^6\mathrm{d}x$；
(2) $\int 6^x\mathrm{d}x$；

(3) $\int(\mathrm{e}^x+1)\mathrm{d}x$；
(4) $\int a^x\mathrm{e}^x\mathrm{d}x$；

(5) $\int(ax^2+bx+c)\mathrm{d}x$；
(6) $\int\frac{1}{x^3}\mathrm{d}x$；

(7) $\int\frac{\mathrm{d}x}{x^2\sqrt{x}}$；
(8) $\int\frac{\mathrm{d}h}{\sqrt{2gh}}$；

(9) $\int\frac{3x^3-2x^2+x+1}{x^3}\mathrm{d}x$；
(10) $\int\left(\frac{1}{x}+3^x+\frac{1}{\cos^2x}-\mathrm{e}^x\right)\mathrm{d}x$；

(11) $\int\frac{u^2+u\sqrt{u}+3}{\sqrt{u}}\mathrm{d}u$；
(12) $\int\left(\frac{x+2}{x}\right)^2\mathrm{d}x$；

(13) $\int\frac{x-4}{\sqrt{x}+2}\mathrm{d}x$；
(14) $\int\frac{(x+1)^2}{x(x^2+1)}\mathrm{d}x$；

(15) $\int\frac{x^2}{1+x^2}\mathrm{d}x$；
(16) $\int\frac{3x^4+3x^2+1}{x^2+1}\mathrm{d}x$；

(17) $\int\frac{\sin 2x}{\sin x}\mathrm{d}x$；
(18) $\int\frac{\cos 2x}{\sin^2x}\mathrm{d}x$；

(19) $\int\frac{\cos 2x}{\cos^2x\sin^2x}\mathrm{d}x$；
(20) $\int\left(1-\frac{1}{x^2}\right)\sqrt{x\sqrt{x}}\,\mathrm{d}x$；

(21) $\int\sec x(\sec x-\tan x)\mathrm{d}x$；
(22) $\int\frac{\mathrm{d}x}{1+\cos 2x}$.

2. 已知某函数的导数是 $x-3$，又知当 $x=2$ 时，函数的值等于 9，求此函数.

3. 已知某函数的导数是 $\sin x+\cos x$，又知当 $x=\frac{\pi}{2}$ 时，函数的值等于 2，求此函数.

4. 已知某曲线经过点(1，−5)，并知曲线上每一点切线的斜率为 $k=1-x$，求此曲线的方程.

5. 一物体以速度 $v=3t^2+4t$(m/s)作直线运动，当 $t=2$s 时，物体经过的路程

$s=16\text{m}$，试求物体的运动规律.

4.3　第一类换元积分法

用直接积分法计算的不定积分是非常有限的，因此，有必要进一步研究不定积分的求法. 本节将介绍第一类换元积分法，它是与微分学中的复合函数的求导法则(或微分形式的不变性)相对应的积分方法.

一般地，若不定积分的被积表达式能写成 $f[\varphi(x)]\varphi'(x)\mathrm{d}x=f[\varphi(x)]\mathrm{d}\varphi(x)$ 的形式，则令 $\varphi(x)=u$，当积分 $\int f(u)\mathrm{d}u=F(u)+C$ 容易用直接积分法求得，那么按下述方法计算不定积分：

$$\int f[\varphi(x)]\varphi'(x)\mathrm{d}x=\int f[\varphi(x)]\mathrm{d}\varphi(x)\xlongequal{\text{令 }\varphi(x)=u}\int f(u)\mathrm{d}u$$

$$=F(u)+C\xlongequal{\text{回代 }u=\varphi(x)}F[\varphi(x)]+C.$$

通常把这样的积分方法叫作第一类换元积分法，此方法也叫作凑微分法.

例 1　求 $\int\cos 3x\,\mathrm{d}x$.

解　$\int\cos 3x\,\mathrm{d}x=\frac{1}{3}\int\cos 3x\,\mathrm{d}(3x)\xlongequal{\text{令 }3x=u}\frac{1}{3}\int\cos u\,\mathrm{d}u=\frac{1}{3}\sin u+C\xlongequal{\text{回代 }u=3x}$ $\frac{1}{3}\sin 3x+C.$

例 2　求 $\int(3x-1)^{10}\mathrm{d}x$.

解　基本积分公式中有 $\int x^{\alpha}\mathrm{d}x=\frac{x^{\alpha+1}}{\alpha+1}+C(\alpha\neq-1)$，因为 $3\mathrm{d}x=\mathrm{d}(3x-1)$，所以

$$\int(3x-1)^{10}\mathrm{d}x=\frac{1}{3}\int(3x-1)^{10}\mathrm{d}(3x-1)\xlongequal{\text{令 }3x-1=u}\frac{1}{3}\int u^{10}\mathrm{d}u$$

$$=\frac{1}{33}u^{11}+C\xlongequal{\text{回代 }u=3x-1}\frac{1}{33}(3x-1)^{11}+C.$$

说明：第一类换元积分法的步骤可总结为“凑微分、换元、积分、回代”四步. 对此方法熟练以后，可以省略“换元、回代”的步骤，只用“凑微分、积分”两步，方法的关键在于正确地“凑微分”.

例 1、例 2 可看出，求积分时常需使用两个微分性质：

① $\mathrm{d}[a\varphi(x)]=a\mathrm{d}\varphi(x)$，即常系数可以从微分内移出或移进. 如 $2\mathrm{d}x=\mathrm{d}(2x)$，$-\mathrm{d}x=\mathrm{d}(-x)$，$\mathrm{d}\left(\frac{1}{2}x^2\right)=\frac{1}{2}\mathrm{d}(x^2)$；

② $d[\varphi(x)\pm b]=d\varphi(x)$，即微分内的函数可加(或减)一个常数. 如 $dx=d(x+1)$，$d(x^2)=d(x^2\pm1)$. 例 2 中，把这两个微分性质结合，得到 $dx=\frac{1}{3}d(3x-1)$.

例 3 求 $\int\sqrt{ax+b}\,dx\,(a\neq0)$.

解 因为 $dx=\frac{1}{a}d(ax+b)$，所以

$$\int\sqrt{ax+b}\,dx=\frac{1}{a}\int\sqrt{ax+b}\,d(ax+b)\xlongequal{令\,ax+b=u}\frac{1}{a}\int u^{\frac{1}{2}}du$$

$$=\frac{2}{3a}u^{\frac{3}{2}}+C\xlongequal{回代\,u=ax+b}\frac{2}{3a}(ax+b)^{\frac{3}{2}}+C.$$

例 4 求 $\int xe^{x^2}dx$.

解 因为 $x\,dx=\frac{1}{2}d(x^2)$，所以 $\int xe^{x^2}dx=\frac{1}{2}\int e^{x^2}d(x^2)\xlongequal{令\,x^2=u}\frac{1}{2}\int e^u du=\frac{1}{2}e^u+C\xlongequal{回代\,u=x^2}\frac{1}{2}e^{x^2}+C$.

例 5 求 $\int\frac{\ln x}{x}dx$.

解 因为 $\ln x$ 中 $x>0$，所以$\frac{1}{x}dx=d\ln x$. 于是

$$\int\frac{\ln x}{x}dx=\int\ln x\,d\ln x\xlongequal{令\,\ln x=u}\int u\,du=\frac{1}{2}u^2+C\xlongequal{回代\,u=\ln x}\frac{1}{2}\ln^2x+C.$$

说明：① 由例 4、例 5 看出，用第一类换元积分法计算积分时，关键是把被积表达式凑成两部分，使其中一部分为 $d\varphi(x)$，另一部分为 $\varphi(x)$的函数 $f[\varphi(x)]$；

② 当运算比较熟悉后，“换元”设变量 $\varphi(x)=u$ 和“回代”两个步骤，可以省略.

凑微分时，常用到下列微分式子，熟悉它们有助于求不定积分：

$dx=\frac{1}{a}d(ax+b)$； $x\,dx=\frac{1}{2}d(x^2)$； $\frac{1}{x}dx=d|\ln x|$；

$\frac{1}{\sqrt{x}}dx=2d\sqrt{x}$； $\frac{1}{x^2}dx=-d\left(\frac{1}{x}\right)$； $e^x dx=d(e^x)$；

$\sin x\,dx=-d(\cos x)$； $\cos x\,dx=d(\sin x)$； $\sec^2x\,dx=d(\tan x)$；

$\csc^2x\,dx=-d(\cot x)$； $\sec x\tan x\,dx=d(\sec x)$； $\csc x\cot x\,dx=-d(\csc x)$；

$\frac{1}{\sqrt{1-x^2}}dx=d(\arcsin x)$； $\frac{1}{1+x^2}dx=d(\arctan x)$.

显然，微分式子并非只有这些，通常需具体问题具体分析，读者应在熟记基本积分公式和一些常用微分式子的基础上，通过大量练习积累经验，逐步掌握此积分方法.

例 6　求 $\int \frac{\sin(\sqrt{x}+1)}{\sqrt{x}}dx$.

解　$\int \frac{\sin(\sqrt{x}+1)}{\sqrt{x}}dx = 2\int \sin(\sqrt{x}+1)d(\sqrt{x}+1) = -2\cos(\sqrt{x}+1)+C$.

例 7　求 $\int \frac{dx}{a^2+x^2}$.

解　$\int \frac{dx}{a^2+x^2} = \frac{1}{a^2}\int \frac{dx}{1+\left(\frac{x}{a}\right)^2} = \frac{1}{a}\int \frac{d\left(\frac{x}{a}\right)}{1+\left(\frac{x}{a}\right)^2} = \frac{1}{a}\arctan\frac{x}{a}+C$.

类似地可得 $\int \frac{dx}{\sqrt{a^2-x^2}} = \arcsin\frac{x}{a}+C(a>0)$.

有时需要通过代数或三角恒等变换把被积函数适当变形再用凑微分法求积分.

例 8　求 $\int \frac{dx}{x^2-a^2}$.

解　将被积函数变形 $\frac{1}{x^2-a^2} = \frac{1}{(x-a)(x+a)} = \frac{1}{2a}\cdot\frac{(x+a)-(x-a)}{(x-a)(x+a)} = \frac{1}{2a}\left(\frac{1}{x-a}-\frac{1}{x+a}\right)$. 则

$$\begin{aligned}\int \frac{dx}{x^2-a^2} &= \frac{1}{2a}\int\left(\frac{1}{x-a}-\frac{1}{x+a}\right)dx \\ &= \frac{1}{2a}\left[\int \frac{1}{x-a}d(x-a) - \int \frac{1}{x+a}d(x+a)\right] \\ &= \frac{1}{2a}[\ln|x-a| - \ln|x+a|]+C = \frac{1}{2a}\ln\left|\frac{x-a}{x+a}\right|+C.\end{aligned}$$

例 9　求 $\int \tan x\,dx$.

解　$\int \tan x\,dx = \int \frac{\sin x}{\cos x}dx = -\int \frac{d\cos x}{\cos x} = -\ln|\cos x|+C$.

类似地可得 $\int \cot x\,dx = \ln|\sin x|+C$.

例 10　求 $\int \sec x\,dx$.

解　$\int \sec x\,dx = \int \frac{1}{\cos x}dx = \int \frac{\cos x}{\cos^2 x}dx = \int \frac{1}{1-\sin^2 x}d\sin x$（利用例 8 的方法）

$$\begin{aligned}&= \frac{1}{2}\ln\left|\frac{1+\sin x}{1-\sin x}\right|+C = \frac{1}{2}\ln\left|\frac{(1+\sin x)^2}{1-\sin^2 x}\right|+C \\ &= \frac{1}{2}\ln\left|\frac{(1+\sin x)^2}{\cos^2 x}\right|+C\end{aligned}$$

$$=\ln\left|\frac{1+\sin x}{\cos x}\right|+C=\ln|\sec x+\tan x|+C.$$

例 11 求 $\int \csc x\,\mathrm{d}x$.

$$\int \csc x\,\mathrm{d}x=\int\frac{\csc x(\csc x-\cot x)}{\csc x-\cot x}\mathrm{d}x=\int\frac{\mathrm{d}(\csc x-\cot x)}{\csc x-\cot x}=\ln|\csc x-\cot x|+C.$$

例 12 求 $\int \cos^3 x\,\mathrm{d}x$.

解 $\int \cos^3 x\,\mathrm{d}x=\int \cos^2 x\cdot\cos x\,\mathrm{d}x=\int(1-\sin^2 x)\mathrm{d}\sin x=\sin x-\frac{1}{3}\sin^3 x+C.$

例 13 求 $\int \cos^2 x\,\mathrm{d}x$.

解 若按例 12 方法，化为 $\int \cos x\,\mathrm{d}\sin x$ 是求不出结果的. 需先用倍角公式做恒等变换，再求积分

$$\int \cos^2 x\,\mathrm{d}x=\int\frac{1+\cos 2x}{2}\mathrm{d}x=\frac{1}{2}\int\mathrm{d}x+\frac{1}{2}\int\cos 2x\,\mathrm{d}x=\frac{x}{2}+\frac{1}{4}\sin 2x+C.$$

类似地可得 $\int \sin^2 x\,\mathrm{d}x=\frac{x}{2}-\frac{1}{4}\sin 2x+C.$

例 14 求 $\int \tan x\sec^3 x\,\mathrm{d}x$.

解 $\int \tan x\sec^3 x\,\mathrm{d}x=\int\sec^2 x\,\mathrm{d}\sec x=\frac{\sec^3 x}{3}+C.$

例 15 求 $\int \sec^4 x\,\mathrm{d}x$.

解 $\int \sec^4 x\,\mathrm{d}x=\int\sec^2 x\,\mathrm{d}\tan x=\int(\tan^2 x+1)\mathrm{d}\tan x=\frac{1}{3}\tan^3 x+\tan x+C.$

例 16 求 $\int \cos 3x\sin x\,\mathrm{d}x$.

解 先利用积化和差公式做恒等变换，再求积分

$$\begin{aligned}\int\cos 3x\sin x\,\mathrm{d}x&=\frac{1}{2}\int[\sin(3x+x)-\sin(3x-x)]\mathrm{d}x=\frac{1}{2}\int(\sin 4x+\sin 2x)\mathrm{d}x\\&=\frac{1}{8}\int\sin 4x\,\mathrm{d}(4x)-\frac{1}{4}\int\sin 2x\,\mathrm{d}(2x)=-\frac{1}{8}\cos 4x+\frac{1}{4}\cos 2x+C.\end{aligned}$$

例 17 求 $\int \sin x\cos x\,\mathrm{d}x$.

解 法 1 $\int\sin x\cos x\,\mathrm{d}x=\int\sin x\,\mathrm{d}\sin x=\frac{1}{2}\sin^2 x+C_1$；

法 2 $\int\sin x\cos x\,\mathrm{d}x=-\int\cos x\,\mathrm{d}\cos x=-\frac{1}{2}\cos^2 x+C_2$；

法 3 $\int \sin x \cos x \, dx = \frac{1}{2}\int \sin 2x \, dx = \frac{1}{4}\int \sin 2x \, d(2x) = -\frac{1}{4}\cos 2x + C_3$.

说明：同一积分若凑不同函数的微分，其结果在形式上可能不同，但实际上它们最多只是积分常数有区别；若检查积分是否正确，只要对所得结果求导，如果导数与被积函数相等，那么结果就是正确的.

习题 4.3

1. 在下列各等式右端的括号内填入适当的常数，使等式成立[例如，$dx = \left(\frac{1}{9}\right)d(9x-5)$]：

(1) $dx = (\quad)d(5x-7)$；

(2) $dx = (\quad)d(6x)$；

(3) $x\,dx = (\quad)d(x^2)$；

(4) $x\,dx = (\quad)d(4x^2)$；

(5) $x\,dx = (\quad)d(1-2x^2)$；

(6) $x^2\,dx = (\quad)d(2x^3-3)$；

(7) $e^{3x}\,dx = (\quad)d(e^{3x})$；

(8) $e^{-\frac{x}{2}}\,dx = (\quad)d(1+e^{-\frac{x}{2}})$；

(9) $\cos\frac{2}{3}x\,dx = (\quad)d(\sin\frac{2}{3}x)$；

(10) $\frac{dx}{x} = (\quad)d(5\ln|x|)$；

(11) $\frac{dx}{x} = (\quad)d(3-5\ln|x|)$；

(12) $\frac{dx}{1+9x^2} = (\quad)d(\arctan 3x)$；

(13) $\frac{dx}{\sqrt{1-4x^2}} = (\quad)d(\arcsin 2x)$；

(14) $x\sin x^2\,dx = (\quad)d(\cos x^2)$.

2. 求下列各不定积分：

(1) $\int \cos 4x \, dx$；

(2) $\int \sin\frac{t}{3} \, dt$；

(3) $\int (x^2 - 3x + 2)^3 (2x - 3) \, dx$；

(4) $\int (2x - 1)^5 \, dx$；

(5) $\int (3 - 2x)^3 \, dx$；

(6) $\int \frac{x}{\sqrt{x^2 - 2}} \, dx$；

(7) $\int \frac{\sin x}{\cos^2 x} \, dx$；

(8) $\int \frac{\cos x}{\sqrt{\sin x}} \, dx$；

(9) $\int \frac{x^2}{(a^2 + x^3)^{\frac{1}{2}}} \, dx$；

(10) $\int \sqrt{2 + e^x} \, e^x \, dx$；

(11) $\int \frac{dx}{x \ln^3 x}$；

(12) $\int \frac{x}{x^2 + 3} \, dx$；

(13) $\int \cot x \, dx$；

(14) $\int \frac{dx}{x \ln^2 x}$；

(15) $\int \frac{dx}{1 - 2x}$；

(16) $\int \frac{\sin x}{a + b\cos x} \, dx$；

(17) $\int x\cos(a+bx^2)\mathrm{d}x$；

(18) $\int x^2\sin 3x^3\mathrm{d}x$；

(19) $\int x\mathrm{e}^{x^2}\mathrm{d}x$；

(20) $\int \mathrm{e}^{-x}\mathrm{d}x$；

(21) $\int \mathrm{e}^{\sin x}\cos x\mathrm{d}x$；

(22) $\int \frac{a}{2}(\mathrm{e}^{\frac{x}{a}}+\mathrm{e}^{-\frac{x}{a}})\mathrm{d}x$；

(23) $\int x^2a^{x^3}\mathrm{d}x$；

(24) $\int (\sin ax-\mathrm{e}^{\frac{x}{b}})\mathrm{d}x$；

(25) $\int \mathrm{e}^{-\frac{1}{x}}\frac{\mathrm{d}x}{x^2}$；

(26) $\int \frac{\mathrm{d}x}{\cos^2(a-bx)}$；

(27) $\int \frac{x\mathrm{d}x}{\sin^2(x^2+1)}$；

(28) $\int \frac{\mathrm{d}x}{\sqrt{25-9x^2}}$；

(29) $\int \frac{\mathrm{e}^x\mathrm{d}x}{\sqrt{1-\mathrm{e}^{2x}}}$；

(30) $\int \frac{2x-1}{\sqrt{1-x^2}}\mathrm{d}x$；

(31) $\int \frac{1-x}{\sqrt{9-4x^2}}\mathrm{d}x$；

(32) $\int \frac{\mathrm{d}x}{x\sqrt{1-\ln^2x}}$；

(33) $\int \frac{\mathrm{d}x}{4+x^2}$；

(34) $\int \cos^2(\omega t+\varphi)\sin(\omega t+\varphi)\mathrm{d}t$；

(35) $\int \sin^2\frac{x}{2}\mathrm{d}x$；

(36) $\int \sin^3 2x\mathrm{d}x$；

(37) $\int \frac{\sin^4x}{\cos^2x}\mathrm{d}x$；

(38) $\int \sin 2x\cos 3x\mathrm{d}x$；

(39) $\int \sin 5x\sin 7x\mathrm{d}x$；

(40) $\int \frac{\mathrm{d}x}{1-x^2}$.

4.4 第二类换元积分法

上一节第一类换元积分法中凑 $\varphi(x)$的微分，可将其换元为 u. 但某些积分，如，$\int\sqrt{a^2-x^2}\mathrm{d}x$ 用第一类换元法较难求解，而用相反方法令 $x=a\sin t$ 进行换元，将无理式的积分化为有理式积分却能顺利地求出结果.

一般地，计算$\int f(x)\mathrm{d}x$时，适当选择 $x=\varphi(t)$进行换元，如果积分$\int f[\varphi(t)]\varphi'(t)\mathrm{d}t$容易求得，那么按此方法计算积分：$\int f(x)\mathrm{d}x \xlongequal{令 x=\varphi(t)} \int f[\varphi(t)]\varphi'(t)\mathrm{d}t=F(t)+C$ $\xlongequal{回代 t=\varphi^{-1}(x)} F[\varphi^{-1}(x)]+C$. 通常把这样的积分法叫作第二类换元积分法.

例 1 求$\int\frac{\mathrm{d}x}{1+\sqrt{x}}$.

解 求这个积分困难在于被积函数中含有根式$\sqrt{x}$. 为了去掉根式，容易想到令$\sqrt{x}=t$，即$x=t^2(t>0)$，于是$dx=2t\,dt$，把它们代入积分式，得

$$\int \frac{dx}{1+\sqrt{x}}=\int \frac{2t}{1+t}dt=2\int \frac{(t+1)-1}{1+t}dt$$

$$=2\int\left(1-\frac{1}{1+t}\right)dt=2(t-\ln|1+t|)+C.$$

为了使所得结果仍用以前的变量x表示，把$t=\sqrt{x}$回代上式，得$\int \frac{dx}{1+\sqrt{x}}=2[\sqrt{x}-\ln(1+\sqrt{x})]+C$.

说明：当被积函数中含有根式$\sqrt[n]{ax+b}$时，可令$\sqrt[n]{ax+b}=t$. 第二类换元积分法的步骤为“换元、积分、回代”.

注意：例1中，令$x=t^2$的同时给出了$t>0$的条件，这一方面使被积函数中$\sqrt{x}$换元后等于t，而不必写$|t|$，另一方面，最后回代时保证它的反函数是单值的$t=\sqrt{x}$. 为简便起见，约定不定积分中所设的$x=\varphi(t)$都在某一区间内满足有连续的导数且$\varphi'(t)\neq 0$. 例如，令$x=a\sin t$和$x=a\tan t$时，约定它们在区间$\left(-\frac{\pi}{2},\frac{\pi}{2}\right)$内进行计算；令$x=a\sec t$时，约定其在区间$\left(0,\frac{\pi}{2}\right)$内进行计算的.

例2 求$\int \frac{dx}{\sqrt{x}+\sqrt[3]{x}}$.

解 为了去掉被积函数中的根号，令$x=t^6$，则$dx=6t^5dt$，因此

$$\int \frac{dx}{\sqrt{x}+\sqrt[3]{x}}=\int \frac{6t^5}{t^3+t^2}dt=6\int \frac{t^3}{t+1}dt=6\int \frac{(t^3-1)+1}{t+1}dt$$

$$=6\int\left(t^2-t+1-\frac{1}{t+1}\right)dt$$

$$=2t^3-3t^2+6t-6\ln|t+1|+C.$$

由于$x=t^6$，所以$t=\sqrt[6]{x}$，于是所求的积分为$\int \frac{dx}{\sqrt{x}+\sqrt[3]{x}}=2\sqrt{x}-3\sqrt[3]{x}+6\sqrt[6]{x}-6\ln(\sqrt[6]{x}+1)+C$.

例3 求$\int \sqrt{a^2-x^2}\,dx\ (a>0)$.

解 求这个积分不能令$\sqrt{a^2-x^2}=t$，但可利用三角公式$\sin^2 t+\cos^2 t=1$消去根式. 令$x=a\sin t$，则$\sqrt{a^2-x^2}=a\sqrt{1-\sin^2 t}=a\cos t$，$dx=a\cos t\,dt$，代入被积表达式，得

$$\int\sqrt{a^2-x^2}\,dx=\int a\cos t\cdot a\cos t\,dt=a^2\int\cos^2 t\,dt,$$

这样就把一个无理函数的不定积分化为较简单的三角函数的积分，于是

$$\int\sqrt{a^2-x^2}\,dx=a^2\int\cos^2 t\,dt=a^2\int\frac{1+\cos 2t}{2}dt=\frac{a^2}{2}(t+\frac{1}{2}\sin 2t)+C$$

$$=\frac{a^2}{2}t+\frac{a^2}{2}\sin t\cos t+C.$$

由于 $x=a\sin t$，则 $t=\arcsin\frac{x}{a}$，$\cos t=\frac{1}{a}\sqrt{a^2-x^2}$，则

$$\int\sqrt{a^2-x^2}\,dx=\frac{a^2}{2}\arcsin\frac{x}{a}+\frac{1}{2}x\sqrt{a^2-x^2}+C.$$

例 4 求 $\int\frac{dx}{\sqrt{a^2+x^2}}(a>0)$.

解 利用三角函数公式 $1+\tan^2 t=\sec^2 t$ 消去根式. 令 $x=a\tan t$，则 $\sqrt{a^2+x^2}=\sqrt{a^2+a^2\tan^2 t}=a\sqrt{1+\tan^2 t}=a\sec t$，$dx=a\sec^2 t\,dt$，于是所求的积分为

$$\int\frac{dx}{\sqrt{a^2+x^2}}=\int\frac{a\sec^2 t}{a\sec t}dt=\int\sec t\,dt=\ln|\sec t+\tan t|+C_1.$$

为使所得结果用原变量 x 表示，可根据 $\tan t=\frac{x}{a}$ 作辅助直角三角形(见图 4－3)，则 $\sec t=\frac{\sqrt{a^2+x^2}}{a}$，因此 $\int\frac{dx}{\sqrt{a^2+x^2}}=\ln\left|\frac{\sqrt{a^2+x^2}}{a}+\frac{x}{a}\right|+C_1=\ln|\sqrt{a^2+x^2}+x|+C_1-\ln a=\ln|\sqrt{a^2+x^2}+x|+C$，其中 $C=C_1-\ln a$.

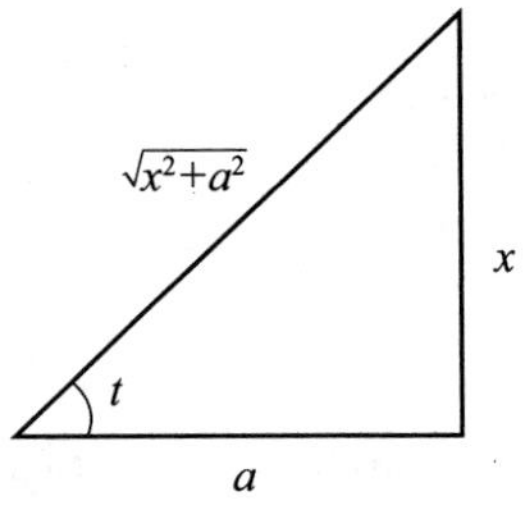

图 4－3

例 5 求 $\int\frac{dx}{\sqrt{x^2-a^2}}(a>0)$.

解 可利用三角公式 $\sec^2 t-1=\tan^2 t$ 消去根式. 令 $x=a\sec t$，则 $\sqrt{x^2-a^2}=\sqrt{a^2\sec^2 t-a^2}=a\sqrt{\sec^2 t-1}=a\tan t$，$dx=a\sec t\tan t\,dt$，于是所求的积分为

$$\int\frac{dx}{\sqrt{x^2-a^2}}=\int\frac{a\sec t\tan t}{a\tan t}dt=\int\sec t\,dt=\ln|\sec t+\tan t|+C_1=$$

$$\ln\left|\frac{x}{a}+\frac{1}{a}\sqrt{x^2-a^2}\right|+C_1=\ln\left|x+\sqrt{x^2-a^2}\right|+C_1-\ln a=\ln\left|x+\sqrt{x^2-a^2}\right|+C,$$

其中 $C=C_1-\ln a$.

总结：当被积函数含二次根式 $\sqrt{a^2-x^2}$ 或 $\sqrt{x^2\pm a^2}$ 时，可进行如下三角代换：

① 含有$\sqrt{a^2-x^2}$时，令 $x=a\sin t$；

② 含有$\sqrt{x^2+a^2}$时，令 $x=a\tan t$；

③ 含有$\sqrt{x^2-a^2}$时，令 $x=a\sec t$.

注意：应用换元积分法时选择适当的变量代换是关键，如果选择不当，可能引起在计算上的麻烦或根本求不出积分. 但是究竟如何选择代换式，应根据被积函数的具体情况进行分析，不要拘泥于上述的规定. 例如，$\int\frac{dx}{\sqrt{a^2-x^2}}$用第一类换元法比较简便，但$\int\sqrt{a^2-x^2}\,dx$却要用三角代换.

有些积分可用两类换元积分法求得结果.

例 6 求$\int\frac{dx}{e^x+1}$.

解 法 1 用第二类换元积分法. 令 $e^x=t$，即 $x=\ln t$，则 $dx=\frac{1}{t}dt$. 于是

$$\begin{aligned}\int\frac{dx}{e^x+1}&=\int\frac{1}{t(t+1)}dx=\int\frac{(t+1)-1}{t(t+1)}dx=\int\left(\frac{1}{t}-\frac{1}{t+1}\right)dt\\&=\ln|t|-\ln|t+1|+C=\ln e^x-\ln(e^x+1)+C\\&=x-\ln(e^x+1)+C.\end{aligned}$$

法 2 用第一类换元积分法.

$$\begin{aligned}\int\frac{dx}{e^x+1}&=\int\frac{(e^x+1)-e^x}{e^x+1}dx=\int\left(1-\frac{e^x}{e^x+1}\right)dx\\&=x-\int\frac{d(e^x+1)}{e^x+1}=x-\ln(e^x+1)+C.\end{aligned}$$

例 7 求$\int x\sqrt{x+1}\,dx$.

解 法 1 用第二类换元积分法. 令$\sqrt{x+1}=t$，则 $x=t^2-1$，$dx=2t\,dt$. 于是

$$\begin{aligned}\int x\sqrt{x+1}\,dx&=\int(t^2-1)t\cdot 2t\,dt=2\int(t^4-t^2)dt\\&=\frac{2}{5}t^5-\frac{2}{3}t^3+C=\frac{2}{5}(x+1)^{\frac{5}{2}}-\frac{2}{3}(x+1)^{\frac{3}{2}}+C.\end{aligned}$$

法 2 用第一类换元积分法.

$$\begin{aligned}\int x\sqrt{x+1}\,dx&=\int[(x+1)-1]\sqrt{x+1}\,dx\\&=\int\left[(x+1)^{\frac{3}{2}}-(x+1)^{\frac{1}{2}}\right]d(x+1)\\&=\frac{2}{5}(x+1)^{\frac{5}{2}}-\frac{2}{3}(x+1)^{\frac{3}{2}}+C.\end{aligned}$$

上一节和本节例题中有一些积分是以后常遇到的，可作为基本公式，见表 4－2，读者可熟记.

表 4－2　积分公式

14	$\int \tan x\,dx = -\ln\lvert\cos x\rvert + C$	18	$\int \frac{dx}{a^2+x^2} = \frac{1}{a}\arctan\frac{x}{a} + C$
15	$\int \cot x\,dx = \ln\lvert\sin x\rvert + C$	19	$\int \frac{dx}{x^2-a^2} = \frac{1}{2a}\ln\left\lvert\frac{x-a}{x+a}\right\rvert + C$
16	$\int \sec x\,dx = \ln\lvert\sec x + \tan x\rvert + C$	20	$\int \frac{dx}{\sqrt{a^2-x^2}} = \arcsin\frac{x}{a} + C$
17	$\int \csc x\,dx = \ln\lvert\csc x - \cot x\rvert + C$	21	$\int \frac{dx}{\sqrt{x^2\pm a^2}} = \ln\left\lvert x + \sqrt{x^2\pm a^2}\right\rvert + C$

例 8　求 $\int \frac{dx}{x^2+x+1}$.

解　$\int \frac{dx}{x^2+x+1} = \int \frac{1}{\left(x+\frac{1}{2}\right)^2+\left(\frac{\sqrt{3}}{2}\right)^2}d\left(x+\frac{1}{2}\right)$. 利用积分公式 18，得

$$\int \frac{dx}{x^2+x+1} = \frac{2}{\sqrt{3}}\arctan\frac{x+\frac{1}{2}}{\frac{\sqrt{3}}{2}} + C = \frac{2}{\sqrt{3}}\arctan\frac{2x+1}{\sqrt{3}} + C.$$

例 9　求 $\int \frac{dx}{\sqrt{4x^2-4x-1}}$.

解　$\int \frac{dx}{\sqrt{4x^2-4x-1}} = \frac{1}{2}\int \frac{1}{\sqrt{(2x-1)^2-(\sqrt{2})^2}}d(2x-1)$. 利用积分公式 21，得

$$\int \frac{dx}{\sqrt{4x^2-4x-1}} = \frac{1}{2}\ln\left\lvert(2x-1)+\sqrt{4x^2-4x-1}\right\rvert + C.$$

例 10　求 $\int \frac{dx}{\sqrt{1+x-x^2}}$.

解　$\int \frac{dx}{\sqrt{1+x-x^2}} = \int \frac{d\left(x-\frac{1}{2}\right)}{\sqrt{\left(\frac{\sqrt{5}}{2}\right)^2-\left(x-\frac{1}{2}\right)^2}}$. 利用积分公式 20，得

$$\int \frac{dx}{\sqrt{1+x-x^2}} = \arcsin\frac{2x-1}{\sqrt{5}} + C.$$

习题 4.4

1. 求下列各不定积分：

(1) $\int \frac{dx}{1+\sqrt[3]{x+1}}$；　(2) $\int \frac{dx}{x\sqrt{x+1}}$；　(3) $\int \frac{dx}{\sqrt{ax+b}+m}$；

(4) $\int \frac{\sqrt{x+1}-1}{\sqrt{x+1}+1}dx$；　(5) $\int \frac{(\sqrt{x})^3-\sqrt{x}}{6\sqrt[4]{x}}dx$；　(6) $\int \frac{\sqrt[3]{x}}{x(\sqrt{x}+\sqrt[3]{x})}dx$；

(7) $\int \frac{dx}{\sqrt{1+e^x}}$；　(8) $\int \frac{x^2}{\sqrt{9-x^2}}dx$；　(9) $\int \frac{dx}{\sqrt{(x^2+1)^3}}$；

(10) $\int \frac{\sqrt{x^2-9}}{x}dx$；　(11) $\int \sqrt{1-4x^2}\,dx$；　(12) $\int \frac{dx}{\sqrt{1-2x-x^2}}$；

(13) $\int \frac{1-2x}{\sqrt{1-2x-x^2}}dx$；　(14) $\int \frac{dx}{\sqrt{9+4x^2}}$；　(15) $\int \frac{e^x+1}{e^x-1}dx$.

2. 分别用第一类及第二类换元积分法计算下列各题：

(1) $\int \frac{dx}{\sqrt{1+2x}}$；　(2) $\int \frac{dx}{\sqrt{x}(1+x)}$；

(3) $\int \frac{x\,dx}{\sqrt{a^2+x^2}}(a>0)$；　(4) $\int \frac{x\,dx}{(1+x^2)^2}$.

3. 求下列各有理式的积分：

(1) $\int \frac{dx}{x^2+4x-5}$；　(2) $\int \frac{dx}{x^2+4x+4}$；

(3) $\int \frac{dx}{x^2+4x+7}$；　(4) $\int \frac{2x+5}{x^2+4x+7}dx$.

4.5　分部积分法

有时对某些类型的积分，换元积分法往往不能奏效，如 $\int x\cos x\,dx$、$\int e^x\cos x\,dx$、$\int \ln x\,dx$、$\int \arcsin x\,dx$ 等. 为此，本节将在微分的乘法法则的基础上引进另一种基本积分法——分部积分法.

设函数 $u=u(x)$ 及 $v=v(x)$ 具有连续导数，根据微分的乘法法则，有 $d(uv)=u\,dv+v\,du$，移项得 $u\,dv=d(uv)-v\,du$，两边积分，得 $\int u\,dv=uv-\int v\,du$，此式称为分部积分公式.

说明：分部积分公式的作用在于，当无法直接求 $\int u\,dv$ 时，可“换位”求 $\int v\,du$.

例 1 求 $\int x\cos x\mathrm{d}x$.

解 如果选取 $u=x$，$\mathrm{d}v=\cos x\mathrm{d}x=\mathrm{d}(\sin x)$，于是有

$$\int x\cos x\mathrm{d}x=\int x\mathrm{d}(\sin x)=x\sin x-\int\sin x\mathrm{d}x=x\sin x+\cos x+C.$$

如果选取 $u=\cos x$，$\mathrm{d}v=x\mathrm{d}x=\mathrm{d}\left(\frac{x^2}{2}\right)$，则 $\int x\cos x\mathrm{d}x=\int\cos x d\left(\frac{x^2}{2}\right)=\frac{x^2}{2}\cos x+\int\frac{x^2}{2}\sin x\mathrm{d}x$，

上式右端的不定积分比左端的原积分更不容易求得. 由此可见，如果 u 和 $\mathrm{d}v$ 选取不当，就求不出结果. 所以在应用分部积分法时，恰当地选取 u 和 $\mathrm{d}v$ 是一个关键. 选取 u 和 $\mathrm{d}v$ 一般要考虑下面两点：

① v 要容易求得；

② $\int v\mathrm{d}u$ 要比 $\int u\mathrm{d}v$ 容易积出.

例 2 求 $\int x\mathrm{e}^x\mathrm{d}x$.

解 选取 $u=x$，$\mathrm{d}v=\mathrm{e}^x\mathrm{d}x=\mathrm{d}(\mathrm{e}^x)$，则 $\int x\mathrm{e}^x\mathrm{d}x=\int x\mathrm{d}(\mathrm{e}^x)=x\mathrm{e}^x-\int\mathrm{e}^x\mathrm{d}x=x\mathrm{e}^x-\mathrm{e}^x+C$.

例 3 求 $\int x^2\ln x\mathrm{d}x$.

解 选取 $u=\ln x$，$\mathrm{d}v=x^2\mathrm{d}x=\mathrm{d}\left(\frac{x^3}{3}\right)$，则

$$\begin{aligned}\int x^2\ln x\mathrm{d}x&=\int\ln x\mathrm{d}\left(\frac{x^3}{3}\right)=\frac{x^3}{3}\ln x-\int\frac{x^3}{3}\mathrm{d}(\ln x)=\frac{x^3}{3}\ln x-\int\frac{x^3}{3}\cdot\frac{1}{x}\mathrm{d}x\\&=\frac{x^3}{3}\ln x-\frac{1}{3}\int x^2\mathrm{d}x=\frac{x^3}{3}\ln x-\frac{x^3}{9}+C.\end{aligned}$$

对分部积分法熟悉后，计算时 u 和 $\mathrm{d}v$ 可默记在心里不必写出.

例 4 求 $\int x\arctan x\mathrm{d}x$.

解
$$\begin{aligned}\int x\arctan x\mathrm{d}x&=\int\arctan x\mathrm{d}\left(\frac{x^2}{2}\right)=\frac{x^2}{2}\arctan x-\int\frac{x^2}{2}\mathrm{d}(\arctan x)\\&=\frac{x^2}{2}\arctan x-\frac{1}{2}\int\frac{x^2}{1+x^2}\mathrm{d}x\\&=\frac{x^2}{2}\arctan x-\frac{1}{2}\int\frac{(x^2+1)-1}{1+x^2}\mathrm{d}x\\&=\frac{x^2}{2}\arctan x-\frac{1}{2}\int\left(1-\frac{1}{1+x^2}\right)\mathrm{d}x\end{aligned}$$

$$=\frac{x^2}{2}\arctan x-\frac{x}{2}+\frac{1}{2}\arctan x+C.$$

总结：① 如果被积函数是幂函数与指数函数(或者正弦、余弦函数)的乘积时，可把幂函数选作 u；如果被积函数是幂函数与对数函数(或反三角函数)的乘积时，可把对数函数(或反三角函数)选作 u.

② 为了便于记忆，可按顺序口诀记忆“反对幂三指，谁在前边谁为 u”.

例 5　求 $\int \arcsin x\,dx$.

解　因为被积函数是单一函数，可看做被积表达式已经“自然”分成 $u\,dv$ 的形式. 则

$$\int \arcsin x\,dx=x\arcsin x-\int x\,d(\arcsin x)=x\arcsin x-\int\frac{x}{\sqrt{1-x^2}}dx$$

$$=x\arcsin x+\frac{1}{2}\int\frac{1}{\sqrt{1-x^2}}d(1-x^2)=x\arcsin x+\sqrt{1-x^2}+C.$$

例 6　求 $\int \ln x\,dx$.

解　$\int \ln x\,dx=x\ln x-\int x\,d(\ln x)=x\ln x-\int x\cdot\frac{1}{x}dx=x\ln x-x+C.$

例 7　求 $\int x^2\sin x\,dx$.

解　$\int x^2\sin x\,dx=-\int x^2\,d(\cos x)=-x^2\cos x+2\int x\cos x\,dx.$

对于 $\int x\cos x\,dx$ 需再应用一次分部积分法，得

$$\int x^2\sin x\,dx=-x^2\cos x+2\int x\,d\sin x=-x^2\cos x+2x\sin x-2\int \sin x\,dx$$

$$=-x^2\cos x+2x\sin x+2\cos x+C.$$

例 7 表明，有时要多次运用分部积分法才能求出结果.

下面两个例题在两次运用分部积分法后又回到原来的积分，这时可采用解方程的方法求得结果.

例 8　求 $\int e^x\cos x\,dx$.

解　$\int e^x\cos x\,dx=\int \cos x\,d(e^x)=e^x\cos x+\int e^x\sin x\,dx=e^x\cos x+\int \sin x\,d(e^x)$

$$=e^x\cos x+e^x\sin x-\int e^x\cos x\,dx.$$

移项合并得 $2\int e^x\cos x\,dx=e^x(\sin x+\cos x)+C_1$，因为等式右端已没有积分，故需加上任意常数 C_1，得

$$\int e^x\cos x\,dx=\frac{1}{2}e^x(\sin x+\cos x)+C\left(C=\frac{1}{2}C_1\right).$$

例 9 求 $I=\int\sec^3 x\,dx$.

解 $I=\int\sec^3 x\,dx=\int\sec^2 x\sec x\,dx=\int\sec x\,d(\tan x)=\sec x\tan x-\int\tan x\,d(\sec x)$

$$=\sec x\tan x-\int\sec x\tan^2 x\,dx=\sec x\tan x-\int\sec x(\sec^2 x-1)dx$$

$$=\sec x\tan x-\int\sec^3 x\,dx+\int\sec x\,dx=\sec x\tan x+\ln|\sec x+\tan x|-I.$$

移项，等式两端同时除以 2，得 $I=\frac{1}{2}\sec x\tan x+\frac{1}{2}\ln|\sec x+\tan x|+C$.

例 10 求 $\int\sqrt{x^2+a^2}\,dx\,(a>0)$.

解 法 1 用第二类换元法. 令 $x=a\tan t$，则 $\sqrt{x^2+a^2}=a\sec t$，$dx=a\sec^2 t\,dt$. 于是 $\int\sqrt{x^2+a^2}\,dx=\int a\sec t\cdot a\sec^2 t\,dt=a^2\int\sec^3 t\,dt$. 用例 9 的结果代入，得

$$\int\sqrt{x^2+a^2}\,dx=a^2\left[\frac{1}{2}\sec t\tan t+\frac{1}{2}\ln|\sec t+\tan t|\right]+C$$

$$=\frac{x}{2}\sqrt{x^2+a^2}+\frac{a^2}{2}\ln\left|x+\sqrt{x^2+a^2}\right|+C.$$

法 2 用分部积分法

$$\int\sqrt{x^2+a^2}\,dx=x\sqrt{x^2+a^2}-\int x\,d(\sqrt{x^2+a^2})$$

$$=x\sqrt{x^2+a^2}-\int\frac{x^2}{\sqrt{x^2+a^2}}dx$$

$$=x\sqrt{x^2+a^2}-\int\frac{x^2+a^2-a^2}{\sqrt{x^2+a^2}}dx$$

$$=x\sqrt{x^2+a^2}-\int\sqrt{x^2+a^2}\,dx+a^2\int\frac{dx}{\sqrt{x^2+a^2}}.$$

$$=\frac{x}{2}\sqrt{x^2+a^2}+\frac{a^2}{2}\int\frac{dx}{\sqrt{x^2+a^2}}$$

$$=\frac{x}{2}\sqrt{x^2+a^2}+\frac{a^2}{2}\ln\left|x+\sqrt{x^2+a^2}\right|+C.$$

例 10 可看出，有的积分需要一题多解，而且有时分部积分法和换元积分法要交替使用.

例 11 求 $\int e^{\sqrt{x}}\,dx$.

解　令$\sqrt{x}=t$，则$x=t^2$，$dx=2t\,dt$，于是

$$\int e^{\sqrt{x}}\,dx=2\int te^t\,dt=2\int t\,d(e^t)=2(t-1)e^t+C=2(\sqrt{x}-1)e^{\sqrt{x}}+C.$$

习题 4.5

求下列各不定积分：

1. $\int x\sin x\,dx$.　　2. $\int x\ln x\,dx$.　　3. $\int \arccos x\,dx$.

4. $\int xe^{-x}\,dx$.　　5. $\int x^2\ln x\,dx$.　　6. $\int x\cos\frac{x}{2}\,dx$.

7. $\int \ln(1+x^2)\,dx$.　　8. $\int x\tan^2 x\,dx$.　　9. $\int \frac{\ln x}{\sqrt{x}}\,dx$.

10. $\int x^5\sin x^2\,dx$.　　11. $\int e^{2x}\cos 3x\,dx$.　　12. $\int \sin(\ln x)\,dx$.

13. $\int (\ln x)^2\,dx$.　　14. $\int x\sin x\cos x\,dx$.　　15. $\int \sqrt{x^2-a^2}\,dx$.

本章小结

一、主要内容

本章主要内容包括原函数与不定积分的概念、性质，积分基本公式，积分的基本运算法则，直接积分法，第一类换元积分法(凑微分法)和第二类换元积分法，分部积分法.

二、学习指导

1. 不定积分与微分、导数互为逆运算，积分法是在微分法基础上建立起来的，由初等函数的微分法可推出不定积分的法则，如由复合函数的求导法则可得到第一类换元积分法，由乘积的求导法则可得到分部积分公式.

2. 求不定积分的方法是，设法将所求积分化为积分基本公式中已有的积分形式，以便运用公式求不定积分. 具体转化时，可以利用积分法则及代数、三角恒等变形等方法.

3. 许多不定积分的计算需要综合运用上述各种方法，一般被积表达式的形式可决定先用哪种方法，后用哪种方法. 有时求不定积分不止一种方法，可比较解法之联系，从中选取最简解法. 应注意，对不定积分用不同的方法求的结果，形式可能不完全相同，但它们的导数都等于被积函数.

数学文化

微积分的发展史

着眼于微积分的整个发展历史，大体分为三个时期：早期萌芽时期，建立成型时期，成熟完善时期.

一、早期萌芽时期

1. 古代西方萌芽时期

公元前七世纪，泰勒斯对图形的面积、体积与长度的研究就含有早期微积分的思想. 公元前三世纪，阿基米德利用穷竭法推算出了抛物线弓形、螺线、圆的面积以及椭球体、抛物面体等各种复杂几何体的表面积和体积的公式. 穷竭法就类似于现在的微积分中的求极限.

2. 古代中国萌芽时期

三国后期的刘徽发明了著名的“割圆术”，即把圆周用内接或外切正多边形穷竭的一种求圆周长及面积的方法. “割之弥细，所失弥少，割之又割，以至于不可割，则与圆周合体而无所失矣.”不断地增加正多边形的边数，进而使多边形更加接近圆的面积，这在我国数学史上是伟大创举. 另外南朝时期的祖氏父子更将圆周率计算到小数点后七位数.

二、建立成型时期

1. 十七世纪上半叶

这一时期，几乎所有的科学大师都致力于解决速率、极值、切线、面积问题，特别是描述运动与变化的无限小算法，并且在相当短的时间内取得了极大的发展.

2. 十七世纪下半叶

英国科学家牛顿开始关于微积分的研究，他受了沃利斯的《无穷算术》的启发，第一次把代数学扩展到分析学. 1665 年牛顿发明正流数术(微分)，次年又发明反流数术. 之后将流数术进行总结，写出了《流数简述》，这标志着微积分的诞生. 接着，牛顿研究变量流动生成法，认为变量是由点、线或面的连续运动产生的，因此，他把变量叫作流量，把变量的变化率叫作流数.

同一时期，德国数学家莱布尼茨也独立创立了微积分学，他于1684 年发表第一篇微分论文，定义了微分概念，采用了微分符号 dx、dy. 1686 年他又发表了积分论文，讨论了微分与积分，使用了积分符号 $\int$，符号的发明使得微积分的表达更加简便. 此外他还发现了求高级导数的莱布尼茨公式，还有牛顿—莱布尼茨公式，将微分与积分运算联系在一起，为微积分的发展作出了巨大的贡献.

三、成熟完善时期

1. 第二次数学危机的开始

微积分学在牛顿与莱布尼茨的时代逐渐建立成型，但是任何新的数学理论的建立，在起初都是会引起一部分人的质疑，微积分学同样也是．最著名的是英国主教贝克莱针对求导过程中的无穷小(Δx 既是 0，又不是 0)展开对微积分学的进攻，由此便拉开了第二次数学危机的序幕．

2．第二次数学危机的解决

危机出现之后，许多数学家致力于完善微积分学理论，使其更加严谨．大数学家柯西建立了接近现代形式的极限，把无穷小定义为趋近于 0 的变量，从而结束了百年的争论，并定义了函数的连续性、导数、连续函数的积分和级数的收敛性．柯西在微积分学(数学分析)的贡献是巨大的．

在危机后期，数学家魏尔斯特拉斯提出了病态函数(处处连续但处处不可微的函数)，后续又有人发现了处处不连续但处处可积的函数，使人们重新认识了连续与可微可积的关系．黎曼和达布分别于 1854 年和 1875 年建立了严密的有界函数的积分理论．19 世纪后半叶，戴金德等人完善了实数理论．

至此，数学分析(包含整个微积分学)的理论和方法完全建立在牢固的基础上，基本上形成了一个完整的体系，也为 20 世纪的现代分析铺平了道路．

莱布尼茨简介

戈特弗里德・威廉・莱布尼茨(Gottfried Wilhelm Leibniz，1646—1716 年)，德国哲学家、数学家，是历史上少见的通才，被誉为十七世纪的亚里士多德．

莱布尼茨在数学史和哲学史上都占有重要地位．

在数学上，他和艾萨克・牛顿先后独立发现了微积分，而且他所使用的微积分的数学符号被更广泛地使用，莱布尼茨所发明的符号被普遍认为更综合，适用范围更加广泛．

复习题 4

基础题

1．求下列各不定积分：

(1) $\int \frac{dx}{\sin^2 x\cos^2 x}$；　　(2) $\int \sin^2 x\cos^2 x\,dx$；

(3) $\int \frac{\sin\sqrt{x}}{\sqrt{x}}dx$；　　(4) $\int x\sqrt{2x^2+1}\,dx$；

(5) $\int \frac{(\ln x)^3}{x}dx$；　　(6) $\int \frac{dx}{x\ln\sqrt{x}}$；

(7) $\int \sqrt{1-\cos x}\,dx\ (0<x<2\pi)$；　　(8) $\int \frac{dx}{e^{-x}+e^x}$；

(9) $\int \frac{e^{2x}-1}{e^x}dx$；　(10) $\int \frac{(\arctan x)^2}{1+x^2}dx$；

(11) $\int \frac{(\arcsin x)^2}{\sqrt{1-x^2}}dx$；　(12) $\int \frac{dx}{3+4x^2}$；

(13) $\int \frac{\cos x}{a^2+\sin^2 x}dx$；　(14) $\int x^2 \arctan x\,dx$；

(15) $\int (x^2-1)\sin 2x\,dx$；　(16) $\int \frac{dx}{x^2\sqrt{1-x^2}}$；

(17) $\int \frac{x\,dx}{\sqrt{5+x-x^2}}$；　(18) $\int \cos\sqrt{x}\,dx$；

(19) $\int \frac{2x+3}{\sqrt{3-2x-x^2}}dx$.

2. 已知某曲线上切线斜率 $k=\frac{1}{2}(e^{\frac{x}{a}}-e^{-\frac{x}{a}})$，又知曲线经过点 $M(0, a)$，求此曲线的方程.

3. 设某函数当 $x=1$ 时有极小值，当 $x=-1$ 时有一极大值为 4，又知这个函数的导数 $y'=3x^2+bx+c$，求此函数.

4. 设某函数的图像上有一拐点 $P(2, 4)$，在拐点 P 处曲线的切线的斜率为 -3，又知这个函数的二阶导数 $y''=6x+c$，求此函数.

5. 物体由静止开始运动，在任意时刻 t 的速度为 $v=5t^2$ (m/s)，求在 3s 末时物体离出发点的距离. 又问需要多少时间，物体才能离开出发点 360m?

6. 设物体运动的速度与时间的平方成正比. 当 $t=0$ 时，$s=0$；当 $t=3$ 时，$s=18$. 求物体所经过的距离 s 和时间 t 的关系.

提高题

1. 求下列各不定积分：

(1) $\int \frac{1-\cos x}{1+\cos x}dx$；　(2) $\int \frac{2x-7}{4x^2+12x+25}dx$；

(3) $\int x^2\ln(x-3)dx$；　(4) $\int x^2\cos^2\frac{x}{2}dx$；

(5) $\int e^{-2x}\sin\frac{x}{2}dx$；　(6) $\int \frac{x^2dx}{\sqrt{a^2-x^2}}$；

(7) $\int \sin^4 x\cos^3 x\,dx$；　(8) $\int x\cos^2 x\,dx$；

(9) $\int \frac{xe^x}{(e^x+1)^2}dx$；　(10) $\int \frac{\ln(1+x^2)}{x^3}dx$；

(11) $\int \frac{x+\ln x}{(1+x)^2}dx$；　(12) $\int \frac{x+1}{x(1+xe^x)}dx$.

2. 设 $F(x)$ 为 $f(x)$ 的一个原函数，$F(0)=1$，$F(x)>0$，且当 $x\geqslant 0$ 时，有 $f(x)\cdot F(x)=\dfrac{x\mathrm{e}^x}{2(1+x)^2}$，求 $f(x)$.

3. 设 $f(\ln x)=\dfrac{\ln(1+x)}{x}$，计算 $\int f(x)\mathrm{d}x$.

4. 设 $f(x^2-1)=\ln\dfrac{x^2}{x^2-2}$，且 $f[\varphi(x)]=\ln x$，求 $\int\varphi(x)\mathrm{d}x$.

05 第5章　定积分及其应用

定积分是积分学中另一类基本问题，它在自然科学和技术问题中有着广泛的应用. 本章将从实际问题出发，引出定积分的概念，然后讨论定积分的性质、计算方法和它在几何及物理方面的应用，最后还将介绍广义积分的有关知识.

5.1　定积分的概念

5.1.1　两个引例

引例1　曲边梯形的面积

曲边梯形是指在直角坐标系中，由连续曲线 $y=f(x)$ 与三条直线 $x=a$，$x=b$，$y=0$ 所围成的图形. 如图 5-1 所示，M_1MNN_1 就是一个曲边梯形.

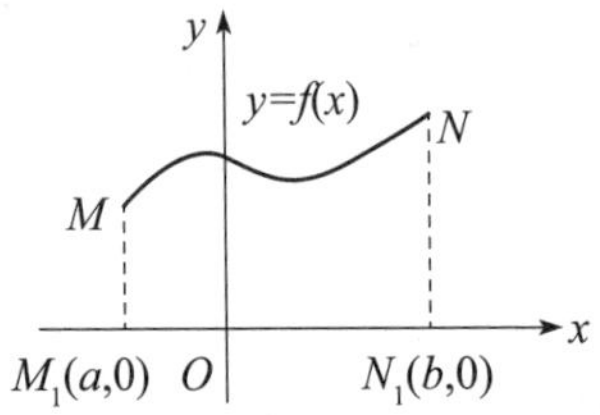

图 5-1

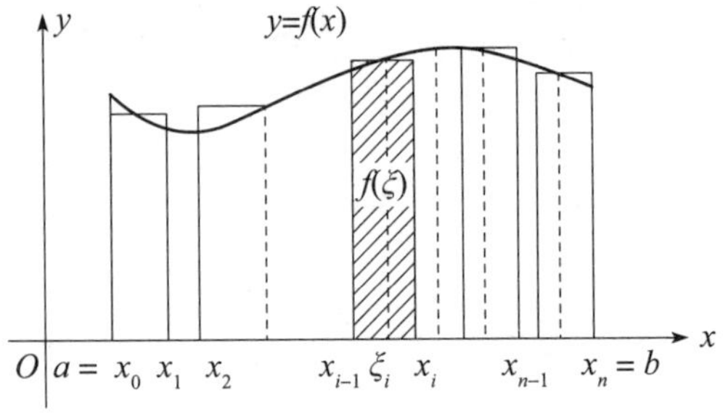

图 5-2

分析：设 $y=f(x)$ 在 $[a, b]$ 上连续，且 $f(x)\geqslant 0$，求以曲线 $y=f(x)$ 为曲边，底为 $[a, b]$ 的曲边梯形的面积为 A.

为了计算曲边梯形面积 A，如图 5-2 所示，用一组垂直于 x 轴的直线把整个曲边梯形分割成许多小曲边梯形. 因为每一个小曲边梯形的底边很窄，而 $f(x)$ 又是连续变化的，所以可以用这个小曲边梯形的底边作为宽、以它底边上任一点所对应的函数值 $f(x)$ 作为长的小矩形的面积来近似表达这个小曲边梯形的面积. 再把所有这些小矩形面积加起来，就可以得到曲边梯形面积 A 的近似值. 由图可知，分割越细密，所有小矩形面积之和越接近曲边梯形的面积 A. 当分割无限细密时，所有小矩形面积之和的极限就是曲边梯形面积 A 的精确值.

根据上面的分析，曲边梯形的面积可按下述步骤来计算.

① 分割——分曲边梯形为 n 个小曲边梯形(化整为零).

在区间$[a，b]$内任取 $n-1$ 个不同的分点，即 $a=x_0<x_1<x_2<\cdots<x_{i-1}<x_i<\cdots<x_{n-1}<x_n=b$. 把曲边梯形的底$[a，b]$分成 n 个小区间：$[x_0，x_1]$，$[x_1，x_2]$，…，$[x_{i-1}，x_i]$，…，$[x_{n-1}，x_n]$. 小区间$[x_{i-1}，x_i]$的长度记为 $\Delta x_i=x_i-x_{i-1}(i=1，2，\cdots，n)$.

② 近似——用小矩形面积代替小曲边梯形面积(化曲为直).

过各分点作垂直于 x 轴的直线，把整个曲边梯形分成了 n 个小曲边梯形，在第 i 个小曲边梯形的底$[x_{i-1}，x_i]$上任取一点 $\xi_i(x_{i-1}\leqslant\xi_i\leqslant x_i)$，它所对应的函数值是 $f(\xi_i)$. 用相应的宽为 Δx_i，长为 $f(\xi_i)$的小矩形面积近似代替这个小曲边梯形的面积，即第 i 个小曲边梯形的面积为 $\Delta A_i\approx f(\xi_i)\Delta x_i(i=1，2，\cdots，n)$.

③ 求和——求 n 个小矩形面积之和(积零为整).

把 n 个小矩形面积相加得和式 $\sum\limits_{i=1}^{n}f(\xi_i)\Delta x_i$，它就是曲边梯形面积 A 的近似值，即 $A\approx\sum\limits_{i=1}^{n}f(\xi_i)\Delta x_i$.

④ 取极限——由近似值过渡到精确值(无限逼近).

分割越细，$\sum\limits_{i=1}^{n}f(\xi_i)\Delta x_i$ 就越接近于曲边梯形的面积 A. 当最大的小区间长度 λ $(\lambda=\max\{\Delta x_i\})$趋近于零，即 $\lambda\to 0$ 时，和式 $\sum\limits_{i=1}^{n}f(\xi_i)\Delta x_i$ 的极限就是 A，即 $A=\lim\limits_{\lambda\to 0}\sum\limits_{i=1}^{n}f(\xi_i)\Delta x_i$.

引例2　变速直线运动的路程

设一物体沿直线运动，已知速度 $v=v(t)$是时间区间$[a，b]$上 t 的连续函数，且 $v(t)\geqslant 0$，求该物体在这段时间内所经过的路程 s.

分析：整个时间段里，物体的运动速度是变化的，把整个时间段细分成若干小段，因为在很短的一段时间里的速度变化很小，近似于匀速，所以可以用匀速直线运动的路程作为这段很短时间里的路程的近似值. 求出每小段的路程和，便得到路程的近似值，最后时间段无限细分再求和求得路程的精确值，采用与求曲边梯形的面积相仿的四个步骤来计算路程 s.

① 分割——在时间$[a，b]$内插入 $n-1$ 个分点 $a=t_0<t_1<t_2<\cdots<t_{i-1}<t_i<\cdots<t_{n-1}<t_n=b$. 把时间区间$[a，b]$分成 n 个小区间：$[t_0，t_1]$，$[t_1，t_2]$，…，$[t_{i-1}，t_i]$，…，$[t_{n-1}，t_n]$. 其中小区间$[t_{i-1}，t_i]$的长度记为 $\Delta t_i=t_i-t_{i-1}(i=1，2，\cdots，n)$. 物体在第 i 段时间$[t_{i-1}，t_i]$内所走的路程为 Δs_i.

② 近似——在每个小区间$[t_{i-1}，t_i]$上，用其中任一时刻 ξ_i 的速度 $v(\xi_i)$ $(t_{i-1}\leqslant\xi_i\leqslant t_i)$来近似代替变化的速度 $v(t)$，从而得到 Δs_i 的近似值：$\Delta s_i\approx v(\xi_i)\Delta t_i$

$(i=1, 2, \cdots, n)$.

③ 求和——把 n 段时间上的路程相加，得到 $[a, b]$ 上的路程 s 的近似值：$s \approx \sum_{i=1}^{n} v(\xi_i)\Delta t_i$.

④ 取极限—— $s = \lim_{\lambda \to 0} \sum_{i=1}^{n} v(\xi_i)\Delta t_i$（其中 $\lambda = \max\{\Delta t_i\}$）.

例 1 已知一物体以 $v(t)=t$ 的速度（单位：m/s）作变速直线运动，求物体从 1s 到 3s 这两秒时间内所经过的路程.

解 路程函数是速度函数的积分，即 $s(t)=\int v(t)\mathrm{d}t=\int t\mathrm{d}t=\frac{1}{2}t^2+C$.

则物体在时间区间 $[1, 3]$ 内所经过的路程为 $s(3)-s(1)=4\text{m}$.

物体的速度函数如图 5－3 所示，可以看出，梯形的面积（阴影部分）正好是质点在 $[1, 3]$ 内所经过的路程.

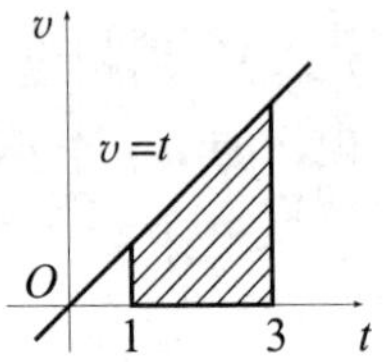

图 5－3

注意： 上述两个引例，虽然实际背景不同，但处理方式相同，即分割、近似、求和、取极限，通过化整为零、化曲为直、化变为恒的方法，将所研究的量先无限细分再无限求和，用无限逼近的思想，由有限过渡到无限，由近似过渡到精确，它们都有一个相同模式的结果，即“和式极限”.

这类“和式极限”被广泛应用于物理、天文、工程、地质、化学等各个领域中，舍弃其实际背景，抽取其共同的本质属性，给出以下定积分的定义.

5.1.2 定积分的定义

定义 设函数 $y=f(x)$ 在区间 $[a, b]$ 上有定义，任取分点 $a=x_0<x_1<x_2<\cdots<x_{i-1}<x_i<\cdots<x_{n-1}<x_n=b$. 将区间 $[a, b]$ 分成 n 个小区间 $[x_{i-1}, x_i]$，其长度为 $\Delta x_i=x_i-x_{i-1}(i=1, 2, \cdots, n)$. 在每个小区间 $[x_{i-1}, x_i]$ 上任取一点 ξ_i $(x_{i-1}\leqslant\xi_i\leqslant x_i)$，作和式 $\sum_{i=1}^{n} f(\xi_i)\Delta x_i$. 若极限 $\lim_{\lambda \to 0}\sum_{i=1}^{n} f(\xi_i)\Delta x_i$ 存在（$\lambda=\max\{\Delta x_i\}$），则此极限值叫作函数 $y=f(x)$ 在区间 $[a, b]$ 上的定积分，记作 $\int_a^b f(x)\mathrm{d}x$，即 $\lim_{\lambda \to 0}\sum_{i=1}^{n} f(\xi_i)\Delta x_i=\int_a^b f(x)\mathrm{d}x$，其中，$f(x)$ 叫作被积函数，$f(x)\mathrm{d}x$ 叫作被积表达式，x 叫作积分变量，a 与 b 分别叫作积分的下限与上限. 区间 $[a, b]$ 叫作积分区间.

如果定积分 $\int_a^b f(x)\mathrm{d}x$ 存在，则称 $f(x)$ 在区间 $[a, b]$ 上可积.

说明：

① 所谓和式极限 $\lim_{\lambda \to 0}\sum_{i=1}^{n} f(\xi_i)\Delta x_i$ 存在，是指无论对区间 $[a, b]$ 怎样分割，也不

论对点 ξ_i 怎样取法，极限都存在，其极限值与区间的分割方式和点 ξ_i 的取法无关. 注意，定义中的 $\lambda\to 0$ 不能用 $n\to\infty$ 来代替；

② 定积分是和式极限，它是一个数值，其与被积函数 $f(x)$ 和积分区间 $[a, b]$ 有关，而与积分变量用什么字母表示无关，即 $\int_a^b f(x)\mathrm{d}x=\int_a^b f(t)\mathrm{d}t=\int_a^b f(u)\mathrm{d}u$；

③ 上述定义中，a 总是小于 b 的. 为了方便起见，对 $a>b$ 及 $a=b$ 情况补充定义：$\int_a^b f(x)\mathrm{d}x=-\int_b^a f(x)\mathrm{d}x\,(a>b)$，$\int_a^a f(x)\mathrm{d}x=0$.

根据定积分的定义，上面两个引例都可以表示为定积分：

曲边梯形的面积 A 等于其曲边 $y=f(x)$ 在其底所在的区间 $[a, b]$ 上的定积分：$A=\int_a^b f(x)\mathrm{d}x$.

变速直线运动的物体所经过的路程 s 等于其速度 $v=v(t)$ 在时间区间 $[a, b]$ 上的定积分：$s=\int_a^b v(t)\mathrm{d}t$.

5.1.3　定积分的几何意义

如果函数 $f(x)$ 在 $[a, b]$ 上连续，且 $f(x)\geqslant 0$ 时，那么定积分 $\int_a^b f(x)\mathrm{d}x$ 表示以 $y=f(x)$ 为曲边的曲边梯形的面积 A，即 $A=\int_a^b f(x)\mathrm{d}x$.

如果函数 $f(x)$ 在 $[a, b]$ 上连续，且 $f(x)\leqslant 0$（见图 5－4）时，由于定积分 $\int_a^b f(x)\mathrm{d}x=\lim\limits_{\Delta x\to 0}\sum\limits_{i=1}^{n} f(\xi_i)\Delta x_i$ 的右端和式中每一项 $f(\xi_i)\Delta x_i$ 都是负值（$\Delta x_i>0$），因此定积分 $\int_a^b f(x)\mathrm{d}x$ 是一个负数，即 $A=-\int_a^b f(x)\mathrm{d}x$.

如果函数 $f(x)$ 在 $[a, b]$ 上连续，且有正有负时，定积分 $\int_a^b f(x)\mathrm{d}x$ 就表示 x 轴上方的曲边梯形面积减去 x 轴下方的曲边梯形面积，如图 5－5 所示，$\int_a^b f(x)\mathrm{d}x=A_1-A_2+A_3$.

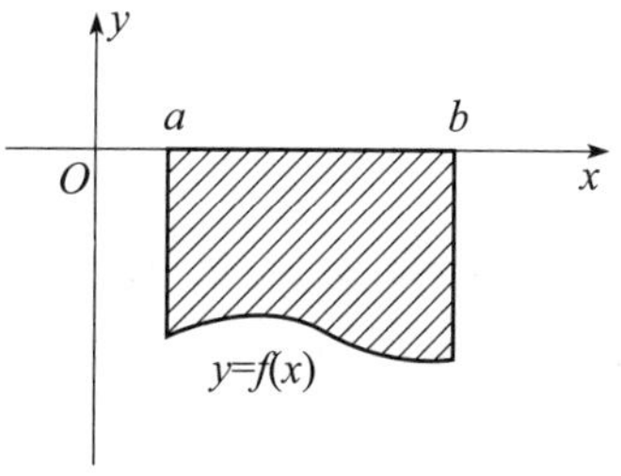

图 5－4

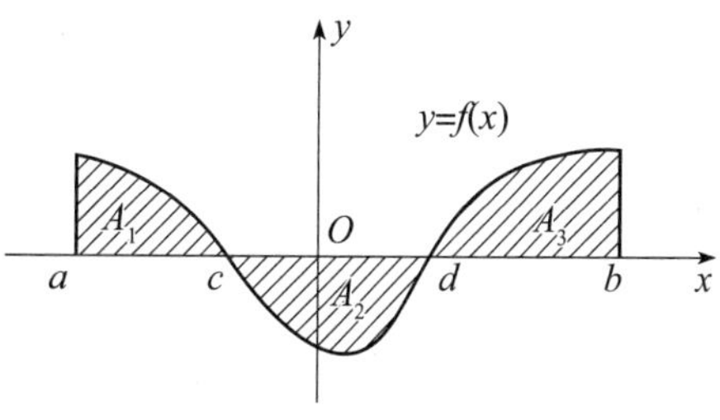

图 5－5

说明：定积分$\int_a^b f(x)\mathrm{d}x$在各种实际问题所代表的实际意义不同，曲边梯形的面积是$\int_a^b |f(x)|\mathrm{d}x$，而定积分$\int_a^b f(x)\mathrm{d}x$的数值在几何上都可用曲边梯形的面积的代数和来表示，这就是定积分的几何意义.

例 2 利用定积分表示图 5－6 中的四个图形的面积：

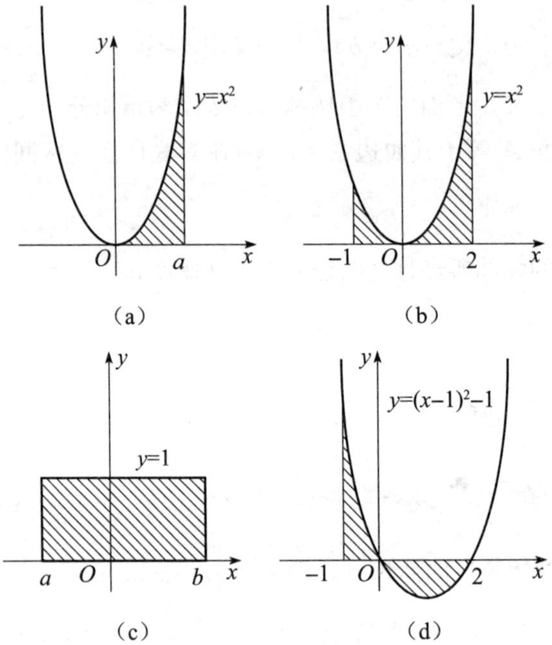

图 5－6

解 图 5－6(a)中的阴影部分的面积为：$A=\int_0^a x^2\mathrm{d}x$；

图 5－6(b)中的阴影部分的面积为：$A=\int_{-1}^2 x^2\mathrm{d}x$；

图 5－6(c)中的阴影部分的面积为：$A=\int_a^b \mathrm{d}x$；

图 5－6(d)中的阴影部分的面积为：$A=\int_{-1}^0[(x-1)^2-1]\mathrm{d}x-\int_0^2[(x-1)^2-1]\mathrm{d}x$.

定理 如果函数$y=f(x)$在闭区间$[a,b]$上连续，则函数$y=f(x)$在$[a,b]$上可积，即$\int_a^b f(x)\mathrm{d}x=\lim\limits_{\lambda\to 0}\sum\limits_{i=1}^n f(\xi_i)\Delta x_i$一定存在.

说明：定积分的几何意义直观地告诉人们，如果函数$y=f(x)$在$[a,b]$上连续，那么由$y=f(x)$，$x=a$，$x=b$及x轴所围成的曲边梯形的面积的代数和是一定存在的，也就是说定积分$\int_a^b f(x)\mathrm{d}x$一定存在.

习题 5.1

1. 用定积分表示曲线 $y=x^2+1$ 与直线 $x=1$，$x=3$ 及 x 轴所围成的曲边梯形的面积.

2. 利用定积分的几何意义，判断下列定积分的值是正的还是负的(不必计算)：

(1) $\int_0^{\frac{\pi}{2}} \sin x \, dx$；　　(2) $\int_{-\frac{\pi}{2}}^{0} \sin x \cos x \, dx$；　　(3) $\int_{-1}^{2} x^2 \, dx$.

3. 利用定积分表示图 5-7 中各阴影部分的面积.

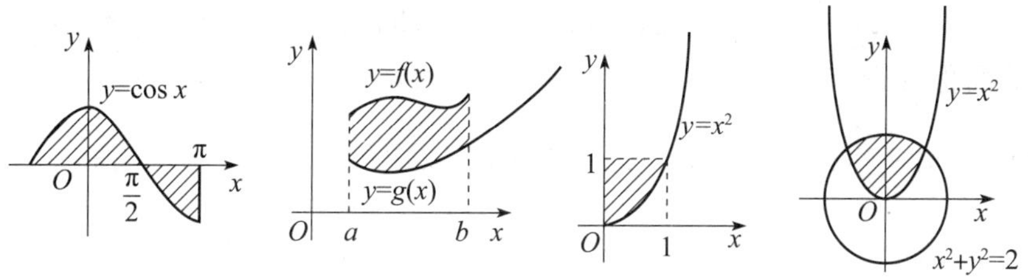

(a)　　(b)　　(c)　　(d)

图 5-7

5.2　定积分的性质

在下列各性质中，假定函数 $f(x)$ 和 $g(x)$ 在区间 $[a, b]$ 上都是连续的、可积的.

性质 1　$\int_a^b [f(x) \pm g(x)] dx = \int_a^b f(x) dx \pm \int_a^b g(x) dx$.

说明：函数的代数和的定积分等于它们的定积分的代数和，这个性质可推广到有限多个连续函数的代数和的定积分.

性质 2　$\int_a^b k f(x) dx = k \int_a^b f(x) dx$ (k 为常数).

性质 3　(积分区间的可加性) $\int_a^b f(x) dx = \int_a^c f(x) dx + \int_c^b f(x) dx$.

说明：如果 $f(x)$ 分别在 $[a, b]$、$[a, c]$、$[c, b]$ 上连续，那么 $f(x)$ 在 $[a, b]$ 上的定积分等于 $f(x)$ 在 $[a, c]$ 和 $[c, b]$ 上的定积分的和. 且不论 c 点在区间 $[a, b]$ 内还是在 $[a, b]$ 外，只要上述两个积分存在，那么性质 3 总是正确的.

性质 4　$\int_a^b dx = b - a$.

说明：被积函数 $f(x)=1$ 时，$\int_a^b dx = b - a$. 易得 $\int_a^b k \, dx = k(b-a)$.

性质 5　(估值定理)设 M 和 m 分别是函数 $f(x)$ 在区间 $[a, b]$ 上的最大值和最小值，则

$$m(b-a) \leqslant \int_a^b f(x)\mathrm{d}x \leqslant M(b-a).$$

说明：当 $f(x)$ 恒为一常数时，因为 $M=m=f(x)$，所以上述性质中的等式成立.

性质 6 （积分中值定理）如果函数 $f(x)$ 在区间 $[a, b]$ 上连续，则在积分区间 $[a, b]$ 上至少存在一点 ξ，使下式成立：$\int_a^b f(x)\mathrm{d}x = f(\xi)(b-a)(a \leqslant \xi \leqslant b)$.

说明：由性质 6 可知，在 $[a, b]$ 上至少能找到一点 ξ，使以 $f(\xi)$ 为高、以 $[a, b]$ 为底的矩形面积等于曲边梯形 $abNM$ 的面积(见图 5-8).

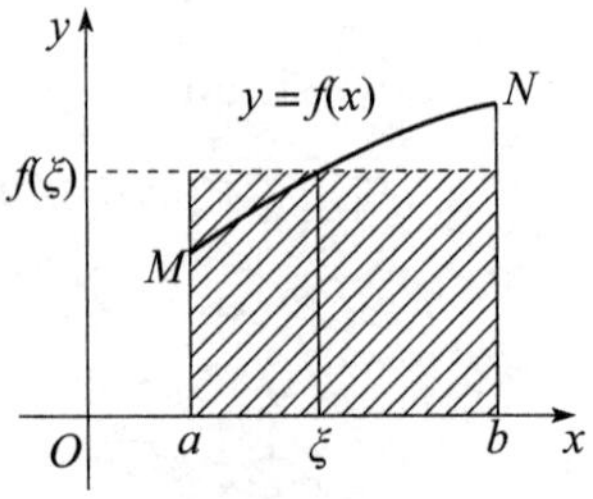

图 5-8

例 1 已知 $\int_0^{\frac{\pi}{2}} \sin x\,\mathrm{d}x = 1$，求 $\int_0^{\frac{\pi}{2}} (3\sin x - 2)\mathrm{d}x$.

解 $\int_0^{\frac{\pi}{2}} (3\sin x - 2)\mathrm{d}x = 3\int_0^{\frac{\pi}{2}} \sin x\,\mathrm{d}x - 2\int_0^{\frac{\pi}{2}} \mathrm{d}x = 3\times 1 - 2\times\left(\frac{\pi}{2} - 0\right) = 3 - \pi.$

例 2 估计定积分 $\int_{-1}^{1} \mathrm{e}^{-x^2}\mathrm{d}x$ 的值.

解 利用性质 5 来估计. 先求被积函数 $f(x)=\mathrm{e}^{-x^2}$ 在区间 $[-1, 1]$ 上的最大值 M 和最小值 m. 因为 $f'(x)=-2x\mathrm{e}^{-x^2}$，由 $f'(x)=0$，得驻点 $x=0$. 比较函数在驻点及区间端点处的值：$f(0)=1$，$f(1)=\frac{1}{\mathrm{e}}$，$f(-1)=\frac{1}{\mathrm{e}}$. 所以 $M=1$，$m=\frac{1}{\mathrm{e}}$. 由估值定理得 $\frac{1}{\mathrm{e}}\times 2 \leqslant \int_{-1}^{1} \mathrm{e}^{-x^2}\mathrm{d}x \leqslant 1\times 2$，即 $\frac{2}{\mathrm{e}} \leqslant \int_{-1}^{1} \mathrm{e}^{-x^2}\mathrm{d}x \leqslant 2$.

习题 5.2

1. 已知 $\int_a^b f(x)\mathrm{d}x = p$，$\int_a^b [f(x)]^2\mathrm{d}x = q$，求下列定积分的值：

(1) $\int_a^b [4f(x)+3]\mathrm{d}x$；

(2) $\int_a^b \{4[f(x)]^2 - 3\}\mathrm{d}x$；

(3) $\int_a^b [4f(x)+3]^2\mathrm{d}x$.

2. 估计下列定积分的值：

(1) $\int_{-1}^{2} (x^2+1)\mathrm{d}x$；

(2) $\int_{-2}^{2} x\mathrm{e}^{-x}\mathrm{d}x$.

5.3 牛顿—莱布尼茨公式

按照定积分的定义计算定积分的值是十分麻烦的，甚至无法计算. 本节介绍定积分计算的有力工具——牛顿—莱布尼茨公式.

首先回顾变速直线运动的路程问题. 如果物体以速度 $v(t)$ 作直线运动，那么在时间区间$[a, b]$上所经过的路程为 $s=\int_a^b v(t)\mathrm{d}t$. 如果物体经过的路程 s 是时间 t 的函数 $s(t)$，那么物体从 $t=a$ 到 $t=b$ 所经过的路程应该是 $s(b)-s(a)$，即 $\int_a^b v(t)\mathrm{d}t=s(b)-s(a)$. 由导数的物理意义可知，$s'(t)=v(t)$. 这个事实启示我们猜想：$\int_a^b f(x)\mathrm{d}x=F(b)-F(a)$，其中 $F'(x)=f(x)$.

5.3.1　积分上限函数

用定积分定义可计算出 $\int_0^0 x^2\mathrm{d}x=0$，$\int_0^1 x^2\mathrm{d}x=\frac{1}{3}$，$\int_0^2 x^2\mathrm{d}x=\frac{8}{3}$，$\int_0^3 x^2\mathrm{d}x=9$，$\int_0^4 x^2\mathrm{d}x=\frac{64}{3}$，…. 列表如下(见表 5 - 1)：

表 5 - 1　积分值

积分上限 b	0	1	2	3	4	…
积分值 $\int_0^b x^2\mathrm{d}x$	0	$\frac{1}{3}$	$\frac{8}{3}$	9	$\frac{64}{3}$	…

推广到一般情况，如果上限 x 在区间$[a, b]$上任意变动，那么对于每一个取定的 x 值，定积分 $\int_a^x f(t)\mathrm{d}t$ 都有一个确定的值和它对应，所以它是一个定义在$[a, b]$上的函数，记作 $\Phi(x)=\int_a^x f(t)\mathrm{d}t\,(a\leqslant x\leqslant b)$，称为积分上限函数.

定理 1　如果函数 $f(x)$在区间$[a, b]$上连续，则积分上限函数 $\Phi(x)=\int_a^x f(t)\mathrm{d}t$ 在区间$[a, b]$上具有导数，且它的导数是 $\Phi'(x)=f(x)\,(a\leqslant x\leqslant b)$.

说明：由定理 1 可知 $\Phi(x)$是连续函数 $f(x)$的一个原函数.

例 1　求① $\frac{\mathrm{d}}{\mathrm{d}x}\left(\int_0^x \sqrt{1+t^4}\,\mathrm{d}t\right)$；　　② $\frac{\mathrm{d}}{\mathrm{d}x}\left(\int_2^{x^2} \sin t\,\mathrm{d}t\right)$.

解　① $\frac{\mathrm{d}}{\mathrm{d}x}\left(\int_0^x \sqrt{1+t^4}\,\mathrm{d}t\right)=\sqrt{1+x^4}$；

② $\frac{\mathrm{d}}{\mathrm{d}x}\left(\int_2^{x^2} \sin t\,\mathrm{d}t\right)=\frac{\mathrm{d}\int_2^{x^2}\sin t\,\mathrm{d}t}{\mathrm{d}(x^2)}\cdot\frac{\mathrm{d}(x^2)}{\mathrm{d}x}=(\sin x^2)\cdot 2x=2x\sin x^2$.

一般地，如果 $g(x)$可导，则 $\left[\int_a^{g(x)} f(t)\mathrm{d}t\right]'=f[g(x)]\cdot g'(x)$.

5.3.2　牛顿—莱布尼茨公式

定理 2　若函数 $f(x)$在区间$[a, b]$上连续，$F(x)$是 $f(x)$的一个原函数，则

$\int_a^b f(x)\mathrm{d}x = F(b) - F(a)$.

证明 因为 $\Phi(x) = \int_a^x f(t)\mathrm{d}t$ 是 $f(x)$ 的一个原函数，所以 $F(x) - \Phi(x) = C$（C 为常数），即 $F(x) - \int_a^x f(t)\mathrm{d}t = C$.

令 $x=a$ 代入，得 $F(a)=C$，于是 $F(x) = \int_a^x f(t)\mathrm{d}t + F(a)$.

再令 $x=b$ 代入上式，得 $\int_a^b f(x)\mathrm{d}x = F(b) - F(a)$.

说明：为了使用方便，此公式可写成 $\int_a^b f(x)\mathrm{d}x = F(x)\big|_a^b = F(b) - F(a)$.

上式称为牛顿—莱布尼茨(Newton-Leibniz)公式，也称为微积分基本公式．它表明计算定积分只要先用不定积分求出被积函数的一个原函数，再将上、下限代入求其差即可．这个公式为计算连续函数的定积分提供了有效而简便的方法．

例 2 计算 $\int_0^1 x^2\mathrm{d}x$.

解 因为 $\int x^2\mathrm{d}x = \frac{1}{3}x^3 + C$，而 $\frac{1}{3}x^3$ 是 x^2 的一个原函数，所以 $\int_0^1 x^2\mathrm{d}x = \left(\frac{1}{3}x^3\right)\Big|_0^1 = \frac{1}{3} - 0 = \frac{1}{3}$.

例 3 计算 $\int_{-2}^{-1} \frac{1}{x}\mathrm{d}x$.

解 因为 $\int \frac{1}{x}\mathrm{d}x = \ln|x| + C$，所以 $\int_{-2}^{-1} \frac{1}{x}\mathrm{d}x = \ln|x|\,\big|_{-2}^{-1} = \ln 1 - \ln 2 = -\ln 2$.

注意：若积分改为 $\int_{-2}^{1} \frac{1}{x}\mathrm{d}x$，因为函数 $\frac{1}{x}$ 在 $x=0$ 处不连续，所以积分 $\int_{-2}^{1} \frac{1}{x}\mathrm{d}x$ 不能用牛顿—莱布尼茨公式.

例 4 计算 $\int_{-1}^{\sqrt{3}} \frac{\arctan x}{1+x^2}\mathrm{d}x$.

解 $\int_{-1}^{\sqrt{3}} \frac{\arctan x}{1+x^2}\mathrm{d}x = \int_{-1}^{\sqrt{3}} \arctan x\,\mathrm{d}(\arctan x) = \left(\frac{1}{2}\arctan^2 x\right)\Big|_{-1}^{\sqrt{3}} = \frac{1}{2}\left(\frac{\pi^2}{9} - \frac{\pi^2}{16}\right) = \frac{7}{288}\pi^2$.

例 5 求曲线 $y=\sin x$ 和 x 轴在区间 $[0, \pi]$ 上所围成的图形的面积 A（见图 5-9）

解 这个图形是曲边梯形．它的面积

$$A = \int_0^{\pi} \sin x\,\mathrm{d}x = (-\cos x)\big|_0^{\pi}$$
$$= -\cos\pi + \cos 0 = 1 + 1 = 2.$$

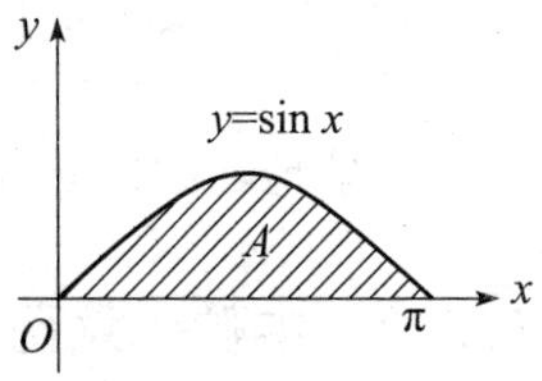

图 5-9

例 6　已知自由落体运动的速度为 $v=gt$，试求在时间区间$[0，T]$上物体下落的距离 s.

解　物体下落距离 s 可以用定积分计算：$s=\int_0^T gt\,\mathrm{d}t=\left(\frac{1}{2}gt^2\right)\Big|_0^T=\frac{1}{2}gT^2$.

习题 5.3

1. 计算下列定积分：

(1) $\int_1^3 x^3\mathrm{d}x$；　　(2) $\int_{\frac{1}{\sqrt{3}}}^{\sqrt{3}}\frac{1}{1+x^2}\mathrm{d}x$；

(3) $\int_{-\frac{1}{2}}^{\frac{1}{2}}\frac{1}{\sqrt{1-x^2}}\mathrm{d}x$；　　(4) $\int_{-\mathrm{e}-1}^{-2}\frac{1}{x+1}\mathrm{d}x$；

(5) $\int_{-\frac{\pi}{2}}^{\frac{\pi}{2}}\cos^2 t\,\mathrm{d}t$；　　(6) $\int_{-1}^{0}\frac{3x^4+3x^2+1}{x^2+1}\mathrm{d}x$.

2. 计算下列定积分：

(1) $\int_{-1}^{2}|x|\mathrm{d}x$；

(2)设 $f(x)=\begin{cases}x^2, & -1\leqslant x\leqslant 0\\ x-1, & 0<x<1\end{cases}$，求 $\int_{-\frac{1}{2}}^{\frac{1}{2}}f(x)\mathrm{d}x$.

3. 求下列函数的导数：

(1) $\Phi(x)=\int_0^x t\cos t\,\mathrm{d}t$，并求 $\Phi'(0)$，$\Phi'(\pi)$；

(2) $\Phi(x)=\int_1^{\sqrt{x}}\sqrt{1+t^4}\,\mathrm{d}t$.

4. 求下列所给曲线(或直线)围成图形的面积：

(1) $y=2\sqrt{x}$，$x=4$，$x=9$，$y=0$；

(2) $y=x^2$，$y=x+2$.

5.4　定积分的换元法和分部积分法

上一章介绍了不定积分的换元法和分部积分法. 本节将介绍定积分的两种相应的计算方法.

5.4.1　定积分的换元法

定理 1　如果函数 $f(x)$在区间$[a，b]$上连续，函数 $x=\varphi(t)$在区间$[\alpha，\beta]$上具有连续导数 $\varphi'(t)$，又 $\varphi(\alpha)=a$，$\varphi(\beta)=b$，且当 t 在区间$[\alpha，\beta]$上变化时，相应的 x

的值不超出$[a，b]$的范围，那么$\int_a^b f(x)\mathrm{d}x=\int_\alpha^\beta f[\varphi(t)]\varphi'(t)\mathrm{d}t$.

例 1 计算$\int_0^3 \frac{x}{\sqrt{1+x}}\mathrm{d}x$.

解 设$\sqrt{1+x}=t$，则$x=t^2-1$，$\mathrm{d}x=2t\mathrm{d}t$. 当$x=0$时，$t=1$；当$x=3$时，$t=2$，则

$$\int_0^3 \frac{x}{\sqrt{1+x}}\mathrm{d}x=\int_1^2 \frac{t^2-1}{t}\cdot 2t\mathrm{d}t=2\int_1^2 (t^2-1)\mathrm{d}t=2\left(\frac{1}{3}t^3-t\right)\Big|_1^2=\frac{8}{3}.$$

例 2 求$\int_0^4 \frac{1}{1+\sqrt{x}}\mathrm{d}x$.

解 设$\sqrt{x}=t$，则$x=t^2$，$\mathrm{d}x=2t\mathrm{d}t$. 当$x=0$时，$t=0$；当$x=4$时，$t=2$.
$\int_0^4 \frac{1}{1+\sqrt{x}}\mathrm{d}x=\int_0^2 \frac{2t}{1+t}\mathrm{d}t=2\int_0^2 \frac{(t+1)-1}{1+t}\mathrm{d}t=2\int_0^2\left(1-\frac{1}{1+t}\right)\mathrm{d}t=2[t-\ln(1+t)]\big|_0^2=4-2\ln 3$.

例 3 证明：

① 如果$f(x)$在$[-a，a]$上连续且为奇函数，那么$\int_{-a}^a f(x)\mathrm{d}x=0$；

② 如果$f(x)$在$[-a，a]$上连续且为偶函数，那么$\int_{-a}^a f(x)\mathrm{d}x=2\int_0^a f(x)\mathrm{d}x$.

证明 因为$\int_{-a}^a f(x)\mathrm{d}x=\int_{-a}^0 f(x)\mathrm{d}x+\int_0^a f(x)\mathrm{d}x$，对于积分$\int_{-a}^0 f(x)\mathrm{d}x$换元，设$x=-t$，则$\mathrm{d}x=-\mathrm{d}t$. 当$x=-a$时，$t=a$；当$x=0$时，$t=0$. 于是$\int_{-a}^0 f(x)\mathrm{d}x=\int_a^0 f(-t)(-\mathrm{d}t)=\int_0^a f(-t)\mathrm{d}t=\int_0^a f(-x)\mathrm{d}x$，则

$\int_{-a}^a f(x)\mathrm{d}x=\int_{-a}^0 f(x)\mathrm{d}x+\int_0^a f(x)\mathrm{d}x=\int_0^a f(-x)\mathrm{d}x+\int_0^a f(x)\mathrm{d}x=\int_0^a [f(-x)+f(x)]\mathrm{d}x$.

① 如果$f(x)$为奇函数时，即$f(-x)=-f(x)$，则$f(-x)+f(x)=0$，从而$\int_{-a}^a f(x)\mathrm{d}x=0$.

② 如果$f(x)$为偶函数时，即$f(-x)=f(x)$，则$f(-x)+f(x)=2f(x)$，从而$\int_{-a}^a f(x)\mathrm{d}x=2\int_0^a f(x)\mathrm{d}x$.

说明：在今后的计算中，常可把例 3 的结论作为公式使用.

例 4 计算定积分：①$\int_{-\frac{\pi}{2}}^{\frac{\pi}{2}} \sin^7 x\mathrm{d}x$；②$\int_{-\frac{\pi}{4}}^{\frac{\pi}{4}} \frac{x}{1+\cos x}\mathrm{d}x$.

解 ① 因为$\sin^7 x$在$\left[-\frac{\pi}{2}，\frac{\pi}{2}\right]$上为奇函数，所以$\int_{-\frac{\pi}{2}}^{\frac{\pi}{2}} \sin^7 x\mathrm{d}x=0$.

② 在 $\int_{-\frac{\pi}{4}}^{\frac{\pi}{4}} \frac{x}{1+\cos x}dx$ 中，令 $f(x)=\frac{x}{1+\cos x}$，因为在区间 $\left[-\frac{\pi}{4}, \frac{\pi}{4}\right]$ 上 $f(-x)=\frac{-x}{1+\cos(-x)}=-f(x)$，所以 $f(x)$ 为奇函数，于是 $\int_{-\frac{\pi}{4}}^{\frac{\pi}{4}} \frac{x}{1+\cos x}dx=0$.

5.4.2　定积分的分部积分法

定理 2　如果函数 $u=u(x)$，$v=v(x)$ 在区间 $[a, b]$ 上具有连续导数，那么 $\int_a^b u\,dv=(uv)\big|_a^b-\int_a^b v\,du$.

上式称为定积分的分部积分公式，使用分部积分公式求定积分的方法称为定积分的分部积分法. 其具体计算步骤及 u 的选取方法和不定积分的分部积分法相同.

例 5　计算 $\int_0^{\pi} x\cos x\,dx$.

解　
$$\int_0^{\pi} x\cos x\,dx=\int_0^{\pi} x\,d(\sin x)=(x\sin x)\big|_0^{\pi}-\int_0^{\pi}\sin x\,dx$$
$$=0-\int_0^{\pi}\sin x\,dx=(\cos x)\big|_0^{\pi}=-2.$$

例 6　计算 $\int_0^1 e^{\sqrt{x}}dx$.

解　先用换元积分法，再用分部积分法. 设 $\sqrt{x}=t$，则 $x=t^2(t\geqslant 0)$，$dx=2t\,dt$. 当 $x=0$ 时，$t=0$；当 $x=1$ 时，$t=1$. 于是 $\int_0^1 e^{\sqrt{x}}dx=\int_0^1 e^t\cdot 2t\,dt=2\int_0^1 t\,de^t=2(te^t)\big|_0^1-2\int_0^1 e^t\,dt=2e-2(e^t)\big|_0^1=2$.

习题 5.4

1. 计算下列定积分：

(1) $\int_0^1 \frac{x^2}{1+x^6}dx$；　(2) $\int_1^{e^2} \frac{1}{x\sqrt{1+\ln x}}dx$；　(3) $\int_0^{\frac{\pi}{4}} \frac{1-\cos^4 x}{2}dx$；

(4) $\int_0^{\frac{\pi}{2}} \frac{dx}{1+\cos x}$；　(5) $\int_{-\frac{\pi}{2}}^{\frac{\pi}{2}} \cos x\cos 2x\,dx$；　(6) $\int_{-\frac{\pi}{2}}^{\frac{\pi}{2}} 4\cos^4\theta\,d\theta$.

2. 计算下列定积分：

(1) $\int_0^1 te^t\,dt$；　(2) $\int_0^{\frac{1}{2}} \arcsin x\,dx$；

(3) $\int_1^e x\ln x\,dx$；　(4) $\int_0^{\frac{\pi}{2}} e^x\sin x\,dx$.

3. 计算下列定积分：

(1) $\int_1^2 \frac{e^{\frac{1}{x}}}{x^2}dx$；　(2) $\int_1^e \ln^3 x\,dx$；　(3) $\int_{-3}^3 \frac{x\cos x}{2x^4+x^2+1}dx$.

5.5 定积分的应用

定积分实质上是一种特殊形式的极限，是对实际量的无限细分后再无限累加，无限就是极限，无限细分就是微分，无限累加就是积分. 定积分对于解决一类非均匀分布的量的累加问题很有效，因此定积分被广泛运用于天文学、力学、生物学、工程学等自然科学、社会科学及应用科学的各个分支中，如求不规则图形的面积或几何体体积、平面曲线弧长、变速直线运动的路程、物体所做的功、液体的静压力等问题.

5.5.1 微元法

如图 5-10 所示的曲边梯形的面积 A 是定积分 $\int_a^b f(x)\mathrm{d}x$ 其被积表达式 $f(x)\mathrm{d}x$，正好是区间$[a, b]$上的任一子区间$[x, x+\mathrm{d}x]$上以 $f(x)$为高、以 $\mathrm{d}x$ 为底的小矩形的面积，这个小矩形的面积等于或近似等于区间$[x, x+\mathrm{d}x]$($\mathrm{d}x=\Delta x$)上的小曲边梯形的面积 ΔA. 当 $\mathrm{d}x\to 0$ 时，有 $\Delta A=f(x)\mathrm{d}x+o(\mathrm{d}x)$，其中 $o(\mathrm{d}x)$是 $\mathrm{d}x$ 的高阶无穷小量，根据微分的定义有 $\mathrm{d}A=f(x)\mathrm{d}x$，从而得到曲边梯形的面积 $A=\sum\Delta A=\int_a^b \mathrm{d}A=\int_a^b f(x)\mathrm{d}x$，这种方法称为微元法. 用微元法分析问题的一般步骤如下：

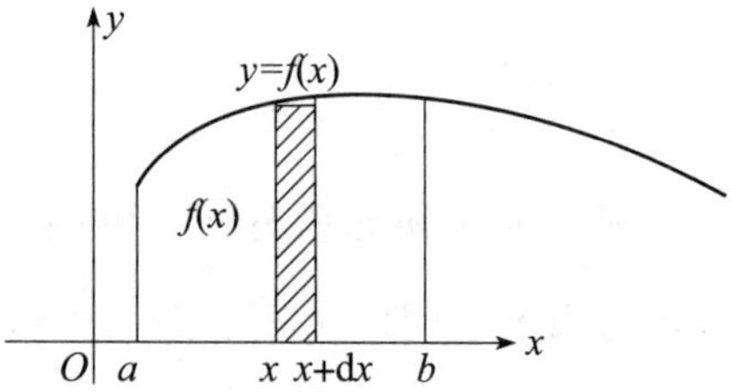

图 5-10

① 定变量. 根据问题的具体情况选择一个积分变量，并确定变量的变化范围，如取 x 为积分变量，x 的变化区间为$[a, b]$.

② 取微元. 在区间$[a, b]$内任意一点处，给 x 以微小的增量 $\mathrm{d}x$，在$[x, x+\mathrm{d}x]$上将 $f(x)$看作常值，构造所求量的微元 $\mathrm{d}U=Q(x)\mathrm{d}x$.

③ 求积分. 将上述微元“积”起来，得到所求量 $U=\int_a^b \mathrm{d}U=\int_a^b Q(x)\mathrm{d}x$.

微元法使用起来非常方便，在解决实际问题中有极为广泛的应用.

5.5.2 定积分在几何上的应用

1. 平面图形的面积

① 由连续曲线 $y=f(x)$与直线 $x=a$，$x=b$，$y=0$ 所围成的平面图形的面积，根据定积分的几何意义，立即得到下列公式.

若 $f(x)\geqslant 0$，则面积为 $A=\int_a^b f(x)\mathrm{d}x$；

若 $f(x)\leqslant 0$，则面积为 $A=-\int_a^b f(x)\mathrm{d}x$；

若 $f(x)$ 在 $[a, b]$ 上有时取正值，有时取负值(见图 5-11)，则面积为 $A=\int_a^c f(x)\mathrm{d}x-\int_c^d f(x)\mathrm{d}x+\int_d^b f(x)\mathrm{d}x$.

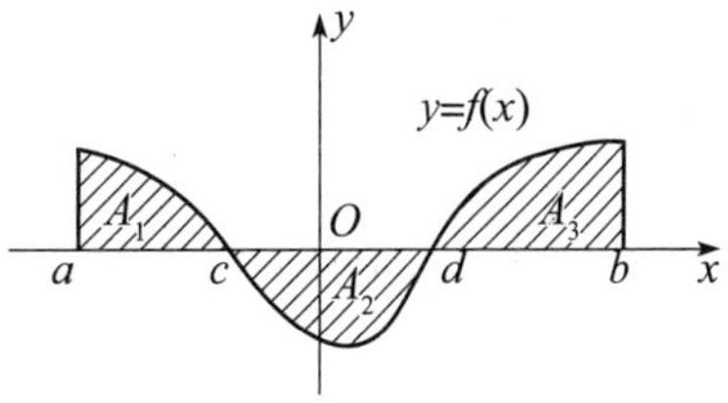

图 5-11

② 由曲线 $y=f(x)$，$y=g(x)$ 与直线 $x=a$，$x=b(f(x)\geqslant g(x))$ 所围成的平面图形(见图 5-12)的面积. 则其面积是两个曲边梯形的面积的差，于是 $A=\int_a^b f(x)\mathrm{d}x-\int_a^b g(x)\mathrm{d}x=\int_a^b[f(x)-g(x)]\mathrm{d}x$.

③ 由曲线 $x=\varphi(y)(\varphi(y)\geqslant 0)$ 与直线 $y=c$，$y=d$，$x=0$ 所围成的平面图形(见图 5-13)的面积. 将 y 作为积分变量，所以其面积为 $A=\int_c^d\varphi(y)\mathrm{d}y$.

④ 由连续曲线 $x=\varphi(y)$，$x=\psi(y)$，且 $\varphi(y)\geqslant\psi(y)$，与直线 $y=c$，$y=d$ 所围成的平面图形(见图 5-14)的面积为 $A=\int_c^d[\varphi(y)-\psi(y)]\mathrm{d}y$.

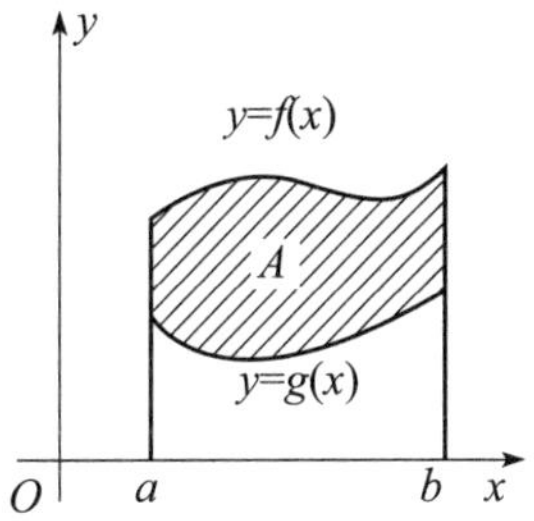

图 5-12

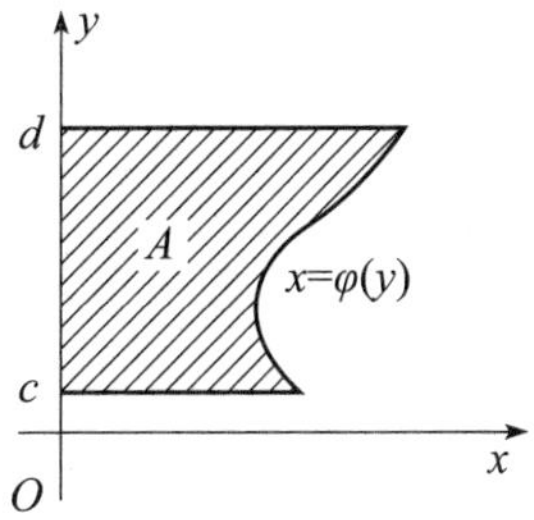

图 5-13

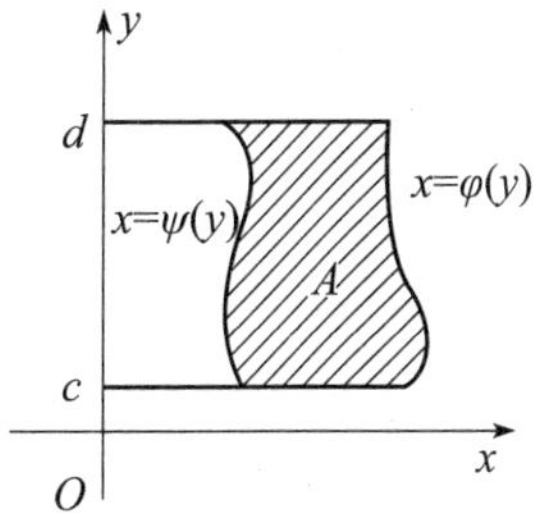

图 5-14

例 1　求由抛物线 $y=x^2$ 与直线 $x=1$，$x=2$ 及 x 轴围成的图形的面积.

解　画出图形(见图 5-15)，所求图形的面积为 $A=\int_1^2 x^2\mathrm{d}x=\left.\frac{x^3}{3}\right|_1^2=\frac{7}{3}$.

例 2　求由抛物线 $y=x^2$ 与 $y=2-x^2$ 所围成的平面图形的面积.

解　联立方程组 $\begin{cases}y=x^2\\y=2-x^2\end{cases}$，解得两抛物线的交点为 $(-1, 1)$ 和 $(1, 1)$，因此图形在直线 $x=1$ 与 $x=-1$ 之间，画出图形(见图 5-16). 确定 x 为积分变量，积分区间为 $[-1, 1]$. 故所求平面图形的面积为

$$A=\int_{-1}^1[(2-x^2)-x^2]\mathrm{d}x=\int_{-1}^1(2-2x^2)\mathrm{d}x$$
$$=4\int_0^1(1-x^2)\mathrm{d}x=4\left(x-\frac{1}{3}x^3\right)\Big|_0^1=\frac{8}{3}.$$

例 3 求椭圆$\frac{x^2}{a^2}+\frac{y^2}{b^2}=1$的面积.

解 画出图形(见图 5 - 17)，由$\frac{x^2}{a^2}+\frac{y^2}{b^2}=1$，得 $y=\pm\frac{b}{a}\sqrt{a^2-x^2}$.

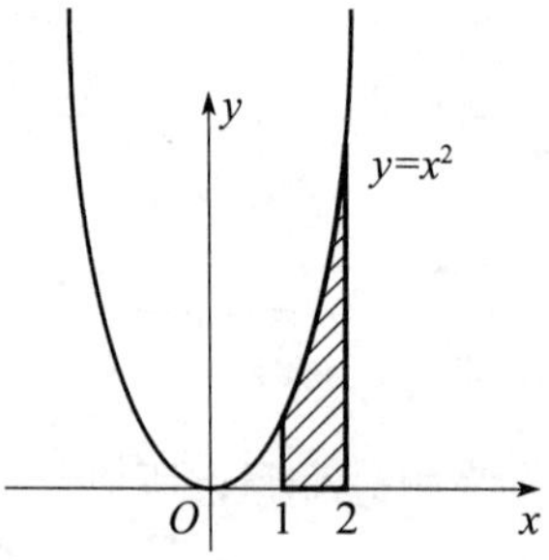

图 5 - 15

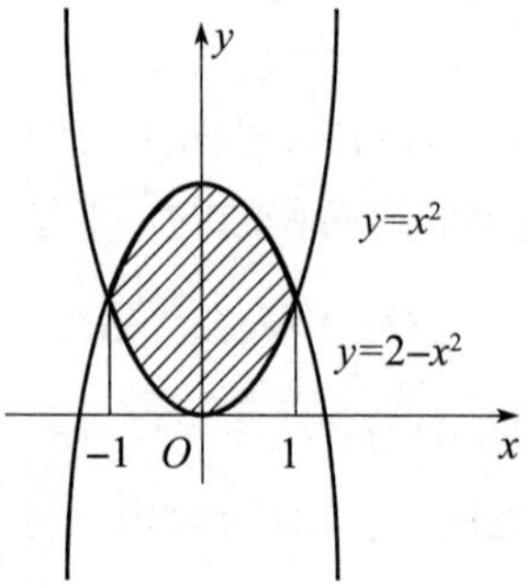

图 5 - 16

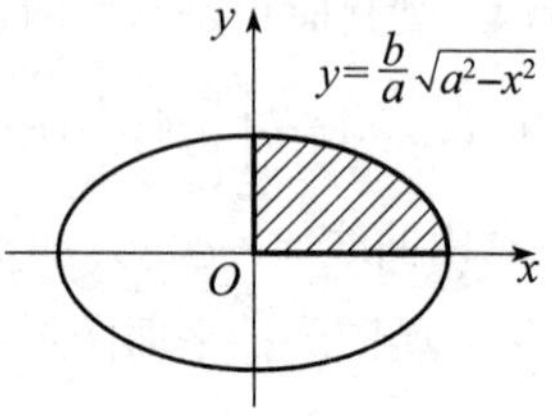

图 5 - 17

根据椭圆的对称性，得

$$A=4\int_0^a \frac{b}{a}\sqrt{a^2-x^2}\,dx=\frac{4b}{a}\int_0^a \sqrt{a^2-x^2}\,dx,$$

令 $x=a\sin t$，则 $dx=a\cos t\,dt$，且当 $x=0$ 时，$t=0$；当 $x=a$ 时，$t=\frac{\pi}{2}$. 代入上式，得

$$A=\frac{4b}{a}\int_0^{\frac{\pi}{2}} a^2\cos^2 t\,dt=4ab\int_0^{\frac{\pi}{2}}\cos^2 t\,dt=2ab\int_0^{\frac{\pi}{2}}(1+\cos 2t)\,dt$$

$$=2ab\left(t+\frac{1}{2}\sin 2t\right)\Big|_0^{\frac{\pi}{2}}=\pi ab.$$

特别，当 $a=b=r$ 时，得圆的面积公式：$A=\pi r^2$.

例 4 求由抛物线 $y^2=2x$ 与直线 $y=x-4$ 所围成的平面图形的面积.

解 画出图形如图 5 - 18 所示，解联立方程组 $\begin{cases}y^2=2x\\y=x-4\end{cases}$，得 $\begin{cases}x=2\\y=-2\end{cases}$，$\begin{cases}x=8\\y=4\end{cases}$，即抛物线 $y^2=2x$ 与直线 $y=x-4$ 的交点为(2，−2)和(8，4). 选择 y 作为积分变量较简便，即 $A=\int_{-2}^{4}\left[(y+4)-\frac{y^2}{2}\right]dy=\left(\frac{y^2}{2}+4y-\frac{y^3}{6}\right)\Big|_{-2}^{4}=18.$

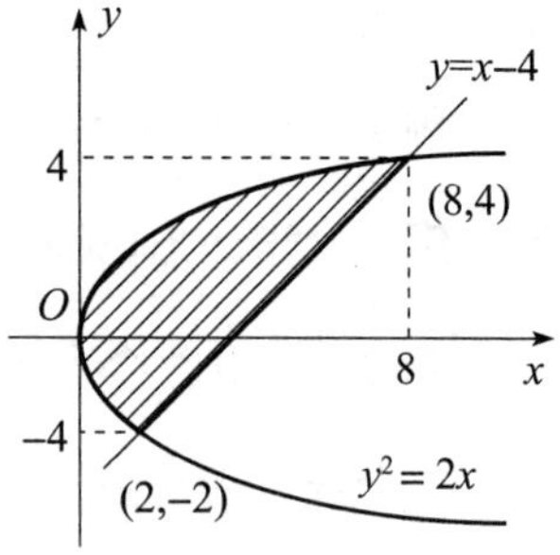

图 5 - 18

想一想：本例题如果选择 x 作为积分变量，则应怎样计算?

2. 旋转体的体积

下面用微元法来求旋转体的体积.

设 $f(x)$ 是 $[a,b]$ 上的连续函数，由曲线 $y=f(x)$ 与直线 $x=a$，$x=b$，$y=0$ 围成的曲边梯形绕 x 轴旋转一周，得到一个旋转体（见图 5－19）．选定 x 为积分变量，x 的变化范围为 $[a,b]$．在 $[a,b]$ 上任取一小区间 $[x,x+\mathrm{d}x]$，过点 x 作垂直于 x 的平面，则截面是一个以 $|f(x)|$ 为半径的圆，其面积为 $\pi[f(x)]^2$，再过点 $x+\mathrm{d}x$ 作垂直于 x 轴的平面，得到另一个截面．由于 $\mathrm{d}x$ 很小，所以夹在两个截面之间“小薄片”可以近似地看作一个以 $|f(x)|$ 为底面半径、$\mathrm{d}x$ 为高的圆柱体．其体积为 $\mathrm{d}V=\pi[f(x)]^2\mathrm{d}x$，$\mathrm{d}V$ 叫作体积微元．把体积微元在 $[a,b]$ 上求定积分，便得到所求旋转体的体积：$V=\pi\int_a^b[f(x)]^2\mathrm{d}x$.

类似可得：由曲线 $x=\varphi(y)$ 与直线 $y=c$，$y=d\,(c<d)$，$x=0$ 所围成的曲边梯形绕 y 轴旋转一周而得到的旋转体（见图 5－20）的体积为 $V=\pi\int_c^d[\varphi(y)]^2\mathrm{d}y$.

例 5　证明：底面半径为 r，高为 h 的圆锥体的体积为 $V=\frac{1}{3}\pi r^2h$.

证　如图 5－21 所示，以圆锥的顶点为坐标原点，以圆锥的高为 x 轴，建立直角坐标系，则圆锥可以看成是由直角三角形 ABO 绕 x 轴旋转一周而得到的旋转体．直线 OA 的方程为 $y=\frac{r}{h}x$，于是，所求体积为

$$V=\int_0^h\pi\left(\frac{r}{h}x\right)^2\mathrm{d}x=\frac{\pi r^2}{h^2}\int_0^h x^2\mathrm{d}x=\frac{\pi r^2}{h^2}\left(\frac{x^3}{3}\right)\Big|_0^h=\frac{1}{3}\pi r^2h.$$

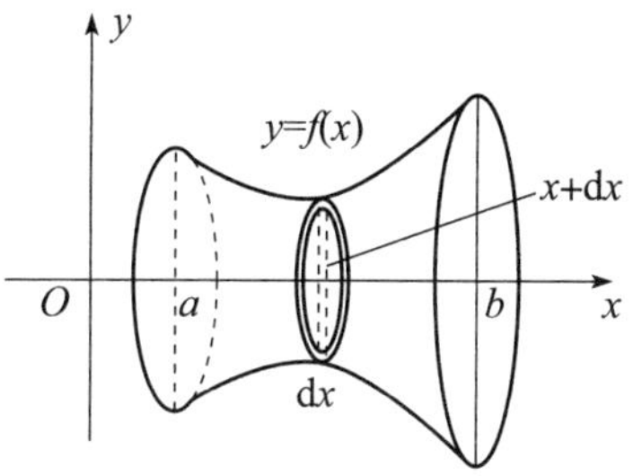

图 5－19

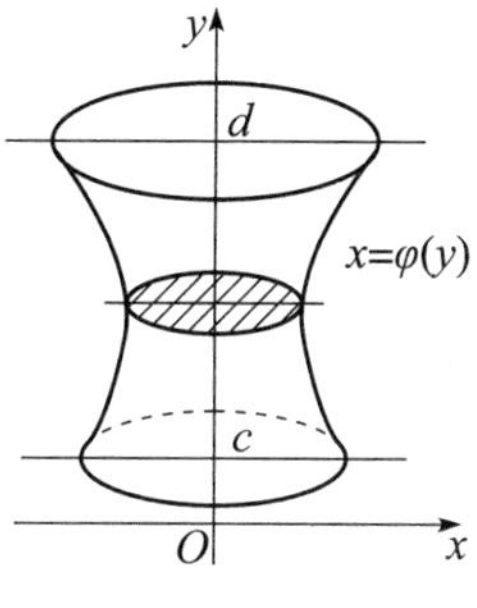

图 5－20

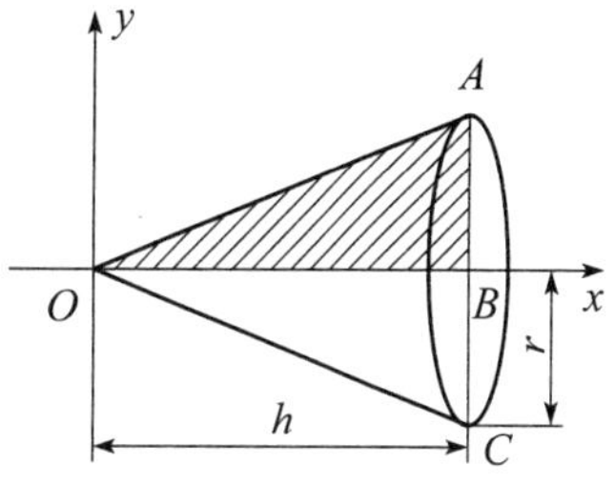

图 5－21

例 6　求椭圆 $\frac{x^2}{a^2}+\frac{y^2}{b^2}=1$ 绕 x 轴旋转一周而成的旋转体（叫作旋转椭球体）的体积（见图 5－22）.

解　由图形的对称性，可得旋转椭球体的体积为

$$V=2\int_0^a\pi\frac{b^2}{a^2}(a^2-x^2)\mathrm{d}x=\frac{2\pi b^2}{a^2}\int_0^a(a^2-x^2)\mathrm{d}x$$

$$=\frac{2\pi b^2}{a^2}\left(a^2x-\frac{x^3}{3}\right)\Big|_0^a=\frac{4}{3}\pi ab^2.$$

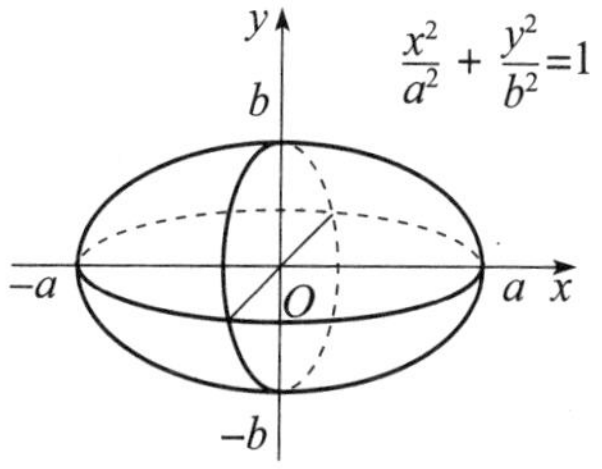

图 5－22

特别地，当 $a=b$ 时，旋转椭球体就变成了半径为 a 的球体，其体积为 $V=\frac{4}{3}\pi a^3$.

想一想：该椭圆绕 y 轴旋转一周而成的旋转体体积是多少？

例 7 如图 5－23 所示的一个高 8cm，上底半径为 5cm，下底半径为 3cm 的圆台形工件，在中央钻一个半径为 2cm 的孔，求该工件的体积.

解 该工件的体积可看作两个旋转体(一个圆台，一个圆柱)的体积的差. 将工件置于坐标系中. 根据题意，A 点坐标是(0，3)，B 点坐标是(8，5)，所以过 AB 的直线方程为 $y=\frac{1}{4}x+3$. 直线 CD 平行于 x 轴，它的方程为 $y=2$. 则工件的体积为

$$V=V_{圆台}-V_{圆柱}=\pi\int_0^8 y_2^2\,\mathrm{d}x-\pi\int_0^8 y_1^2\,\mathrm{d}x$$

$$=\pi\int_0^8\left(\frac{1}{4}x+3\right)^2\mathrm{d}x-\pi\int_0^8 2^2\,\mathrm{d}x=\pi\int_0^8\left(\frac{1}{16}x^2+\frac{3}{2}x+5\right)\mathrm{d}x$$

$$=\pi\left(\frac{1}{48}x^3+\frac{3}{4}x^2+5x\right)\Big|_0^8=98\frac{2}{3}\pi(\mathrm{cm}^3).$$

3. 平面曲线的弧长

设函数 $y=f(x)$ 在 $[a,b]$ 上具有一段连续导数，计算曲线 $y=f(x)$ 上从 a 到 b 的曲线弧的弧长(见图 5－24).

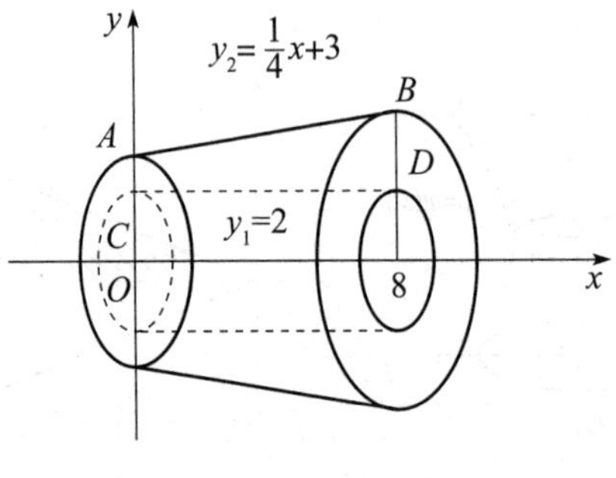

图 5－23

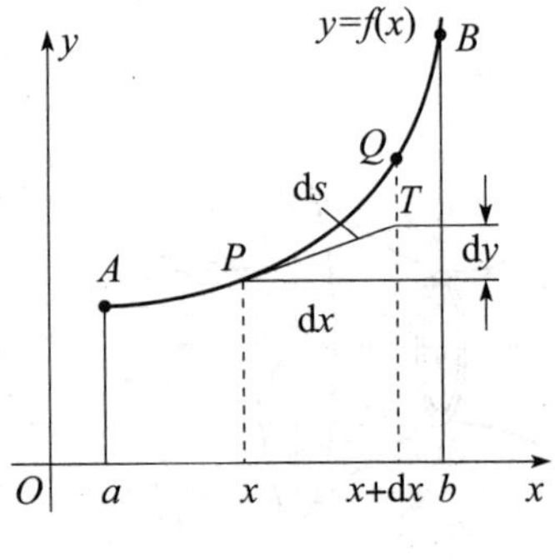

图 5－24

在 $[a,b]$ 上任取一小区间 $[x,x+\mathrm{d}x]$，其对应的曲线弧长为 $\overset{\frown}{PQ}$，过点 P 作曲线的切线 PT，由于 $\mathrm{d}x$ 很小，于是曲线弧 $\overset{\frown}{PQ}$ 的长度近似地等于切线段 PT 的长度 $|PT|$，因此，把 PT 称为弧长微元，记作 $\mathrm{d}s$，可以看到，$\mathrm{d}x$、$\mathrm{d}y$、$\mathrm{d}s$ 构成一个直角三角形，因此有 $\mathrm{d}s=\sqrt{(\mathrm{d}x)^2+(\mathrm{d}y)^2}=\sqrt{1+(y')^2}\,\mathrm{d}x$. 对 $\mathrm{d}s$ 在区间 $[a,b]$ 上求定积分，便得到所求弧长为 $s=\int_a^b\sqrt{1+(y')^2}\,\mathrm{d}x$.

例 8 求曲线 $y=\frac{2}{3}x^{\frac{3}{2}}$ 上从 $x=0$ 到 $x=3$ 之间的一段弧的长度.

解　由于 $y'=x^{\frac{1}{2}}$，则曲线的弧长为

$$s=\int_0^3\sqrt{1+(x^{\frac{1}{2}})^2}\,\mathrm{d}x=\int_0^3\sqrt{1+x}\,\mathrm{d}x=\frac{2}{3}\left[(1+x)^{\frac{3}{2}}\right]\Big|_0^3=\frac{14}{3}.$$

5.5.3　定积分在物理上的应用

前面用微元法解决了定积分在几何上的一些应用，下面将利用微元法解决定积分在物理上的一些应用.

1. 变力做功

由物理学可知，在一个常力 F 的作用下，物体沿力的方向做直线运动，当物体移动一段距离 s 时，F 所做的功为 $W=F\cdot s$. 但在实际问题中，经常需要计算变力所做的功. 下面通过例子来说明变力做功的求法.

例 9　已知弹簧每拉长 0.02m 要用 9.8N 的力，求把弹簧拉长 0.1m 所做的功.

解　已知在弹性限度内，拉长(或压缩)弹簧所需的力 F 和弹簧的伸长量(或压缩量) x 成正比，即 $F=kx$，其中 k 为比例系数(见图 5－25). 根据题意当 $x=0.02$m 时，$F=9.8$N，所以 $k=4.9\times10^2$. 这样得到的变力函数为 $F=4.9\times10^2x$.

下面用微元法求变力所做的功.

① 取积分变量为 x，积分区间为$[0,\ 0.1]$.

② 在区间$[0,\ 0.1]$上任取一小区间$[x,\ x+\mathrm{d}x]$，与它对应的变力 F 所做的功近似于把变力 F 看作常力所做的功，从而得到功的微元为 $\mathrm{d}W=4.9\times10^2x\,\mathrm{d}x$.

③ 写出定积分的表达式，得到弹簧所做的功为 $W=\int_0^{0.1}4.9\times10^2x\,\mathrm{d}x=4.9\times10^2\left(\frac{x^2}{2}\right)\Big|_0^{0.1}=2.45(\mathrm{J})$.

定积分不仅可以解决变力做功问题，同样通过微元法还可以解决有关功的计算问题.

例 10　修建一座大桥的桥墩时先要下围囹，并且抽尽其中的水以便施工. 已知围囹的直径为 20m，水深 27m，围囹高出水面 3m，求抽尽水所做的功.

解　如图 5－26 所示，建立直角坐标系.

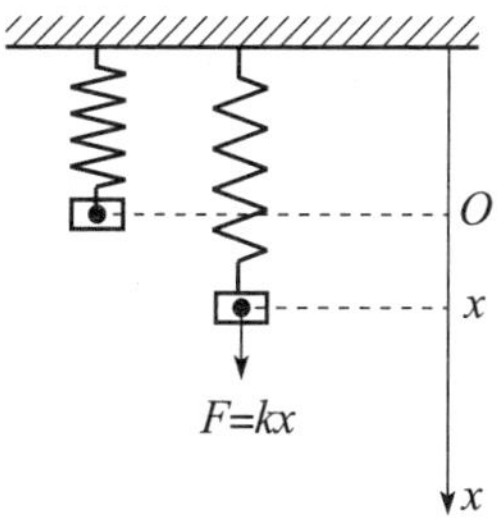

图 5－25

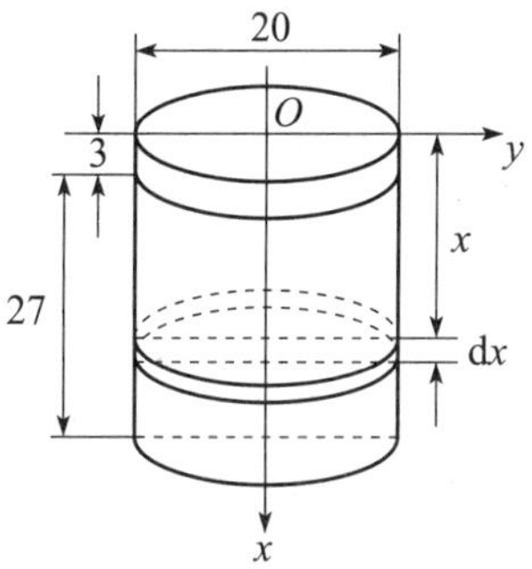

图 5－26

① 取积分变量为 x，积分区间为[3，30].

② 在区间[3，30]上任取一小区间$[x, x+\mathrm{d}x]$，与它对应的一薄层(圆柱)水的重力为 $9.8\rho\pi \cdot 10^2\mathrm{d}x$，其中水的密度 $\rho=10^3\,\mathrm{kg/m^3}$. 因这一薄层水抽出围图所做的功近似于克服这一薄层水的质量所做的功，所以功的微元为 $\mathrm{d}W=9.8\times10^5\pi x\,\mathrm{d}x$.

③ 写出定积分的表达式，得所求的功为 $W=\int_3^{30}9.8\times10^5\pi x\,\mathrm{d}x=9.8\times10^5\pi\left(\frac{x^2}{2}\right)\Big|_3^{30}\approx1.37\times10^9(\mathrm{J})$.

2. 液体的压力

由物理学可知，一水平放置在液体中的薄片，若其面积为 A，距离液体表面的深度为 h，则该薄片一侧所受的压力 p 等于以 A 为底、h 为高的液体柱的重量，即 $p=\rho gAh$，其中 ρ 为液体的密度(单位为 $\mathrm{kg/m^3}$).

但在实际问题中，往往要计算与液面垂直放置的薄片(如水渠的闸门)一侧所受的压力. 由于薄片上每个位置距液体表面的深度都不一样，因此不能直接利用上述公式进行计算. 下面通过例子来说明这种薄片所受液体压力的求法.

例 11 设有一竖直的闸门，形状是等腰梯形，尺寸与坐标系如图 5－27 所示. 当水面齐闸门顶时，求闸门所受水的压力.

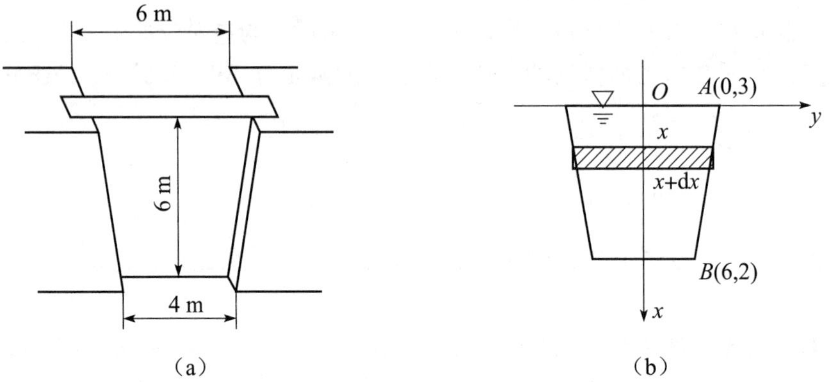

图 5－27

解 ① 建立坐标系，取积分变量为 x，积分区间为[0，6].

② 在图 5－27(b)中，AB 的方程为 $y=-\frac{x}{6}+3$. 在区间[0，6]上任取一小区间$[x, x+\mathrm{d}x]$，与它相应的小薄片的面积近似于宽为 $\mathrm{d}x$，长为 $2y=2\left(-\frac{x}{6}+3\right)$ 的小矩形面积. 这个小矩形上受到的压力近似于把这个小矩形放在平行于液体表面且距液体表面深度为 x 的位置上一侧所受到的压力. 由于 $\rho g=9.8\times10^3$，$\mathrm{d}A=2\left(-\frac{x}{6}+3\right)\mathrm{d}x$，$h=x$. 所以压力的微元为 $\mathrm{d}p=9.8\times10^3\times x\times2\left(-\frac{x}{6}+3\right)\mathrm{d}x$，即

$dp=9.8\times10^3\times\left(-\frac{x^2}{3}+6x\right)dx.$

③ 写出定积分的表达式，得所求水压力为

$$p=\int_0^6 9.8\times10^3\times\left(-\frac{x^2}{3}+6x\right)dx=9.8\times10^3\times\left(-\frac{x^3}{9}+3x^2\right)\Big|_0^6$$
$$=9.8\times10^3(-24+108)=84\times9.8\times10^3$$
$$\approx8.23\times10^5(\text{N}).$$

例 12　设一水平放置的水管，其断面是直径为 6m 的圆，求当水半满时，水管一端的竖立闸门上所受的压力.

解　建立如图 5-28 所示的坐标系，则圆的方程为 $x^2+y^2=9$.

① 取积分变量为 x，积分区间为[0，3].

② 在区间[0，3]上任取一小区间$[x, x+dx]$，在该区间上，由于 $\rho=10^3\text{kg/m}^3$，$dA=2\sqrt{9-x^2}\,dx$，$h=x$. 所以压力的微元为 $dp=2\times9.8\times10^3x\sqrt{9-x^2}\,dx$.

③ 写出定积分的表达式，得所求水压力为

$$p=\int_0^3 19.6\times10^3x\sqrt{9-x^2}\,dx=19.6\times10^3\cdot\left(-\frac{1}{2}\right)\int_0^3\sqrt{9-x^2}\,d(9-x^2)$$
$$=-9.8\times10^3\times\frac{2}{3}[(9-x^2)^{\frac{3}{2}}]\Big|_0^3$$
$$=-9.8\times10^3\times\frac{2}{3}\times(-27)\approx1.76\times10^5(\text{N}).$$

把上述两例的计算方法推广到一般情形(见图 5-29)，可得出液体压力的计算公式为 $p=\int_a^b\rho gxf(x)dx$，其中 ρ 为液体的密度，$f(x)$为薄片曲边的函数式.

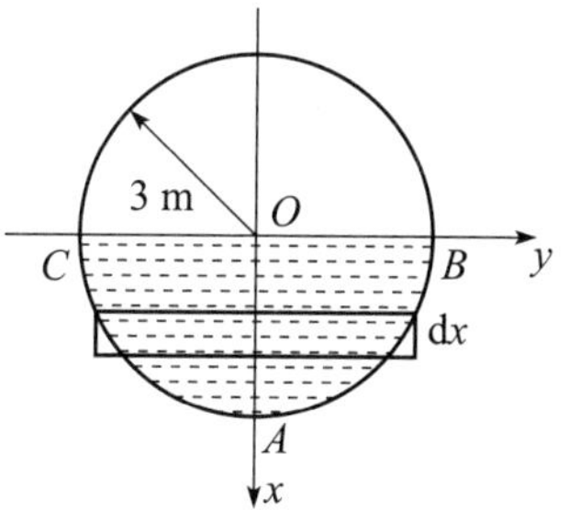

图 5-28

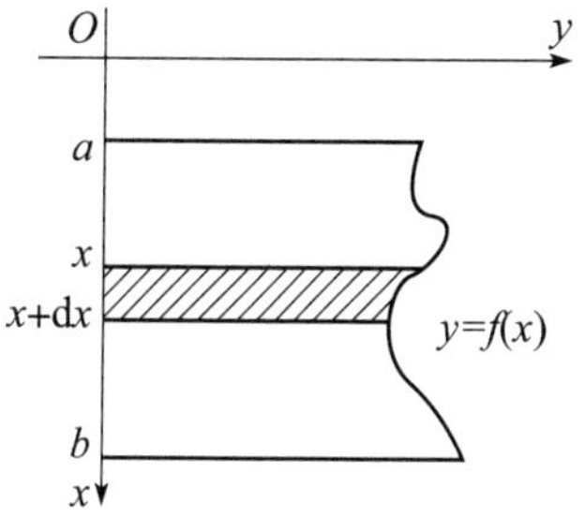

图 5-29

习题 5.5

1. 计算由下列曲线围成的图形的面积：

(1) $y=x^3$，$y=x$；　　(2) $y=\ln x$，$y=\ln2$，$y=\ln7$，$x=0$；

(3) $y^2=x$，$x^2+y^2=2(x\geqslant 0)$.

2. 求由下列曲线围成的图形绕指定轴旋转所成的旋转体的体积：

(1) $y=x^2-4$，$y=0$，绕 x 轴；

(2) $x^2+y^2=2(x\geqslant 0)$，$x=\frac{1}{2}$，绕 x 轴.

3. 有一口锅，其形状可视为抛物线 $y=ax^2$ 绕 y 轴旋转而成，已知深为 0.5m，锅口直径为 1m，求锅的容积.

4. 求 $y=\ln(1-x^2)$ 上自 $(0, 0)$ 至 $\left(\frac{1}{2}, \ln\frac{3}{4}\right)$ 的一段曲线弧的长.

5. 已知弹簧每压缩 0.005m 需力 9.8N，求弹簧压缩 0.03m 压力所做的功.

6. 一底为 0.08m，高为 0.06m 的等腰三角形薄片直立地沉没在水中，其顶在上，底边与水面平行且距水面 0.09m. 求其一侧所受的水的压力.

7. 一抛物线弓形薄片直立地沉没在水中，抛物线顶点恰与水面平齐，而底边平行于水面，又知薄片的底边为 0.15m，高为 0.03m，试求其每侧所受的水的压力.

8. 设有一直径为 6m 的圆形溢水洞，求当水面齐半圆时，闸门所受水的压力.

5.6 无限区间上的广义积分

前面所讨论的定积分中都假定积分区间 $[a, b]$ 是有限的. 但在实际问题中，常会遇到积分区间为无限的情形. 本节介绍这类积分的概念和计算方法.

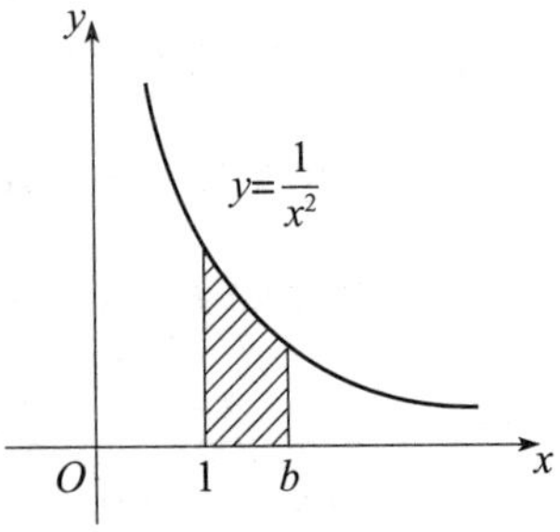

图 5-30

例 1 求曲线 $y=\frac{1}{x^2}$，x 轴及直线 $x=1$ 右边所围成的“开口曲边梯形”的面积(见图 5-30).

分析 这个图形不是封闭的曲边梯形，在 x 轴的正方向是开口的. 这时的积分区间是无限区间 $[1, +\infty)$. 任意取一个大于 1 的数 b，那么在区间 $[1, b]$ 上由曲线 $y=\frac{1}{x^2}$ 所围成的曲边梯形的面积为

$$\int_1^b \frac{1}{x^2}\mathrm{d}x=-\frac{1}{x}\Big|_1^b=1-\frac{1}{b}.$$

很明显，当 b 改变时曲边梯形的面积随之改变，且随着 b 的趋于无穷而趋近于一个确定的极限，即 $\lim\limits_{b\to+\infty}\int_1^b \frac{1}{x^2}\mathrm{d}x=\lim\limits_{b\to+\infty}\left(1-\frac{1}{b}\right)=1$. 显然，这个极限值就表示了所求“开口曲边梯形”的面积.

一般地，对于积分区间是无限的情形，给出下面的定义.

定义　设函数 $f(x)$ 在区间 $[a, +\infty)$ 上连续，b 是区间 $[a, +\infty)$ 内的任意数值，如果极限 $\lim\limits_{b\to+\infty}\int_a^b f(x)\mathrm{d}x$ 存在，则称这个极限值为函数 $f(x)$ 在无限区间 $[a, +\infty)$ 上的广义积分，记作 $\int_a^{+\infty} f(x)\mathrm{d}x$，即 $\int_a^{+\infty} f(x)\mathrm{d}x = \lim\limits_{b\to+\infty}\int_a^b f(x)\mathrm{d}x$. 这时也称广义积分 $\int_a^{+\infty} f(x)\mathrm{d}x$ 收敛；如果极限不存在，则称广义积分 $\int_a^{+\infty} f(x)\mathrm{d}x$ 发散.

同样可定义下限为负无穷大或上、下限都是无穷大的广义积分：

$$\int_{-\infty}^{b} f(x)\mathrm{d}x = \lim_{a\to-\infty}\int_a^b f(x)\mathrm{d}x;$$

$$\int_{-\infty}^{+\infty} f(x)\mathrm{d}x = \int_{-\infty}^{0} f(x)\mathrm{d}x + \int_0^{+\infty} f(x)\mathrm{d}x = \lim_{a\to-\infty}\int_a^0 f(x)\mathrm{d}x + \lim_{b\to+\infty}\int_0^b f(x)\mathrm{d}x.$$

说明：如果第二个等式右端的两个广义积分都收敛，则称广义积分 $\int_{-\infty}^{+\infty} f(x)\mathrm{d}x$ 收敛，否则，称广义积分 $\int_{-\infty}^{+\infty} f(x)\mathrm{d}x$ 发散.

为了书写简便，在计算过程中常常省去极限符号，广义积分可表示为

$$\int_a^{+\infty} f(x)\mathrm{d}x = F(x)\Big|_a^{+\infty} = F(+\infty) - F(a),$$

$$\int_{-\infty}^{b} f(x)\mathrm{d}x = F(x)\Big|_{-\infty}^{b} = F(b) - F(-\infty),$$

$$\int_{-\infty}^{+\infty} f(x)\mathrm{d}x = F(x)\Big|_{-\infty}^{+\infty} = F(+\infty) - F(-\infty),$$

其中 $F(x)$ 为 $f(x)$ 的原函数，$F(+\infty) = \lim\limits_{x\to+\infty} F(x)$，$F(-\infty) = \lim\limits_{x\to-\infty} F(x)$. 此时，广义积分的敛散性就取决于 $F(+\infty)$，$F(-\infty)$ 是否存在. 若存在则广义积分收敛，否则广义积分发散.

例 2　计算广义积分 $\int_{-\infty}^{+\infty} \frac{1}{1+x^2}\mathrm{d}x$.

解　$\int_{-\infty}^{+\infty} \frac{1}{1+x^2}\mathrm{d}x = \arctan x\Big|_{-\infty}^{+\infty} = \lim\limits_{x\to+\infty}\arctan x + \lim\limits_{x\to-\infty}\arctan x = \frac{\pi}{2} - \left(-\frac{\pi}{2}\right) = \pi.$

例 3　计算 $\int_1^{+\infty} \frac{1}{x^p}\mathrm{d}x$.

解　当 $p=1$ 时，有 $\int_1^{+\infty} \frac{\mathrm{d}x}{x} = (\ln x)\Big|_1^{+\infty} = +\infty$.

当 $p \neq 1$ 时，有 $\int_1^{+\infty} \frac{1}{x^p}\mathrm{d}x = \left(\frac{1}{1-p}x^{1-p}\right)\Big|_1^{+\infty} = \frac{1}{1-p}(\lim\limits_{x\to+\infty} x^{1-p} - 1) = \begin{cases} \frac{1}{p-1}, & p>1, \\ +\infty, & p<1. \end{cases}$

综上所述，广义积分 $\int_1^{+\infty}\frac{1}{x^p}\mathrm{d}x$，当 $p>1$ 时收敛，当 $p\leqslant 1$ 时发散.

说明：广义积分其实是定积分与极限的结合.

习题 5.6

下列广义积分是否收敛？若收敛，计算出它的值.

1. $\int_1^{+\infty}\frac{1}{x^4}\mathrm{d}x$.
2. $\int_{\mathrm{e}}^{+\infty}\frac{\ln x}{x}\mathrm{d}x$.
3. $\int_0^{+\infty}\mathrm{e}^{-x}\sin x\,\mathrm{d}x$.
4. $\int_{-\infty}^{+\infty}\frac{1}{x^2+2x+2}\mathrm{d}x$.
5. $\int_1^{+\infty}\frac{1}{x\sqrt{x-1}}\mathrm{d}x$.

本章小结

一、主要内容

本章内容主要包括定积分的概念和性质、定积分的几何意义，积分上限函数、牛顿—莱布尼茨公式，定积分的换元积分法和分部积分法的应用，定积分在几何、物理中的应用，广义积分，等等.

二、学习指导

1. 理解定积分的概念及其几何意义. 定积分的本质是“和式极限”，其计算结果是一个数值，定积分 $\int_a^b f(x)\,\mathrm{d}x$ 在几何上表示在区间$[a, b]$上以 $y=f(x)$为曲边的曲边梯形面积的代数和；

2. 结合图形理解定积分的各性质. 利用定积分的几何意义，从图形面积角度有助于对性质的理解；

3. 会对积分上限函数求导，熟练掌握牛顿—莱布尼茨公式. 积分上限函数 $\int_a^x f(t)\,\mathrm{d}t$ 是关于变量 x 的函数，它是其被积函数的一个原函数. 牛顿—莱布尼茨公式提供了计算定积分的简便方法，也揭示了定积分与不定积分的关系；

4. 熟练掌握定积分的换元法和分部积分法. 使用换元法时，注意换元必换限. 应用分部积分法时要边积边代限；

5. 理解微元法的本质，会用定积分的微元法求平面图形的面积、旋转体的体积、物理做功、水压力等；

6. 了解无穷区间上的广义积分及其收敛、发散的概念. 广义积分是定积分的推广，它是定积分与极限的结合，注意理解广义积分的概念、敛散性及计算方法.

数学文化

定积分的发展史

定积分的概念起源于求平面图形的面积和其他一些实际问题. 古希腊人在丈量形状不规则的土地的面积时，先尽可能地用规则图形，如矩形和三角形，把丈量的土地分割成若干小块，忽略那些零碎的不规则的小块，计算出每一小块规则图形的面积，然后将它们相加，就得到了土地面积的近似值. 阿基米德在公元前 240 年左右，就曾用这个方法计算过抛物线弓形及其他图形的面积. 这就是分割与逼近思想的萌芽.

我国古代数学家祖冲之的儿子在公元六世纪前后提出了祖恒原理，公元 263 年我国刘徽也提出了割圆术，这些是我国数学家用定积分思想计算体积的典范.

而到了文艺复兴时期之后，人类需要进一步认识和征服自然. 在确立日心说和探索宇宙的过程中，积分的产生成为必然.

开普勒三大定律中有关行星扫过面积的计算，牛顿有关天体之间的引力的计算直至万有引力定律的诞生，更加直接地推动了积分学核心思想的产生.

在那个年代，数学家们已经建立了定积分的概念，并能够计算许多简单的函数的积分. 但是，有关定积分的种种结果还是孤立零散的，直到牛顿、莱布尼茨之后的两百年，严格的现代积分学理论才逐步诞生.

严格的积分定义是柯西提出的，但是柯西对于积分的定义仅限于连续函数. 1854 年黎曼指出了可积函数不一定是连续的或者其分段是连续的，从而推广了积分学. 而现代教科书中有关定积分的定义是由黎曼给出的，人们都称之为黎曼积分. 当然，我们现在所学到的积分学则是由勒贝格等人更进一步建立的现代积分理论.

定积分既是一个基本概念，又是一种基本思想. 定积分的思想即“化整为零→近似代替→积零为整→取极限”. 定积分这种“和的极限”的思想，在高等数学、物理、工程技术和其他的知识领域以及在人们的生产实践活动中具有普遍的意义，很多问题的数学结构与定积分中求“和的极限”的数学结构是一样的. 教材通过对曲边梯形的面积、变速直线运动的路程等实际问题的研究，运用极限方法，经过分割整体、局部线性化、以直代曲、化有限为无限、变连续为离散等过程，使定积分的概念逐步发展建立起来. 可以说，定积分最重要的功能是为我们研究某些问题提供一种思想方法(或思维模式)，即用无限的过程处理有限的问题，用离散的过程逼近连续，以直代曲，局部线性化，等等. 定积分的概念及微积分基本公式，不仅是数学史上，也是科学思想史上的重要创举.

纵观积分学的发展过程，我们会发现，定积分的发展其实就是其在实际生活中应用方面的发展．而在每一个实例的背后，自然会发掘出它们一些本质的东西，那就是从中抽象出来的数学模型．定积分有很多用途，在今后的学习中我们还会遇到．

柯西简介

柯西(Augustin Louis Cauchy，1789—1857 年)是法国数学家、物理学家、天文学家．

19 世纪初期，微积分已发展成一个庞大的分支，内容丰富，应用非常广泛．与此同时，它的薄弱之处也越来越暴露出来，微积分的理论基础并不严格．为解决新问题并澄清微积分概念，数学家们展开了数学分析严谨化的工作，在分析基础的奠基工作中，做出卓越贡献的要首推伟大的数学家柯西．

复习题 5

基础题

1. 求下列各定积分：

(1) $\int_3^4 \frac{x^2+x-6}{x-2}\mathrm{d}x$；　(2) $\int_a^b (x-a)(x-b)\mathrm{d}x$；

(3) $\int_{\frac{\pi}{6}}^{\frac{\pi}{3}} \frac{\cos 2x}{\cos^2 x\sin^2 x}\mathrm{d}x$；　(4) $\int_{-2}^{-1} \frac{1}{(11+5x)^3}\mathrm{d}x$；

(5) $\int_0^{\frac{\pi}{2}} \cos^3 x\sin 2x\,\mathrm{d}x$．

2. 求抛物线 $y=-x^2+4x-3$ 及其在点(0，－3)和点(3，0)处的切线所围成图形的面积．

3. 求曲线 $y=\frac{1}{4}x^2-\frac{1}{2}\ln x$ 自点$\left(1,\ \frac{1}{4}\right)$至点$\left(\mathrm{e},\ \frac{\mathrm{e}^2}{4}-\frac{1}{2}\right)$间的一段曲线的长．

4. 有一圆台形蓄水池，深 10m，上口直径 20m，下口直径 15m，盛满水后用唧筒将水吸尽，问做功多少(精确到 10^6J)？

5. 水池的一壁视为矩形，长为 60m，高为 5m，水池中装满了水，求作一水平直线把此壁分上、下两部分，使此两部分所受的压力相等．

提高题

1. 求下列各定积分：

(1) $\int_0^1 \frac{1}{1+\mathrm{e}^x}\mathrm{d}x$；　(2) $\int_0^1 x\arctan x\,\mathrm{d}x$；

(3) $\int_{0}^{\pi} e^{x} \sin x \, dx$；　　　　(4) $\int_{1}^{e} \frac{1+\ln x}{x} dx$.

2. 在抛物线 $y^2=2(x-1)$ 上横坐标等于 3 的点处作一条切线，试求由所作切线及 x 轴与抛物线所围成的图形绕 x 轴旋转所形成的旋转体的体积.

3. 半径等于 r m 的半球形水池中充满了水，问将水池中的水全部吸完需做多少功?

4. 一块高为 a、底为 b 的等腰三角形薄片，直立地沉没在水中，它的顶在下，底与水面平齐，试计算它所受的压力. 如果把薄片倒放，使它的顶与水面平齐，而底平行于水面，问所受的压力是前者的几倍?

5. 计算下列广义积分：

(1) $\int_{0}^{+\infty} x^{3} e^{-x^{2}} dx$；　　　　(2) $\int_{\frac{2}{\pi}}^{+\infty} \frac{1}{x^{2}} \sin \frac{1}{x} dx$.

·第二篇·

应用篇

06 第6章　常微分方程

函数是研究客观事物运动规律的一个重要工具，在几何、力学及其他工程实际问题中，经常要根据问题提供的条件寻找函数关系. 因此，如何寻求函数关系，具有普遍的重要意义. 但是函数关系有时并不能从所给的问题中直接得到，却可以从建立函数与其导数(或微分)的关系式中解出，这个问题正是微分方程所要研究的问题. 本章主要介绍微分方程的一些概念以及几种常用的微分方程的解法，并通过举例说明微分方程在实际问题中的一些简单应用.

6.1　微分方程的基本概念

6.1.1　两个引例

为了便于叙述微分方程的基本概念，先看两个引例.

引例1　一曲线通过点(1，1)且在曲线上任一点 $M(x, y)$ 处的切线斜率等于 $3x^2$，求曲线的方程.

分析　设所求曲线方程为 $y=f(x)$，根据导数的几何意义，对曲线上任意一点 $M(x, y)$ 应满足方程

$$y'=3x^2. \tag{1}$$

及条件

$$y\big|_{x=1}=1 \tag{2}$$

式(1)就是曲线 $y=f(x)$ 应满足的关系式，式中含有未知函数 $y=f(x)$ 的一阶导数. 这样，问题就归结为求一个满足关系式(1)和条件式(2)的函数 $y=f(x)$.

引例2　在真空中，物体由静止状态自由下落，求物体的运动规律.

分析　设物体的运动规律为 $s=s(t)$，根据牛顿第二定律及二阶导数的力学意义，函数 $s=s(t)$ 应满足

$$\frac{d^2s}{dt^2}=g \tag{3}$$

其中 g 为重力加速度. 此外，根据题意，未知函数 $s=s(t)$ 还应满足条件

$$s\big|_{t=0}=0, v\big|_{t=0}=\frac{ds}{dt}\bigg|_{t=0}=0 \tag{4}$$

式(3)就是自由落体运动规律 $s=s(t)$ 应满足的关系式，式中含有未知函数 $s=s(t)$ 的二阶导数. 这样，问题就归结为求一个满足关系等式(3)和条件式(4)的函数 $s=s(t)$.

6.1.2　微分方程的基本概念

上述两个引例中，式(1)和式(3)都含有未知函数的导数. 对于此类方程，给出下面的定义.

定义　凡含有未知函数的导数(或微分)的方程叫作微分方程.

例如，$y\mathrm{d}x+(1+x^2)\mathrm{d}y=0$、$\dfrac{\mathrm{d}^2s}{\mathrm{d}t^2}+\omega^2t=\sin\omega t$、$y'''=x+1$ 等都是微分方程，为了方便，微分方程通常简称方程.

微分方程中出现的最高阶导数(或微分)的阶数，叫作微分方程的阶，方程式(1)和式(3)就分别是一阶和二阶微分方程.

如果把一个函数及其导数代入微分方程，能使方程成为恒等式，那么该函数就称为这个微分方程的解. 求微分方程解的过程叫作解微分方程.

现在来求前面两个引例的解.

引例 1 中，所求曲线 $y=f(x)$ 满足方程式(1) $y'=3x^2$，对方程两边同时积分，得

$$\int\mathrm{d}y=\int 3x^2\mathrm{d}x=x^3+C, \tag{5}$$

其中 C 为任意常数，所以验证式(5)就是方程式(1)的解. 根据题意，方程式(1)的解还应满足条件式(2) $y\big|_{x=1}=1$，代入条件得 $C=0$，于是方程式(1)满足条件式(2)的解为

$$y=x^3 \tag{6}$$

这就是引例 1 所要求的曲线的方程.

引例 2 中，把式(3) $\dfrac{\mathrm{d}^2s}{\mathrm{d}t^2}=g$ 两边同时积分，得

$$\frac{\mathrm{d}s}{\mathrm{d}t}=gt+C_1 \tag{7}$$

其中 C_1 是任意常数，将式(7)两边再积分一次，得

$$s=\frac{1}{2}gt^2+C_1t+C_2 \tag{8}$$

其中 C_1，C_2 是任意常数，根据题意，方程式(3)的解还应满足条件式(4) $s\big|_{t=0}=0$，$v\big|_{t=0}=\dfrac{\mathrm{d}s}{\mathrm{d}t}\bigg|_{t=0}=0$，将其分别代入式(7)、式(8)，得 $C_1=0$，$C_2=0$. 于是方程式(3)满足条件 $s\big|_{t=0}=0$ 和 $v\big|_{t=0}=\dfrac{\mathrm{d}s}{\mathrm{d}t}\bigg|_{t=0}=0$ 的解为

$$s=\frac{1}{2}gt^2 \tag{9}$$

这就是自由落体运动的方程.

由以上两个引例可见，微分方程的解有两种不同的形式，一种解是包含任意常数，且独立的任意常数的个数等于微分方程的阶数，这样的解叫作微分方程的通解. 因此，式(5)就是一阶微分方程式(1)的通解，式(8)就是二阶微分方程式(3)的通解. 另一种解，如式(6)和式(9)，不含有任意常数，这种解叫作微分方程的特解. 特解一般可根据题意给定(或包含)的条件由通解确定常数而得到. 像式(2)和式(4)那样来确定特解的条件叫作微分方程的初始条件. 因此称 $y=x^3$ 是一阶微分方程 $y'=3x^2$ 满足初始条件 $y|_{x=1}=1$ 的特解. $s=\frac{1}{2}gt^2$ 是二阶微分方程 $\frac{d^2s}{dt^2}=g$ 满足初始条件 $s|_{t=0}=0$，$v|_{t=0}=\left.\frac{ds}{dt}\right|_{t=0}=0$ 的特解.

一般来说求微分方程的解通常是比较困难的，每一种类型的方程都有特定的解法. 在这里讨论一类可通过直接积分求解的微分方程，它的一般形式为 $y^{(n)}=f(x)$.

例 求微分方程 $y''=x-1$ 满足 $y|_{x=1}=-\frac{1}{3}$ 和 $y'|_{x=1}=\frac{1}{2}$ 的特解.

解 因为 y' 是 y'' 的原函数，$x-1$ 是 x 的函数，对方程两边求不定积分，得

$$y'=\int(x-1)dx=\frac{1}{2}x^2-x+C_1, \tag{10}$$

对式(10)两边再求不定积分，得

$$y=\frac{1}{6}x^3-\frac{1}{2}x^2+C_1x+C_2 \tag{11}$$

在式(11)中含有两个独立的任意常数 C_1 和 C_2. 于是式(11)就是方程 $y''=x-1$ 的通解. 下面求满足初始条件 $y|_{x=1}=-\frac{1}{3}$ 和 $y'|_{x=1}=\frac{1}{2}$ 的特解，只要把初始条件分别代入式(10)与式(11)，得 $\begin{cases}\frac{1}{2}-1+C_1=\frac{1}{2}\\ \frac{1}{6}-\frac{1}{2}+C_1+C_2=-\frac{1}{3}\end{cases}$.

解此方程组，得 $C_1=1$，$C_2=-1$，因此微分方程的特解为 $y=\frac{1}{6}x^3-\frac{1}{2}x^2+x-1$.

习题 6.1

1. 下列等式中，哪个是微分方程？哪个不是微分方程？

(1) $xy'''+2y'+x^2y=0$；　　(2) $y^2+5y+6=0$；

(3) $y''-3y'+2y=0$;　　(4) $2y''=2x+1$;

(5) $y=\frac{1}{2}x+2$;　　(6) $\frac{d^2s}{dt^2}=\sin t+3$;

(7) $(7x-6y)dx+(x+y)dy=0$.

2. 指出下列微分方程的阶数:

(1) $x(y')^2-2xy'+x=0$;　　(2) $y-x\frac{dy}{dx}=y^2+\frac{d^3y}{dx^3}$;

(3) $xy'''+2y''+x^4y'+y=0$;　　(4) $y''+3y'=y+\cos x$.

3. 指出下列各题中的函数是否为所给微分方程的解:

(1) $xy'=2y$, $y=5x^2$;　　(2) $y''+y=0$, $y=3\sin x-4\cos x$;

(3) $y''-2y'+y=0$, $y=x^2e^x$;　　(4) $(x+y)dx+xdy=0$, $y=\frac{1-x^2}{2x}$.

4. 解下列微分方程:

(1) $\frac{dy}{dx}=\frac{1}{x}$;　　(2) $\frac{d^2y}{dx^2}=\cos x$;

(3) $\frac{dy}{dx}=\frac{1}{3}x^2+x$;　　(4) $\frac{d^2y}{dx^2}=e^x$, $y|_{x=0}=-1$, $y'|_{x=0}=0$;

(5) $x\ln a\,dy=dx$, $y|_{x=a}=1$;　　(6) $\frac{d^2y}{dx^2}=2\sin\omega x$, $y|_{x=0}=0$, $y'|_{x=0}=\frac{1}{\omega}$.

5. 一曲线通过点(1, 2), 且在该曲线上任一点$M(x, y)$处的切线斜率等于$2x$, 求曲线的方程.

6. 一物体作直线运动, 其运动速度为$v=2\cos t$(m/s), 当$t=\frac{\pi}{4}$s时, 物体与原点O相距10m, 求物体在时刻t与原点O的距离.

6.2 一阶微分方程

一阶微分方程的一般形式为$F(x, y, y')=0$, 本节介绍两种一阶微分方程的解法.

6.2.1 可分离变量的微分方程

形如$\frac{dy}{dx}=f(x)\cdot g(y)$的一阶微分方程称为可分离变量的微分方程.

可分离变量的微分方程的求解步骤为:

① 分离变量$\frac{dy}{g(y)}=f(x)dx$;

② 两边求积分$\int\frac{dy}{g(y)}=\int f(x)dx+C$;

③求出积分，得通解 $G(y)=F(x)+C$（C 为任意常数），其中 $G(y)$，$F(x)$ 分别是 $\frac{1}{g(y)}$，$f(x)$ 的原函数.

例 1 求微分方程 $y'+\frac{x}{y}=0$ 的通解，并求满足条件 $y|_{x=3}=4$ 的特解.

解 把方程改写为 $\frac{\mathrm{d}y}{\mathrm{d}x}=-\frac{x}{y}$，分离变量，得 $y\mathrm{d}y=-x\mathrm{d}x$.

对上式两边积分，得 $\int y\mathrm{d}y=-\int x\mathrm{d}x$，

$$\frac{1}{2}y^2=-\frac{1}{2}x^2+C_1.$$

化简为 $y^2=-x^2+2C_1$，

得方程的通解 $y^2+x^2=C$（其中 $C=2C_1$）.

把初始条件 $y|_{x=3}=4$ 代入上式，求得 $C=25$，于是所求方程的隐式特解为 $y^2+x^2=25$.

例 2 解方程 $xy^2\mathrm{d}x+(1+x^2)\mathrm{d}y=0$.

解 把方程改写为 $(1+x^2)\mathrm{d}y=-xy^2\mathrm{d}x$，分离变量，得

$$\frac{\mathrm{d}y}{y^2}=-\frac{x}{1+x^2}\mathrm{d}x,$$

两边积分，得 $\int\frac{\mathrm{d}y}{y^2}=-\int\frac{x}{1+x^2}\mathrm{d}x$，

$$\frac{1}{y}=\frac{1}{2}\ln(1+x^2)+C_1.$$

令 $C_1=\ln C(C>0)$，于是有 $\frac{1}{y}=\ln(C\sqrt{1+x^2})$ 或 $y=\frac{1}{\ln(C\sqrt{1+x^2})}$. 这就是所求微分方程的通解.

例 3 求方程 $\frac{\mathrm{d}y}{\mathrm{d}x}=2xy$ 的通解.

解 将已知方程分离变量，得

$$\frac{\mathrm{d}y}{y}=2x\mathrm{d}x,$$

两边积分，得 $\int\frac{\mathrm{d}y}{y}=\int 2x\mathrm{d}x$，

$$\ln|y|=x^2+C_1,$$

于是 $|y|=\mathrm{e}^{x^2+C_1}=\mathrm{e}^{C_1}\mathrm{e}^{x^2}$，

即 $y=\pm\mathrm{e}^{C_1}\mathrm{e}^{x^2}$，令 $C=\pm\mathrm{e}^{C_1}$，又因为 $y=0$ 也是方程的解，于是方程的通解为 $y=C\mathrm{e}^{x^2}$，

C 为任意常数.

说明：以后为了方便起见，解微分方程时可把 $\ln|y|$ 写成 $\ln y$.

6.2.2　一阶线性微分方程

一阶线性微分方程的一般形式为

$$\frac{\mathrm{d}y}{\mathrm{d}x}+P(x)y=Q(x) \tag{1}$$

其中 $P(x)$ 和 $Q(x)$ 都是已知的连续函数. 当 $Q(x)\neq 0$ 时，方程式(1)称为一阶线性非齐次微分方程；当 $Q(x)\equiv 0$ 时，方程式(1)成为

$$\frac{\mathrm{d}y}{\mathrm{d}x}+P(x)y=0 \tag{2}$$

方程式(2)称为一阶线性齐次微分方程.

例如，下列一阶微分方程 $3y'+2y=x^2$，$y'+\frac{1}{x}y=\frac{\sin x}{x}$，$y'+(\sin x)y=0$，它们所含的 y' 和 y 都是一次的且不含有 $y'\cdot y$ 项，所以它们都是一阶线性微分方程，前两个是非齐次的，而最后一个是齐次的.

又如，下列一阶微分方程 $y'-y^2=0$（y^2 不是 y 的一次式），$yy'+y=x$（含有 $y\cdot y'$ 项，它不是 y 或 y' 的一次式），$y'-\sin y=0$（$\sin y$ 不是 y 的一次式），它们都不是一阶线性微分方程.

先讨论一阶线性齐次微分方程 $\frac{\mathrm{d}y}{\mathrm{d}x}+P(x)y=0$ 的解法.

该方程是可分离变量方程. 分离变量得

$$\frac{\mathrm{d}y}{y}=-P(x)\mathrm{d}x.$$

两边积分，得

$$\ln y=-\int P(x)\mathrm{d}x+C_1 \tag{3}$$

说明：按不定积分的定义，在不定积分的记号内包含了积分常数，上式将不定积分中的积分常数先写了出来，这只是为了方便地写出一阶线性齐次微分方程的求解公式.

在式(3)中，令 $C_1=\ln C(C\neq 0)$，于是 $y=\mathrm{e}^{-\int P(x)\mathrm{d}x+\ln C}$，即

$$\boxed{y=C\mathrm{e}^{-\int P(x)\mathrm{d}x}} \tag{6-1}$$

这就是方程(2)的通解.

下面讨论一阶线性非齐次微分方程 $\frac{\mathrm{d}y}{\mathrm{d}x}+P(x)y=Q(x)$ 的解法.

此时不能用分离变量法求解，需采用其他方法. 注意到函数 $y=e^{-\int P(x)dx}$ 是对应的齐次方程 $\frac{dy}{dx}+P(x)y=0$ 的解，其满足方程，有 $[e^{-\int P(x)dx}]'+P(x)e^{-\int P(x)dx}=0$.

因此，可考虑设 $y=C(x)e^{-\int P(x)dx}$（常数变易法）是一阶线性非齐次方程 $\frac{dy}{dx}+P(x)y=Q(x)$ 的解，对设的解求导，得 $y'=C'(x)e^{-\int P(x)dx}+C(x)[e^{-\int P(x)dx}]'=C'(x)e^{-\int P(x)dx}-P(x)C(x)e^{-\int P(x)dx}$.

将 y 和 y' 代入方程，得 $C'(x)e^{-\int P(x)dx}-P(x)C(x)e^{-\int P(x)dx}+P(x)C(x)e^{-\int P(x)dx}=Q(x)$，化简并解出 $C'(x)$，得 $C'(x)=Q(x)e^{\int P(x)dx}$，两边积分，得 $C(x)=\int Q(x)e^{\int P(x)dx}dx+C$.

因此一阶线性非齐次微分方程的通解公式为

$$\boxed{y=e^{-\int P(x)dx}\left[C+\int Q(x)e^{\int P(x)dx}dx\right]} \tag{6-2}$$

说明： ① 公式中各个不定积分都只表示了对应的被积函数的一个原函数；

② 公式也可写成 $y=e^{-\int P(x)dx}\int Q(x)e^{\int P(x)dx}dx+Ce^{-\int P(x)dx}$，式中第一项可以看作 $C=0$ 时一阶线性非齐次方程的一个特解，第二项恰好是方程所对应的一阶线性齐次方程的通解，即一阶线性非齐次方程的通解等于它的一个特解与对应的齐次线性方程的通解之和.

例 4 分别利用通解公式和常数变易法解方程 $y'-\frac{2}{x+1}y=(x+1)^3$.

解 公式法：它是一阶线性非齐次微分方程，其中 $P(x)=-\frac{2}{x+1}$，$Q(x)=(x+1)^3$. 代入通解公式得

$$\begin{aligned} y&=e^{\int\frac{2}{x+1}dx}\left[\int(x+1)^3e^{-\int\frac{2}{x+1}dx}dx+C\right]=e^{2\ln(x+1)}\left[\int(x+1)^3e^{-2\ln(x+1)}dx+C\right]\\ &=(x+1)^2\left[\int\frac{(x+1)^3}{(x+1)^2}dx+C\right]=(x+1)^2\left[\frac{1}{2}(x+1)^2+C\right]. \end{aligned}$$

常数变易法：先求与原方程对应的齐次方程 $y'-\frac{2}{x+1}y=0$ 的通解. 用分离变量法，得到 $\frac{dy}{y}=\frac{2}{x+1}dx$. 两边积分，得 $\ln y=2\ln(x+1)+C$，解出 y，得 $y=C(x+1)^2$.

将上式中的任意常数 C 替换成函数 $C(x)$，即设原来的非齐次方程的通解为 $y=$

$C(x)(x+1)^2$，求导 $y'=C'(x)(x+1)^2+2C(x)(x+1)$，把 y 和 y' 代入原方程，得

$$C'(x)(x+1)^2+2C(x)(x+1)-\frac{2}{x+1}C(x)(x+1)^2=(x+1)^3.$$

化简，得 $C'(x)=x+1$. 两边积分，得 $C(x)=\frac{1}{2}(x+1)^2+C$. 即得原方程的通解为

$$y=(x+1)^2\left[\frac{1}{2}(x+1)^2+C\right].$$

例 5 求方程 $x^2\mathrm{d}y+(2xy-x+1)\mathrm{d}x=0$ 满足初始条件 $y|_{x=1}=0$特解.

解 原方程可改写为$\frac{\mathrm{d}y}{\mathrm{d}x}+\frac{2}{x}y=\frac{x-1}{x^2}$. 这是一阶线性非齐次微分方程，对应的齐次方程是$\frac{\mathrm{d}y}{\mathrm{d}x}+\frac{2}{x}y=0$.

用分离变量法求得它的通解为 $y=C\frac{1}{x^2}$. 用常数变易法，设非齐次方程的通解为 $y=C(x)\frac{1}{x^2}$，求导得 $y'=C'(x)\frac{1}{x^2}-\frac{2}{x^3}C(x)$.

把 y 和 y' 代入原方程，得 $C'(x)=x-1$. 两边积分，得 $C(x)=\frac{1}{2}x^2-x+C$. 因此，非齐次方程的通解为 $y=\frac{1}{2}-\frac{1}{x}+\frac{C}{x^2}$.

将初始条件 $y|_{x=1}=0$代入上式，求得 $C=\frac{1}{2}$，故所求微分方程的特解为 $y=\frac{1}{2}-\frac{1}{x}+\frac{1}{2x^2}$.

现将一阶微分方程的几种类型和对应的解法归纳如下(见表 6-1)：

表 6-1 一阶微分方程的类型和解法

类型		标准方程	解法
可分离变量方程		$\frac{\mathrm{d}y}{\mathrm{d}x}=f(x)\cdot g(y)$	分离变量、两边积分
一阶线性	齐次	$\frac{\mathrm{d}y}{\mathrm{d}x}+P(x)y=0$	① 分离变量、两边积分 ② 公式法：$y=Ce^{-\int P(x)\mathrm{d}x}$
	非齐次	$\frac{\mathrm{d}y}{\mathrm{d}x}+P(x)y=Q(x)$	① 常数变易法 ② 公式法：$y=e^{-\int P(x)\mathrm{d}x}\left[C+\int Q(x)e^{\int P(x)\mathrm{d}x}\mathrm{d}x\right]$

习题 6.2

1. 求下列微分方程的通解：

(1) $y'=2xy^2$；

(2) $\sqrt{1-x^2}\,dy=\sqrt{1-y^2}\,dx$；

(3) $\dfrac{dy}{dx}=y\sin^2 x$；

(4) $(e^{x+y}-e^x)dx+(e^{x+y}+e^y)dy=0$；

(5) $\dfrac{dy}{dx}=\dfrac{1+x^2}{2x^2y}$；

(6) $y'+2y=e^{-x}$；

(7) $y'+\dfrac{2}{x}y-\dfrac{x}{a}=0$；

(8) $y'-3xy=2x$；

(9) $y'-\dfrac{2}{x}y=x^2\sin 3x$；

(10) $2y\,dx+(y^2-6x)dy=0$(提示：把 x 看成 y 的函数).

2. 求下列微分方程的特解：

(1) $\sin y\cos x\,dy=\cos y\sin x\,dx$，$y|_{x=0}=\dfrac{\pi}{4}$；

(2) $2\sqrt{x}\,y'-y=0$，$y|_{x=4}=1$；

(3) $y'=e^{2x-y}$，$y|_{x=0}=0$；

(4) $\dfrac{dy}{dx}+\dfrac{y}{x}=\dfrac{\sin x}{x}$，$y|_{x=\pi}=1$；

(5) $\dfrac{dy}{dx}-y\tan x=\sec x$，$y|_{x=0}=0$；

(6) $y'-\dfrac{2}{x}y=\dfrac{1}{2}x$，$y|_{x=1}=2$；

(7) $xy'+y-e^x=0$，$y|_{x=a}=b$.

6.3 一阶微分方程应用举例

利用微分方程寻求实际问题中未知函数的一般步骤是：

① 分析问题，设所求的未知函数，建立微分方程，并确定初始条件；

② 求出微分方程的通解；

③ 根据初始条件确定通解中的任意常数，求出微分方程相应的特解.

本节将通过一些实例说明一阶微分方程的应用.

例 1 一曲线通过点(1，1)，且曲线上任意点 $M(x,y)$处的切线与直线 OM 垂直，求此曲线的方程.

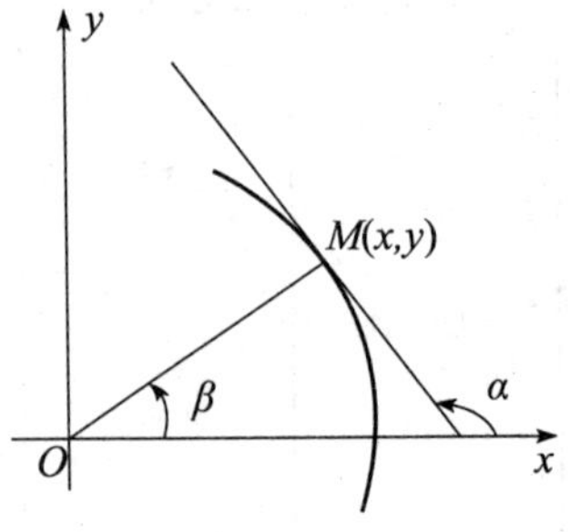

图 6-1

解 ① 设所求的曲线方程为 $y=f(x)$，如图 6-1 所示，α 为曲线在 M 点处的切线的倾斜角，β 为直线 OM 的倾斜角，根据导数的几何意义，得切线的斜率为 $\dfrac{dy}{dx}$，又

直线 OM 的斜率为$\frac{y}{x}$. 因为切线与直线 OM 垂直，所以$\frac{dy}{dx}\cdot\frac{y}{x}=-1$，即$\frac{dy}{dx}=-\frac{x}{y}$. 又因为曲线过点(1，1)，即$y|_{x=1}=1$，于是得到曲线 $y=f(x)$应满足的微分方程及初始条件.

② 方程$\frac{dy}{dx}=-\frac{x}{y}$是可分离变量的微分方程，分离变量得 $y\mathrm{d}y=-x\mathrm{d}x$，两边积分，整理后得方程通解为 $x^2+y^2=2C$.

③ 代入初始条件$y|_{x=1}=1$，得 $C=1$. 于是所求曲线的方程为 $x^2+y^2=2$.

例 2　已知物体在空气中冷却的速率与该物体及空气两者温度之差成正比. 设有一瓶热水，水温原来是 100℃，空气的温度是 20℃，经过 20h 以后，瓶内水温降到 60℃，求瓶内水温的变化规律.

解　① 设时间 t 为自变量，物体的温度 θ 为未知函数，即 $\theta=\theta(t)$，瓶内水的冷却速度即温度对时间的变化率为$\frac{d\theta}{dt}$，瓶内水与空气温度之差为 $\theta-20$，根据题意，有 $\frac{d\theta}{dt}=-k(\theta-20)$，其中 k 为比例系数($k>0$)，由于 $\theta(t)$是单调减少，即$\frac{d\theta}{dt}<0$，而 $\theta-20>0$，所以上式右端前面应加“负号”，初始条件是$\theta|_{t=0}=100$.

② 将方程$\frac{d\theta}{dt}=-k(\theta-20)$分离变量，得$\frac{d\theta}{\theta-20}=-k\mathrm{d}t$，两边积分，整理后可得方程式的通解，即有 $\ln(\theta-20)=-kt+\ln C$，化简得 $\theta=Ce^{-kt}+20$.

③ 把初始条件$\theta|_{t=0}=100$ 代入上式，得 $C=80$，于是方程式特解为 $\theta=80e^{-kt}+20$. 再将$\theta|_{t=20}=60$ 代入得特解，有 $60=80e^{-20k}+20$，解得 $k=\frac{1}{20}\ln 2\approx 0.034\,7$，于是瓶内水温与时间的函数关系为 $\theta=80e^{-0.034\,7t}+20$.

例 3　设一电路由电阻 R、自感 L 及电动势 E 组成，如图 6-2 所示，在时刻 $t=0$ 时接通电路，试就 E 为常数 E 和 $E=E_m\sin\omega t$（E_m，ω 为常数）时，分别求电路中的电流 i.

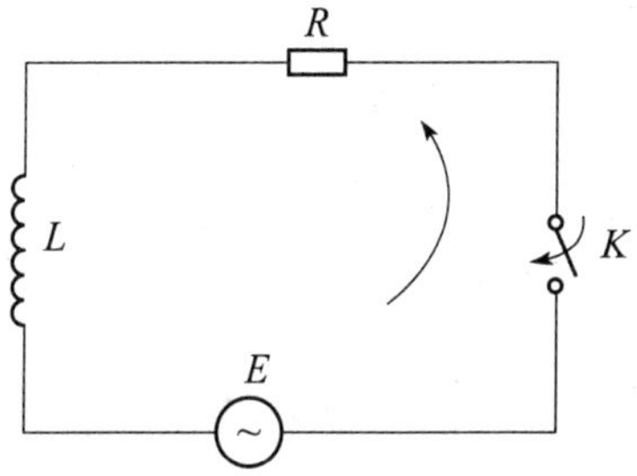

图 6-2

解　设所求电路中电流 i 是时间 t 的函数 $i=i(t)$，根据电学原理知道 $L\frac{di}{dt}+Ri=E$，且有初始条件$i|_{t=0}=0$.

① 当 E 为常量时，有$\frac{di}{dt}+\frac{R}{L}i=\frac{E}{L}$，于是

$$i=e^{-\int\frac{R}{L}dt}\left(\int\frac{E}{L}e^{\int\frac{R}{L}dt}dt+C\right)=e^{-\frac{R}{L}t}\left(\frac{E}{R}e^{\frac{R}{L}t}+C\right)=\frac{E}{R}+Ce^{-\frac{R}{L}t}.$$

代入初始条件$i|_{t=0}=0$，得 $C=-\frac{E}{R}$，于是所求电流 $i=\frac{E}{R}(1-e^{-\frac{R}{L}t})$.

② 当 $E=E_m\sin\omega t$ 时，有$\frac{\mathrm{d}i}{\mathrm{d}t}+\frac{R}{L}i=\frac{E_m}{L}\sin\omega t$，于是

$$i=\mathrm{e}^{-\int\frac{R}{L}\mathrm{d}t}\left(\int\frac{E_m}{L}\sin\omega t\,\mathrm{e}^{\int\frac{R}{L}\mathrm{d}t}\mathrm{d}t+C\right)=\mathrm{e}^{-\frac{R}{L}t}\left(\frac{E_m}{L}\int\sin\omega t\,\mathrm{e}^{\frac{R}{L}t}\mathrm{d}t+C\right)$$

$$=\mathrm{e}^{-\frac{R}{L}t}\left[\frac{E_m\mathrm{e}^{\frac{R}{L}t}}{L^2\omega^2+R^2}(R\sin\omega t-L\omega\cos\omega t)+C\right]$$

$$=\frac{E_m}{L^2\omega^2+R^2}(R\sin\omega t-L\omega\cos\omega t)+C\mathrm{e}^{-\frac{R}{L}t}.$$

代入初始条件$i|_{t=0}=0$，得 $C=\frac{L\omega E_m}{L^2\omega^2+R^2}$，于是所求电流

$$i=\frac{E_m}{L^2\omega^2+R^2}(R\sin\omega t-L\omega\cos\omega t+L\omega\mathrm{e}^{-\frac{R}{L}t}).$$

例 4 设某水库的现有库存水量为 V(单位：km^3)，水库已被严重污染．经计算，目前污染物总量已达 Q_0(单位：t)，且污染物均匀地分散在水中．如果现已不再向水库排污，清水以不变的速度 r(单位：km^3/年)流入水库，并立即和水库的水相混合，水库的水也以同样的速度 r 流出．如果记当前的时刻为 $t=0$.

① 求在时刻 t，水库中残留污染物的数量 $Q(t)$；

② 问需经多少年才能使水库中污染物的数量降至原来的 10%.

解 ① 根据题意，在时刻 $t(t\geqslant 0)$，$Q(t)$的变化率$=-$(污染物的流出速度)，其中负号表示禁止排污后，Q 将随时间逐渐减少．这时，污染物的质量浓度为$\frac{Q(t)}{V}$．因为水库的水以速度 r 流出，所以

$$\text{污染物流出速度}=\text{污水流出速度}\times\frac{Q}{V}=\frac{rQ}{V}.$$

由此可得微分方程$\frac{\mathrm{d}Q}{\mathrm{d}t}=-\frac{r}{V}Q$，这是一个可分离变量的微分方程．分离变量得$\frac{\mathrm{d}Q}{Q}=-\frac{r}{V}\mathrm{d}t$．两边积分，得 $\ln Q=-\frac{r}{V}t+C_1$，即 $Q=C\mathrm{e}^{-\frac{r}{V}t}$，$C=\mathrm{e}^{C_1}$.

由题意，初始条件为$Q|_{t=0}=Q_0$，代入上式，得 $C=Q_0$，故微分方程的特解为$Q=Q_0\mathrm{e}^{-\frac{r}{V}t}$.

② 当水库中污染物的数量降至原来的 10%时，有 $Q(t)=0.1Q_0$，代入上式得$0.1Q_0=Q_0\mathrm{e}^{-\frac{r}{V}t}$，解得 $t=-\frac{V}{r}\ln 0.1\approx\frac{2.30V}{r}$(年).

如，当水库的库存量 $V=500(\mathrm{km}^3)$，流入(出)速度为 $150(\mathrm{km}^3$/年)时，可得 $t\approx 7.7$(年).

习题 6.3

1. 一曲线通过点$(-1,1)$，并且曲线上任一点$M(x,y)$处的切线斜率等于$2x+1$，求曲线方程.

2. 一曲线通过原点，并且它在任一点(x,y)处的切线斜率等于$\frac{y}{x}+2x^2$，求曲线方程.

3. 已知物体在空气中冷却的速率与该物体及空气两者温度之差成正比，假设室温为20℃时，一物体由100℃冷却到60℃需经20min. 问共经过多少时间方可使此物体的温度从开始的100℃降低到30℃?

4. 已知汽艇在静水中运动的速度与水的阻力成正比，若一汽艇以10km/h的速度在静水中运动时关闭了发动机，经过$t=20$s后汽艇的速度减至$v_1=6$km/h，试确定发动机停止2min后汽艇的速度.

5. 如图6-3所示，已知在RC电路中，电容C的初始电压为v_0，当开关K闭合时电容就开始放电，求开关K闭合后电路中的电流强度i的变化规律.

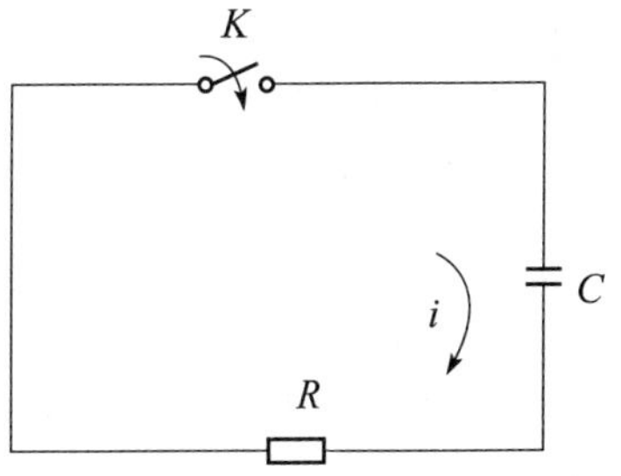

图6-3

6.4　二阶线性微分方程及其解的结构

二阶线性微分方程在实际问题中有着广泛应用. 二阶线性微分方程包括二阶线性齐次微分方程和二阶线性非齐次微分方程.

6.4.1　二阶线性微分方程的概念

形如

$$y''+P(x)y'+Q(x)y=f(x) \tag{1}$$

的方程称为二阶线性微分方程，其中函数$P(x)$、$Q(x)$、$f(x)$是已知连续函数. 当$f(x)\neq 0$时，方程式(1)称为二阶线性非齐次微分方程；当$f(x)\equiv 0$时，即

$$y''+P(x)y'+Q(x)y=0 \tag{2}$$

方程式(2)称为二阶线性齐次微分方程.

为了研究二阶线性微分方程的解法，先来讨论二阶线性微分方程解的结构.

6.4.2　二阶线性齐次微分方程解的结构

定理1　如果函数y_1与y_2是方程式(2)的两个解，那么

$$y=C_1y_1+C_2y_2 \tag{3}$$

也是方程式(2)的解，其中C_1，C_2是任意常数.

说明：二阶线性齐次方程的解具有叠加性，叠加起来的解，从形式上看含有两个任意常数C_1与C_2，但它并不一定是方程式(2)的通解.

在什么情况下式(3)才是方程式(2)的通解呢？为了解决此问题，引进两个函数线性相关与线性无关的概念.

定义 若两个函数y_1、y_2的比满足$\frac{y_1}{y_2}=k$(k为常数)，称y_1与y_2线性相关，否则称y_1与y_2线性无关.

定理 2 若函数y_1与y_2是齐次线性方程(2)的两个线性无关的特解，则$y=C_1y_1+C_2y_2$就是方程(2)的通解，其中C_1和C_2是任意常数.

例 1 已知$y_1=e^x$，$y_2=2e^x$，$y_3=e^{-x}$都是方程$y''-y=0$的解，那么y_1能否与y_2或y_3组成方程的通解？

解 由于$\frac{y_1}{y_2}=\frac{e^x}{2e^x}=\frac{1}{2}$，$\frac{y_1}{y_3}=\frac{e^x}{e^{-x}}=e^{2x}\neq$常数，则$y_1$与$y_3$线性无关，而$y_1$与$y_2$线性相关. 由定理2可知$y=C_1y_1+C_2y_3=C_1e^x+C_2e^{-x}$是方程$y''-y=0$的通解.

例 2 验证$y_1=x$与$y_2=e^x$都是方程式$(x-1)y''-xy'+y=0$的解，并写出该方程的通解.

解 将y_1与y_2分别代入方程，得

$$(x-1)x''-xx'+x=0,$$

及
$$(x-1)(e^x)''-x(e^x)'+e^x=xe^x-e^x-xe^x+e^x=0,$$

所以y_1与y_2是该方程的解. 又因为$\frac{y_1}{y_2}=\frac{x}{e^x}\neq$常数，所以$y_1=x$与$y_2=e^x$是方程的两个线性无关的解. 根据定理2可知，$y=C_1x+C_2e^x$是该方程的通解.

6.4.3 二阶线性非齐次方程解的结构

定理 3 设$\overline{y}$是二阶线性非齐次微分方程式(1)的一个特解，Y是方程式(1)所对应的线性齐次方程式(2)的通解，那么$y=\overline{y}+Y=\overline{y}+C_1y_1+C_2y_2$是二阶线性非齐次方程式(1)的通解.

例如，方程$y''-y=-x$是线性非齐次方程，在例1中已知它对应的齐次方程$y''-y=0$的通解为$y=C_1e^x+C_2e^{-x}$，易验证$y=x$是该非齐次方程的一个特解，所以$y=\overline{y}+Y=x+C_1e^x+C_2e^{-x}$是所给方程的通解.

说明：对于一阶或更高阶线性方程的通解，也有类似定理3的结论. 例如，一阶线性非齐次方程$y'-\frac{2}{x}y=1+\frac{1}{x}$，它所对应的齐次方程$y'-\frac{2}{x}y=0$的通解为$y=$

Cx^2，容易验证 $\overline{y}=-x-\frac{1}{2}$ 是该非齐次方程的一个特解，因此 $y=Cx^2-x-\frac{1}{2}$ 是方程 $y'-\frac{2}{x}y=1+\frac{1}{x}$ 的通解.

定理 4 如果 $\overline{y}_1$ 和 $\overline{y}_2$ 分别是方程

$$y''+P(x)y'+Q(x)y=f_1(x) \tag{4}$$

和

$$y''+P(x)y'+Q(x)y=f_2(x) \tag{5}$$

的特解，那么 $\overline{y}_1+\overline{y}_2$ 是方程

$$y''+P(x)y'+Q(x)y=f_1(x)+f_2(x) \tag{6}$$

的特解.

例 3 验证 $y=C_1e^x+C_2e^{-x}+x+\sin x$ 是方程 $y''-y=-x-2\sin x$ 的通解.

证 可验证 $\overline{y}_1=x$ 是 $y''-y=-x$ 的特解，$\overline{y}_2=\sin x$ 是 $y''-y=-2\sin x$ 的特解，由定理 4 知 $\overline{y}_1+\overline{y}_2=x+\sin x$ 是 $y''-y=-x-2\sin x$ 的特解.

由例 1 知 $y''-y=0$ 的通解为 $Y=C_1e^x+C_2e^{-x}$.

根据定理 3，$y''-y=-x-2\sin x$ 的通解为 $y=Y+\overline{y}_1+\overline{y}_2=C_1e^x+C_2e^{-x}+x+\sin x$.

习题 6.4

1. 下列各组函数中，哪些是线性相关的？哪些是线性无关的？

(1) $-2x^2$ 与 x^2； (2) x 与 $2x+1$；

(3) e^{2x} 与 $3e^{2x}$； (4) e^{2x} 与 e^{-2x}；

(5) e^{x^2} 与 xe^{x^2}； (6) $\sin 2x$ 与 $\cos x\sin x$；

(7) $e^x\sin 2x$ 与 $e^x\cos 2x$； (8) $\cos x$ 与 $3\cos x$.

2. 验证 $y_1=\cos\omega x$ 与 $y_2=\sin\omega x$ 都是方程 $y''+\omega^2y=0$ 的解，并写出该方程的通解.

3. 验证 $y_1=e^{x^2}$ 与 $y_2=xe^{x^2}$ 都是方程 $y''-4xy'+(4x^2-2)y=0$ 的解，并写出该方程的通解.

4. 验证下列各题：

(1) $y=C_1e^x+C_2e^{2x}+\frac{1}{12}e^{5x}$（$C_1$、$C_2$ 是任意常数）是方程 $y''-3y'+2y=e^{5x}$ 的通解；

(2) $y=C_1\cos 3x+C_2\sin 3x+\frac{1}{32}(4x\cos x+\sin x)$（$C_1$、$C_2$ 是任意常数）是方程 $y''+9y=x\cos x$ 的通解.

6.5 二阶常系数线性齐次微分方程

在二阶线性齐次微分方程 $y''+P(x)y'+Q(x)y=0$ 中，如果 y' 和 y 的系数为常数，即

$$y''+py'+qy=0 \tag{1}$$

其中 p，q 均为常数，则称式(1)为二阶常系数线性齐次微分方程.

由 6.4 中定理 2 可知，要求方程式(1)的通解，关键是求出方程的两个线性无关的特解. 例如，$y_1=\mathrm{e}^x$，$y_2=\mathrm{e}^{-x}$ 是方程 $y''-y=0$ 的两个线性无关的特解，因此 $y=C_1\mathrm{e}^x+C_2\mathrm{e}^{-x}$ 是该方程的通解.

不难看出，指数函数 $y=\mathrm{e}^{rx}$ 可能使方程式(1)成立，这是因为 e^{rx} 的一阶、二阶导数都与 e^{rx} 相差一个常数因子，只要选择适当的 r 值，就能使它满足方程式(1). 为此将 $y=\mathrm{e}^{rx}$，$y'=r\mathrm{e}^{rx}$，$y''=r^2\mathrm{e}^{rx}$ 代入方程式(1)，得

$$\mathrm{e}^{rx}(r^2+pr+q)=0 \tag{2}$$

因为 $\mathrm{e}^{rx}\neq 0$，所以要使(2)成立只需

$$r^2+pr+q=0 \tag{3}$$

由此可见，若 r 是代数方程式(3)的一个根，则指数函数 $y=\mathrm{e}^{rx}$ 就是方程式(1)的一个特解. 这样，方程式(1)的求解问题就转化为方程式(3)的求根问题了. 称代数方程式(3)为方程式(1)的特征方程，特征方程的根 r_1 和 r_2 称为方程式(1)的特征根.

一般地，二阶常系数线性齐次微分方程(1)的特征方程 $r^2+pr+q=0$ 的特征根有三种不同的情形，所以方程式(1)的通解相应地也有三种情形，讨论如下：

① 当 $p^2-4q>0$ 时，$r^2+pr+q=0$ 有两个不相等的实根：$r_1\neq r_2$，则方程式(1)的两个特解为 $y_1=\mathrm{e}^{r_1x}$ 和 $y_2=\mathrm{e}^{r_2x}$，且 $\dfrac{y_1}{y_2}=\mathrm{e}^{(r_1-r_2)x}\neq$ 常数，故 y_1，y_2 是两个线性无关的特解. 因此方程式(1)的通解为

$$y=C_1\mathrm{e}^{r_1x}+C_2\mathrm{e}^{r_2x}.$$

② 当 $p^2-4q=0$ 时，$r^2+pr+q=0$ 有两个相等的实根：$r_1=r_2$，容易证明方程式(1)的两个特解为 $y_1=\mathrm{e}^{rx}$ 和 $y_2=x\mathrm{e}^{rx}$，且 $\dfrac{y_1}{y_2}=\dfrac{1}{x}\neq$ 常数，因此方程式(1)的通解为

$$y=C_1\mathrm{e}^{r_1x}+C_2x\mathrm{e}^{r_1x}=\mathrm{e}^{r_1x}(C_1+C_2x).$$

③ 当 $p^2-4q<0$ 时，$r^2+pr+q=0$ 有一对共轭复根：$r_1=\alpha+\beta i$，$r_2=\alpha-\beta i$(其

中 α 与 β 是实数，且 $\beta\neq 0$)，可以证明 $y_1=e^{\alpha x}\cos\beta x$ 和 $y_2=e^{\alpha x}\sin\beta x$，且 $\frac{y_1}{y_2}=\cot\beta x\neq$ 常数，因此方程式(1)的通解为

$$y=e^{\alpha x}(C_1\cos\beta x+C_2\sin\beta x).$$

例 1　求方程 $y''-4y'-5y=0$ 的通解.

解　所给方程的特征方程为 $r^2-4r-5=0$，即 $(r+1)(r-5)=0$，$r_1=-1$，$r_2=5$. 因此方程的通解为 $y=C_1e^{-x}+C_2e^{5x}$.

例 2　求方程 $y''+2y'+y=0$ 的满足初始条件 $y|_{x=0}=1$，$y'|_{x=0}=1$ 的特解.

解　其特征方程为 $r^2+2r+1=0$，解得有重根 $r_1=r_2=-1$，于是方程的通解为 $y=(C_1+C_2x)e^{-x}$. 求导得 $y'=[C_2(1-x)-C_1]e^{-x}$，将初始条件 $y|_{x=0}=1$，$y'|_{x=0}=1$ 分别代入以上两式，解得 $C_1=1$，$C_2=2$. 所以方程满足初始条件的特解为 $y=(1+2x)e^{-x}$.

例 3　求方程 $y''-4y'+13y=0$ 的通解.

解　特征方程为 $r^2-4r+13=0$，利用求根公式 $r=\frac{-b\pm\sqrt{b^2-4ac}}{2a}$ 解得一对共轭复根 $r_1=2+3i$，$r_2=2-3i$. 故方程的通解为 $y=e^{2x}(C_1\cos 3x+C_2\sin 3x)$.

现将二阶常系数线性齐次微分方程的通解公式列表如下(见表 6－2)：

表 6－2　二阶常系数线性齐次微分方程的通解公式

特征方程 $r^2+pr+q=0$ 的根	微分方程 $y''+py'+qy=0$ 通解
两个不相等的实根 $r_1\neq r_2$	$y=C_1e^{r_1x}+C_2e^{r_2x}$
两个相等的实根 $r_1=r_2$	$y=(C_1+C_2x)e^{r_1x}$
一对共轭复根 $r_1=\alpha+\beta i$，$r_2=\alpha-\beta i$	$y=e^{\alpha x}(C_1\cos\beta x+C_2\sin\beta x)$

习题 6.5

1. 求下列微分方程的通解：

(1) $y''-4y'=0$；　(2) $y''+y=0$；

(3) $y''-4y'+3y=0$；　(4) $y''+6y'+13y=0$；

(5) $y''-6y'+9y=0$；　(6) $y''+y'-2y=0$；

(7) $y''-2y'+(1-a^2)y=0(a>0)$.

2. 已知特征方程的根为下面的形式，试写出相应的二阶齐次方程和它们的通解：

(1) $r_1=1$，$r_2=3$；　(2) $r_1=r_2=-\frac{1}{2}$；

(3) $r_1=-1+i$，$r_2=-1-i$.

3. 求下列微分方程满足初始条件的特解：

(1) $y''-5y'+6y=0$，$y|_{x=0}=-1$，$y'|_{x=0}=0$；

(2) $y''-3y'-4y=0$，$y|_{x=0}=0$，$y'|_{x=0}=-5$；

(3) $9y''-6y'+y=0$，$y|_{x=0}=4$，$y'|_{x=0}=1$；

(4) $\frac{\mathrm{d}^2 s}{\mathrm{d}t^2}+2\frac{\mathrm{d}s}{\mathrm{d}t}+s=0$，$s|_{t=0}=4$，$\left.\frac{\mathrm{d}s}{\mathrm{d}t}\right|_{t=0}=-2$；

(5) $I''(t)+2I'(t)+5I(t)=0$，$I(0)=2$，$I'(0)=0$；

(6) $y''+4y'+29y=0$，$y|_{x=0}=0$，$y'|_{x=0}=15$.

6.6　二阶常系数线性非齐次微分方程

二阶常系数线性非齐次微分方程的一般形式是

$$y''+py'+qy=f(x) \tag{1}$$

其中 p 和 q 是常数.

根据 6.4 中的定理 3 可知，求方程式(1)的通解时，可先求对应的齐次微分方程

$$y''+py'+qy=0 \tag{2}$$

的通解 Y，再求方程式(1)的一个特解 $\overline{y}$，然后把 Y 与 $\overline{y}$ 相加，即得方程式(1)的通解 $y=\overline{y}+Y$.

上一节中，已经讨论了二阶常系数线性齐次微分方程式(2)通解的求法，现在需要讨论如何求二阶线性非齐次微分方程式(1)的一个特解. 显然，$\overline{y}$ 与方程式(1)右端的 $f(x)$有关，在实际问题中，$f(x)$常见的形式有两种，下面分别来讨论方程式(1)的特解 $\overline{y}$ 的求法.

6.6.1　$f(x)=\mathrm{e}^{\lambda x}P_n(x)$

设 λ 是常数，$P_n(x)$是 x 的一个 n 次多项式. 可以证明，方程 $y''+py'+qy=\mathrm{e}^{\lambda x}P_n(x)$的特解形式为：$\overline{y}=x^k\mathrm{e}^{\lambda x}Q_n(x)$. 其中 $Q_n(x)$为待定的 n 次多项式，当 λ 不是特征根时，取 $k=0$；当 λ 是特征根但不是重根时，取 $k=1$；当 λ 是特征根且是重根时，取 $k=2$.

例 1　求方程 $y''+y'+y=x$ 的特解.

解　这里 $f(x)=x$ 是 $f(x)=\mathrm{e}^{\lambda x}P_n(x)$的特殊情形，即 $\lambda=0$，$P_n(x)=x$. 由于 $\lambda=0$ 不是特征方程 $r^2+r+1=0$ 的根，故设 $\overline{y}=a_0x+a_1$(其中 a_0，a_1 为待定系数).

把 $\overline{y}$ 及其一、二阶导数代入原方程，得 $a_0x+a_0+a_1=x$. 比较等式两边同次项的系数，得$\begin{cases}a_0=1\\a_0+a_1=0\end{cases}$，即 $a_0=1$，$a_1=-1$. 故方程的特解为 $\overline{y}=x-1$.

注意：尽管 $f(x)=x$ 的常数项为零，但特解不能设为 $\overline{y}=a_0x$，而应设为 $\overline{y}=$

a_0x+a_1.

例 2 求方程 $y''+2y'=x$ 的特解.

解 这里 $\lambda=0$，$P_n(x)=x$. 由于 $\lambda=0$ 是特征方程 $r^2+2r=0$ 的单根，故设 $\overline{y}=x(a_0x+a_1)$. 把 $\overline{y}$ 及其导数代入所给方程，得 $4a_0x+2a_0+2a_1=x$. 比较等式两边同次项的系数，得到 $\begin{cases}4a_0=1\\2a_0+2a_1=0\end{cases}$，即 $a_0=\frac{1}{4}$，$a_1=-\frac{1}{4}$. 故方程的特解为 $\overline{y}=\frac{1}{4}(x^2-x)$.

例 3 求方程 $y''-6y'+9y=e^{3x}$ 的通解.

解 对应的齐次方程的特征方程为 $r^2-6r+9=0$，特征根为 $r_1=r_2=3$，故齐次方程的通解为 $Y=(C_1+C_2x)e^{3x}$.

由于 $\lambda=3$ 是特征方程的重根，$P_n(x)=1$，因此设 $\overline{y}=ax^2e^{3x}$. 求导得，$\overline{y}'=(3ax^2+2ax)e^{3x}$，$\overline{y}''=(9ax^2+12ax+2a)e^{3x}$. 将其代入原方程，得 $ae^{3x}[(9x^2+12x+2)-6(3x^2+2x)+9x^2]=e^{3x}$，解得 $a=\frac{1}{2}$. 故方程的特解为 $\overline{y}=\frac{1}{2}x^2e^{3x}$.

于是原方程的通解为 $y=\left(C_1+C_2x+\frac{1}{2}x^2\right)e^{3x}$.

6.6.2 $f(x)=e^{\lambda x}(a\cos\omega x+b\sin\omega x)$

这里 a、b、λ、ω 均为常数，方程为 $y''+py'+qy=e^{\lambda x}(a\cos\omega x+b\sin\omega x)$. 仿照上面的讨论，可以证明此方程的特解具有形式 $\overline{y}=x^ke^{\lambda x}(A\cos\omega x+B\sin\omega x)$，其中 A 和 B 为待定常数. 当 $\lambda+\omega i$ 不是特征根时，取 $k=0$；当 $\lambda+\omega i$ 是特征根时，取 $k=1$.

注意：当二阶线性微分方程的特征方程有复数根时，绝不会出现重根，所以 k 不可能取 2.

例 4 求方程 $y''+2y'=\sin x$ 的特解.

解 这里 $f(x)=\sin x$，$\lambda=0$，$\omega=1$. 由于 $\lambda+\omega i=i$ 不是特征方程 $r^2+2r=0$ 的特征根，所以设 $\overline{y}=A\cos x+B\sin x$.

求导得 $\overline{y}'=-A\sin x+B\cos x$，$\overline{y}''=-A\cos x-B\sin x$，将 $\overline{y}'$，$\overline{y}''$代入原方程，得 $(2B-A)\cos x-(B+2A)\sin x=\sin x$. 比较系数，得 $\begin{cases}2B-A=0\\-(B+2A)=1\end{cases}$，解得 $A=-\frac{2}{5}$，$B=-\frac{1}{5}$.

于是方程的特解为 $\overline{y}=-\frac{2}{5}\cos x-\frac{1}{5}\sin x$.

注意：当 $f(x)=\sin x$，不含余弦项时，特解设为 $\overline{y}=x^ke^{\lambda x}(A\cos\omega x+B\sin\omega x)$ 的形式.

例 5 求方程 $y''+4y=\sin 2x$ 满足 $y|_{x=0}=1$，$y'|_{x=0}=1$ 的特解.

解 对应的二阶线性齐次微分方程的特征方程为 $r^2+4=0$，特征根为 $r_1=2i$，$r_2=-2i$，于是齐次方程的通解为 $Y=C_1\cos 2x+C_2\sin 2x$.

这里 $\lambda=0$，$\omega=2$. 由于 $\lambda+\omega i=2i$ 是特征方程的根，故设方程的特解为 $\overline{y}=x(A\cos 2x+B\sin 2x)$. 求导得

$$\overline{y}'=A\cos 2x+B\sin 2x+x(2B\cos 2x-2A\sin 2x),$$
$$\overline{y}''=4B\cos 2x-4A\sin 2x+x(-4A\cos 2x-4B\sin 2x),$$

将 $\overline{y}'$，$\overline{y}''$代入方程，得$-4A\sin 2x+4B\cos 2x=\sin 2x$. 比较系数，得 $A=-\dfrac{1}{4}$，$B=0$. 于是方程的特解为 $\overline{y}=-\dfrac{1}{4}x\cos 2x$.

方程的通解为 $y=C_1\cos 2x+C_2\sin 2x-\dfrac{x}{4}\cos 2x$.

求导得 $\quad y'=-2C_1\sin 2x+2C_2\cos 2x-\dfrac{1}{4}\cos 2x+\dfrac{x}{2}\sin 2x$,

代入初始条件$y|_{x=0}=1$，$y'|_{x=0}=1$，得 $C_1=1$，$C_2=\dfrac{5}{8}$. 于是所求方程的特解为 $y=\left(1-\dfrac{x}{4}\right)\cos 2x+\dfrac{5}{8}\sin 2x$.

例 6 求方程 $y''+2y'=x+\sin x$ 的通解.

解 对应的齐次方程的特征方程为 $r^2+2r=0$，特征根为 $r_1=0$，$r_2=-2$，故齐次方程的通解为 $Y=C_1+C_2\mathrm{e}^{-2x}$.

由 6.4 节定理 4 知，如果能分别求得 $y''+2y'=x$ 及 $y''+2y'=\sin x$ 的特解 $\overline{y}_1$ 及 $\overline{y}_2$，那么所给方程的特解应为 $\overline{y}_1+\overline{y}_2$.

现在由例 2 及例 4 得 $\overline{y}_1=\dfrac{1}{4}(x^2-x)$，$\overline{y}_2=-\dfrac{2}{5}\cos x-\dfrac{1}{5}\sin x$.

从而得到方程的通解为 $y=C_1+C_2\mathrm{e}^{-2x}+\dfrac{1}{4}(x^2-x)-\dfrac{1}{5}(2\cos x+\sin x)$.

现将二阶常系数线性非齐次微分方程 $y''+py'+qy=f(x)$的特解的设法列表如下(见表 6-3)：

表 6-3 二阶常系数线性非齐次微分方程的特解的设法

$f(x)$的形式	与特征根的关系	特解 $\overline{y}$ 的形式
$f(x)=\mathrm{e}^{\lambda x}P_n(x)$	λ 不是特征方程的根	$\overline{y}=Q_n(x)\mathrm{e}^{\lambda x}$
	λ 是特征方程的单根	$\overline{y}=xQ_n(x)\mathrm{e}^{\lambda x}$
	λ 是特征方程的重根	$\overline{y}=x^2Q_n(x)\mathrm{e}^{\lambda x}$
$f(x)=\mathrm{e}^{\lambda x}(a\cos\omega x+b\sin\omega x)$	$\lambda+\omega i$ 不是特征方程的根	$\overline{y}=\mathrm{e}^{\lambda x}(A\cos\omega x+B\sin\omega x)$
	$\lambda+\omega i$ 是特征方程的根	$\overline{y}=x\mathrm{e}^{\lambda x}(A\cos\omega x+B\sin\omega x)$

习题 6.6

1. 求下列微分方程的一个特解：

(1) $y''+2y'+5y=5x+2$；　(2) $2y''+y'-y=2e^x$；

(3) $y''+3y=2\sin x$.

2. 求下列微分方程的通解：

(1) $\frac{d^2x}{dt^2}=4\sin 2t$；　(2) $y''-y'+\frac{1}{4}y=5e^{\frac{x}{2}}$；

(3) $y''-5y'+6y=6x^2-10x+2$；　(4) $y''+y=x^2+\cos x$.

3. 求下列微分方程满足初始条件的特解：

(1) $y''+y+\sin 2x=0$，$y|_{x=\pi}=1$，$y'|_{x=\pi}=1$；

(2) $y''+y'-2y=2x$，$y|_{x=0}=0$，$y'|_{x=0}=3$；

(3) $\frac{d^2s}{dt^2}+s=2\cos t$，$s|_{t=0}=2$，$\left.\frac{ds}{dt}\right|_{t=0}=0$；

(4) $y''-3y'+2y=5$，$y|_{x=0}=1$，$y'|_{x=0}=2$.

4. 方程 $y''+4y=\sin x$ 的一条积分曲线通过点(0，1)，并在该点与直线 $y=1$ 相切，求此曲线方程.

本章小结

一、主要内容

本章的重点是微分方程的一些基本概念与常见类型方程的求解方法. 对于一阶微分方程主要是掌握可分离变量方程、一阶线性微分方程两种重要类型方程的解法，对于二阶微分方程主要是二阶常系数线性微分方程，要掌握二阶线性微分方程的解的结构，二阶常系数线性齐次微分方程求通解的特征根法，二阶常系数线性非齐次微分方程中两种情况下特解的设法.

另外，微分方程在自然科学与技术科学中有着广泛的应用，要掌握微分方程的建立方法、解法，这是微分方程中十分重要的内容.

二、学习指导

1. 理解微分方程的基本概念，理解微分方程的阶、通解、特解、初始条件的概念.

2. 掌握一阶微分方程的典型类型：可分离变量微分方程、一阶线性微分方程的解法，会用一阶微分方程解决一些应用问题.

3. 掌握二阶线性齐次微分方程与非齐次微分方程解的结构.

4. 掌握二阶常系数线性齐次微分方程通解的解法，二阶常系数线性非齐次微分方程 $y''+py'+qy=f(x)$，当 $f(x)=e^{\lambda x}P_n(x)$或 $e^{\lambda x}(a\cos\omega x+b\sin\omega x)$时，能计算方程的特解，并能表示出方程的通解.

数学文化

微分方程的起源

微分方程是在解决一个又一个物理问题的过程中产生的. 从 17 世纪末开始，摆动运动、弹性理论及天体力学的实际问题，引出了一系列微分方程. 例如，雅各布·伯努利在1690 年发表了“等时曲线”的解，其中就用到了微分方程. 他在同一篇文章中还提出了“悬链线问题”，即求一根柔软但不能伸长的绳子自由悬挂于两定点而形成的曲线的函数. 这个问题在15 世纪就被提出过，伽利略曾猜想答案是抛物线，惠更斯证明了伽利略的猜想是错误的. 后来，莱布尼茨、惠更斯和伯努利在1691 年都发表了各自的解答. 其中，伯努利建立了微分方程，然后解方程而得出曲线方程.

微分方程的解法最初是作为特殊技巧而提出的，其严密性未被考虑. 微分方程的一般解法是从莱布尼茨的分离变量法(1691 年)开始发展的，直到欧拉和克莱罗给出解一阶线性微分方程的积分因子法(1734—1740 年)，才完全成熟. 到 1740 年左右，所有解一阶线性微分方程的初等方法都已被世人获知.

1724 年，意大利学者里卡蒂(1676—1754 年)通过变量代换将一个二阶线性微分方程降阶为“里卡蒂方程”：$\frac{\mathrm{d}y}{\mathrm{d}x}=a_0(x)+a_1(x)y+a_2(x)y^2$. 他的“降阶”思想是处理高阶微分方程的主要方法.

高阶微分方程的系统研究是从欧拉于 1728 年发表的《降二阶微分方程为一阶微分方程的新方法》开始的. 1743 年，欧拉已经获得 n 阶常系数线性齐次方程的完整解法. 1774—1775 年，拉格朗日用参数变易法给出一般 n 阶变系数非线性齐次微分方程的解，给出了伴随方程的概念. 在欧拉工作的基础上，拉格朗日得出了“知道 n 阶齐次方程的 m 个特解后，可以把方程降低 m 阶”这一结论，这是18 世纪解微分方程的最高成就.

在弹性理论和天文学研究中，许多问题都涉及了微分方程组. 两个物体在引力下运动的研究引出了“n 体问题”的研究，这样引出了多个微分方程. 但是，即使是“三体问题”也难以求出其精确解. 寻求近似解就变成了这一问题研究所追求的目标，“摄动理论”就是其中一个例子. 所谓“摄动”是指两个球形物体在相互引力作用下沿圆锥曲线运动，若有任何偏离就称这种运动是摄动的，否则是非摄动的. 两个物体所在的介质对运动有阻力，或者两个物体不是球形，或者涉及更多的物体，就会发生摄动现象. 18 世纪，物体摄动运动的近似解成为一大数学难题. 克莱罗、达朗贝尔、欧拉、拉格朗日及拉普拉斯都对这个问题作出了贡献，其中拉普拉斯的贡献是最突出的.

18 世纪中期，微分方程成为一门独立的学科，而这种方程的求解成为科学家们的一个目标，探索微分方程的一般求解方法大概到 1775 年才结束. 其后，微分方程的求解方法没有大的突破，新的著作仍旧是用已知的方法来求解微分方程. 直到 19 世纪末，人们才引进了算子方法和拉普拉斯变换，总体来讲，这门学科是各种类型的孤立技巧的汇编.

欧拉简介

莱昂哈德·欧拉(Leonhard Euler，1707—1783 年)，瑞士数学家、自然科学家.

欧拉是 18 世纪数学界最杰出的人物之一，他不但在数学上作出伟大贡献，而且把数学用到了几乎整个物理领域. 他写了大量的力学、分析学、几何学、变分法的课本，《无穷小分析引论》《微分学原理》《积分学原理》等都成为数学中的经典著作.

18 世纪中叶，欧拉和其他数学家在解决物理问题的过程中，创立了微分方程这门学科. 偏微分方程的纯数学研究的第一篇论文是欧拉写的《方程的积分法研究》. 欧拉还研究了函数用三角级数表示的方法和解微分方程的级数法等.

复习题 6

基础题

1. 求下列微分方程的通解：

(1) $e^{-s}\left(1-\dfrac{ds}{dt}\right)=1$；　　(2) $y'+y=\cos x$；

(3) $y'-ay=e^{mx}\ (m\neq a)$；　　(4) $y''-y'=x^2$.

2. 求下列微分方程的特解：

(1) $y'=3x^2y+x^5+x^2$，$y|_{x=0}=1$；　　(2) $(1+e^x)yy'=e^y$，$y|_{x=0}=0$.

3. 求下列微分方程的通解：

(1) $y''-8y'+16y=x+e^{4x}$；　　(2) $y''+y=\cos x\cos 2x$.

提高题

1. 求下列微分方程的通解：

(1) $y''+4y'+3y=2\sin x$；　　(2) $y''+k^2y=2k\sin kx$.

2. 设有一质量为 m 的质点作直线运动，从速度等于零的时刻起，有一个与运动方向一致，大小与时间成正比(比例系数为 k_1)的力作用于它，此外它还受一个与速度成正比(比例系数为 k_2)的阻力作用. 求质点运动的速度与时间的函数关系.

3. 设物体运动的速度与物体到质点的距离成正比，已知物体在 10s 时与原点相距 100m，在 15s 时与原点相距 200m，求物体的运动规律.

07 第7章 拉普拉斯变换

拉普拉斯变换采用了将问题进行变换的思想，它是由一个函数到另一个函数的变换. 而这种变换是解微分方程、积分方程经常采用的一种方法，它在自动控制系统分析中也起着极其重要的作用. 拉普拉斯变换的主要作用：把微积分运算转化为代数运算，从而简化解题过程，缩短运算时间. 下面将简要介绍拉普拉斯变换的基本概念、主要性质、拉普拉斯变换的逆变换、拉普拉斯变换的应用.

7.1 拉普拉斯变换的基本概念

7.1.1 拉普拉斯变换的概念

定义 设函数 $f(t)$ 的定义域为 $[0, +\infty)$，若广义积分 $\int_0^{+\infty} f(t)e^{-st}dt$ 对于数 s 在某一范围内的值收敛，则此积分就确定了一个参数为 s 的函数，记作 $F(s)$，即

$$F(s)=\int_0^{+\infty} f(t)e^{-st}dt \tag{7-1}$$

函数 $F(s)$ 称为 $f(t)$ 的拉普拉斯(Laplace)变换，简称拉氏变换. 这时 $F(s)$ 称为 $f(t)$ 的象函数，$f(t)$ 称为 $F(s)$ 的象原函数. 公式(7-1)称为函数 $f(t)$ 的拉普拉斯变换式，用记号 $L[f(t)]$ 表示，即 $F(s)=L[f(t)]$.

说明：① 在定义中只要求 $f(t)$ 在 $t\geqslant 0$ 时有定义，为了研究的方便，总假定当 $t<0$ 时，$f(t)\equiv 0$. 做这种假设并不影响对实际问题的研究；

② 拉普拉斯变换中的参数 s 一般不限于实数，它也可以为复数. 本书中，为方便起见，把 s 作为正实数来讨论；

③ 一个函数存在拉普拉斯变换是有条件的，并不是所有函数的拉普拉斯变换都存在，一般说来，在科学技术中遇到的函数，它们的拉普拉斯变换总是存在的，所以这里略去存在性的研究；

④ 拉普拉斯变换是将给定的函数通过特定的广义积分转换成一个新的函数，它是一种积分变换.

例1 求指数函数 $f(t)=e^{at}$ $(t\geqslant 0$，a 为常数$)$ 的拉普拉斯变换.

解 利用拉普拉斯变换的定义，有 $L[e^{at}]=\int_0^{+\infty} e^{at}\cdot e^{-st}dt=\int_0^{+\infty} e^{-(s-a)t}dt$.

这个积分在 $s>a$ 时收敛，所以有

$$L[e^{at}]=\int_0^{+\infty}e^{-(s-a)t}dt=-\left[\frac{1}{s-a}e^{-(s-a)t}\right]\Big|_0^{+\infty}=\frac{1}{s-a}(s>a).$$

例 2　求一次函数 $f(t)=at(t\geqslant 0$，a 为常数)的拉普拉斯变换.

解　$L[at]=\int_0^{+\infty}at\cdot e^{-st}dt=-\frac{a}{s}\int_0^{+\infty}td(e^{-st})=(-\frac{at}{s}e^{-st})\Big|_0^{+\infty}+\frac{a}{s}\int_0^{+\infty}e^{-st}dt.$

根据洛必达法则，有 $\lim\limits_{t\to+\infty}(-\frac{at}{s}e^{-st})=-\lim\limits_{t\to+\infty}\frac{at}{se^{st}}=-\lim\limits_{t\to+\infty}\frac{a}{s^2e^{st}}$. 此极限当 $s>0$ 时收敛于 0，所以有 $\lim\limits_{t\to+\infty}(-\frac{at}{s}e^{-st})=0.$

因此，$L[at]=\frac{a}{s}\int_0^{+\infty}e^{-st}dt=-\left(\frac{a}{s^2}e^{-st}\right)\Big|_0^{+\infty}=\frac{a}{s^2}(s>0).$

例 3　求正弦函数 $f(t)=\sin\omega t(t\geqslant 0)$的拉普拉斯变换.

解　$L[\sin\omega t]=\int_0^{+\infty}\sin\omega t\cdot e^{-st}dt=\left[-\frac{1}{s^2+\omega^2}e^{-st}(s\sin\omega t+\omega\cos\omega t)\right]\Big|_0^{+\infty}$

$$=\frac{\omega}{s^2+\omega^2}(s>0).$$

用同样的方法可求得 $L[\cos\omega t]=\frac{s}{s^2+\omega^2}(s>0).$

例 4　求分段函数 $f(t)=\begin{cases}0, & t<0,\\ c, & 0\leqslant t<a,\\ 2c, & a\leqslant t<3a,\\ 0, & 3a\leqslant t\end{cases}$ 的拉普拉斯变换.

解　$L[f(t)]=\int_0^{+\infty}f(t)e^{-st}dt=\int_0^{a}c\cdot e^{-st}dt+\int_a^{3a}2c\cdot e^{-st}dt$

$$=\left(-\frac{c}{s}e^{-st}\right)\Big|_0^{a}+\left(-\frac{2c}{s}e^{-st}\right)\Big|_a^{3a}=\frac{c}{s}(1-e^{-as}+2e^{-as}-2e^{-3as})$$

$$=\frac{c}{s}(1+e^{-as}-2e^{-3as}).$$

7.1.2　两个重要函数

说明：单位阶梯函数 $u(t)$和拉克函数 $\delta(t)$是自动控制系统中的常用函数.

例 5　求单位阶梯函数 $u(t)=\begin{cases}0, & t<0,\\ 1, & t\geqslant 0\end{cases}$ 的拉普拉斯变换.

解　$L[u(t)]=\int_0^{+\infty}e^{-st}dt=-\frac{1}{s}e^{-st}\Big|_0^{+\infty}=\frac{1}{s}.$

在许多实际问题中，常会遇到一种集中在极短时间内作用的量，这种瞬间作用的量不能用通常的函数表示，为此设分段函数 $\delta_\tau(t)=\begin{cases}0, & t<0,\\ \frac{1}{\tau}, & 0\leqslant t\leqslant\tau,\\ 0, & t>\tau,\end{cases}$ 其中 τ 是一个很

小的正数. 当 $\tau \to 0$ 时，$\delta_\tau(t)$ 的极限 $\lim\limits_{\tau \to 0}\delta_\tau(t)$ 称为狄拉克（Dirac）函数 $\delta(t)$，简称为 $\delta-$ 函数.

在 τ 趋近于零时，如果 $t \ne 0$，则 $\delta_\tau(t)$ 的值趋于零；如果 $t = 0$，则 $\delta_\tau(t)$ 的值趋于无穷大，即 $\delta(t) = \lim\limits_{\tau \to 0}\delta_\tau(t) = \begin{cases} 0, & t \ne 0, \\ +\infty, & t = 0. \end{cases}$ 工程技术中常将 $\delta(t)$ 称为单位脉冲函数.

例 6 计算狄拉克函数的拉普拉斯变换.

解 $L[\delta(t)] = \int_0^{+\infty} \delta(t) \cdot \mathrm{e}^{-st}\mathrm{d}t = \int_0^{+\infty} \lim\limits_{\tau \to 0}\delta_\tau(t) \cdot \mathrm{e}^{-st}\mathrm{d}t = \lim\limits_{\tau \to 0}\int_0^{\tau} \dfrac{1}{\tau}\mathrm{e}^{-st}\mathrm{d}t$

$= \lim\limits_{\tau \to 0}\dfrac{1}{\tau} \cdot (-\dfrac{1}{s}\mathrm{e}^{-st})\big|_0^{\tau} = \lim\limits_{\tau \to 0}\dfrac{1 - \mathrm{e}^{-s\tau}}{s\tau} \overset{\frac{0}{0}}{=\!=\!=} \lim\limits_{\tau \to 0}\mathrm{e}^{-s\tau} = 1$

习题 7.1

求下列函数的拉普拉斯变换：

1. $f(t) = \mathrm{e}^{-2t}$.　　　　2. $f(t) = t^2$.　　　　3. $f(t) = \sin(\omega t + \varphi)$.

7.2　拉普拉斯变换的性质

拉普拉斯变换有以下几个主要性质，利用这些性质可以求一些较为复杂的函数的拉普拉斯变换.

性质 1 （线性性质）若 a_1，a_2 是常数，并设 $L[f_1(t)] = F_1(s)$，$L[f_2(t)] = F_2(s)$，则 $L[a_1 f_1(t) + a_2 f_2(t)] = a_1 L[f_1(t)] + a_2 L[f_2(t)] = a_1 F_1(s) + a_2 F_2(s)$.

例 1 求函数 $f(t) = \dfrac{1}{a}(1 - \mathrm{e}^{-at})$ 的拉普拉斯变换.

解 由线性性质可得

$$L\left[\dfrac{1}{a}(1 - \mathrm{e}^{-at})\right] = \dfrac{1}{a}L[1 - \mathrm{e}^{-at}] = \dfrac{1}{a}(L[1] - L[\mathrm{e}^{-at}])$$

$$= \dfrac{1}{a}\left(\dfrac{1}{s} - \dfrac{1}{s+a}\right) = \dfrac{1}{s(s+a)}.$$

性质 2 （平移性质）若 $L[f(t)] = F(s)$，则 $L[\mathrm{e}^{at}f(t)] = F(s-a)$.

说明：象原函数乘以 e^{at} 等于其象函数做位移 a，因此，这个性质称为平移性质.

例 2 求 $L[t\mathrm{e}^{at}]$ 和 $L[\mathrm{e}^{-at}\sin\omega t]$.

解 容易得出 $L[t] = \dfrac{1}{s^2}$，$L[\sin\omega t] = \dfrac{\omega^2}{s^2 + \omega^2}$. 根据平移性质得

$$L[te^{at}]=\frac{1}{(s-a)^2},L[e^{-at}\sin\omega t]=\frac{\omega^2}{(s+a)^2+\omega^2}.$$

性质3 （延滞性质）若 $L[f(t)]=F(s)$，则 $L[f(t-a)]=e^{-as}F(s)(a>0)$.

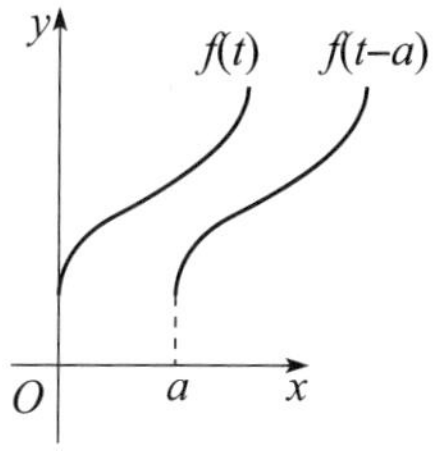

图7-1

注意：在这个性质中，函数 $f(t-a)$ 表示函数 $f(t)$ 在时间上滞后 a 个单位(见图7-1)，所以这个性质称为延滞性质. 在实际应用中，为了突出“滞后”这一特点，常在 $f(t-a)$ 这个函数上再乘以 $u(t-a)$，所以，延滞性质也表示为 $L[u(t-a)f(t-a)]=e^{-as}F(s)$.

例3 求 $L[u(t-a)]$.

解 因为 $L[u(t)]=\frac{1}{s}$，则根据延滞性质得 $L[u(t-a)]=e^{-as}\frac{1}{s}(s>0)$.

例4 求 $L[u(t-\tau)e^{a(t-\tau)}]$.

解 因为 $L[e^{at}]=\frac{1}{s-a}$，所以 $L[u(t-\tau)e^{a(t-\tau)}]=e^{-\tau s}\frac{1}{s-a}(s>a)$.

性质4 （微分性质）若 $L[f(t)]=F(s)$，$f(t)$ 在 $[0,+\infty)$ 上连续，$f'(t)$ 为分段连续，则 $L[f'(t)]=sF(s)-f(0)$.

证 $L[f'(t)]=\int_0^{+\infty}f'(t)\ e^{-st}dt=[f(t)e^{-st}]|_0^{+\infty}+s\int_0^{+\infty}f(t)\ e^{-st}dt.$

可以证明，在 $L[f(t)]$ 存在的条件下，必有 $\lim\limits_{t\to+\infty}f(t)e^{-st}=0$.

因此 $L[f'(t)]=0-f(0)+sL[f(t)]=sF(s)-f(0)$.

说明：① 在相应条件成立时，还可推得 $L[f''(t)]=s^2F(s)-[sf(0)+f'(0)]$；

② 推广到 n 阶导数 $L[f^{(n)}(t)]=s^nF(s)-[s^{n-1}f(0)+s^{n-2}f'(0)+\cdots+f^{(n-1)}(0)](n=1,2,\cdots)$；

③ 当初始值 $f(0)=f'(0)=\cdots=f^{(n-1)}(0)=0$ 时，有 $L[f^{(n)}(t)]=s^nF(s)$.

原函数的微分运算通过拉普拉斯变换可化为 s 与它的象函数的乘积运算，利用拉普拉斯变换的微分性质可将 $f(t)$ 的常系数微分方程转化为 $F(s)$ 的代数方程，因此拉普拉斯变换在求解微分方程中起到重要的作用.

性质5 （积分性质）若 $L[f(t)]=F(s)(s\neq0)$，且 $f(t)$ 连续，则 $L[\int_0^t f(x)dx]=\frac{F(s)}{s}$.

性质6 （相似性质）若 $L[f(t)]=F(s)$，则当 $a>0$ 时，有 $L[f(at)]=\frac{1}{a}F\left(\frac{s}{a}\right)$.

性质7 （象函数的微分性质）若 $L[f(t)]=F(s)$，则 $L[t^nf(t)]=(-1)^nF^{(n)}(s)$.

性质8 （象函数的积分性质）若 $L[f(t)]=F(s)$，且 $\lim\limits_{t\to0}\frac{f(t)}{t}$ 存在，则

$$L\left[\frac{f(t)}{t}\right]=\int_{s}^{+\infty}F(s)\mathrm{d}s.$$

例 5 求 $L[t^n](n=1, 2, \cdots)$

解 设 $f(t)=t^n$，则 $f(0)=f'(0)=f''(0)=\cdots=f^{(n-1)}(0)=0$，$f^{(n)}(t)=n!$，由拉普拉斯变换的 n 阶导数微分性质，得 $L[f^{(n)}(t)]=s^nL[f(t)]$，则

$$L[f(t)]=\frac{1}{s^n}L[f^{(n)}(t)]=\frac{1}{s^n}L[n!]=\frac{n!}{s^n}L[u(t)]=\frac{n!}{s^n}\cdot\frac{1}{s}=\frac{n!}{s^{n+1}}.$$

例 6 求下列函数的拉普拉斯变换：

① $f(t)=u(2t-1)$；② $f(t)=\frac{\sin t}{t}$；③ $f(t)=te^{at}\sin\omega t$（a，ω 为常数）.

解 ① 因为 $L[u(t)]=\frac{1}{s}$，根据相似性质得 $L[u(2t)]=\frac{1}{2}\cdot\frac{1}{\frac{s}{2}}=\frac{1}{s}$，再根据延滞性质得

$$L[u(2t-1)]=L\left\{u\left[2\left(t-\frac{1}{2}\right)\right]\right\}=\frac{1}{s}\mathrm{e}^{-\frac{s}{2}}.$$

② 因为 $L[\sin t]=\frac{1}{s^2+1}$，而且 $\lim\limits_{t\to 0}\frac{\sin t}{t}=1$. 所以由象函数的积分性质，得

$$L\left[\frac{\sin t}{t}\right]=\int_{s}^{+\infty}\frac{1}{s^2+1}\mathrm{d}s=\arctan s\Big|_{s}^{+\infty}=\frac{\pi}{2}-\arctan s.$$

③ 因为 $L[\sin\omega t]=\frac{\omega}{s^2+\omega^2}$，由平移性质得 $L[\mathrm{e}^{at}\sin\omega t]=\frac{\omega}{(s-a)^2+\omega^2}$. 再由象函数的微分性质得 $L[t\mathrm{e}^{at}\sin\omega t]=-\frac{\mathrm{d}}{\mathrm{d}s}\left[\frac{\omega}{(s-a)^2+\omega^2}\right]=\frac{2\omega(s-a)}{[(s-a)^2+\omega^2]^2}$.

运用性质和已知函数的拉普拉斯变换，间接求一个函数的拉普拉斯变换是一种常用的方法. 将常用的一些函数的象函数列表如下（见表 7-1）：

表 7-1 常用函数的拉普拉斯变换

序号	象原函数 $f(t)$	象函数 $F(s)$
1	狄拉克函数 $\delta(t)$	1
2	单位阶梯函数 $u(t)=\begin{cases}0, & t<0\\1, & t\geqslant 0\end{cases}$	$\frac{1}{s}$
3	$t^n(n=1, 2, \cdots)$	$\frac{n!}{s^{n+1}}$
4	e^{at}	$\frac{1}{s-a}$
5	$1-\mathrm{e}^{-at}$	$\frac{a}{s(s+a)}$

续表

序号	象原函数 $f(t)$	象函数 $F(s)$
6	$t^n e^{at}(n=1, 2, \cdots)$	$\frac{n!}{(s-a)^{n+1}}$
7	$e^{at}-e^{bt}$	$\frac{a-b}{(s-a)(s-b)}$
8	$2\sqrt{\frac{t}{\pi}}$	$\frac{1}{s\sqrt{s}}$
9	$\frac{1}{\sqrt{\pi t}}$	$\frac{1}{\sqrt{s}}$
10	$\sin\omega t$	$\frac{\omega}{s^2+\omega^2}$
11	$\cos\omega t$	$\frac{s}{s^2+\omega^2}$
12	$\sin(\omega t+\varphi)$	$\frac{s\sin\varphi+\omega\cos\varphi}{s^2+\omega^2}$
13	$\cos(\omega t+\varphi)$	$\frac{s\cos\varphi-\omega\sin\varphi}{s^2+\omega^2}$
14	$t\sin\omega t$	$\frac{2s\omega}{(s^2+\omega^2)^2}$
15	$t\cos\omega t$	$\frac{s^2-\omega^2}{(s^2+\omega^2)^2}$
16	$e^{-at}\sin\omega t$	$\frac{\omega}{(s+a)^2+\omega^2}$
17	$e^{-at}\cos\omega t$	$\frac{s+a}{(s+a)^2+\omega^2}$
18	$\frac{1}{\omega^2}(1-\cos\omega t)$	$\frac{1}{s(s^2+\omega^2)}$

习题 7.2

1. 求下列各函数的拉普拉斯变换：

(1) $3e^{-4t}$；　(2) t^3+6t+3；　(3) $\sin 2t\cos 2t$；

(4) $8\sin^2 3t$；　(5) $e^{3t}\sin 4t$；　(6) $t^n e^{at}$；

(7) $e^{-4t}\sin 3t\cos 2t$；　(8) $te^t\cos t$；　(9) $\frac{1-e^t}{t}$；

(10) $\int_0^t \frac{\sin x}{x}dx$；　(11) $f(t)=\begin{cases}E, & 0\leqslant t<t_0,\\ 0, & t\geqslant t_0;\end{cases}$

(12) $f(t)=\begin{cases}\sin t, & 0\leqslant t<\pi,\\ t, & t\geqslant \pi.\end{cases}$

2. 试证平移性质和相似性质.

3. 设 $f(t)=t\sin at$

(1) 验证 $f''(t)+a^2f(t)=2a\cos at$；

(2) 利用(1)及拉普拉斯变换的微分性质，求 $L[f(t)]$.

7.3 拉普拉斯变换的逆变换

定义 若 $F(s)$是 $f(t)$的拉普拉斯变换，则称 $f(t)$为 $F(s)$的拉普拉斯变换的逆变换，简称拉氏逆变换，并记成 $L^{-1}[F(s)]$.

拉氏逆变换是由象函数求象原函数. 在实际求拉氏逆变换时，要结合拉普拉斯变换的性质. 现将常用的拉氏逆变换的性质一一列出.

性质 1 (线性性质)若 a_1，a_2 是常数，$L[f_1(t)]=F_1(s)$，$L[f_2(t)]=F_2(s)$，则

$$L^{-1}[a_1F_1(s)+a_2F_2(s)]=a_1L^{-1}[F_1(s)]+a_2L^{-1}[F_2(s)]$$
$$=a_1f_1(t)+a_2f_2(t).$$

性质 2 (平移性质)若 $L[f(t)]=F(s)$，则 $L^{-1}[F(s-a)]=e^{at}L^{-1}[F(s)]=e^{at}f(t)$.

性质 3 (延滞性质)若 $L[f(t)]=F(s)$，则 $L^{-1}[e^{-as}F(s)]=f(t-a)$.

例 1 求下列象函数的逆变换：

① $F(s)=\dfrac{1}{s+3}$； ② $F(s)=\dfrac{1}{(s-2)^3}$；

③ $F(s)=\dfrac{2s-5}{s^2}$； ④ $F(s)=\dfrac{e^s}{s^2+4}$.

解 ① 将 $a=-3$ 代入表 7-1 中公式(4)，得 $f(t)=L^{-1}\left[\dfrac{1}{s+3}\right]=e^{-3t}$.

② 由平移性质及表 7-1 中公式(3)，得

$$f(t)=L^{-1}\left[\frac{1}{(s-2)^3}\right]=e^{2t}L^{-1}\left[\frac{1}{s^3}\right]=\frac{e^{2t}}{2}L^{-1}\left[\frac{2!}{s^3}\right]=\frac{1}{2}t^2e^{2t}.$$

③ 由线性性质及表 7-1 中公式(2)、(3)得

$$f(t)=L^{-1}\left[\frac{2s-5}{s^2}\right]=2L^{-1}\left[\frac{1}{s}\right]-L^{-1}\left[\frac{5}{s^2}\right]$$
$$=2L^{-1}\left[\frac{1}{s}\right]-5L^{-1}\left[\frac{1}{s^2}\right]=2-5t.$$

④ 由延滞性质及表 7-1 中公式(10)，得

$$f(t)=L^{-1}\left[\frac{e^{s}}{s^{2}+4}\right]=\frac{1}{2}L^{-1}\left[\frac{2}{s^{2}+2^{2}}e^{s}\right]=\frac{1}{2}\sin[2(t+1)]=\frac{1}{2}\sin(2t+2).$$

例 2 求 $L^{-1}\left[\frac{2s+3}{s^{2}-2s+5}\right]$.

解 $f(t)=L^{-1}\left[\frac{2s+3}{s^{2}-2s+5}\right]=L^{-1}\left[\frac{2(s-1)+5}{(s-1)^{2}+2^{2}}\right]$

$$=2L^{-1}\left[\frac{s-1}{(s-1)^{2}+4}\right]+\frac{5}{2}L^{-1}\left[\frac{2}{(s-1)^{2}+2^{2}}\right]$$

$$=2e^{t}L^{-1}\left[\frac{s}{s^{2}+2^{2}}\right]+\frac{5}{2}e^{t}L^{-1}\left[\frac{2}{s^{2}+2^{2}}\right]$$

$$=2e^{t}\cos 2t+\frac{5}{2}e^{t}\sin 2t=\frac{1}{2}e^{t}(4\cos 2t+5\sin 2t).$$

例 3 求 $L^{-1}\left[\frac{s+9}{s^{2}+5s+6}\right]$.

解 用待定系数法，得部分分式 $\frac{s+9}{s^{2}+5s+6}=\frac{s+9}{(s+2)(s+3)}=\frac{7}{s+2}-\frac{6}{s+3}$，于是

$$f(t)=L^{-1}\left[\frac{s+9}{s^{2}+5s+6}\right]=L^{-1}\left[\frac{7}{s+2}-\frac{6}{s+3}\right]$$

$$=7L^{-1}\left[\frac{1}{s+2}\right]-6L^{-1}\left[\frac{1}{s+3}\right]=7e^{-2t}-6e^{-3t}.$$

说明： 运用拉普拉斯变换解决工程技术中的应用问题时，通常遇到象函数是有理分式的情况. 对于较复杂的有理分式一般先化为部分分式，再利用拉氏逆变换性质及表 7-1 求出象原函数.

习题 7.3

求下列各函数的拉氏逆变换：

1. $F(s)=\frac{1}{3s+5}$.
2. $F(s)=\frac{4s}{s^{2}+16}$.
3. $F(s)=\frac{2s-8}{s^{2}+36}$.
4. $F(s)=\frac{s}{(s+3)(s+5)}$.
5. $F(s)=\frac{4}{s^{2}+4s+10}$.
6. $F(s)=\frac{s^{2}+2}{s^{3}+5s^{2}+6s}$.
7. $F(s)=\frac{s^{2}+1}{s(s-1)^{2}}$.
8. $F(s)=\frac{150}{(s^{2}+2s+5)(s^{2}-4s+8)}$.
9. $F(s)=\frac{(2s+1)^{2}}{s^{5}}$.
10. $F(s)=\frac{4s-2}{(s^{2}+1)^{2}}$.

7.4　拉普拉斯变换的应用

7.4.1　解常系数线性微分方程

在研究电路理论和自动控制理论时，所用的数学模型多为常系数线性微分方程，这里我们讨论应用拉普拉斯变换解线性微分方程的问题.

例 1　求微分方程 $y'(t)-2y(t)=0$ 满足初始条件 $y(0)=3$ 的解.

解　设 $L[y(t)]=Y(s)$，对微分方程两边进行拉普拉斯变换，得

$$sY(s)-y(0)-2Y(s)=0,\text{即 } sY(s)-3-2Y(s)=0.\text{ 解得 } Y(s)=\frac{3}{s-2}.$$

对 $Y(s)$ 两边取拉氏逆变换得

$$y(t)=L^{-1}[Y(s)]=L^{-1}\left[\frac{3}{s-2}\right]=3L^{-1}\left[\frac{1}{s-2}\right]=3\mathrm{e}^{2t}.$$

说明：从例 1 可以看出，利用拉普拉斯变换求解常系数线性微分方程的步骤如下：

① 对微分方程两边取拉普拉斯变换，并代入初始条件；

② 解拉普拉斯变换象函数的代数方程；

③ 对象函数取拉氏逆变换得象原函数，即得微分方程的解.

例 2　求微分方程 $y''-y'+y=\mathrm{e}^t$ 满足初始条件 $y(0)=y'(0)=1$ 的解.

解　设 $L[y(t)]=Y(s)$，方程两边取拉普拉斯变换

$$s^2Y(s)-sy(0)-y'(0)-[sY(s)-y'(0)]+Y(s)=\frac{1}{s-1}.$$

将初始条件 $y(0)=y'(0)=1$ 代入，得 $(s^2-s+1)Y(s)=\frac{1}{s-1}+s$. 从而 $Y(s)=\frac{1}{s-1}$.

两边再取拉氏逆变换得 $y(t)=L^{-1}[Y(s)]=L^{-1}\left[\frac{1}{s-1}\right]=\mathrm{e}^t$.

例 3　求微分方程组 $\begin{cases}x''-2y'-x=0,\\ x'-y=0\end{cases}$ 满足初始条件 $x(0)=0$，$x'(0)=1$，$y(0)=1$ 的特解.

解　设 $L[x(t)]=X(s)$，$L[y(t)]=Y(s)$，方程两边取拉普拉斯变换

$$\begin{cases}s^2X(s)-sx(0)-x'(0)-2[sY(s)-y(0)]-X(s)=0,\\ sX(s)-x(0)-Y(s)=0.\end{cases}$$

代入初始条件得$\begin{cases}(s^2-1)X(s)-2sY(s)+1=0,\\ sX(s)-Y(s)=0.\end{cases}$解方程组得$\begin{cases}X(s)=\dfrac{1}{s^2+1},\\ Y(s)=\dfrac{s}{s^2+1}.\end{cases}$

再取拉氏逆变换，得方程的特解为$\begin{cases}x(t)=\sin t,\\ y(t)=\cos t.\end{cases}$

7.4.2　解积分方程

例 4　求解积分方程 $y(t)=at+\int_0^t y(x)\ \mathrm{d}x$.

解　设 $L[y(t)]=Y(s)$，对方程两边取拉普拉斯变换，得 $Y(s)=\dfrac{a}{s^2}+\dfrac{1}{s}Y(s)$.

解得 $Y(s)=\dfrac{a}{s(s-1)}=a\left(\dfrac{1}{s-1}-\dfrac{1}{s}\right)$. 再取拉氏逆变换，得 $y(t)=a(\mathrm{e}^t-1)$.

说明：积分方程的解法与微分方程的解法类似.

7.4.3　力学上的应用

例 5　设一质量为 m 的物体静止在原点，在 $t=0$ 时受到 x 轴正方向的冲击力 $F_0\delta(t)$的作用，其中 F_0 为常数，求物体的运动方程.

解　设物体的运动方程为 $x=x(t)$，根据牛顿第二定律有

$$mx''(t)=F_0\delta(t),x(0)=x'(0)=0.$$

令 $L[x(t)]=X(s)$，并将初始条件代入得 $ms^2X(s)=F_0\Rightarrow X(s)=\dfrac{F_0}{m}\cdot\dfrac{1}{s^2}$.

求拉氏逆变换，得物体的运动方程为 $x(t)=L^{-1}[X(s)]=\dfrac{F_0}{m}\cdot L^{-1}\left[\dfrac{1}{s^2}\right]=\dfrac{F_0}{m}t$.

7.4.4　电学上的应用

例 6　一个 RL 串联电路(如图 7－2 所示)由电阻 $R=40\Omega$、电感 $L=2H$ 和电源 $E(t)=10\mathrm{V}$ 组成. 假设在初始时刻 $t=0$ 时，电流是 0A，求此电路中电流函数.

解　设电路中电流为 $i(t)$. 由基尔霍夫定律：在闭合回路中，所有支路上电压的代数和等于零. 由图 7－2，两端电阻和电感的电压分别为 R_i、$L\dfrac{\mathrm{d}i}{\mathrm{d}t}$. 通过电源的电压降是$-E(t)$，即 $L\dfrac{\mathrm{d}i}{\mathrm{d}t}+Ri=E$. 可得关于 $i(t)$的一阶微分方程 $2\dfrac{\mathrm{d}i}{\mathrm{d}t}+40i=10$，需满足初始条件 $i(0)=0$.

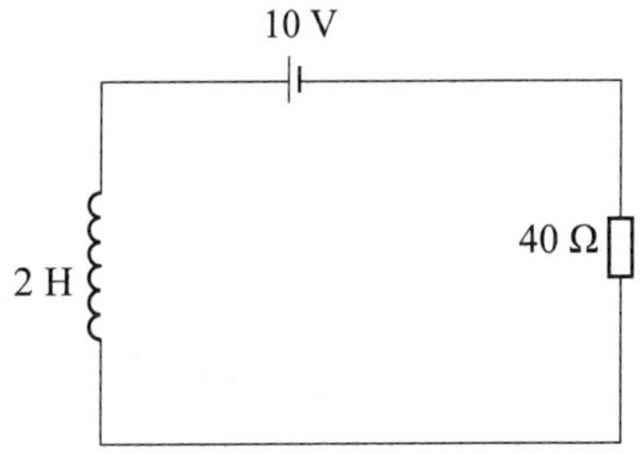

图 7－2

设 $L[i(t)]=I(s)$，对所列的方程作拉普拉斯变换 $\frac{10}{s}=40L[i]+2(sL[i]-i(0))$，解得 $L[i]=\frac{5}{s(s+20)}=\frac{1}{4}\left(\frac{1}{s}-\frac{1}{s+20}\right)$.

取拉氏逆变换得 $i(t)=\frac{1}{4}L^{-1}\left[\frac{1}{s}-\frac{1}{s+20}\right]=\frac{1}{4}(1-\mathrm{e}^{-20t})$.

习题 7.4

1. 用拉普拉斯变换解下列微分方程：

(1) $\frac{\mathrm{d}^2y}{\mathrm{d}t^2}+\omega^2y=0$，$y(0)=0$，$y'(0)=\omega$；

(2) $y''(t)-3y'(t)+2y(t)=4$，$y(0)=0$，$y'(0)=1$；

(3) $x''(t)+x(t)=1$，$x(0)=x'(0)=x''(0)=0$.

2. 解下列微分方程组：

(1) $\begin{cases}x'+x-y=\mathrm{e}^t,\\ y'+3x-2y=2\mathrm{e}^t,\end{cases}$ $x(0)=y(0)=1$；

(2) $\begin{cases}x''+2y=0,\\ y'+x+y=0,\end{cases}$ $x(0)=0$，$x'(0)=y(0)=1$.

本章小结

一、主要内容

拉普拉斯变换的定义，拉普拉斯变换的八大性质，拉氏逆变换的三大性质，拉普拉斯变换的应用，常用函数的拉普拉斯变换的公式.

二、学习指导

1. 拉普拉斯变换的求解方法.

(1) 定义法；

(2) 利用拉普拉斯变换的性质及常用函数的拉普拉斯变换公式求解.

2. 拉氏逆变换.

利用拉氏逆变换的性质及常用函数的拉普拉斯变换公式求解.

3. 拉普拉斯变换求解常系数线性微分方程的方法.

(1) 对微分方程两边取拉普拉斯变换，并代入初始条件；

(2) 解拉普拉斯变换象函数的代数方程；

(3) 对象函数取拉氏逆变换得象原函数，即得微分方程的解.

数学文化

拉普拉斯变换的产生与发展

傅里叶变换分析法在信号分析和处理等方面(如分析谐波成分、系统的频率响应、波形失真、抽样、滤波等)是十分有效的. 但在应用这一方法时，信号 $f(t)$ 必须满足狄里赫勒条件. 而实际中会遇到许多信号，例如阶跃信号 $\varepsilon(t)$、斜坡信号 $t\varepsilon(t)$、单边正弦信号 $\sin[t\varepsilon(t)]$ 等，它们并不满足绝对可积条件，从而不能直接从定义而导出它们的傅里叶变换. 虽然通过求极限的方法可以求得它们的傅里叶变换，但其变换式中常常含有冲激函数，使分析计算较为麻烦.

此外，还有一些信号，如单边指数信号 $e^{\alpha t}\varepsilon(t)(\alpha>0)$，则根本不存在傅里叶变换，因此，傅里叶变换的运用便受到一定的限制. 其次，求取傅里叶反变换有时也是比较困难的，此处尤其要指出的是傅里叶变换分析法只能确定零状态响应，这对具有初始状态的系统确定其响应也是十分不便的. 因此，为寻求更有效而简便的方法，人们将傅里叶变换推广为拉普拉斯变换.

十九世纪末，英国工程师亥维赛德(Oliver Heaviside，1850—1925 年)发明了算子法，很好地解决了电力工程计算中遇到的一些基本问题，但缺乏严密的数学论证. 后来，法国数学家拉普拉斯(Pierre-Simon Laplace，1749—1827 年)在著作中给予这种方法严密的数学定义. 于是这种方法便被取名为拉普拉斯变换，简称拉氏变换.

拉普拉斯变换的变换域是复频率域. 拉普拉斯变换方法是对连续时间系统进行分析的重要方法之一，同时也是其他一些新变换方法的基础. 它在电学、力学等众多科学与工程领域中得到了广泛应用.

拉普拉斯变换的优点：利用拉普拉斯变换可以将系统在时域内的微分与积分的运算转换为乘法与除法的运算，将微分积分方程转换为代数方程，从而使计算量大大减少. 利用拉氏变换还可以将时域中两个信号的卷积运算转换为 s 域中的乘法运算. 在此基础上建立了线性时不变电路 s 域分析的运算法，为线性系统的分析提供了便利，同时还引出了系统函数的概念.

在 20 世纪 70 年代以后，计算机辅助设计(CAD)技术迅速发展，人们借助于 CAD 程序(如 SPICE 程序)，可以很方便地求解电路分析问题，这样就导致拉氏变换在这方面的应用相对减少了. 此外，随着技术的发展和实际的需要，离散的、非线性的、时变的等类型系统的研究与应用日益广泛，而拉氏变换在这些方面却无能为力，于是，它长期占据的传统重要地位正让位给一些新的方法.

拉普拉斯简介

皮埃尔-西蒙·拉普拉斯(Pierre-Simon marquis de Laplace，1749—1827年)，法国数学家、天文学家，法国科学院院士.

他是天体力学的主要奠基人、天体演化学的创立者之一，他还是分析概率论的创始人，因此可以说他是应用数学的先驱. 他曾任巴黎军事学院数学教授，1816年被选为法兰西学院院士.

拉普拉斯在研究天体问题的过程中，创造和发展了许多数学的方法，以他的名字命名的拉普拉斯变换、拉普拉斯定理和拉普拉斯方程，在科学技术的各个领域有着广泛的应用.

复习题 7

基础题

1. 求函数 $f(t)=\begin{cases}\cos t, & 0\leqslant t<\pi,\\ t, & t\geqslant\pi\end{cases}$ 的拉普拉斯变换.

2. 求下列象函数的逆变换：

(1) $F(s)=\dfrac{1}{s(s-1)^2}$；　(2) $F(s)=\dfrac{3s+9}{s^2+2s+10}$；　(3) $F(s)=\dfrac{2e^{-s}-e^{-3s}}{s}$.

3. 用拉普拉斯变换解微分方程 $y''+9y=\cos 3t$，$y(0)=y'(0)=0$.

提高题

1. 求下列函数的拉普拉斯变换：

(1) $f(t)=e^{4t}\cos 3t\cos 4t$；　(2) $f(t)=t^2e^t\cos 2t$.

2. 求下列象函数的逆变换：

(1) $F(s)=\dfrac{5s^2-15s+7}{(s+1)(s+2)^2}$；(2) $F(s)=\dfrac{s^3}{(s-1)^4}$；　(3) $F(s)=\dfrac{s^2}{(s^2+1)^2}$.

3. 用拉普拉斯变换解微分方程 $y''+8y=32t^3-16t$，$y(0)=y'(0)=0$.

4. 用拉普拉斯变换解微分方程组 $\begin{cases}2x-y-y'=4(1-e^{-t})\\ 2x'+y=2(1+3e^{-2t})\end{cases}$，$x(0)=y(0)=0$.

08 第 8 章　行列式

行列式是线性代数的基础部分．本章从解二元、三元线性方程组的问题中引入二阶、三阶行列式的定义，在此基础上，引出 n 阶行列式的概念，并且介绍行列式的性质，讨论行列式的计算方法，给出用行列式解线性方程组的克莱姆法则.

8.1　行列式的概念

8.1.1　二阶行列式

设二元线性方程组

$$\begin{cases} a_{11}x_1+a_{12}x_2=b_1, \\ a_{21}x_1+a_{22}x_2=b_2, \end{cases} \tag{1}$$

用消元法求解，当 $a_{11}a_{22}-a_{12}a_{21}\neq 0$ 时，解得

$$\begin{cases} x_1=\dfrac{b_1a_{22}-a_{12}b_2}{a_{11}a_{22}-a_{12}a_{21}}, \\ x_2=\dfrac{a_{11}b_2-a_{21}b_1}{a_{11}a_{22}-a_{12}a_{21}}. \end{cases} \tag{2}$$

其中分母 $a_{11}a_{22}-a_{12}a_{21}$ 是由方程(1)的四个系数确定，为便于记忆，用记号 $\begin{vmatrix} a_{11} & a_{12} \\ a_{21} & a_{22} \end{vmatrix}$ 表示代数和 $a_{11}a_{22}-a_{12}a_{21}$，称为二阶行列式，即

$$\begin{vmatrix} a_{11} & a_{12} \\ a_{21} & a_{22} \end{vmatrix}=a_{11}a_{22}-a_{12}a_{21}, \tag{8-1}$$

其中，$a_{ij}(i=1,\ 2;\ j=1,\ 2)$叫作行列式的元素．第一个下标 i 表示 a_{ij} 所在的行数；第二个下标 j 表示 a_{ij} 所在的列数．式(8-1)的右端叫作二阶行列式的展开式，可用对角线法则(见图 8-1)记忆，即实线上的两个元素的乘积减去虚线上两个元素的乘积.

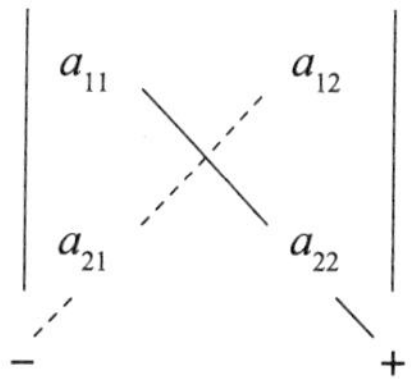

图 8-1

引入二阶行列式的概念之后，(2)式中 x_1，x_2 的分子也可以写成二阶行列式，即 $D_1=\begin{vmatrix} b_1 & a_{12} \\ b_2 & a_{22} \end{vmatrix}=b_1a_{22}-a_{12}b_2$，$D_2=$

$\begin{vmatrix} a_{11} & b_1 \\ a_{21} & b_2 \end{vmatrix}=a_{11}b_2-b_1a_{21}$.

从而线性方程组(1)的解(2)可以表示为$\begin{cases} x_1=\dfrac{D_1}{D}, \\ x_2=\dfrac{D_2}{D} \end{cases}$ $(D\neq 0)$，其中，D 是方程组(1)的系数按它们在方程组中的次序排列构成的行列式，即 $D=\begin{vmatrix} a_{11} & a_{12} \\ a_{21} & a_{22} \end{vmatrix}$ 称为方程组(1)的系数行列式，D_1 和 D_2 是以 b_1、b_2 分别替换行列式 D 中的第一列、第二列的元素所得到的二阶行列式，即 $D_1=\begin{vmatrix} b_1 & a_{12} \\ b_2 & a_{22} \end{vmatrix}$，$D_2=\begin{vmatrix} a_{11} & b_1 \\ a_{21} & b_2 \end{vmatrix}$.

例 1 解二元线性方程组$\begin{cases} 2x_1-3x_2=9, \\ 4x_1-x_2=8. \end{cases}$

解 因为 $D=\begin{vmatrix} 2 & -3 \\ 4 & -1 \end{vmatrix}=2\times(-1)-4\times(-3)=10\neq 0$，

$D_1=\begin{vmatrix} 9 & -3 \\ 8 & -1 \end{vmatrix}=9\times(-1)-8\times(-3)=15$，$D_2=\begin{vmatrix} 2 & 9 \\ 4 & 8 \end{vmatrix}=2\times 8-4\times 9=-20$，

所以方程组的解是$\begin{cases} x_1=\dfrac{D_1}{D}=\dfrac{3}{2}, \\ x_2=\dfrac{D_2}{D}=-2. \end{cases}$

8.1.2 三阶行列式

用消元法解三元线性方程组

$$\begin{cases} a_{11}x_1+a_{12}x_2+a_{13}x_3=b_1, \\ a_{21}x_1+a_{22}x_2+a_{23}x_3=b_2, \\ a_{31}x_1+a_{32}x_2+a_{33}x_3=b_3. \end{cases} \tag{3}$$

当 $D=a_{11}a_{22}a_{33}+a_{12}a_{23}a_{31}+a_{13}a_{21}a_{32}-a_{11}a_{23}a_{32}-a_{12}a_{21}a_{33}-a_{13}a_{22}a_{31}\neq 0$ 时，其解为

$$\begin{cases} x_1=\dfrac{1}{D}(b_1a_{22}a_{33}+a_{12}a_{23}b_3+a_{13}b_2a_{32}-b_1a_{23}a_{32}-a_{12}b_2a_{33}-a_{13}a_{22}b_3), \\ x_2=\dfrac{1}{D}(a_{11}b_2a_{33}+b_1a_{23}a_{31}+a_{13}a_{21}b_3-a_{11}a_{23}b_3-b_1a_{21}a_{33}-a_{13}b_2a_{31}), \\ x_3=\dfrac{1}{D}(a_{11}a_{22}b_3+a_{12}b_2a_{31}+b_1a_{21}a_{32}-a_{11}b_2a_{32}-a_{12}a_{21}b_3-b_1a_{22}a_{31}). \end{cases} \tag{4}$$

用记号$\begin{vmatrix} a_{11} & a_{12} & a_{13} \\ a_{21} & a_{22} & a_{23} \\ a_{31} & a_{32} & a_{33} \end{vmatrix}$表示$D$，即

$$D=\begin{vmatrix} a_{11} & a_{12} & a_{13} \\ a_{21} & a_{22} & a_{23} \\ a_{31} & a_{32} & a_{33} \end{vmatrix}$$
$$=a_{11}a_{22}a_{33}+a_{12}a_{23}a_{31}+a_{13}a_{21}a_{32}-a_{11}a_{23}a_{32}-a_{12}a_{21}a_{33}-a_{13}a_{22}a_{31}. \quad (8-2)$$

式(8－2)第二个等号的左边称为三阶行列式，右边称为三阶行列式的展开式，可用图 8－2 的方法记忆. 其中各实线上连接的三个元素之积取正号，各虚线上连接的三个元素之积取负号，这种展开法叫作对角线展开法. 从左上角到右下角的对角线叫作主对角线，从右上角到左下角的对角线叫作次对角线.

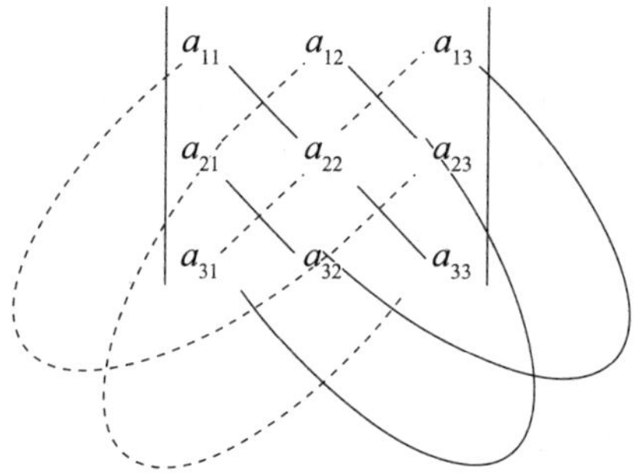

图 8－2

注意：① 三阶行列式的展开式中包含 3! 项，每一项均为位于不同行、不同列的三个元素的乘积，其中三项为正，三项为负；

② 对角线展开法则只适用于二阶和三阶行列式.

引入三阶行列式之后，线性方程组(3)的解(4)，可表示为 $x_1=\dfrac{D_1}{D}$，$x_2=\dfrac{D_2}{D}$，$x_3=\dfrac{D_3}{D}$ $(D\neq 0)$. 其中分母 D 称为方程组(3)的系数行列式，分子 D_1、D_2、D_3 是将 b_1、b_2、b_3 分别替换行列式 D 中的第一列、第二列、第三列的对应元素而得到的三个三阶行列式.

例 2 解三元线性方程组$\begin{cases} x_1-x_2-x_3=2, \\ 2x_1-x_2-3x_3=1, \\ 3x_1+2x_2-5x_3=0. \end{cases}$

解 因为 $D=\begin{vmatrix} 1 & -1 & -1 \\ 2 & -1 & -3 \\ 3 & 2 & -5 \end{vmatrix}=3\neq 0$,

$$D_1=\begin{vmatrix} 2 & -1 & -1 \\ 1 & -1 & -3 \\ 0 & 2 & -5 \end{vmatrix}=15, D_2=\begin{vmatrix} 1 & 2 & -1 \\ 2 & 1 & -3 \\ 3 & 0 & -5 \end{vmatrix}=0, D_3=\begin{vmatrix} 1 & -1 & 2 \\ 2 & -1 & 1 \\ 3 & 2 & 0 \end{vmatrix}=9,$$

所以方程组的解为 $x_1=\dfrac{D_1}{D}=5$，$x_2=\dfrac{D_2}{D}=0$，$x_3=\dfrac{D_3}{D}=3$.

8.1.3 n 阶行列式

为了定义 n 阶行列式，先介绍余子式和代数余子式的概念.

在三阶行列式 $\begin{vmatrix} a_{11} & a_{12} & a_{13} \\ a_{21} & a_{22} & a_{23} \\ a_{31} & a_{32} & a_{33} \end{vmatrix}$ 中，划去 $a_{ij}(i=1, 2, 3; j=1, 2, 3)$所在的第 i 行和第 j 列的元素，余下的元素按原来的次序排成的二阶行列式称为元素 a_{ij} 的余子式，记为 M_{ij}，并称$(-1)^{i+j}M_{ij}$ 为元素 a_{ij} 的代数余子式，记为 A_{ij}，即 $A_{ij}=(-1)^{i+j}M_{ij}$.

例如，元素 a_{21} 的余子式为 $M_{21}=\begin{vmatrix} a_{12} & a_{13} \\ a_{32} & a_{33} \end{vmatrix}$.

代数余子式为 $A_{21}=(-1)^{2+1}M_{21}=-\begin{vmatrix} a_{12} & a_{13} \\ a_{32} & a_{33} \end{vmatrix}$.

由三阶行列式的定义，不难得到

$$\begin{vmatrix} a_{11} & a_{12} & a_{13} \\ a_{21} & a_{22} & a_{23} \\ a_{31} & a_{32} & a_{33} \end{vmatrix} = a_{11}\begin{vmatrix} a_{22} & a_{23} \\ a_{32} & a_{33} \end{vmatrix} - a_{12}\begin{vmatrix} a_{21} & a_{23} \\ a_{31} & a_{33} \end{vmatrix} + a_{13}\begin{vmatrix} a_{21} & a_{22} \\ a_{31} & a_{32} \end{vmatrix} = a_{11}A_{11} + a_{12}A_{12}+a_{13}A_{13}$$

即一个三阶行列式可以表示成第一行的各元素与它们对应的代数余子式的乘积之和，也就是说，一个三阶行列式可以由相应的三个二阶行列式来定义.

仿此，把四阶行列式定义为 $\begin{vmatrix} a_{11} & a_{12} & a_{13} & a_{14} \\ a_{21} & a_{22} & a_{23} & a_{24} \\ a_{31} & a_{32} & a_{33} & a_{34} \\ a_{41} & a_{42} & a_{43} & a_{44} \end{vmatrix} = a_{11}A_{11}+a_{12}A_{12}+a_{13}A_{13}+a_{14}A_{14}$，其中 $A_{1j}(j=1, 2, 3, 4)$是元素 $a_{1j}(j=1, 2, 3, 4)$的代数余子式. 依此类推，一般地，可用 n 个 $n-1$ 阶行列式来定义 n 阶行列式.

定义　设 $n-1$ 阶行列式已定义，则规定 n 阶行列式

$$D=\begin{vmatrix} a_{11} & a_{12} & \cdots & a_{1n} \\ a_{21} & a_{22} & \cdots & a_{2n} \\ \vdots & \vdots & & \vdots \\ a_{n1} & a_{n2} & \cdots & a_{nn} \end{vmatrix} = a_{11}A_{11}+a_{12}A_{12}+\cdots+a_{1n}A_{1n}=\sum_{j=1}^{n}a_{1j}A_{1j},$$

其中 A_{1j} 是元素 $a_{1j}(j=1, 2, \cdots, n)$的代数余子式，是 $n-1$ 阶行列式.

如　$$A_{11}=(-1)^{1+1}M_{11}=\begin{vmatrix} a_{22} & a_{23} & \cdots & a_{2n} \\ a_{32} & a_{33} & \cdots & a_{3n} \\ \vdots & \vdots & & \vdots \\ a_{n2} & a_{n3} & \cdots & a_{nn} \end{vmatrix}.$$

说明: 一阶行列式 $|a|=a$，不要与绝对值记号相混淆. 例如，一阶行列式 $|-1|=-1$.

注意：① 上三角行列式 $D=\begin{vmatrix} a_{11} & a_{12} & \cdots & a_{1n} \\ 0 & a_{22} & \cdots & a_{2n} \\ \vdots & \vdots & & \vdots \\ 0 & 0 & \cdots & a_{nn} \end{vmatrix}=a_{11}a_{22}\cdots a_{nn}$. 特点：主对角线以下的元素都为 0 的行列式；

② 下三角行列式 $D=\begin{vmatrix} a_{11} & 0 & \cdots & 0 \\ a_{21} & a_{22} & \cdots & 0 \\ \vdots & \vdots & & \vdots \\ a_{n1} & a_{n2} & \cdots & a_{nn} \end{vmatrix}=a_{11}a_{22}\cdots a_{nn}$. 特点：主对角线以上的元素都为 0 的行列式；

③ 对角行列式 $D=\begin{vmatrix} a_{11} & 0 & \cdots & 0 \\ 0 & a_{22} & \cdots & 0 \\ \vdots & \vdots & & \vdots \\ 0 & 0 & \cdots & a_{nn} \end{vmatrix}=a_{11}a_{22}\cdots a_{nn}$. 特点：主对角线以下及以上元素都为 0 的行列式.

例 3　计算行列式 $D=\begin{vmatrix} 2 & 0 & 0 & -4 \\ 7 & -1 & 0 & 5 \\ -2 & 6 & 1 & 0 \\ 8 & 4 & -3 & -5 \end{vmatrix}$.

解

$$
\begin{aligned}
D &= 2\times(-1)^{1+1}\begin{vmatrix} -1 & 0 & 5 \\ 6 & 1 & 0 \\ 4 & -3 & -5 \end{vmatrix}+0\times(-1)^{1+2}\begin{vmatrix} 7 & 0 & 5 \\ -2 & 1 & 0 \\ 8 & -3 & -5 \end{vmatrix}+0\times \\
&\quad (-1)^{1+3}\begin{vmatrix} 7 & -1 & 5 \\ -2 & 6 & 0 \\ 8 & 4 & -5 \end{vmatrix}+(-4)\times(-1)^{1+4}\begin{vmatrix} 7 & -1 & 0 \\ -2 & 6 & 1 \\ 8 & 4 & -3 \end{vmatrix} \\
&= 2\times(-105)+4\times(-156) \\
&= -834.
\end{aligned}
$$

习题 8.1

1. 求下列各行列式的值：

(1) $\begin{vmatrix} 1+\sqrt{2} & 2-\sqrt{3} \\ 2+\sqrt{3} & 1-\sqrt{2} \end{vmatrix}$；　　(2) $\begin{vmatrix} \cos 15^\circ & \sin 75^\circ \\ \sin 15^\circ & \cos 75^\circ \end{vmatrix}$；

(3) $\begin{vmatrix} a & 3 & 5 \\ 0 & b & -1 \\ 0 & 0 & c \end{vmatrix}$；　　(4) $\begin{vmatrix} 0 & -\cos\alpha & \cos\beta \\ -\cos\alpha & 0 & \cos\gamma \\ -\cos\beta & \cos\gamma & 0 \end{vmatrix}$.

2. 验证下列各式：

(1) $\begin{vmatrix} a_{11} & a_{12} & a_{13} \\ a_{21} & a_{22} & a_{23} \\ a_{31} & a_{32} & a_{33} \end{vmatrix} = \begin{vmatrix} a_{11} & a_{21} & a_{31} \\ a_{12} & a_{22} & a_{32} \\ a_{13} & a_{23} & a_{33} \end{vmatrix}$；

(2) $\begin{vmatrix} a_{11} & a_{12} & a_{13} \\ a_{21} & a_{22} & a_{23} \\ a_{31} & a_{32} & a_{33} \end{vmatrix} = a_{11}\begin{vmatrix} a_{22} & a_{23} \\ a_{32} & a_{33} \end{vmatrix} - a_{21}\begin{vmatrix} a_{12} & a_{13} \\ a_{32} & a_{33} \end{vmatrix} + a_{31}\begin{vmatrix} a_{12} & a_{13} \\ a_{22} & a_{23} \end{vmatrix}$.

3. 已知 $D=\begin{vmatrix} 1 & 2 & -1 & 3 \\ 3 & -5 & 0 & -4 \\ -8 & 4 & 0 & 11 \\ 2 & 5 & 0 & 7 \end{vmatrix}$，求 A_{11}，A_{41}，A_{44}.

4. 用行列式解方程组：

(1) $\begin{cases} x_1+3x_2+x_3=5, \\ x_1+x_2+3x_3=-3, \\ 2x_1+3x_2-3x_3=14; \end{cases}$ (2) $\begin{cases} ax_1+bx_2=-1, \\ bx_2-x_3=a, \\ ax_1-x_3=b, \end{cases}$ 其中 $ab\neq 0$.

8.2 行列式的性质

利用对角线展开法可以证明三阶行列式具有下面的一些性质，这些性质对于 n 阶行列式也是成立的. 行列式的一系列性质能简化行列式的计算.

性质 1 把行列式 D 的行与相应的列互换后得到的新行列式称为行列式 D 的转置行列式，记作 D^{T}. 行列式与它的转置行列式相等.

例如 $D=\begin{vmatrix} 2 & 1 & 2 \\ -4 & 3 & 1 \\ 1 & 1 & 2 \end{vmatrix}$，$D^{\mathrm{T}}=\begin{vmatrix} 2 & -4 & 1 \\ 1 & 3 & 1 \\ 2 & 1 & 2 \end{vmatrix}$，即 $D=D^{\mathrm{T}}$. 显然，$(D^{\mathrm{T}})^{\mathrm{T}}=D$.

由此可知，对于行列式的行具有的性质，它的列也具有相应的性质，反之亦然.

性质 2 交换行列式的任意两行(列)，行列式的值只改变符号.

例如 $\begin{vmatrix} a_{11} & a_{12} & a_{13} \\ a_{21} & a_{22} & a_{23} \\ a_{31} & a_{32} & a_{33} \end{vmatrix} = -\begin{vmatrix} a_{31} & a_{32} & a_{33} \\ a_{21} & a_{22} & a_{23} \\ a_{11} & a_{12} & a_{13} \end{vmatrix}$.

推论 如果行列式中某两行(列)的对应元素都相等，则行列式的值为零.

性质 3 行列式的某一行(列)的各元素同乘以常数 k，等于用数 k 乘此行列式.

例如 $\begin{vmatrix} ka_{11} & ka_{12} & ka_{13} \\ a_{21} & a_{22} & a_{23} \\ a_{31} & a_{32} & a_{33} \end{vmatrix} = k\begin{vmatrix} a_{11} & a_{12} & a_{13} \\ a_{21} & a_{22} & a_{23} \\ a_{31} & a_{32} & a_{33} \end{vmatrix}$.

推论1 如果行列式某一行(列)的各元素有公因子，公因子可提到行列式的外面.

推论2 如果行列式的两行(列)对应元素成比例，则行列式的值为零.

性质4 如果行列式某一行(列)的元素都是两项和，那么这个行列式等于把该行(列)各取一项为相应行(列)，而其余的行(列)不变的两个行列式的和.

例如 $$\begin{vmatrix} a_{11} & a_{12} & a_{13} \\ a_{21}+b_1 & a_{22}+b_2 & a_{23}+b_3 \\ a_{31} & a_{32} & a_{33} \end{vmatrix} = \begin{vmatrix} a_{11} & a_{12} & a_{13} \\ a_{21} & a_{22} & a_{23} \\ a_{31} & a_{32} & a_{33} \end{vmatrix} + \begin{vmatrix} a_{11} & a_{12} & a_{13} \\ b_1 & b_2 & b_3 \\ a_{31} & a_{32} & a_{33} \end{vmatrix}.$$

性质5 将行列式的某一行(列)的各元素同乘以常数 k 加到另一行(列)的对应元素上去，行列式的值不变.

例如 $$\begin{vmatrix} a_{11} & a_{12} & a_{13} \\ a_{21} & a_{22} & a_{23} \\ a_{31} & a_{32} & a_{33} \end{vmatrix} = \begin{vmatrix} a_{11}+ka_{31} & a_{12}+ka_{32} & a_{13}+ka_{33} \\ a_{21} & a_{22} & a_{23} \\ a_{31} & a_{32} & a_{33} \end{vmatrix}.$$

性质5可由性质4及性质3的推论2证明.

性质6 (行列式按行(列)展开性质)行列式等于它的任意一行(列)的各元素与其对应的代数余子式乘积的和.

例如 $$\begin{vmatrix} a_{11} & a_{12} & a_{13} \\ a_{21} & a_{22} & a_{23} \\ a_{31} & a_{32} & a_{33} \end{vmatrix} = \sum_{k=1}^{3} a_{ik}A_{ik} = \sum_{k=1}^{3} a_{kj}A_{kj} (i=1,\ 2,\ 3;\ j=1,\ 2,\ 3).$$

说明： 利用该性质求行列式的值可使 D 降阶求值，称为降阶法.

性质7 行列式某一行(列)的各元素与另一行(列)对应元素的代数余子式乘积的和等于零.

例如 $\sum_{k=1}^{3} a_{ik}A_{jk}=0$，$\sum_{k=1}^{3} a_{ki}A_{kj}=0$. 其中 $i\neq j$；i，$j=1$，2，3.

说明： 由于行列式的计算过程变化较多，为了便于书写和复查，以 r_i 表示行列式的第 i 行，c_i 表示第 i 列，约定以下三种行列式的运算：

① 互换 i 行(列)和 j 行(列)，记作 $r_i \leftrightarrow r_j (c_i \leftrightarrow c_j)$；

② 用数 k 乘第 i 行(列)，记作 $kr_i (kc_i)$；

③ 将第 j 行(列)对应元素的 k 倍加到第 i 行(列)的每一个元素上，记作 r_i+kr_j (c_i+kc_j).

注意： $r_i+kr_j (c_i+kc_j)$ 是约定的行列式运算记号，不能写作 $kr_j+r_i (kc_j+c_i)$，这里不能套用加法的交换律.

例1 计算行列式 $\begin{vmatrix} 0 & -1 & -1 & 2 \\ 1 & -1 & 0 & 2 \\ -1 & 2 & -1 & 0 \\ 2 & 1 & 1 & 0 \end{vmatrix}$ 的值.

解 $\begin{vmatrix} 0 & -1 & -1 & 2 \\ 1 & -1 & 0 & 2 \\ -1 & 2 & -1 & 0 \\ 2 & 1 & 1 & 0 \end{vmatrix} \xlongequal[r_4-2r_2]{r_3+r_2} \begin{vmatrix} 0 & -1 & -1 & 2 \\ 1 & -1 & 0 & 2 \\ 0 & 1 & -1 & 2 \\ 0 & 3 & 1 & -4 \end{vmatrix} \xlongequal{\text{按第一列展开}} -\begin{vmatrix} -1 & -1 & 2 \\ 1 & -1 & 2 \\ 3 & 1 & -4 \end{vmatrix}$

$$\xlongequal[r_2+r_3]{r_1+r_3} -\begin{vmatrix} 2 & 0 & -2 \\ 4 & 0 & -2 \\ 3 & 1 & -4 \end{vmatrix} \xlongequal{\text{按第二列展开}} \begin{vmatrix} 2 & -2 \\ 4 & -2 \end{vmatrix} = 4.$$

说明：运用行列式的性质把某行(列)化为只有一个非零元素后，再按该行(列)展开，是计算行列式的主要方法.

注意：上例中用到把几个运算写在一起的省略写法，各个运算的次序(由上而下)一般不能颠倒.

例 2 计算行列式 $\begin{vmatrix} 1 & 1 & 1 & 1 \\ -1 & x & 2 & 2 \\ 2 & 2 & x & 3 \\ 3 & 3 & 3 & x \end{vmatrix}$.

解 $\begin{vmatrix} 1 & 1 & 1 & 1 \\ -1 & x & 2 & 2 \\ 2 & 2 & x & 3 \\ 3 & 3 & 3 & x \end{vmatrix} \xlongequal[\substack{r_3-2r_1 \\ r_4-3r_1}]{r_2+r_1} \begin{vmatrix} 1 & 1 & 1 & 1 \\ 0 & x+1 & 3 & 3 \\ 0 & 0 & x-2 & 1 \\ 0 & 0 & 0 & x-3 \end{vmatrix} = (x+1)(x-2)(x-3).$

说明：运用行列式的性质把行列式化为上三角行列式，是计算行列式的又一个主要方法.

例 3 计算行列式 $\begin{vmatrix} 3 & 2 & 6 & 2 \\ 8 & 10 & 9 & 1 \\ 6 & -2 & 21 & 6 \\ 1 & 4 & -3 & 11 \end{vmatrix}$.

解 $\begin{vmatrix} 3 & 2 & 6 & 2 \\ 8 & 10 & 9 & 1 \\ 6 & -2 & 21 & 6 \\ 1 & 4 & -3 & 11 \end{vmatrix} \xlongequal[c_3\text{ 提取 }3]{c_2\text{ 提取 }2} 6\begin{vmatrix} 3 & 1 & 2 & 2 \\ 8 & 5 & 3 & 1 \\ 6 & -1 & 7 & 6 \\ 1 & 2 & -1 & 11 \end{vmatrix}$

$$\xlongequal{c_2+c_3} 6\begin{vmatrix} 3 & 3 & 2 & 2 \\ 8 & 8 & 3 & 1 \\ 6 & 6 & 7 & 6 \\ 1 & 1 & -1 & 11 \end{vmatrix} = 6\times 0 = 0.$$

说明：在运用行列式性质进行等值变换过程中，如果发现某两行(列)的对应元素相等，或对应成比例，或某行(列)的元素全为零，则行列式的值为零.

例 4　计算行列式 $\begin{vmatrix} 3 & 1 & 1 & 1 \\ 1 & 3 & 1 & 1 \\ 1 & 1 & 3 & 1 \\ 1 & 1 & 1 & 3 \end{vmatrix}$.

解　这个行列式每一列元素之和都等于 6，将第二、三、四行同时加到第一行上去，可简化计算.

$$\begin{vmatrix} 3 & 1 & 1 & 1 \\ 1 & 3 & 1 & 1 \\ 1 & 1 & 3 & 1 \\ 1 & 1 & 1 & 3 \end{vmatrix} \xlongequal[\substack{r_1+r_3 \\ r_1+r_4}]{r_1+r_2} \begin{vmatrix} 6 & 6 & 6 & 6 \\ 1 & 3 & 1 & 1 \\ 1 & 1 & 3 & 1 \\ 1 & 1 & 1 & 3 \end{vmatrix} = 6 \begin{vmatrix} 1 & 1 & 1 & 1 \\ 1 & 3 & 1 & 1 \\ 1 & 1 & 3 & 1 \\ 1 & 1 & 1 & 3 \end{vmatrix}$$

$$\xlongequal[\substack{r_3-r_1 \\ r_4-r_1}]{r_2-r_1} 6 \begin{vmatrix} 1 & 1 & 1 & 1 \\ 0 & 2 & 0 & 0 \\ 0 & 0 & 2 & 0 \\ 0 & 0 & 0 & 2 \end{vmatrix} = 48.$$

总结：行列式的计算有较强的技巧性，其主要思路是利用行列式的性质化零降阶或将行列式化为上(下)三角行列式.

习题 8.2

1. 计算下列行列式：

(1) $\begin{vmatrix} 0 & 1 & 3 & 5 \\ 1 & 0 & 5 & 3 \\ 3 & 5 & 0 & 1 \\ 5 & 3 & 1 & 0 \end{vmatrix}$；　　(2) $\begin{vmatrix} \cos\alpha & \sin\alpha & 0 & 0 \\ -\sin\alpha & \cos\alpha & 0 & 0 \\ 0 & 0 & \cos\alpha & \sin\alpha \\ 0 & 0 & -\sin\alpha & \cos\alpha \end{vmatrix}$；

(3) $\begin{vmatrix} -1 & 3 & 1 & 2 \\ 1 & 1 & 2 & 0 \\ -1 & 2 & 0 & 3 \\ 1 & 1 & 3 & 5 \end{vmatrix}$.

2. 利用行列式的性质证明下列各式：

(1) $\begin{vmatrix} 1 & a & a^2-bc \\ 1 & b & b^2-ca \\ 1 & c & c^2-ab \end{vmatrix} = 0$；　　(2) $\begin{vmatrix} a_{11}+ma_{12} & a_{12} & a_{13} \\ a_{21}+ma_{22} & a_{22} & a_{23} \\ a_{31}+ma_{32} & a_{32} & a_{33} \end{vmatrix} = \begin{vmatrix} a_{11} & a_{12} & a_{13} \\ a_{21} & a_{22} & a_{23} \\ a_{31} & a_{32} & a_{33} \end{vmatrix}$.

8.3 克莱姆法则

二元、三元线性方程组的解可以用二阶、三阶行列式来表示，那么 n 元线性方程组的解能否用行列式来表示呢？下面的克莱姆法则回答了这个问题.

定理 （克莱姆法则）如果 n 元线性方程组 $\begin{cases} a_{11}x_1+a_{12}x_2+\cdots+a_{1n}x_n=b_1, \\ a_{21}x_1+a_{22}x_2+\cdots+a_{2n}x_n=b_2, \\ \cdots\cdots \\ a_{n1}x_1+a_{n2}x_2+\cdots+a_{nn}x_n=b_n \end{cases}$ 的系数行列式 $D=\begin{vmatrix} a_{11} & a_{12} & \cdots & a_{1n} \\ a_{21} & a_{22} & \cdots & a_{2n} \\ \vdots & \vdots & & \vdots \\ a_{n1} & a_{n2} & \cdots & a_{nn} \end{vmatrix}\neq 0$，则该方程组有唯一解 $x_j=\dfrac{D_j}{D}$（$j=1, 2, \cdots, n$），其中 D_j 是将 D 中第 j 列的元素对应地换为方程组右端的常数项后得到的行列式，即

$$D_j=\begin{vmatrix} a_{11} & a_{12} & \cdots & a_{1(j-1)} & b_1 & a_{1(j+1)} & \cdots & a_{1n} \\ a_{21} & a_{22} & \cdots & a_{2(j-1)} & b_2 & a_{2(j+1)} & \cdots & a_{2n} \\ \vdots & \vdots & & \vdots & \vdots & \vdots & & \vdots \\ a_{n1} & a_{n2} & \cdots & a_{n(j-1)} & b_n & a_{n(j+1)} & \cdots & b_{nn} \end{vmatrix}.$$

注意：利用克莱姆法则求解的线性方程组必须满足两个条件：

① 方程组中未知量的个数等于方程的个数；

② 方程组的系数行列式 $D\neq 0$.

例 1 用克莱姆法则解线性方程组 $\begin{cases} x_1-x_2+x_3-2x_4=2, \\ 2x_1-x_3+4x_4=4, \\ 3x_1+2x_2+x_3=-1, \\ -x_1+2x_2-x_3+2x_4=-4. \end{cases}$

解 系数行列式 $D=\begin{vmatrix} 1 & -1 & 1 & -2 \\ 2 & 0 & -1 & 4 \\ 3 & 2 & 1 & 0 \\ -1 & 2 & -1 & 2 \end{vmatrix}=-2\neq 0$，

$$D_1=\begin{vmatrix} 2 & -1 & 1 & -2 \\ 4 & 0 & -1 & 4 \\ -1 & 2 & 1 & 0 \\ -4 & 2 & -1 & 2 \end{vmatrix}=-2, \quad D_2=\begin{vmatrix} 1 & 2 & 1 & -2 \\ 2 & 4 & -1 & 4 \\ 3 & -1 & 1 & 0 \\ -1 & -4 & -1 & 2 \end{vmatrix}=4,$$

$$D_3=\begin{vmatrix}1&-1&2&-2\\2&0&4&4\\3&2&-1&0\\-1&2&-4&2\end{vmatrix}=0,\quad D_4=\begin{vmatrix}1&-1&1&2\\2&0&-1&4\\3&2&1&-1\\-1&2&-1&-4\end{vmatrix}=-1,$$

所以方程组有唯一解为 $x_1=\frac{D_1}{D}=1$，$x_2=\frac{D_2}{D}=-2$，$x_3=\frac{D_3}{D}=0$，$x_4=\frac{D_4}{D}=\frac{1}{2}$.

习题 8.3

用克莱姆法则解下列线性方程组：

1. $\begin{cases}2x_1+x_2-5x_3+x_4=8,\\x_1-3x_2-6x_4=9,\\2x_2-x_3+2x_4=-5,\\x_1-4x_2-7x_3+6x_4=0.\end{cases}$

2. $\begin{cases}x_1-x_2+2x_4=-5,\\3x_1+2x_2-x_3-2x_4=6,\\4x_1+3x_2-x_3-x_4=0,\\2x_1-x_3=0.\end{cases}$

3. $\begin{cases}x_1+x_2+x_3+x_4=5,\\x_1+2x_2-x_3+x_4=-2,\\2x_1+3x_2-x_3-5x_4=-2,\\3x_1+x_2+2x_3+3x_4=4.\end{cases}$

本章小结

一、主要内容

本章内容主要包括二阶、三阶、n 阶行列式的定义，行列式的性质和行列式的主要计算方法，克莱姆法则解线性方程组.

二、学习指导

1. 行列式的计算方法.

(1) 对角线法则：只适用于二阶和三阶行列式的计算；

(2) 降阶法：该方法适用于大多元素为零的行列式，或利用行列式性质将行列式的一行(列)化为只有一个非零元，再按该行(列)展开降阶；

(3) 化上(下)三角法：利用行列式的性质将行列式化为上(下)三角行列式，上(下)三角行列式的值等于其主对角线元素之积.

2. 对于 n 个方程 n 个未知数的线性方程组，当系数行列式 $D\neq0$ 时，可用克莱姆法则求解.

数学文化

行列式的起源与发展

行列式起源于线性方程组的求解，它最早是作为线性方程组解的一种速记符号，时间可以追溯到十七世纪.

行列式的雏形是由日本数学家关孝和(约1642—1708年)提出来的，他在1683年写了一部名为《解伏题之法》的著作，标题的意思是“解行列式问题的方法”，书中他对行列式的概念和它的展开已经有了清楚地叙述.

真正给出行列式思想的是德国的数学家、微积分学奠基人之一莱布尼茨(Gottfried Wilhelm Leibniz，1646—1716年). 他对于行列式的早期思想主要体现在他与法国数学家洛必达的通信中和他未发表的手稿中. 虽然莱布尼茨在西方堪称行列式理论的鼻祖，但他没有给出行列式的名称，而且他的理论直到1850年才发表，所以他对行列式的发展应该说并没有产生太大的影响.

1750年，瑞士数学家克莱姆(Cramer Gabriel，1704—1752年)在其著作《线性代数分析导引》中，对行列式的定义和展开法则给出了比较完整、明确的阐述，并提出了本章我们所学的求解线性方程组的克莱姆法则.

在很长一段时间内，行列式只是作为解线性方程组的一种工具被使用，并没有人意识到它可以独立于线性方程组之外，单独形成一门理论.

法国数学家范德蒙德(Vander Monde Alexandre Theophile，1735—1796年)是第一个对行列式理论做出连贯逻辑的阐述(即把行列式理论与线性方程组求解相分离)的人. 他不仅把行列式应用于解线性方程组，而且对行列式本身进行了开创性研究，他给出了用二阶子式和它们的代数余子式来展开行列式的法则. 这个方法和其他一些类似的方法，可以简化大型方阵的行列式的计算. 范德蒙德为行列式理论打下了坚实的基础，确立了他在行列式理论发展史中不可动摇的地位，因此他被称为是行列式理论的奠基人.

1772年，法国数学家拉普拉斯(Pierre-Simon Laplace，1749—1827年)证明了范德蒙德的一些规则，并推广了他的展开行列式的方法，用 r 行中所含元素的余子式和它们的代数余子式的乘积的和来展开行列式，这就是我们今天仍然使用的拉普拉斯定理. 这个方法在简化大型方阵的行列式计算方面是极其有用的.

1815年，法国的数学家柯西(Augustin Louis Cauchy，1789—1857年)在一篇论文中给出行列式的第一个系统的、几乎是近代的处理，并且明确提出行列式这个词. 其中主要结论之一是行列式的乘法定理. 另外，他把行列式的元素排成方阵，首次采用双足标记法，引入行列式特征方程的术语，给出相似行列式的概念，改进拉普拉斯的行列式展开定理.

继柯西之后，德国数学家雅克比(Carl Gustav Jacobi，1804—1851 年)是在行列式理论方面最多产的人. 他引进了函数行列式，即“雅克比行列式”，指出行列式在多重积分的变量替换中的作用，给出函数行列式的导数公式. 雅克比的著名论文《论行列式的形成和性质》标志着行列式系统理论的建成.

随着计算机和数学软件的发展，行列式的计算的数值意义已经不大，但是在理论上行列式的相关知识依然有用，下一章我们将利用它研究矩阵、线性方程组.

克莱姆简介

G. 克莱姆(Cramer Gabriel，1704—1752 年)，瑞士数学家。早年在日内瓦读书，1724 年起在日内瓦加尔文学院任教，1734 年成为几何学教授，1750 年任哲学教授。

克莱姆的主要著作是《代数曲线的分析引论》(1750 年)，他首先定义了正则、非正则、超越曲线和无理曲线等概念，第一次正式引入坐标系的纵轴(Y 轴)，然后讨论曲线变换，并依据曲线方程的阶数将曲线进行分类.

运用著名的“克莱姆法则”，可以确定经过 5 个点的一般二次曲线的系数，即由线性方程组的系数确定方程组解的表达式.

复习题 8

基础题

1. 选择题：

(1) 设 $D=\begin{vmatrix} a & b \\ c & d \end{vmatrix}\neq 0$，$D_1=\begin{vmatrix} 3a & 3b \\ 3c & 3d \end{vmatrix}$，则 $D_1=$(　　).

A. $3D$　　B. $-3D$　　C. $9D$　　D. $-9D$

(2) $\begin{vmatrix} k-1 & 2 \\ 2 & k-1 \end{vmatrix}\neq 0$ 的充要条件是(　　).

A. $k\neq -1$　　B. $k\neq 3$　　C. $k\neq -1$ 且 $k\neq 3$　　D. $k\neq -1$ 或 $k\neq 3$

2. 计算下列行列式：

(1) $\begin{vmatrix} 1 & 2 & 0 & 1 \\ 1 & 3 & 5 & 0 \\ 0 & 1 & 5 & 6 \\ 1 & 2 & 3 & 4 \end{vmatrix}$；　(2) $\begin{vmatrix} 5 & -1 & 3 \\ 3 & 2 & 1 \\ 295 & 201 & 97 \end{vmatrix}$；　(3) $\begin{vmatrix} 5 & 6 & 0 & 0 & 0 \\ 1 & 5 & 6 & 0 & 0 \\ 0 & 1 & 5 & 6 & 0 \\ 0 & 0 & 1 & 5 & 6 \\ 0 & 0 & 0 & 1 & 5 \end{vmatrix}$.

3. 求方程$\begin{vmatrix} x^2 & 4 & -9 \\ x & 2 & 3 \\ 1 & 1 & 1 \end{vmatrix}=0$的解.

提高题

1. 计算行列式$\begin{vmatrix} a-b-c & 2a & 2a \\ 2b & b-a-c & 2b \\ 2c & 2c & c-a-b \end{vmatrix}$的值.

2. 解方程组$\begin{cases} x+y+z=a+b+c, \\ ax+by+cz=a^2+b^2+c^2, \\ bcx+acy+baz=3abc. \end{cases}$

试问 a、b、c 满足什么条件时，方程组有唯一解？并求出唯一解.

09 第 9 章 矩阵与线性方程组

矩阵是线性代数的主要内容之一，也是研究线性代数的重要工具. 它不仅在数学中的地位十分重要，而且在现代经济学、企业管理、工程技术、计算机技术等领域也有着广泛的应用. 本章主要介绍矩阵的基本概念和运算、矩阵的初等变换、逆矩阵、矩阵的秩以及用矩阵求解一般线性方程组的问题.

9.1 矩阵及其运算

9.1.1 矩阵的概念

先看两个实际问题：

例 1 某工厂冶炼车间计划在一、二月份冶炼 3 种规格的合金，计划冶炼的数量如下表 9-1 所示：

表 9-1 冶炼车间计划冶炼的数量

月份	合金类型		
	Ⅰ	Ⅱ	Ⅲ
一	10	15	20
二	30	20	25

例 2 某产品有 m 个产地 n 个销地，如果以 a_{ij} 表示由第 i 个产地运往第 j 个销地的数量(单位：t)($i=1, 2, \cdots, m$；$j=1, 2, \cdots, n$)，那么调运方案可用一个矩形表表示如下(见表 9-2)：

表 9-2 产品的调研方案

产地	销地					
	1	2	$\cdots$	j	$\cdots$	n
1	a_{11}	a_{12}	$\cdots$	a_{1j}	$\cdots$	a_{1n}
2	a_{21}	a_{22}	$\cdots$	a_{2j}	$\cdots$	a_{2n}
$\vdots$	$\vdots$	$\vdots$	$\cdots$	$\vdots$	$\cdots$	$\vdots$
i	a_{i1}	a_{i2}	$\cdots$	a_{ij}	$\cdots$	a_{in}
$\vdots$	$\vdots$	$\vdots$	$\cdots$	$\vdots$	$\cdots$	$\vdots$
m	a_{m1}	a_{m2}	$\cdots$	a_{mj}	$\cdots$	a_{mn}

如果将上面两个矩形表中的数字取出，排成数表，即 $\begin{pmatrix} 10 & 15 & 20 \\ 30 & 20 & 25 \end{pmatrix}$，

$\begin{pmatrix} a_{11} & a_{12} & \cdots & a_{1j} & \cdots & a_{1n} \\ a_{21} & a_{22} & \cdots & a_{2j} & \cdots & a_{2n} \\ \vdots & \vdots & & \vdots & & \vdots \\ a_{i1} & a_{i2} & \cdots & a_{ij} & \cdots & a_{in} \\ \vdots & \vdots & & \vdots & & \vdots \\ a_{m1} & a_{m2} & \cdots & a_{mj} & \cdots & a_{mn} \end{pmatrix}$. 这种数表在数学上称为矩阵.

定义 1 由 $m \times n$ 个数 $a_{ij}(i=1, 2, \cdots, m; j=1, 2, \cdots, n)$ 排成 m 行 n 列的数表

$$\boldsymbol{A}=\begin{pmatrix} a_{11} & a_{12} & \cdots & a_{1n} \\ a_{21} & a_{22} & \cdots & a_{2n} \\ \vdots & \vdots & & \vdots \\ a_{m1} & a_{m2} & \cdots & a_{mn} \end{pmatrix}$$

叫作 m 行 n 列矩阵，a_{ij} 为矩阵 $\boldsymbol{A}$ 第 i 行第 j 列的元素.

矩阵一般用大写黑体字母 $\boldsymbol{A}$，$\boldsymbol{B}$，$\boldsymbol{C}$，…表示，为了强调矩阵的行数 m 和列数 n，可用 $\boldsymbol{A}_{m\times n}$ 或 $(a_{ij})_{m\times n}$ 来表示.

注意：矩阵与行列式虽然形式相似，但是它们是两个意义完全不相同的数学概念，行列式的本质是数或者表达式，而矩阵是一个数表.

几种常见的特殊矩阵：

行矩阵：如果矩阵只有一行，我们称之为行矩阵. 形如 $\boldsymbol{A}=(a_{11}, a_{12}, \cdots, a_{1n})$.

列矩阵：如果矩阵只有一列，我们称之为列矩阵. 形如 $\boldsymbol{A}=\begin{pmatrix} a_{11} \\ a_{21} \\ \vdots \\ a_{m1} \end{pmatrix}$.

方阵：矩阵 $\boldsymbol{A}_{m\times n}$ 的行数与列数相等时，即 $m=n$ 时，称 $\boldsymbol{A}$ 为 n 阶矩阵或 n 阶方阵，记作 $\boldsymbol{A}_n$ 或 $(a_{ij})_n$.

零矩阵：元素都是零的矩阵称为零矩阵，记作 $\boldsymbol{0}$ 或 $\boldsymbol{0}_{m\times n}$. 如 $\boldsymbol{0}_{2\times 2}=\begin{pmatrix} 0 & 0 \\ 0 & 0 \end{pmatrix}$，$\boldsymbol{0}_{2\times 3}=\begin{pmatrix} 0 & 0 & 0 \\ 0 & 0 & 0 \end{pmatrix}$.

对角矩阵：除了主对角线(从左上角到右下角的对角线)上的元素外，其余的元素都是零的 n 阶方阵，叫作对角矩阵，其形式为 $\begin{pmatrix} a_{11} & 0 & \cdots & 0 \\ 0 & a_{22} & \cdots & 0 \\ \vdots & \vdots & & \vdots \\ 0 & 0 & \cdots & a_{nn} \end{pmatrix}$.

单位矩阵：主对角线上的元素都是 1、其余元素都是 0 的方阵，叫作单位矩阵，记作 I_n 或 E_n，简记为 I 或 E，即 $\begin{pmatrix} 1 & 0 & \cdots & 0 \\ 0 & 1 & \cdots & 0 \\ \vdots & \vdots & & \vdots \\ 0 & 0 & \cdots & 1 \end{pmatrix}$.

三角矩阵：主对角线一侧的元素都是零的方阵，叫作三角矩阵，其一般形式为 $\begin{pmatrix} a_{11} & a_{12} & \cdots & a_{1n} \\ 0 & a_{22} & \cdots & a_{2n} \\ \vdots & \vdots & & \vdots \\ 0 & 0 & \cdots & a_{nn} \end{pmatrix}$ 或 $\begin{pmatrix} a_{11} & 0 & \cdots & 0 \\ a_{21} & a_{22} & \cdots & 0 \\ \vdots & \vdots & & \vdots \\ a_{n1} & a_{n2} & \cdots & a_{nn} \end{pmatrix}$，其中前者称为上三角矩阵，后者称为下三角矩阵.

注意：对角矩阵、单位矩阵、三角矩阵都是方阵的特例.

定义 2　如果矩阵 $\boldsymbol{A}=(a_{ij})$ 与矩阵 $\boldsymbol{B}=(b_{ij})$ 都是 $m\times n$ 矩阵，并且对应元素分别相等，即

$$a_{ij}=b_{ij}(i=1,2,\cdots,m;j=1,2,\cdots,n),$$

则称矩阵 $\boldsymbol{A}$ 与矩阵 $\boldsymbol{B}$ 相等，记作 $\boldsymbol{A}=\boldsymbol{B}$.

说明：

① 两个矩阵的行数相等、列数也相等时，就称它们为同型矩阵；

② 两个矩阵相等的前提是它们为同型矩阵，然后才有对应元素相等. 即使同为零矩阵也未必相等. 如 $\begin{pmatrix} 0 & 0 \\ 0 & 0 \end{pmatrix} \neq \begin{pmatrix} 0 & 0 & 0 \\ 0 & 0 & 0 \end{pmatrix}$.

9.1.2　矩阵的运算

矩阵的意义不仅在于把一些数据根据一定顺序排成阵列形式，而且在于对它定义了一些有理论意义和实际意义的运算，从而使它成为进行理论研究和解决实际问题的有力工具.

1. 矩阵的加法和减法

设有两种产品从三个产地运往四个销地，其调运方案分别用矩阵 $\boldsymbol{A}$、$\boldsymbol{B}$（单位：吨）表示为

$$\boldsymbol{A}=\begin{pmatrix} 3 & 5 & 7 & 2 \\ 2 & 0 & 4 & 3 \\ 0 & 1 & 2 & 3 \end{pmatrix}, \boldsymbol{B}=\begin{pmatrix} 1 & 3 & 2 & 0 \\ 2 & 1 & 5 & 7 \\ 0 & 6 & 4 & 8 \end{pmatrix},$$

那么，从各产地运往各销地的总运量（单位：吨）为 $\begin{pmatrix} 3+1 & 5+3 & 7+2 & 2+0 \\ 2+2 & 0+1 & 4+5 & 3+7 \\ 0+0 & 1+6 & 2+4 & 3+8 \end{pmatrix}$.

定义 3 设矩阵$\boldsymbol{A}=(a_{ij})$和$\boldsymbol{B}=(b_{ij})$都是$m\times n$矩阵，则称矩阵$(a_{ij}+b_{ij})_{m\times n}$为$\boldsymbol{A}$与$\boldsymbol{B}$的和，记作$\boldsymbol{A}+\boldsymbol{B}$，即$\boldsymbol{A}+\boldsymbol{B}=(a_{ij}+b_{ij})_{m\times n}$.

同样可以定义矩阵$\boldsymbol{A}$与$\boldsymbol{B}$的差为$\boldsymbol{A}-\boldsymbol{B}=(a_{ij}-b_{ij})_{m\times n}$.

注意：矩阵$\boldsymbol{A}$与矩阵$\boldsymbol{B}$是同型矩阵才能进行加法和减法运算.

设矩阵$\boldsymbol{A}=(a_{ij})$，记$-\boldsymbol{A}=(-a_{ij})$，$-\boldsymbol{A}$称为$\boldsymbol{A}$的负矩阵.

容易验证，矩阵的加法和减法满足以下规律(设$\boldsymbol{A}$、$\boldsymbol{B}$、$\boldsymbol{C}$、$\boldsymbol{0}$都是$m\times n$矩阵)：

① 交换律：$\boldsymbol{A}+\boldsymbol{B}=\boldsymbol{B}+\boldsymbol{A}$；

② 结合律：$(\boldsymbol{A}+\boldsymbol{B})+\boldsymbol{C}=\boldsymbol{A}+(\boldsymbol{B}+\boldsymbol{C})$；

③ $\boldsymbol{A}-\boldsymbol{B}=\boldsymbol{A}+(-\boldsymbol{B})$，$\boldsymbol{A}-\boldsymbol{A}=0$；

④ $\boldsymbol{A}+\boldsymbol{0}=\boldsymbol{A}$.

2. 矩阵的数乘运算

某产品的三个产地与四个销地的距离(单位：km)用矩阵表示为$\boldsymbol{A}=\begin{pmatrix}120 & 175 & 80 & 90\\ 80 & 130 & 40 & 50\\ 125 & 190 & 95 & 105\end{pmatrix}$，每吨千米的运费为1.5元，那么，各产地到各销地的运费可表示为$\begin{pmatrix}1.5\times120 & 1.5\times175 & 1.5\times80 & 1.5\times90\\ 1.5\times80 & 1.5\times130 & 1.5\times40 & 1.5\times50\\ 1.5\times125 & 1.5\times190 & 1.5\times95 & 1.5\times105\end{pmatrix}$.

定义 4 数k与矩阵$\boldsymbol{A}=(a_{ij})$的每一个元素相乘所得到的矩阵，称为数k与矩阵$\boldsymbol{A}$的乘积，记作$k\boldsymbol{A}$，即$k\boldsymbol{A}=(ka_{ij})$.

容易验证，数乘矩阵满足以下规律(设$\boldsymbol{A}$、$\boldsymbol{B}$为$m\times n$矩阵，k、k_1、k_2都是常数)：

① 分配律：$k(\boldsymbol{A}+\boldsymbol{B})=k\boldsymbol{A}+k\boldsymbol{B}$，$(k_1+k_2)\boldsymbol{A}=k_1\boldsymbol{A}+k_2\boldsymbol{A}$；

② 结合律：$k_1(k_2\boldsymbol{A})=(k_1k_2)\boldsymbol{A}$.

例 3 设$\boldsymbol{A}=\begin{pmatrix}3 & 4 & -6\\ 2 & 5 & 7\end{pmatrix}$，$\boldsymbol{B}=\begin{pmatrix}5 & 2 & 3\\ 1 & -4 & -2\end{pmatrix}$，求$3\boldsymbol{A}-2\boldsymbol{B}$.

解
$$3\boldsymbol{A}-2\boldsymbol{B}=3\begin{pmatrix}3 & 4 & -6\\ 2 & 5 & 7\end{pmatrix}-2\begin{pmatrix}5 & 2 & 3\\ 1 & -4 & -2\end{pmatrix}$$
$$=\begin{pmatrix}9 & 12 & -18\\ 6 & 15 & 21\end{pmatrix}-\begin{pmatrix}10 & 4 & 6\\ 2 & -8 & -4\end{pmatrix}=\begin{pmatrix}-1 & 8 & -24\\ 4 & 23 & 25\end{pmatrix}.$$

例 4 已知$\boldsymbol{A}=\begin{pmatrix}3 & -1 & 2 & 0\\ 1 & 5 & 7 & 9\\ 2 & 4 & 6 & 8\end{pmatrix}$，$\boldsymbol{B}=\begin{pmatrix}7 & 5 & -2 & 4\\ 5 & 1 & 9 & 7\\ 3 & 2 & -1 & 6\end{pmatrix}$，并且$\boldsymbol{A}+2\boldsymbol{X}=\boldsymbol{B}$，求矩阵$\boldsymbol{X}$.

解 由$\boldsymbol{A}+2\boldsymbol{X}=\boldsymbol{B}$，得

$$X=\frac{1}{2}(B-A)=\frac{1}{2}\left[\begin{pmatrix}7&5&-2&4\\5&1&9&7\\3&2&-1&6\end{pmatrix}-\begin{pmatrix}3&-1&2&0\\1&5&7&9\\2&4&6&8\end{pmatrix}\right]$$

$$=\frac{1}{2}\begin{pmatrix}4&6&-4&4\\4&-4&2&-2\\1&-2&-7&-2\end{pmatrix}=\begin{pmatrix}2&3&-2&2\\2&-2&1&-1\\\frac{1}{2}&-1&-\frac{7}{2}&-1\end{pmatrix}.$$

3. 矩阵的乘法

设有Ⅰ、Ⅱ、Ⅲ三个工厂，生产甲、乙两种产品，矩阵 $\boldsymbol{A}$ 表示一年中各工厂生产两种产品的数量，矩阵 $\boldsymbol{B}$ 表示两种产品的单位价格和单位利润，矩阵 $\boldsymbol{C}$ 表示工厂的总收入、总利润.

$$\boldsymbol{A}=\begin{pmatrix}a_{11}&a_{12}\\a_{21}&a_{22}\\a_{31}&a_{32}\end{pmatrix}\begin{matrix}\text{Ⅰ}\\\text{Ⅱ}\\\text{Ⅲ}\end{matrix},\ \boldsymbol{B}=\begin{pmatrix}b_{11}&b_{12}\\b_{21}&b_{22}\end{pmatrix}\begin{matrix}\text{甲}\\\text{乙}\end{matrix},\ \boldsymbol{C}=\begin{pmatrix}c_{11}&c_{12}\\c_{21}&c_{22}\\c_{31}&c_{32}\end{pmatrix}\begin{matrix}\text{Ⅰ}\\\text{Ⅱ}\\\text{Ⅲ}\end{matrix}$$

$\boldsymbol{A}$ 的列：甲　乙；$\boldsymbol{B}$ 的列：单位价格　单位利润；$\boldsymbol{C}$ 的列：总收入　总利润

那么矩阵 $\boldsymbol{A}$、$\boldsymbol{B}$、$\boldsymbol{C}$ 的元素之间有关系 $\begin{pmatrix}a_{11}b_{11}+a_{12}b_{21}&a_{11}b_{12}+a_{12}b_{22}\\a_{21}b_{11}+a_{22}b_{21}&a_{21}b_{12}+a_{22}b_{22}\\a_{31}b_{11}+a_{32}b_{21}&a_{31}b_{12}+a_{32}b_{22}\end{pmatrix}=\begin{pmatrix}c_{11}&c_{12}\\c_{21}&c_{22}\\c_{31}&c_{32}\end{pmatrix}$.

即矩阵 $\boldsymbol{C}$ 中第 i 行第 j 列的元素等于矩阵 $\boldsymbol{A}$ 的第 i 行与矩阵 $\boldsymbol{B}$ 中第 j 列对应位置元素乘积的和($i=1$，2，3；$j=1$，2)，并且矩阵 $\boldsymbol{A}$ 的列数等于矩阵 $\boldsymbol{B}$ 的行数，矩阵 $\boldsymbol{C}$ 的行数等于 $\boldsymbol{A}$ 的行数，矩阵 $\boldsymbol{C}$ 的列数等于 $\boldsymbol{B}$ 的列数，即 $c_{ij}=a_{i1}b_{1j}+a_{i2}b_{2j}$($i=1$，2，3；$j=1$，2).

定义 5　设矩阵 $\boldsymbol{A}=(a_{ik})_{m\times l}$ 和 $\boldsymbol{B}=(b_{kj})_{l\times n}$，则由元素

$$c_{ij}=a_{i1}b_{1j}+a_{i2}b_{2j}+\cdots+a_{ik}b_{kj}\ (i=1,2,\cdots,m;j=1,2,\cdots,n)$$

构成的矩阵 $\boldsymbol{C}=(c_{ij})_{m\times n}$ 叫作矩阵 $\boldsymbol{A}$ 与 $\boldsymbol{B}$ 的乘积，记作 $\boldsymbol{AB}$，即 $\boldsymbol{C}=\boldsymbol{AB}$.

例如，要计算 c_{23} 这个元素(即 $i=2$，$j=3$)就是 $\boldsymbol{A}$ 的第 2 行与 $\boldsymbol{B}$ 的第 3 列对应位置元素乘积的和，用图表示如下：

$$\begin{pmatrix}c_{11}&c_{12}&c_{13}&\cdots&c_{1n}\\c_{21}&c_{22}&\boxed{c_{23}}&\cdots&c_{2n}\\\vdots&\vdots&\vdots&&\vdots\\c_{m1}&c_{m2}&c_{m3}&\cdots&c_{mn}\end{pmatrix}=\begin{pmatrix}a_{11}&a_{12}&a_{13}&\cdots&a_{1k}\\\boxed{a_{21}\quad a_{22}\quad a_{23}\quad\cdots\quad a_{2k}}\\\vdots&\vdots&\vdots&&\vdots\\a_{m1}&a_{m2}&a_{m3}&\cdots&a_{mk}\end{pmatrix}\begin{pmatrix}b_{11}&b_{12}&\boxed{b_{13}}&\cdots&b_{1n}\\b_{21}&b_{22}&\boxed{b_{23}}&\cdots&b_{2n}\\\vdots&\vdots&\vdots&&\vdots\\b_{k1}&b_{k2}&\boxed{b_{k3}}&\cdots&b_{kn}\end{pmatrix}.$$

说明：

① 只有当矩阵 $\boldsymbol{A}$(左矩阵)的列数与矩阵 $\boldsymbol{B}$(右矩阵)的行数相等时，才能做乘法运

算 $\boldsymbol{AB}$；

② 两个矩阵的乘积 $\boldsymbol{AB}$ 亦是矩阵，它的行数等于左边矩阵 $\boldsymbol{A}$ 的行数，列数等于右边矩阵 $\boldsymbol{B}$ 的列数；

③ 矩阵乘积 $\boldsymbol{AB}$ 中的第 i 行第 j 列的元素，等于矩阵 $\boldsymbol{A}$ 的第 i 行与矩阵 $\boldsymbol{B}$ 中第 j 列对应位置元素乘积的和.

例 5 已知 $\boldsymbol{A}=\begin{pmatrix}3 & 2 & -1\\ 2 & -3 & 5\end{pmatrix}$，$\boldsymbol{B}=\begin{pmatrix}1 & 3\\ -5 & 4\\ 3 & 6\end{pmatrix}$，求 $\boldsymbol{AB}$ 和 $\boldsymbol{BA}$.

解
$$\boldsymbol{AB}=\begin{pmatrix}3 & 2 & -1\\ 2 & -3 & 5\end{pmatrix}\begin{pmatrix}1 & 3\\ -5 & 4\\ 3 & 6\end{pmatrix}$$
$$=\begin{pmatrix}3\times1+2\times(-5)+(-1)\times3 & 3\times3+2\times4+(-1)\times6\\ 2\times1+(-3)\times(-5)+5\times3 & 2\times3+(-3)\times4+5\times6\end{pmatrix}=\begin{pmatrix}-10 & 11\\ 32 & 24\end{pmatrix},$$
$$\boldsymbol{BA}=\begin{pmatrix}1 & 3\\ -5 & 4\\ 3 & 6\end{pmatrix}\begin{pmatrix}3 & 2 & -1\\ 2 & -3 & 5\end{pmatrix}$$
$$=\begin{pmatrix}1\times3+3\times2 & 1\times2+3\times(-3) & 1\times(-1)+3\times5\\ (-5)\times3+4\times2 & (-5)\times2+4\times(-3) & (-5)\times(-1)+4\times5\\ 3\times3+6\times2 & 3\times2+6\times(-3) & 3\times(-1)+6\times5\end{pmatrix}$$
$$=\begin{pmatrix}9 & -7 & 14\\ -7 & -22 & 25\\ 21 & -12 & 27\end{pmatrix}.$$

注意：一般地，$\boldsymbol{AB}\neq\boldsymbol{BA}$，即矩阵的乘法不满足交换律.

例 6 设 $\boldsymbol{A}=\begin{pmatrix}2 & 0 & 2\\ 1 & -1 & 1\end{pmatrix}$，$\boldsymbol{B}=\begin{pmatrix}1\\ 0\\ -1\end{pmatrix}$，求 $\boldsymbol{AB}$ 和 $\boldsymbol{BA}$.

解
$$\boldsymbol{AB}=\begin{pmatrix}2 & 0 & 2\\ 1 & -1 & 1\end{pmatrix}\begin{pmatrix}1\\ 0\\ -1\end{pmatrix}=\begin{pmatrix}2\times1+0\times0+2\times(-1)\\ 1\times1+(-1)\times0+1\times(-1)\end{pmatrix}=\begin{pmatrix}0\\ 0\end{pmatrix},$$
$$\boldsymbol{BA}=\begin{pmatrix}1\\ 0\\ -1\end{pmatrix}\begin{pmatrix}2 & 0 & 2\\ 1 & -1 & 1\end{pmatrix}$$是没有意义的.

注意：$\boldsymbol{AB}$ 有意义时，但 $\boldsymbol{BA}$ 不一定有意义.

矩阵乘法满足以下运算规律：

① 结合律：$(\boldsymbol{AB})\boldsymbol{C}=\boldsymbol{A}(\boldsymbol{BC})$，

$k(\boldsymbol{AB})=(k\boldsymbol{A})\boldsymbol{B}=\boldsymbol{A}(k\boldsymbol{B})$，其中 k 是任意常数；

② 分配律：$\boldsymbol{A}(\boldsymbol{B}+\boldsymbol{C})=\boldsymbol{AB}+\boldsymbol{AC}$，

$(\boldsymbol{B}+\boldsymbol{C})\boldsymbol{A}=\boldsymbol{BA}+\boldsymbol{CA}$.

③ 在可乘的前提下，$\boldsymbol{EA}=\boldsymbol{A}$，$\boldsymbol{AE}=\boldsymbol{A}$，$\boldsymbol{0E}=\boldsymbol{0}$，$\boldsymbol{E0}=\boldsymbol{0}$.

说明： 单位矩阵 $\boldsymbol{E}$ 在矩阵的乘法中，起着类似于数 1 在代数乘法中的作用；零矩阵 $\boldsymbol{0}$ 在矩阵的乘法中，起着类似于数 0 在代数乘法中的作用.

注意：

① 矩阵相乘不满足消去律.

例如，$\boldsymbol{A}=\begin{pmatrix}3&1\\4&0\end{pmatrix}$，$\boldsymbol{B}=\begin{pmatrix}2&1\\4&0\end{pmatrix}$，$\boldsymbol{C}=\begin{pmatrix}0&0\\1&1\end{pmatrix}$，则有 $\boldsymbol{AC}=\begin{pmatrix}3&1\\4&0\end{pmatrix}\begin{pmatrix}0&0\\1&1\end{pmatrix}=\begin{pmatrix}1&1\\0&0\end{pmatrix}$，$\boldsymbol{BC}=\begin{pmatrix}2&1\\4&0\end{pmatrix}\begin{pmatrix}0&0\\1&1\end{pmatrix}=\begin{pmatrix}1&1\\0&0\end{pmatrix}$. 即 $\boldsymbol{AC}=\boldsymbol{BC}$，且 $\boldsymbol{C}\neq 0$，但是 $\boldsymbol{A}\neq\boldsymbol{B}$.

② 两个非零矩阵的乘积可能是零矩阵.

例如，$\begin{pmatrix}2&4\\3&6\end{pmatrix}\begin{pmatrix}2&4\\-1&-2\end{pmatrix}=\begin{pmatrix}4-4&8-8\\6-6&12-12\end{pmatrix}=\begin{pmatrix}0&0\\0&0\end{pmatrix}=\boldsymbol{0}$，即 $\boldsymbol{AB}=\boldsymbol{0}$，不一定有 $\boldsymbol{A}=\boldsymbol{0}$ 或 $\boldsymbol{B}=\boldsymbol{0}$.

有了矩阵的乘法，就可以定义方阵的幂.

设 $\boldsymbol{A}$ 是 n 阶方阵，定义 $\boldsymbol{A}^k=\underbrace{\boldsymbol{AA}\cdots\boldsymbol{A}}_{k个}$ 为方阵 $\boldsymbol{A}$ 的 k 次幂，且约定 $\boldsymbol{A}^0=\boldsymbol{E}$.

方阵的幂运算满足下列规律（m、n 为正整数）：

① $\boldsymbol{A}^m\boldsymbol{A}^n=\boldsymbol{A}^{m+n}$；

② $(\boldsymbol{A}^m)^n=\boldsymbol{A}^{mn}$.

注意：

① 只有方阵才有幂运算；

② 设 $\boldsymbol{A}$、$\boldsymbol{B}$ 是 n 阶方阵，一般地，$(\boldsymbol{AB})^k\neq\boldsymbol{A}^k\boldsymbol{B}^k$.

应用矩阵的乘法，如果令 $\boldsymbol{A}=\begin{pmatrix}a_{11}&a_{12}&\cdots&a_{1n}\\a_{21}&a_{22}&\cdots&a_{2n}\\\vdots&\vdots&&\vdots\\a_{m1}&a_{m2}&\cdots&a_{mn}\end{pmatrix}$，$\boldsymbol{X}=\begin{pmatrix}x_1\\x_2\\\vdots\\x_n\end{pmatrix}$，$\boldsymbol{B}=\begin{pmatrix}b_1\\b_2\\\vdots\\b_m\end{pmatrix}$

那么线性方程组

$$\begin{cases}a_{11}x_1+a_{12}x_2+\cdots+a_{1n}xn=b_1,\\a_{21}x_1+a_{22}x_2+\cdots+a_{2n}x_n=b_2,\\\cdots\cdots\\a_{m1}x_1+a_{m2}x_2+\cdots+a_{mn}x_n=b_m\end{cases}\tag{9-1}$$

可以表示为矩阵形式

$$\boldsymbol{AX}=\boldsymbol{B}\tag{9-2}$$

其中 $\boldsymbol{A}$ 称为方程组(9-1)的系数矩阵，$\boldsymbol{X}$ 称为未知矩阵，$\boldsymbol{B}$ 称为常数项矩阵，式(9-2)称为矩阵方程.

方程组的系数和常数项组成的矩阵

$$\widetilde{\boldsymbol{A}}=\begin{pmatrix} a_{11} & a_{12} & \cdots & a_{1n} & b_1 \\ a_{21} & a_{22} & \cdots & a_{2n} & b_2 \\ \vdots & \vdots & & \vdots & \vdots \\ a_{m1} & a_{m2} & \cdots & a_{mn} & b_m \end{pmatrix} \tag{9-3}$$

称为方程组(9-1)的增广矩阵.

例如，方程组 $\begin{cases} x_1+2x_2+3x_3+4x_4=1, \\ 4x_1+x_2+2x_3+3x_4=2, \\ 3x_1+4x_2+x_3+2x_4=2, \\ 2x_1+3x_2+4x_3+x_4=1 \end{cases}$ 可以表示为 $\begin{pmatrix} 1 & 2 & 3 & 4 \\ 4 & 1 & 2 & 3 \\ 3 & 4 & 1 & 2 \\ 2 & 3 & 4 & 1 \end{pmatrix}\begin{pmatrix} x_1 \\ x_2 \\ x_3 \\ x_4 \end{pmatrix}=\begin{pmatrix} 1 \\ 2 \\ 2 \\ 1 \end{pmatrix}$，

而增广矩阵是 $\widetilde{\boldsymbol{A}}=\begin{pmatrix} 1 & 2 & 3 & 4 & 1 \\ 4 & 1 & 2 & 3 & 2 \\ 3 & 4 & 1 & 2 & 2 \\ 2 & 3 & 4 & 1 & 1 \end{pmatrix}$.

4. 矩阵的转置

定义 6 把矩阵 $\boldsymbol{A}$ 的行与列依次互换所得的矩阵称为 $\boldsymbol{A}$ 的转置矩阵，记作 $\boldsymbol{A}^{\mathrm{T}}$. 例如，矩阵

$$\boldsymbol{A}=\begin{pmatrix} a_{11} & a_{12} & \cdots & a_{1n} \\ a_{21} & a_{22} & \cdots & a_{2n} \\ \vdots & \vdots & & \vdots \\ a_{m1} & a_{m2} & \cdots & a_{mn} \end{pmatrix}, \quad \boldsymbol{A}^{\mathrm{T}}=\begin{pmatrix} a_{11} & a_{21} & \cdots & a_{m1} \\ a_{12} & a_{22} & \cdots & a_{m2} \\ \vdots & \vdots & & \vdots \\ a_{1n} & a_{2n} & \cdots & a_{mn} \end{pmatrix}.$$

说明： 若 $\boldsymbol{A}$ 为 $m\times n$ 矩阵，则 $\boldsymbol{A}^{\mathrm{T}}$ 是 $n\times m$ 矩阵，$\boldsymbol{A}$ 中第 i 行第 j 列的元素是 $\boldsymbol{A}^{\mathrm{T}}$ 中的第 j 行第 i 列的元素.

矩阵的转置运算满足以下规律：

① $(\boldsymbol{A}^{\mathrm{T}})^{\mathrm{T}}=\boldsymbol{A}$；

② $(\boldsymbol{A}+\boldsymbol{B})^{\mathrm{T}}=\boldsymbol{A}^{\mathrm{T}}+\boldsymbol{B}^{\mathrm{T}}$；

③ $(k\boldsymbol{A})^{\mathrm{T}}=k\boldsymbol{A}^{\mathrm{T}}$($k$ 是常数)；

④ $(\boldsymbol{A}\boldsymbol{B})^{\mathrm{T}}=\boldsymbol{B}^{\mathrm{T}}\boldsymbol{A}^{\mathrm{T}}$.

如果 n 阶方阵 $\boldsymbol{A}$ 与它的转置矩阵相等，即 $\boldsymbol{A}=\boldsymbol{A}^{\mathrm{T}}$，则称 $\boldsymbol{A}$ 为对称矩阵，简称对称阵.

说明： 对称矩阵关于主对角线对应的元素相等.

例 7 设 $\boldsymbol{A}=\begin{pmatrix}1 & 1\\ 2 & 0\\ 3 & -1\end{pmatrix}$，$\boldsymbol{B}=\begin{pmatrix}1 & 1\\ 0 & -1\end{pmatrix}$，求 $(\boldsymbol{AB})^{\mathrm{T}}$ 和 $\boldsymbol{B}^{\mathrm{T}}\boldsymbol{A}^{\mathrm{T}}$.

解 因为 $\boldsymbol{AB}=\begin{pmatrix}1 & 1\\ 2 & 0\\ 3 & -1\end{pmatrix}\begin{pmatrix}1 & 1\\ 0 & -1\end{pmatrix}=\begin{pmatrix}1 & 0\\ 2 & 2\\ 3 & 4\end{pmatrix}$，所以 $(\boldsymbol{AB})^{\mathrm{T}}=\begin{pmatrix}1 & 2 & 3\\ 0 & 2 & 4\end{pmatrix}$.

又因为 $\boldsymbol{A}^{\mathrm{T}}=\begin{pmatrix}1 & 1\\ 2 & 0\\ 3 & -1\end{pmatrix}^{\mathrm{T}}=\begin{pmatrix}1 & 2 & 3\\ 1 & 0 & -1\end{pmatrix}$，$\boldsymbol{B}^{\mathrm{T}}=\begin{pmatrix}1 & 1\\ 0 & -1\end{pmatrix}^{\mathrm{T}}=\begin{pmatrix}1 & 0\\ 1 & -1\end{pmatrix}$，

所以 $$\boldsymbol{B}^{\mathrm{T}}\boldsymbol{A}^{\mathrm{T}}=\begin{pmatrix}1 & 0\\ 1 & -1\end{pmatrix}\begin{pmatrix}1 & 2 & 3\\ 1 & 0 & -1\end{pmatrix}=\begin{pmatrix}1 & 2 & 3\\ 0 & 2 & 4\end{pmatrix}.$$

即 $(\boldsymbol{AB})^{\mathrm{T}}=\boldsymbol{B}^{\mathrm{T}}\boldsymbol{A}^{\mathrm{T}}$.

5. 方阵的行列式

定义 7 由方阵 $\boldsymbol{A}$ 的元素按其在矩阵中的位置所构成的行列式，叫作方阵 $\boldsymbol{A}$ 的行列式，记作 $\det\boldsymbol{A}$ 或 $|\boldsymbol{A}|$.

注意： 长方形矩阵不能取行列式.

方阵的行列式满足下列运算规律（设 $\boldsymbol{A}$、$\boldsymbol{B}$ 是 n 阶方阵，k 为常数）：

① $|\boldsymbol{A}^{\mathrm{T}}|=|\boldsymbol{A}|$；

② $|k\boldsymbol{A}|=k^n|\boldsymbol{A}|$；

③ $|\boldsymbol{AB}|=|\boldsymbol{A}||\boldsymbol{B}|=|\boldsymbol{BA}|$.

例 8 设 $\boldsymbol{A}=\begin{pmatrix}1 & 2\\ 3 & -1\end{pmatrix}$，$\boldsymbol{B}=\begin{pmatrix}2 & 1\\ 0 & 3\end{pmatrix}$，求 $|\boldsymbol{AB}|$.

解 $|\boldsymbol{AB}|=|\boldsymbol{A}||\boldsymbol{B}|=\begin{vmatrix}1 & 2\\ 3 & -1\end{vmatrix}\begin{vmatrix}2 & 1\\ 0 & 3\end{vmatrix}=-42.$

习题 9.1

1. 已知 $\boldsymbol{A}=\begin{pmatrix}3 & 6 & 2\\ 2 & 4 & 7\\ -1 & 2 & 5\end{pmatrix}$，求 $\boldsymbol{A}+\boldsymbol{A}^{\mathrm{T}}$ 和 $\boldsymbol{A}-\boldsymbol{A}^{\mathrm{T}}$.

2. 设 $\boldsymbol{A}=\begin{pmatrix}-1 & 2 & 3 & 1\\ 0 & 3 & -2 & 1\\ 4 & 0 & 3 & 2\end{pmatrix}$，$\boldsymbol{B}=\begin{pmatrix}4 & 3 & 2 & 1\\ 5 & -3 & 0 & 1\\ 1 & 2 & -5 & 0\end{pmatrix}$，并且 $\boldsymbol{A}+2\boldsymbol{X}=\boldsymbol{B}$，求 $\boldsymbol{X}$.

3. 计算

(1) $\begin{pmatrix}1\\ 0\end{pmatrix}(0\quad 1)$；　　(2) $(1\quad 0)\begin{pmatrix}0\\ 1\end{pmatrix}$；

(3) $\begin{pmatrix}2\\1\\-1\\3\end{pmatrix}(-2\quad 1\quad 0)$；　　(4) $\begin{pmatrix}1&0&3&-1\\2&1&0&2\end{pmatrix}\begin{pmatrix}4&1&0\\-1&1&3\\2&0&1\\1&3&4\end{pmatrix}$；

(5) $\begin{pmatrix}9&9&2&-12\\0&1&0&0\\0&0&1&0\\0&0&0&1\end{pmatrix}\begin{pmatrix}-1&0&1&2\\9&9&2&-12\\0&1&0&0\\0&0&1&0\end{pmatrix}\begin{pmatrix}\frac{1}{9}&-1&-\frac{2}{9}&\frac{12}{9}\\0&1&0&0\\0&0&1&0\\0&0&0&1\end{pmatrix}$.

4. 设 $\boldsymbol{A}=\begin{pmatrix}\cos\theta&\sin\theta\\-\sin\theta&\cos\theta\end{pmatrix}$，$\boldsymbol{B}=\boldsymbol{A}^{\mathrm{T}}$，求证 $\boldsymbol{AB}=\boldsymbol{BA}=\boldsymbol{E}$.

5. 已知 $\boldsymbol{A}=\begin{pmatrix}a_{11}&a_{12}&a_{13}\\a_{21}&a_{22}&a_{23}\\a_{31}&a_{32}&a_{33}\end{pmatrix}$，求证：(1)$\boldsymbol{A}+\boldsymbol{A}^{\mathrm{T}}$ 为对称矩阵；(2)$|k\boldsymbol{A}|=k^3|\boldsymbol{A}|$，其中 k 为常数.

9.2 矩阵的初等变换矩阵的秩

9.2.1 矩阵的初等变换

用消元法求解线性方程组的基本思想是利用方程组中方程之间的算术运算，使一部分方程所含未知量的个数减少(消元). 现举例说明消元法解线性方程组的规律.

例 1 解三元线性方程组

$$\begin{cases}\frac{1}{2}x_1+\frac{1}{3}x_2+x_3=1, & (1)\\ x_1+\frac{5}{3}x_2+3x_3=3, & (2)\\ 2x_1+\frac{4}{3}x_2+5x_3=2. & (3)\end{cases}$$

解 交换方程(1)、(2)的位置，得

$$\begin{cases}x_1+\frac{5}{3}x_2+3x_3=3, & (2)\\ \frac{1}{2}x_1+\frac{1}{3}x_2+x_3=1, & (1)\\ 2x_1+\frac{4}{3}x_2+5x_3=2. & (3)\end{cases}$$

把方程式(2)分别乘以$\left(-\frac{1}{2}\right)$和$(-2)$，加到方程(1)和(3)，得

$$\begin{cases} x_1+\frac{5}{3}x_2+3x_3=3, & (2) \\ -\frac{1}{2}x_2-\frac{1}{2}x_3=-\frac{1}{2}, & (4) \\ -2x_2-x_3=-4. & (5) \end{cases}$$

把方程(4)乘以(−2)，得

$$\begin{cases} x_1+\frac{5}{3}x_2+3x_3=3, & (2) \\ x_2+x_3=1, & (6) \\ -2x_2-x_3=-4. & (5) \end{cases}$$

把方程(6)乘以 2 加到方程(5)，得

$$\begin{cases} x_1+\frac{5}{3}x_2+3x_3=3, & (2) \\ x_2+x_3=1, & (6) \\ x_3=-2. & (7) \end{cases}$$

最后一个方程组称为阶梯形方程组，只要把方程(7)依次代入方程(6)、(2)，得

$$\begin{cases} x_1 \qquad\qquad =4, & (9) \\ \qquad x_2 \qquad =3, & (8) \\ \qquad\qquad x_3=-2. & (7) \end{cases}$$

就可求得原方程组的一个解 $x_1=4$，$x_2=3$，$x_3=-2$.

上述求解过程运用了三种对方程组变换的方法：

① 交换两个方程的位置；

② 用一个非零常数乘以方程；

③ 用一个非零常数乘以某个方程后加到另一个方程上去.

将任一方程组进行上述三种变换所得到的新方程组与原方程组是同解方程组，这三种变换称为线性方程组的初等变换.

将线性方程组的初等变换移植到矩阵上，就得到矩阵的三种初等变换.

定义 1　对矩阵的行实施以下三种变换，称为矩阵的初等行变换：

① 交换矩阵的任意两行(交换第 i，j 行)，记作 $r_i \leftrightarrow r_j$；

② 用一个非零的数乘矩阵的某一行(第 i 行乘 k)，记作 $r_i \times k$；

③ 用一个常数乘矩阵的某一行加到另一行上去(把 j 行的 k 倍加到第 i 行上)，记作 r_i+kr_j.

把定义 1 中的“行”换成“列”，并把所有记号“r”换成“c”，即得到矩阵的初等列变换. 矩阵的初等行变换与初等列变换统称为矩阵的初等变换.

对例 1 的线性方程组作初等变换时，只是对方程组的系数和常数项进行运算，而未知量并未加入运算. 因此，对方程组进初等行变换，实质上是对方程组的增广矩阵进行相应的初等行变换，现将上述变换过程对比如下：

$$\begin{pmatrix} \frac{1}{2} & \frac{1}{3} & 1 & 1 \\ 1 & \frac{5}{3} & 3 & 3 \\ 2 & \frac{4}{3} & 5 & 2 \end{pmatrix} \xrightarrow{r_1 \leftrightarrow r_2} \begin{pmatrix} 1 & \frac{5}{3} & 3 & 3 \\ \frac{1}{2} & \frac{1}{3} & 1 & 1 \\ 2 & \frac{4}{3} & 5 & 2 \end{pmatrix} \xrightarrow[r_3 - 2r_1]{r_2 - \frac{1}{2}r_1} \begin{pmatrix} 1 & \frac{5}{3} & 3 & 3 \\ 0 & -\frac{1}{2} & -\frac{1}{2} & -\frac{1}{2} \\ 0 & -2 & -1 & -4 \end{pmatrix}$$

$$\xrightarrow{-2r_2} \begin{pmatrix} 1 & \frac{5}{3} & 3 & 3 \\ 0 & 1 & 1 & 1 \\ 0 & -2 & -1 & -4 \end{pmatrix} \xrightarrow{r_3 + 2r_2} \begin{pmatrix} 1 & \frac{5}{3} & 3 & 3 \\ 0 & 1 & 1 & 1 \\ 0 & 0 & 1 & -2 \end{pmatrix}$$

$$\xrightarrow[r_2 - r_3]{r_1 - 3r_3} \begin{pmatrix} 1 & \frac{5}{3} & 0 & 9 \\ 0 & 1 & 0 & 3 \\ 0 & 0 & 1 & -2 \end{pmatrix} \xrightarrow{r_1 - \frac{5}{3}r_2} \begin{pmatrix} 1 & 0 & 0 & 4 \\ 0 & 1 & 0 & 3 \\ 0 & 0 & 1 & -2 \end{pmatrix}.$$

例 2 用初等行变换将矩阵 $\boldsymbol{A}=\begin{pmatrix} 2 & 3 & 1 \\ 0 & 1 & 3 \\ 1 & 2 & 5 \end{pmatrix}$ 化为单位阵.

解 $\boldsymbol{A}=\begin{pmatrix} 2 & 3 & 1 \\ 0 & 1 & 3 \\ 1 & 2 & 5 \end{pmatrix} \xrightarrow{r_1 \leftrightarrow r_3} \begin{pmatrix} 1 & 2 & 5 \\ 0 & 1 & 3 \\ 2 & 3 & 1 \end{pmatrix} \xrightarrow{r_3 - 2r_1} \begin{pmatrix} 1 & 2 & 5 \\ 0 & 1 & 3 \\ 0 & -1 & -9 \end{pmatrix} \xrightarrow{r_3 + r_2} \begin{pmatrix} 1 & 2 & 5 \\ 0 & 1 & 3 \\ 0 & 0 & -6 \end{pmatrix}$

$$\xrightarrow{-\frac{1}{6}r_3} \begin{pmatrix} 1 & 2 & 5 \\ 0 & 1 & 3 \\ 0 & 0 & 1 \end{pmatrix} \xrightarrow[r_1 - 5r_3]{r_2 - 3r_3} \begin{pmatrix} 1 & 2 & 0 \\ 0 & 1 & 0 \\ 0 & 0 & 1 \end{pmatrix} \xrightarrow{r_1 - 2r_2} \begin{pmatrix} 1 & 0 & 0 \\ 0 & 1 & 0 \\ 0 & 0 & 1 \end{pmatrix}.$$

定理 当方阵 $\boldsymbol{A}$ 的行列式 $|\boldsymbol{A}| \neq 0$ 时，则可用初等行变换化为单位矩阵.

对 n 个方程 n 元线性方程组，当它的系数行列式不等于零时，只要对方程组的增广矩阵施以适当的初等行变换使它变为：$\begin{pmatrix} 1 & 0 & \cdots & 0 & \mathrm{e}_1 \\ 0 & 1 & \cdots & 0 & \mathrm{e}_2 \\ \vdots & \vdots & & \vdots & \vdots \\ 0 & 0 & \cdots & 1 & \mathrm{e}_n \end{pmatrix}$，那么方程组的解为 $x_1=\mathrm{e}_1$，$x_2=\mathrm{e}_2$，…，$x_n=\mathrm{e}_n$. 这种解方程组的方法称为高斯—约当消元法.

例 3　用高斯—约当消元法解线性方程组 $\begin{cases} x_1+2x_2-x_3=-4, \\ x_1+x_2+x_3=3, \\ 3x_1-2x_2-x_3=2. \end{cases}$

解　$\widetilde{\boldsymbol{A}}=\begin{pmatrix} 1 & 2 & -1 & -4 \\ 1 & 1 & 1 & 3 \\ 3 & -2 & -1 & 2 \end{pmatrix} \xrightarrow[r_3-3r_1]{r_2-r_1} \begin{pmatrix} 1 & 2 & -1 & -4 \\ 0 & -1 & 2 & 7 \\ 0 & -8 & 2 & 14 \end{pmatrix}$

$$\xrightarrow[r_3-8r_2]{r_1+2r_2} \begin{pmatrix} 1 & 0 & 3 & 10 \\ 0 & -1 & 2 & 7 \\ 0 & 0 & -14 & -42 \end{pmatrix}$$

$$\xrightarrow[-\frac{1}{14}r_3]{(-1)\times r_2} \begin{pmatrix} 1 & 0 & 3 & 10 \\ 0 & 1 & -2 & -7 \\ 0 & 0 & 1 & 3 \end{pmatrix} \xrightarrow[r_2+2r_3]{r_1-3r_3} \begin{pmatrix} 1 & 0 & 0 & 1 \\ 0 & 1 & 0 & -1 \\ 0 & 0 & 1 & 3 \end{pmatrix},$$

所以方程组的解为 $x_1=1$，$x_2=-1$，$x_3=3$.

9.2.2　矩阵的秩

下面介绍矩阵的 k 阶子式和矩阵的秩的概念.

定义 2　在 m 行 n 列的矩阵 $\boldsymbol{A}$ 中任取 k 行 k 列，位于这些行、列相交处的元素按在原行列式中的相对位置所构成的行列式，叫作矩阵 $\boldsymbol{A}$ 的 k 阶子式.

例如，矩阵 $\boldsymbol{A}=\begin{pmatrix} 1 & 2 & 2 & 11 \\ 1 & -3 & -3 & -14 \\ 3 & 1 & 1 & 8 \end{pmatrix}$ 中，第一、二行和第二、四列相交处的元素构成的二阶子式是 $\begin{vmatrix} 2 & 11 \\ -3 & -14 \end{vmatrix}$.

说明：① 一个 n 阶方阵 $\boldsymbol{A}$ 的 n 阶子式就是 $\boldsymbol{A}$ 的行列式 $|\boldsymbol{A}|$；

② $m\times n$ 矩阵 $\boldsymbol{A}$ 的 k 阶子式共有 $C_m^k \cdot C_n^k$ 个.

定义 3　非零矩阵 $\boldsymbol{A}$ 中不为零的子式的最高阶数 r，称为矩阵 $\boldsymbol{A}$ 的秩，记作 $R(\boldsymbol{A})$，即 $R(\boldsymbol{A})=r$. 特别地，零矩阵的秩是零.

定义法求矩阵的秩：根据定义求一个非零矩阵 $\boldsymbol{A}$ 的秩，一般说来，应从二阶子式开始逐一计算，如果所有二阶子式都为零，则 $R(\boldsymbol{A})=1$；如果其中有一个二阶子式不为零，则计算 $\boldsymbol{A}$ 的三阶子式. 如果所有三阶子式都为零，则 $R(\boldsymbol{A})=2$；如果其中有一个三阶子式不为零，则计算 $\boldsymbol{A}$ 的四阶子式，直到求出 $\boldsymbol{A}$ 的秩为止.

例 4　求矩阵 $\boldsymbol{A}=\begin{pmatrix} 1 & 2 & 2 & 11 \\ 1 & -3 & -3 & -14 \\ 3 & 1 & 1 & 8 \end{pmatrix}$ 的秩.

解　首先计算 $\boldsymbol{A}$ 的二阶子式，因为 $\begin{vmatrix} 1 & 2 \\ 1 & -3 \end{vmatrix} \neq 0$.

所以计算 $\boldsymbol{A}$ 的三阶子式，不难验证 $\boldsymbol{A}$ 的四个三阶子式 $\begin{vmatrix}1&2&2\\1&-3&-3\\3&1&1\end{vmatrix}$，$\begin{vmatrix}1&2&11\\1&-3&-14\\3&1&8\end{vmatrix}$，$\begin{vmatrix}1&2&11\\1&-3&-14\\3&1&8\end{vmatrix}$，$\begin{vmatrix}2&2&11\\-3&-3&-14\\1&1&8\end{vmatrix}$都为零，所以 $R(\boldsymbol{A})=2$.

由定义求矩阵 $\boldsymbol{A}$ 的秩，一般要计算许多行列式，很麻烦.

定理 矩阵的初等变换不改变矩阵的秩.

矩阵的初等变换可以把 $\boldsymbol{A}$ 化为求秩较为方便的矩阵 $\boldsymbol{B}$，因此常用初等行变换求矩阵的秩.

初等变换求矩阵的秩的方法：

通过初等行变换将矩阵化为行阶梯形矩阵，其中非零行的行数即为矩阵的秩.

例如$\begin{pmatrix}1&2&0&0\\0&-3&2&0\\0&0&1&0\end{pmatrix}$，$\begin{pmatrix}3&0&1&0&4\\0&-2&5&1&7\\0&0&0&1&7\\0&0&0&0&0\end{pmatrix}$都是行阶梯形矩阵.

行阶梯形矩阵的特点是：

① 零行(若有的话)在矩阵的最下方；

② 非零行随着行数的增加，每行第一个非零元(首非零元)的位置右移，且每行的首非零元正下方元素都是零.

说明：① 行阶梯形矩阵可画一条阶梯线，线的下方全为零；

② 每个阶梯上只有一行；

③ 每行阶梯线后的第一个元素不为零.

例 5 用初等变换求矩阵 $\boldsymbol{A}=\begin{pmatrix}1&2&3&4\\1&-3&-3&7\\3&0&1&2\end{pmatrix}$的秩.

解 $\boldsymbol{A}=\begin{pmatrix}1&2&3&4\\1&-3&-3&7\\3&0&1&2\end{pmatrix}\xrightarrow[r_3-3r_1]{r_2-r_1}\begin{pmatrix}1&2&3&4\\0&-5&-6&3\\0&-6&-8&-10\end{pmatrix}\xrightarrow[(-5)r_3]{r_3-\frac{6}{5}r_2}\begin{pmatrix}1&2&3&4\\0&-5&-6&3\\0&0&4&68\end{pmatrix}=\boldsymbol{B}$.

因为 $R(\boldsymbol{B})=3$，所以 $R(\boldsymbol{A})=3$.

例 6 求矩阵 $\boldsymbol{A}=\begin{pmatrix}1&1&2&2&1\\0&2&1&5&-1\\2&0&3&-1&3\\1&1&0&4&-1\end{pmatrix}$的秩.

解　$A=\begin{pmatrix}1&1&2&2&1\\0&2&1&5&-1\\2&0&3&-1&3\\1&1&0&4&-1\end{pmatrix}\xrightarrow[r_4-r_1]{r_3-2r_1}\begin{pmatrix}1&1&2&2&1\\0&2&1&5&-1\\0&-2&-1&-5&1\\0&0&-2&2&-2\end{pmatrix}$

$$\xrightarrow{r_3+r_2}\begin{pmatrix}1&1&2&2&1\\0&2&1&5&-1\\0&0&0&0&0\\0&0&-2&2&-2\end{pmatrix}\xrightarrow{r_3\leftrightarrow r_4}\begin{pmatrix}1&1&2&2&1\\0&2&1&5&-1\\0&0&-2&2&-2\\0&0&0&0&0\end{pmatrix}=\boldsymbol{B}.$$

因为 $R(\boldsymbol{B})=3$，所以 $R(\boldsymbol{A})=3$.

对上述行阶梯形矩阵 $\boldsymbol{B}$ 还可以用初等行变换化成行最简矩阵 $\boldsymbol{C}$.

$$\boldsymbol{B}=\begin{pmatrix}1&1&2&2&1\\0&2&1&5&-1\\0&0&-2&2&-2\\0&0&0&0&0\end{pmatrix}\xrightarrow[-\frac{1}{2}r_3]{\frac{1}{2}r_2}\begin{pmatrix}1&1&2&2&1\\0&1&\frac{1}{2}&\frac{5}{2}&-\frac{1}{2}\\0&0&1&-1&1\\0&0&0&0&0\end{pmatrix}$$

$$\xrightarrow{r_1-r_2}\begin{pmatrix}1&0&\frac{3}{2}&-\frac{1}{2}&\frac{3}{2}\\0&1&\frac{1}{2}&\frac{5}{2}&-\frac{1}{2}\\0&0&1&-1&1\\0&0&0&0&0\end{pmatrix}\xrightarrow[r_2-\frac{1}{2}r_3]{r_1-\frac{3}{2}r_3}\begin{pmatrix}1&0&0&1&0\\0&1&0&3&-1\\0&0&1&-1&1\\0&0&0&0&0\end{pmatrix}=\boldsymbol{C}.$$

行最简矩阵的特点是：非零行的首非零元为 1，且所有首非零元所在列的其余元素都是 0.

说明：任何一个矩阵都可以通过一系列初等行变换化成行阶梯形矩阵和行最简矩阵.

习题 9.2

1. 用高斯—约当消元法解下列方程组：

(1) $\begin{cases}x_1+2x_2+3x_3=-7,\\2x_1-x_2+2x_3=-8,\\x_1+3x_2=7;\end{cases}$　　(2) $\begin{cases}2x_1-3x_2+x_3-x_4=3,\\3x_1+x_2+x_3+x_4=0,\\4x_1-x_2-x_3-x_4=7,\\-2x_1-x_2+x_3+x_4=-5.\end{cases}$

2. 求下列矩阵的秩：

(1) $\begin{pmatrix}1&2&-3\\-1&-3&4\\1&1&-2\end{pmatrix}$；　　(2) $\begin{pmatrix}4&1&-1&2\\-2&2&8&14\\1&-2&-7&13\end{pmatrix}$；

(3) $\begin{pmatrix} 2 & 0 & 2 & 0 & 2 \\ 0 & 1 & 0 & 1 & 0 \\ 2 & 1 & 0 & 2 & 1 \\ 0 & 1 & 0 & 1 & 0 \end{pmatrix}$； (4) $\begin{pmatrix} 1 & 0 & 0 & 1 & 4 \\ 0 & 1 & 0 & 2 & 5 \\ 0 & 0 & 1 & 3 & 6 \\ 1 & 2 & 3 & 14 & 32 \\ 4 & 5 & 6 & 32 & 77 \end{pmatrix}$.

9.3 逆矩阵

9.3.1 逆矩阵的概念

对于一元代数方程 $ax=b$，当 $a\neq 0$ 时，其解为 $x=a^{-1}b$. 那么，对于矩阵方程(9-2)$\boldsymbol{AX}=\boldsymbol{B}$(其中 $\boldsymbol{A}$ 为 n 阶方阵)，当 $\boldsymbol{A}$ 为非零矩阵时，其解是否也可以写成 $\boldsymbol{X}=\boldsymbol{A}^{-1}\boldsymbol{B}$ 呢？如果可以，$\boldsymbol{A}^{-1}$ 的含义是什么呢？

定义 1 设 n 阶矩阵 $\boldsymbol{A}$，如果存在 n 阶矩阵 $\boldsymbol{C}$，使得

$$\boldsymbol{AC}=\boldsymbol{CA}=\boldsymbol{E},$$

则称 $\boldsymbol{A}$ 是可逆的，$\boldsymbol{C}$ 叫作 $\boldsymbol{A}$ 的逆矩阵，记作 $\boldsymbol{A}^{-1}$，即 $\boldsymbol{AA}^{-1}=\boldsymbol{A}^{-1}\boldsymbol{A}=\boldsymbol{E}$.

9.3.2 逆矩阵的性质

性质 1 如果 $\boldsymbol{A}$ 有逆矩阵，则其逆矩阵是唯一的.

证明 设 $\boldsymbol{B}$、$\boldsymbol{C}$ 都是 $\boldsymbol{A}$ 的逆矩阵，则 $\boldsymbol{AB}=\boldsymbol{BA}=\boldsymbol{E}$，$\boldsymbol{AC}=\boldsymbol{CA}=\boldsymbol{E}$，于是 $\boldsymbol{B}=\boldsymbol{BE}=\boldsymbol{B}(\boldsymbol{AC})=(\boldsymbol{BA})\boldsymbol{C}=\boldsymbol{EC}=\boldsymbol{C}$.

性质 2 $\boldsymbol{A}$ 的逆矩阵的逆矩阵是 $\boldsymbol{A}$，即 $(\boldsymbol{A}^{-1})^{-1}=\boldsymbol{A}$.

性质 3 如果 n 阶矩阵 $\boldsymbol{A}$、$\boldsymbol{B}$ 的逆矩阵都存在，那么，它们乘积 $\boldsymbol{AB}$ 的逆矩阵也存在，并且

$$(\boldsymbol{AB})^{-1}=\boldsymbol{B}^{-1}\boldsymbol{A}^{-1}.$$

证明 $(\boldsymbol{AB})\boldsymbol{B}^{-1}\boldsymbol{A}^{-1}=\boldsymbol{A}(\boldsymbol{BB}^{-1})\boldsymbol{A}^{-1}=\boldsymbol{AEA}^{-1}=\boldsymbol{AA}^{-1}=\boldsymbol{E}$，同时有

$(\boldsymbol{B}^{-1}\boldsymbol{A}^{-1})(\boldsymbol{AB})=\boldsymbol{B}^{-1}(\boldsymbol{A}^{-1}\boldsymbol{A})\boldsymbol{B}=\boldsymbol{B}^{-1}\boldsymbol{IB}=\boldsymbol{B}^{-1}\boldsymbol{B}=\boldsymbol{E}$，于是 $(\boldsymbol{AB})^{-1}=\boldsymbol{B}^{-1}\boldsymbol{A}^{-1}$.

性质 4 如果 n 阶矩阵 $\boldsymbol{A}$ 的逆矩阵存在，则 $\boldsymbol{A}^{\mathrm{T}}$ 的逆矩阵也存在，并且 $(\boldsymbol{A}^{\mathrm{T}})^{-1}=(\boldsymbol{A}^{-1})^{\mathrm{T}}$

9.3.3 逆矩阵的求法

定义了逆矩阵，并研究了逆矩阵的性质，下面要解决两个问题：什么样的方阵有逆矩阵？如果一个方阵有逆矩阵，如何求出其逆矩阵？

定理 n 阶方阵 $\boldsymbol{A}$ 可逆的充要条件是 $|\boldsymbol{A}|\neq 0$，并且 $\boldsymbol{A}^{-1}=\frac{1}{|\boldsymbol{A}|}\boldsymbol{A}^*$，其中 $\boldsymbol{A}^*=\begin{pmatrix}\boldsymbol{A}_{11} & \boldsymbol{A}_{21} & \cdots & \boldsymbol{A}_{n1}\\ \boldsymbol{A}_{12} & \boldsymbol{A}_{22} & \cdots & \boldsymbol{A}_{n2}\\ \vdots & \vdots & & \vdots\\ \boldsymbol{A}_{1n} & \boldsymbol{A}_{2n} & \cdots & \boldsymbol{A}_{nn}\end{pmatrix}$ 称为 $\boldsymbol{A}$ 的伴随矩阵，$\boldsymbol{A}_{ij}$ 是 $|\boldsymbol{A}|$ 中元素 $a_{ij}(i,\ j=1,\ 2,\ \cdots,\ n)$ 的代数余子式.

定义 2 如果 n 阶方阵 $\boldsymbol{A}$ 的行列式 $|\boldsymbol{A}|\neq 0$，则称 $\boldsymbol{A}$ 是非奇异矩阵，否则称 $\boldsymbol{A}$ 为奇异矩阵.

例 1 判断矩阵 $\boldsymbol{A}=\begin{pmatrix}1 & 0 & 1\\ 2 & 1 & 0\\ -3 & 2 & -5\end{pmatrix}$ 是否可逆？如果可逆，求 $\boldsymbol{A}^{-1}$.

解 因为 $\begin{vmatrix}1 & 0 & 1\\ 2 & 1 & 0\\ -3 & 2 & -5\end{vmatrix}=2\neq 0$，所以矩阵 A 是可逆的. 又因为

$$\boldsymbol{A}_{11}=\begin{vmatrix}1 & 0\\ 2 & -5\end{vmatrix}=-5,\quad \boldsymbol{A}_{21}=-\begin{vmatrix}0 & 1\\ 2 & -5\end{vmatrix}=2,\quad \boldsymbol{A}_{31}=\begin{vmatrix}0 & 1\\ 1 & 0\end{vmatrix}=-1$$

$$\boldsymbol{A}_{12}=-\begin{vmatrix}2 & 0\\ -3 & -5\end{vmatrix}=10,\quad \boldsymbol{A}_{22}=\begin{vmatrix}1 & 1\\ -3 & -5\end{vmatrix}=-2,\quad \boldsymbol{A}_{32}=-\begin{vmatrix}1 & 1\\ 2 & 0\end{vmatrix}=2$$

$$\boldsymbol{A}_{13}=\begin{vmatrix}2 & 1\\ -3 & 2\end{vmatrix}=7,\quad \boldsymbol{A}_{23}=-\begin{vmatrix}1 & 0\\ -3 & 2\end{vmatrix}=-2,\quad \boldsymbol{A}_{33}=\begin{vmatrix}1 & 0\\ 2 & 1\end{vmatrix}=1.$$

所以 $\boldsymbol{A}^*=\begin{pmatrix}\boldsymbol{A}_{11} & \boldsymbol{A}_{21} & \boldsymbol{A}_{31}\\ \boldsymbol{A}_{12} & \boldsymbol{A}_{22} & \boldsymbol{A}_{32}\\ \boldsymbol{A}_{13} & \boldsymbol{A}_{23} & \boldsymbol{A}_{33}\end{pmatrix}=\begin{pmatrix}-5 & 2 & -1\\ 10 & -2 & 2\\ 7 & -2 & 1\end{pmatrix}$，因此 $\boldsymbol{A}^{-1}=\frac{\boldsymbol{A}^*}{|\boldsymbol{A}|}=$

$$\frac{1}{2}\begin{pmatrix}-5 & 2 & -1\\ 10 & -2 & 2\\ 7 & -2 & 1\end{pmatrix}=\begin{pmatrix}-\frac{5}{2} & 1 & -\frac{1}{2}\\ 5 & -1 & 1\\ \frac{7}{2} & -1 & \frac{1}{2}\end{pmatrix}.$$

一般来说，用伴随矩阵求逆矩阵是比较麻烦的. 例如，求一个五阶矩阵的逆矩阵，要计算一个五阶行列式和 25 个四阶行列式. 下面介绍用初等变换求逆矩阵的方法.

初等行变换求逆矩阵的方法：

首先把方阵 $\boldsymbol{A}$ 和同阶的单位矩阵 $\boldsymbol{E}$ 写成长方矩阵 $(\boldsymbol{A}\vdots\boldsymbol{E})$，然后对该矩阵施以初等行变换，当 $\boldsymbol{A}$ 化为单位矩阵 $\boldsymbol{E}$ 时，虚线右边的 $\boldsymbol{E}$ 就变成了 $\boldsymbol{A}^{-1}$，即

$$(\boldsymbol{A}\vdots\boldsymbol{E})\xrightarrow{\text{初等行变换}}(\boldsymbol{E}\vdots\boldsymbol{A}^{-1}).$$

例 2 用初等变换的方法求例 1 中的矩阵 $\boldsymbol{A}$ 的逆矩阵 $\boldsymbol{A}^{-1}$，其中 $\boldsymbol{A}=\begin{pmatrix}1&0&1\\2&1&0\\-3&2&-5\end{pmatrix}$.

解 $$(\boldsymbol{A}\vdots\boldsymbol{E})=\left(\begin{array}{ccc:ccc}1&0&1&1&0&0\\2&1&0&0&1&0\\-3&2&-5&0&0&1\end{array}\right)\xrightarrow[r_3+3r_1]{r_2-2r_1}\left(\begin{array}{ccc:ccc}1&0&1&1&0&0\\0&1&-2&-2&1&0\\0&2&-2&3&0&1\end{array}\right)$$

$$\xrightarrow{r_3-2r_2}\left(\begin{array}{ccc:ccc}1&0&1&1&0&0\\0&1&-2&-2&1&0\\0&0&2&7&-2&1\end{array}\right)\xrightarrow{\frac{1}{2}r_3}\left(\begin{array}{ccc:ccc}1&0&1&1&0&0\\0&1&-2&-2&1&0\\0&0&1&\frac{7}{2}&-1&\frac{1}{2}\end{array}\right)$$

$$\xrightarrow[r_2+2r_3]{r_1-r_3}\left(\begin{array}{ccc:ccc}1&0&0&-\frac{5}{2}&1&-\frac{1}{2}\\0&1&0&5&-1&1\\0&0&1&\frac{7}{2}&-1&\frac{1}{2}\end{array}\right)$$

于是 $\boldsymbol{A}^{-1}=\begin{pmatrix}-\frac{5}{2}&1&-\frac{1}{2}\\5&-1&1\\\frac{7}{2}&-1&\frac{1}{2}\end{pmatrix}$.

说明：用初等行变换求方阵 $\boldsymbol{A}$ 的逆矩阵时，事先不必考虑 $\boldsymbol{A}^{-1}$ 是否存在，在初等变换过程中，如果发现虚线左边某一行的元素全为零，这就说明 $\boldsymbol{A}^{-1}$ 是不存在的.

9.3.4 用逆矩阵解线性方程组

对于矩阵方程(9－2)$\boldsymbol{AX}=\boldsymbol{B}$，如果存在 $\boldsymbol{A}^{-1}$，那么 $X=\boldsymbol{A}^{-1}\boldsymbol{B}$.

例 3 用逆矩阵解线性方程组 $\begin{cases}x_1+x_3=-1,\\2x_1+x_2=0,\\-3x_1+2x_2-5x_3=3.\end{cases}$

解 由例 2 知，线性方程组的系数矩阵的逆矩阵为 $\boldsymbol{A}^{-1}=\begin{pmatrix}-\frac{5}{2}&1&-\frac{1}{2}\\5&-1&1\\\frac{7}{2}&-1&\frac{1}{2}\end{pmatrix}$，

于是

$\boldsymbol{X}=\begin{pmatrix}-\frac{5}{2}&1&-\frac{1}{2}\\5&-1&1\\\frac{7}{2}&-1&\frac{1}{2}\end{pmatrix}\begin{pmatrix}-1\\0\\3\end{pmatrix}=\begin{pmatrix}1\\-2\\-2\end{pmatrix}$，所以方程组的解为 $x_1=1$，$x_2=-2$，

$x_3=-2$.

类似可得，对于矩阵方程 $\boldsymbol{XA}=\boldsymbol{B}$，$\boldsymbol{AXB}=\boldsymbol{C}$，如果方阵 $\boldsymbol{A}$，$\boldsymbol{B}$ 均可逆，则矩阵方程的解分别为 $\boldsymbol{X}=\boldsymbol{BA}^{-1}$，$\boldsymbol{X}=\boldsymbol{A}^{-1}\boldsymbol{CB}^{-1}$.

习题 9.3

1. 求下列矩阵的逆矩阵：

(1) $\begin{pmatrix}1 & 2 & -3\\0 & 1 & 2\\0 & 0 & 1\end{pmatrix}$；　　(2) $\begin{pmatrix}3 & 2 & 1\\6 & 4 & 2\\1 & 2 & 5\end{pmatrix}$；

(3) $\begin{pmatrix}\cos\alpha & \sin\alpha & 0\\-\sin\alpha & \cos\alpha & 0\\0 & 0 & 1\end{pmatrix}$；　　(4) $\begin{pmatrix}3 & 0 & 8\\3 & -1 & 6\\-2 & 0 & -5\end{pmatrix}$；

(5) $\begin{pmatrix}1 & -1 & 1\\3 & 0 & 5\\-1 & 2 & 0\end{pmatrix}$；　　(6) $\begin{pmatrix}1 & 2 & 3\\2 & 1 & 2\\1 & 3 & 4\end{pmatrix}$.

2. 求下列矩阵方程中的未知矩阵 $\boldsymbol{X}$：

(1) $\begin{pmatrix}2 & 5\\1 & 3\end{pmatrix}\boldsymbol{X}=\begin{pmatrix}4 & -6\\2 & 1\end{pmatrix}$；　　(2) $\begin{pmatrix}1 & 2\\2 & 4\end{pmatrix}\boldsymbol{X}=\begin{pmatrix}1 & 0\\0 & 1\end{pmatrix}$；

(3) $\begin{pmatrix}3 & 0 & 8\\3 & -1 & 6\\-2 & 0 & -5\end{pmatrix}\boldsymbol{X}=\begin{pmatrix}1 & -1 & 2\\-1 & 3 & 4\\-2 & 0 & 5\end{pmatrix}$.

3. 用逆矩阵解下列线性方程组：

(1) $\begin{cases}2x_1+3x_2+x_3=11,\\x_1+x_2+x_3=6,\\3x_1-x_2-x_3=-2;\end{cases}$　　(2) $\begin{cases}\dfrac{5}{8}x_1-\dfrac{1}{2}x_2+\dfrac{1}{8}x_3=0,\\-\dfrac{1}{2}x_1+x_2-\dfrac{1}{2}x_3=0,\\\dfrac{1}{8}x_1-\dfrac{1}{2}x_2+\dfrac{5}{8}x_3=1.\end{cases}$

4. 设 $|\boldsymbol{A}|\neq 0$，并且 $\boldsymbol{AB}=\boldsymbol{BA}$，求证 $\boldsymbol{A}^{-1}\boldsymbol{B}=\boldsymbol{BA}^{-1}$.

5. 设矩阵 $\boldsymbol{A}$ 是非奇异的，并且 $\boldsymbol{AX}=\boldsymbol{AY}$，求证 $\boldsymbol{X}=\boldsymbol{Y}$.

9.4　线性方程组解的判定

本节主要讨论两个问题：①线性方程组在什么条件下有解？②如果有解，有多少解？

9.4.1 非齐次线性方程组

设 n 个未知量，m 个方程的方程组

$$\begin{cases} a_{11}x_1+a_{12}x_2+\cdots+a_{1n}x_n=b_1, \\ a_{21}x_1+a_{22}x_2+\cdots+a_{2n}x_n=b_2, \\ \cdots\cdots \\ a_{m1}x_1+a_{m2}x_2+\cdots+a_{mn}x_n=b_m, \end{cases} \tag{Ⅰ}$$

式中，系数 $a_{ij}(i=1, 2, \cdots, m; j=1, 2, \cdots, n)$、常数 b_i 都是已知数，x_j 是未知数，当右端常数项 $b_1, b_2, \cdots, b_m$ 不全为零时，称方程组（Ⅰ）为非齐次线性方程组.

由 9.2 可知，对线性方程组的增广矩阵施以初等行变换，相当于解线性方程组的消元过程，且不改变线性方程组的解. 因此，对线性方程组的增广矩阵施以初等行变换，将其化为行最简矩阵，可求出线性方程组的解.

例 1 解线性方程组 $\begin{cases} x_1+2x_2+3x_3=-7, \\ 2x_1-x_2+2x_3=-8, \\ x_1+3x_2 \qquad =7. \end{cases}$

解 $\widetilde{\boldsymbol{A}}=\begin{pmatrix} 1 & 2 & 3 & -7 \\ 2 & -1 & 2 & -8 \\ 1 & 3 & 0 & 7 \end{pmatrix} \xrightarrow[r_3-r_1]{r_2-2r_1} \begin{pmatrix} 1 & 2 & 3 & -7 \\ 0 & -5 & -4 & 6 \\ 0 & 1 & -3 & 14 \end{pmatrix} \xrightarrow[r_2+5r_3]{r_1-2r_3} \begin{pmatrix} 1 & 0 & 9 & -35 \\ 0 & 0 & -19 & 76 \\ 0 & 1 & -3 & 14 \end{pmatrix}$

$\xrightarrow{-\frac{1}{19}r_2} \begin{pmatrix} 1 & 0 & 9 & -35 \\ 0 & 0 & 1 & -4 \\ 0 & 1 & -3 & 14 \end{pmatrix} \xrightarrow[r_3+3r_2]{r_1-9r_2} \begin{pmatrix} 1 & 0 & 0 & 1 \\ 0 & 0 & 1 & -4 \\ 0 & 1 & 0 & 2 \end{pmatrix} \xrightarrow{r_2 \leftrightarrow r_3} \begin{pmatrix} 1 & 0 & 0 & 1 \\ 0 & 1 & 0 & 2 \\ 0 & 0 & 1 & -4 \end{pmatrix}=\boldsymbol{B}$,

所以方程组的解是 $x_1=1$，$x_2=2$，$x_3=-4$.

由矩阵 $\boldsymbol{B}$ 可知，此时 $\boldsymbol{R}(\boldsymbol{A})=\boldsymbol{R}(\widetilde{\boldsymbol{A}})=3$，而方程组未知量的个数也是 3，方程组有唯一解.

例 2 解线性方程组 $\begin{cases} x_1+2x_2+3x_3=-7, \\ 2x_1-x_2+2x_3=-8, \\ -3x_1-6x_2-9x_3=21. \end{cases}$

解 $\widetilde{\boldsymbol{A}}=\begin{pmatrix} 1 & 2 & 3 & -7 \\ 2 & -1 & 2 & -8 \\ -3 & -6 & -9 & 21 \end{pmatrix} \xrightarrow[r_3+3r_1]{r_2-2r_1} \begin{pmatrix} 1 & 2 & 3 & -7 \\ 0 & -5 & -4 & 6 \\ 0 & 0 & 0 & 0 \end{pmatrix} \xrightarrow{-\frac{1}{5}r_2} \begin{pmatrix} 1 & 2 & 3 & -7 \\ 0 & 1 & \frac{4}{5} & -\frac{6}{5} \\ 0 & 0 & 0 & 0 \end{pmatrix}$

$$\xrightarrow{r_1-2r_2}\begin{pmatrix}1 & 0 & \frac{7}{5} & -\frac{23}{5}\\ 0 & 1 & \frac{4}{5} & -\frac{6}{5}\\ 0 & 0 & 0 & 0\end{pmatrix}=\boldsymbol{B},$$

得到同解线性方程组$\begin{cases}x_1+\frac{7}{5}x_3=-\frac{23}{5}\\ x_2+\frac{4}{5}x_3=-\frac{6}{5}\end{cases}$，将此方程组中含 x_3 的项移到等号的右端，就得到原方程组的解为$\begin{cases}x_1=-\frac{23}{5}-\frac{7}{5}x_3\\ x_2=-\frac{6}{5}-\frac{4}{5}x_3\end{cases}$，其中 x_3 称为自由未知量.

对自由未知量 x_3 取任意常数 c，得原方程组的一般解为$\begin{cases}x_1=-\frac{23}{5}-\frac{7}{5}c,\\ x_2=-\frac{6}{5}-\frac{4}{5}c,\\ x_3=c\end{cases}$（$c$ 为任意常数）.

由矩阵 $\boldsymbol{B}$ 可知，此时 $\boldsymbol{R}(\boldsymbol{A})=\boldsymbol{R}(\widetilde{\boldsymbol{A}})=2$，而方程组未知量的个数是 3，方程组有无穷多解.

例 3　解方程组$\begin{cases}x_1+2x_2+3x_3=-7,\\ 2x_1-x_2+2x_3=-8,\\ -3x_1-6x_2-9x_3=22.\end{cases}$

解　$\widetilde{\boldsymbol{A}}=\begin{pmatrix}1 & 2 & 3 & -7\\ 2 & -1 & 2 & -8\\ -3 & -6 & -9 & 22\end{pmatrix}\xrightarrow[r_3+3r_1]{r_2-2r_1}\begin{pmatrix}1 & 2 & 3 & -7\\ 0 & -5 & -4 & 6\\ 0 & 0 & 0 & 1\end{pmatrix}=\boldsymbol{B},$

不论 x_1，x_2，x_3 取哪一组值，都不能使方程 $0=1$ 成立，所以方程组无解.

由矩阵 $\boldsymbol{B}$ 可知，此时 $\boldsymbol{R}(\boldsymbol{A})=2$，$\boldsymbol{R}(\widetilde{\boldsymbol{A}})=3$，即 $\boldsymbol{R}(\boldsymbol{A})\neq\boldsymbol{R}(\widetilde{\boldsymbol{A}})$，方程组无解.

关于线性方程组解的情况，有下面的定理：

定理 1　n 元线性方程组（Ⅰ）有解的充要条件是 $\boldsymbol{R}(\boldsymbol{A})=\boldsymbol{R}(\widetilde{\boldsymbol{A}})$.

① 如果 $\boldsymbol{R}(\boldsymbol{A})=\boldsymbol{R}(\widetilde{\boldsymbol{A}})=n$，则该线性方程组有唯一解.

② 如果 $\boldsymbol{R}(\boldsymbol{A})=\boldsymbol{R}(\widetilde{\boldsymbol{A}})<n$，则该线性方程组有无穷多解.

说明：此定理就是线性方程组解的判定定理，它有三个含义：

(1) n 元线性方程组（Ⅰ）有唯一解　　$\Leftrightarrow \boldsymbol{R}(\boldsymbol{A})=\boldsymbol{R}(\widetilde{\boldsymbol{A}})=n$；

(2) n 元线性方程组（Ⅰ）有无穷多解　$\Leftrightarrow \boldsymbol{R}(\boldsymbol{A})=\boldsymbol{R}(\widetilde{\boldsymbol{A}})<n$；

(3) n 元线性方程组（Ⅰ）无解　　　　$\Leftrightarrow \boldsymbol{R}(\boldsymbol{A})\neq\boldsymbol{R}(\widetilde{\boldsymbol{A}})$.

例 4 设线性方程组$\begin{cases}\lambda x_1+x_2+x_3=1,\\x_1+\lambda x_2+x_3=\lambda,\\x_1+x_2+\lambda x_3=\lambda^2,\end{cases}$问$\lambda$为何值时，方程组无解？有唯一解？有无穷多解？

解 $$\widetilde{A}=\begin{pmatrix}\lambda & 1 & 1 & 1\\1 & \lambda & 1 & \lambda\\1 & 1 & \lambda & \lambda^2\end{pmatrix}\xrightarrow[r_1+r_3]{r_1+r_2}\begin{pmatrix}\lambda+2 & \lambda+2 & \lambda+2 & 1+\lambda+\lambda^2\\1 & \lambda & 1 & \lambda\\1 & 1 & \lambda & \lambda^2\end{pmatrix}=B.$$

当$\lambda=-2$时，矩阵$B=\begin{pmatrix}0 & 0 & 0 & 3\\1 & -2 & 1 & -2\\1 & 1 & -2 & 4\end{pmatrix}\xrightarrow[r_1\leftrightarrow r_3]{r_2-r_3}\begin{pmatrix}1 & 1 & -2 & 4\\0 & -3 & 3 & -6\\0 & 0 & 0 & 3\end{pmatrix}$，可知，$R(A)=2\neq R(\widetilde{A})=3$，则方程组无解；

当$\lambda\neq-2$时，对B施初等行变换如下：

$$B=\begin{pmatrix}\lambda+2 & \lambda+2 & \lambda+2 & 1+\lambda+\lambda^2\\1 & \lambda & 1 & \lambda\\1 & 1 & \lambda & \lambda^2\end{pmatrix}\xrightarrow{\frac{1}{\lambda+2}r_1}\begin{pmatrix}1 & 1 & 1 & \dfrac{1+\lambda+\lambda^2}{\lambda+2}\\1 & \lambda & 1 & \lambda\\1 & 1 & \lambda & \lambda^2\end{pmatrix}$$

$$\xrightarrow[r_3-r_1]{r_2-r_1}\begin{pmatrix}1 & 1 & 1 & \dfrac{1+\lambda+\lambda^2}{\lambda+2}\\0 & \lambda-1 & 0 & \dfrac{\lambda-1}{\lambda+2}\\0 & 0 & \lambda-1 & \dfrac{(\lambda-1)(\lambda+1)^2}{\lambda+2}\end{pmatrix}=C.$$

由矩阵C可知，当$\lambda=1$时，$R(A)=R(\widetilde{A})=1<3$，则方程组有无穷多解；

当$\lambda\neq1$且$\lambda\neq-2$时，$R(A)=R(\widetilde{A})=3$，方程组有唯一解.

总结：判定非齐次线性方程组解的情况的步骤：

① 写出非齐次线性方程组的增广矩阵$\widetilde{A}$；

② 利用初等行变换将$\widetilde{A}$化成行阶梯形矩阵，得到$R(A)$，$R(\widetilde{A})$；

③ 根据定理1判断方程组是否有解，有唯一解还是无穷多解. 若有解，对行阶梯形矩阵继续做初等行变换化为行最简矩阵.

9.4.2 齐次线性方程组

如果线性方程组（Ⅰ）中，常数项$b_1=b_2=\cdots=b_m=0$，即

$$\begin{cases}a_{11}x_1+a_{12}x_2+\cdots+a_{1n}x_n=0,\\a_{21}x_1+a_{22}x_2+\cdots+a_{2n}x_n=0,\\\cdots\cdots\\a_{m1}x_1+a_{m2}x_2+\cdots+a_{mn}x_n=0,\end{cases}\qquad(\text{Ⅱ})$$

则称方程组(Ⅱ)为齐次线性方程组.

由于齐次线性方程组(Ⅱ)的系数矩阵 $\boldsymbol{A}$ 与增广矩阵 $\widetilde{\boldsymbol{A}}$ 的秩总是相等的，所以齐次线性方程组(Ⅱ)总有解，而且零解一定是它的解. 由定理 1 可得下面的定理：

定理 2　设 n 元线性方程组(Ⅱ)的系数矩阵的秩 $\boldsymbol{R}(\boldsymbol{A})=r$.

① 如果 $r=n$，则该线性方程组只有零解；

② 如果 $r<n$，则该线性方程组有非零解.

说明　齐次线性方程组总是有解的(零解). 事实上，当 $r=n$ 时，由定理 1 知只有零解；当 $r<n$ 时，它有无穷多解，所以除零解外，还有非零解.

推论 1　如果 $m=n$，则齐次线性方程组(Ⅱ)有非零解的充要条件是它的系数行列式 $|\boldsymbol{A}|$ 等于零.

推论 2　如果 $m<n$，则齐次线性方程组(Ⅱ)必有非零解.

例 5　解齐次线性方程组 $\begin{cases} x_1-x_2+5x_3-x_4=0, \\ x_1+x_2-2x_3+3x_4=0, \\ 3x_1-x_2+8x_3+x_4=0, \\ x_1+3x_2-9x_3+7x_4=0. \end{cases}$

解　$$\boldsymbol{A}=\begin{pmatrix} 1 & -1 & 5 & -1 \\ 1 & 1 & -2 & 3 \\ 3 & -1 & 8 & 1 \\ 1 & 3 & -9 & 7 \end{pmatrix} \xrightarrow[\substack{r_3-3r_1 \\ r_4-r_1}]{r_2-r_1} \begin{pmatrix} 1 & -1 & 5 & -1 \\ 0 & 2 & -7 & 4 \\ 0 & 2 & -7 & 4 \\ 0 & 4 & -14 & 8 \end{pmatrix} \xrightarrow[r_4-2r_2]{r_3-r_2} \begin{pmatrix} 1 & -1 & 5 & -1 \\ 0 & 2 & -7 & 4 \\ 0 & 0 & 0 & 0 \\ 0 & 0 & 0 & 0 \end{pmatrix}$$

$$\xrightarrow{r_1+\frac{1}{2}r_2} \begin{pmatrix} 1 & 0 & \frac{3}{2} & 1 \\ 0 & 2 & -7 & 4 \\ 0 & 0 & 0 & 0 \\ 0 & 0 & 0 & 0 \end{pmatrix} \xrightarrow{\frac{1}{2}r_2} \begin{pmatrix} 1 & 0 & \frac{3}{2} & 1 \\ 0 & 1 & -\frac{7}{2} & 2 \\ 0 & 0 & 0 & 0 \\ 0 & 0 & 0 & 0 \end{pmatrix}=\boldsymbol{B}.$$

由矩阵 $\boldsymbol{B}$ 可知，$\boldsymbol{R}(\boldsymbol{A})=2<4$，所以齐次线性方程组有非零解 $\begin{cases} x_1=-\frac{3}{2}c_1-c_2, \\ x_2=\frac{7}{2}c_1-2c_2, \\ x_3=c_1, \\ x_4=c_2 \end{cases}$ (c_1，c_2 为任意常数).

例 6　m 取何值时，方程组 $\begin{cases} x_1+2x_2+3x_3=mx_1, \\ 2x_1+x_2+3x_3=mx_2, \\ 3x_1+3x_2+6x_3=mx_3 \end{cases}$ 有非零解.

解 将原方程组整理为$\begin{cases}(1-m)x_1+2x_2+3x_3=0,\\2x_1+(1-m)x_2+3x_3=0,\\3x_1+3x_2+(6-m)x_3=0,\end{cases}$由定理 2 的推论 1 知，它有非零解的充要条件是$|\boldsymbol{A}|=\begin{vmatrix}1-m&2&3\\2&1-m&3\\3&3&6-m\end{vmatrix}=0$，即

$$|\boldsymbol{A}|=\begin{vmatrix}1-m&2&3\\2&1-m&3\\3&3&6-m\end{vmatrix}\xlongequal{c_1-c_2}\begin{vmatrix}-(m+1)&2&3\\m+1&1-m&3\\0&3&6-m\end{vmatrix}$$

$$\xlongequal{r_2+r_1}\begin{vmatrix}-(m+1)&2&3\\0&3-m&6\\0&3&6-m\end{vmatrix}$$

$$\xlongequal{r_3-r_2}\begin{vmatrix}-(m+1)&2&3\\0&3-m&6\\0&m&-m\end{vmatrix}\xlongequal{c_2+c_3}\begin{vmatrix}-(m+1)&5&3\\0&9-m&6\\0&0&-m\end{vmatrix}$$

$$=m(m+1)(9-m)=0.$$

所以当$m=0$或$m=-1$或$m=9$时，原方程组有非零解.

总结：判定齐次线性方程组解的情况的步骤：

① 写出齐次线性方程组的系数矩阵$\boldsymbol{A}$；

② 利用初等行变换将$\boldsymbol{A}$化成行阶梯形矩阵，进而得到$\boldsymbol{R}(\boldsymbol{A})$；

③ 根据定理 2 判断方程组是否只有零解，如果有非零解，对行阶梯形矩阵继续做初等行变换化为行最简矩阵.

习题 9.4

1. 解下列线性方程组：

(1) $\begin{cases}x_1+x_2+2x_3+3x_4=1,\\x_1+2x_2+3x_3-x_4=-4,\\3x_1-x_2-x_3-2x_4=-4,\\2x_1+3x_2-x_3-x_4=-6;\end{cases}$

(2) $\begin{cases}x_1+5x_2-x_3-x_4=-1,\\x_1-2x_2+x_3+3x_4=3,\\3x_+8x_2-x_3+x_4=1,\\x_1-9x_2+3x_3+7x_4=7;\end{cases}$

(3) $\begin{cases}5x_1-x_2+2x_3+x_4=7,\\2x_1+x_2+4x_3-2x_4=1,\\x_1-3x_2-6x_3+5x_4=0;\end{cases}$

(4) $\begin{cases}x_1+x_2+x_3+x_4=0,\\x_1+x_2+2x_3+3x_4=0,\\x_1+5x_2+x_3+2x_4=0,\\x_1+5x_2+5x_3+2x_4=0.\end{cases}$

2. 判定下列线性方程组是否有解：

(1) $\begin{cases}2x_1-x_2+x_3+x_4=1,\\x_1+2x_2-x_3+4x_4=2,\\x_1+7x_2-4x_3+11x_4=5;\end{cases}$　　(2) $\begin{cases}x_1+2x_2-x_3=1,\\2x_1-3x_2+x_3=0,\\4x_1+x_2-x_3=-1.\end{cases}$

3. 下列线性方程组中的 λ 为何值时，方程组有解？并求出它的解：

(1) $\begin{cases}x_1+x_2+x_3+x_4=1,\\3x_1+2x_2+x_3-3x_4=\lambda,\\x_2+2x_3+6x_4=3;\end{cases}$　　(2) $\begin{cases}2x_1-x_2+x_3+x_4=1,\\x_1+2x_2-x_3+4x_4=2,\\x_1+7x_2-4x_3+11x_4=\lambda.\end{cases}$

4. 设下列线性方程组有非零解，求 m.

(1) $\begin{cases}(m-2)x_1+x_2=0,\\x_1+(m-2)x_2+x_3=0,\\x_2+(m-2)x_3=0;\end{cases}$　　(2) $\begin{cases}4x_1+3x_2+x_3=mx_1,\\3x_1-4x_2+7x_3=mx_2,\\x_1+7x_2-6x_3=mx_3.\end{cases}$

9.5　向量与线性方程组解的结构

为了对线性方程组的内在联系和解的结构等问题作出进一步讨论，引进 n 维向量及与之有关的一些概念.

9.5.1　n 维向量及其相关性

1. n 维向量

定义 1　由 n 个数组成的一个有序数组 $\boldsymbol{\alpha}=(a_1, a_2, \cdots, a_n)$ 称为一个 n 维向量，其中 $a_1, a_2, \cdots, a_n$ 称为向量 $\boldsymbol{\alpha}$ 的分量.

根据讨论问题的需要，向量 $\boldsymbol{\alpha}$ 也可竖起来写成 $\boldsymbol{\alpha}=\begin{pmatrix}a_1\\a_2\\\vdots\\a_n\end{pmatrix}$. 为了区别，前者称为行向量，后者称为列向量.

向量一般用小写黑体希腊字母 $\boldsymbol{\alpha}$，$\boldsymbol{\beta}$，$\boldsymbol{\gamma}$，…表示.

例如，一个 3×4 矩阵 $\boldsymbol{A}=\begin{pmatrix}1&2&1&3\\1&3&-4&4\\2&5&-3&7\end{pmatrix}$ 中的每一行都是由有序的 4 个数组成的，因此都可看作 4 维向量. 这三个 4 维向量 $(1, 2, 1, 3)$，$(1, 3, -4, 4)$，$(2, 5, -3, 7)$ 称为矩阵 $\boldsymbol{A}$ 的行向量. 同样 $\boldsymbol{A}$ 中的每一列都是由有序的 3 个数组成的，因此亦可看作 3 维向量. 这四个 3 维向量 $\begin{pmatrix}1\\1\\2\end{pmatrix}$，$\begin{pmatrix}2\\3\\5\end{pmatrix}$，$\begin{pmatrix}1\\-4\\-3\end{pmatrix}$，$\begin{pmatrix}3\\4\\7\end{pmatrix}$ 称为矩阵 $\boldsymbol{A}$ 的列

向量.

n 维行(列)向量和行(列)矩阵是本质相同的两个概念. 所以，规定 n 维向量相等、相加、数乘与矩阵之间的相等、相加、数乘都是对应相同的.

说明：关于向量的运算、性质，本节主要以行向量为例进行讨论，对于列向量同样成立.

分量全为零的向量，称为零向量，记作 $\mathbf{0}$，即 $\mathbf{0}=(0,0,\cdots,0)$.

向量 $\boldsymbol{\alpha}=(a_1,a_2,\cdots,a_n)$ 的各分量的相反数所组成的向量，称为 $\boldsymbol{\alpha}$ 的负向量，记作 $-\boldsymbol{\alpha}$，即 $-\boldsymbol{\alpha}=(-a_1,-a_2,\cdots,-a_n)$.

如果 $\boldsymbol{\alpha}=(a_1,a_2,\cdots,a_n)$，$\boldsymbol{\beta}=(b_1,b_2,\cdots,b_n)$，当 $a_i=b_i(i=1,2,\cdots,n)$ 时，则称这两个向量相等，记作 $\boldsymbol{\alpha}=\boldsymbol{\beta}$.

2. 向量的运算和性质

设 $\boldsymbol{\alpha}=(a_1,a_2,\cdots,a_n)$，$\boldsymbol{\beta}=(b_1,b_2,\cdots,b_n)$，$k$ 为任意实数，则向量 $(ka_1,ka_2,\cdots,ka_n)$ 称为向量 $\boldsymbol{\alpha}$ 与数 k 的数乘，记作 $k\boldsymbol{\alpha}$，即 $k\boldsymbol{\alpha}=(ka_1,ka_2,\cdots,ka_n)$.（有时为了行文方便，我们也将 $k\boldsymbol{\alpha}$ 写成 $\boldsymbol{\alpha}k$.）

向量 $(a_1+b_1,a_2+b_2,\cdots,a_n+b_n)$ 称为向量 $\boldsymbol{\alpha}$ 与 $\boldsymbol{\beta}$ 之和，记作 $\boldsymbol{\alpha}+\boldsymbol{\beta}$，即

$$\boldsymbol{\alpha}+\boldsymbol{\beta}=(a_1+b_1,a_2+b_2,\cdots,a_n+b_n).$$

向量的加法和数乘运算统称为向量的线性运算.

n 维向量的加法和数乘运算满足下列八条基本性质：

① $\boldsymbol{\alpha}+\boldsymbol{\beta}=\boldsymbol{\beta}+\boldsymbol{\alpha}$；

② $(\boldsymbol{\alpha}+\boldsymbol{\beta})+\boldsymbol{\gamma}=\boldsymbol{\alpha}+(\boldsymbol{\beta}+\boldsymbol{\gamma})$；

③ $\boldsymbol{\alpha}+\mathbf{0}=\boldsymbol{\alpha}$；

④ $\boldsymbol{\alpha}+(-\boldsymbol{\alpha})=\mathbf{0}$；

⑤ $k(\boldsymbol{\alpha}+\boldsymbol{\beta})=k\boldsymbol{\alpha}+k\boldsymbol{\beta}$；

⑥ $(k+l)\boldsymbol{\alpha}=k\boldsymbol{\alpha}+l\boldsymbol{\alpha}$；

⑦ $(kl)\boldsymbol{\alpha}=k(l\boldsymbol{\alpha})$；

⑧ $1\cdot\boldsymbol{\alpha}=\boldsymbol{\alpha}$.

例 1 设 $\boldsymbol{\alpha}=(7,2,0,-8)$，$\boldsymbol{\beta}=(2,1,-4,3)$，求 $3\boldsymbol{\alpha}+7\boldsymbol{\beta}$.

解 $3\boldsymbol{\alpha}+7\boldsymbol{\beta}=3(7,2,0,-8)+7(2,1,-4,3)=(21,6,0,-24)+(14,7,-28,21)=(35,13,-28,-3)$.

例 2 设 $\boldsymbol{\alpha}=(5,-1,3,2,4)$，$\boldsymbol{\beta}=(3,1,-2,2,1)$，且 $3\boldsymbol{\alpha}+\boldsymbol{\gamma}=4\boldsymbol{\beta}$，求 $\boldsymbol{\gamma}$.

解 因为 $3\boldsymbol{\alpha}+\boldsymbol{\gamma}=4\boldsymbol{\beta}$，所以

$$\begin{aligned}\boldsymbol{\gamma}&=4\boldsymbol{\beta}-3\boldsymbol{\alpha}=4(3,1,-2,2,1)-3(5,-1,3,2,4)\\&=(12,4,-8,8,4)+(-15,3,-9,-6,-12)\\&=(-3,7,-17,2,-8).\end{aligned}$$

例 3　将以下线性方程组写成向量形式：

$$\begin{cases} a_{11}x_1+a_{12}x_2+\cdots+a_{1n}x_n=b_1, \\ a_{21}x_1+a_{22}x_2+\cdots+a_{2n}x_n=b_2, \\ \quad\vdots \qquad\quad \vdots \qquad\qquad \vdots \quad\ \vdots \\ a_{m1}x_1+a_{m2}x_2+\cdots+a_{mn}x_n=b_m. \end{cases} \tag{1}$$

解　根据向量的运算法则，方程组(1)可表示为 $\begin{pmatrix} a_{11} \\ a_{21} \\ \vdots \\ a_{m1} \end{pmatrix} x_1+\begin{pmatrix} a_{12} \\ a_{22} \\ \vdots \\ a_{m2} \end{pmatrix} x_2+\cdots+$ $\begin{pmatrix} a_{1n} \\ a_{2n} \\ \vdots \\ a_{mn} \end{pmatrix} x_n=\begin{pmatrix} b_1 \\ b_2 \\ \vdots \\ b_m \end{pmatrix}$.

若记 $\boldsymbol{\alpha}_1=\begin{pmatrix} a_{11} \\ a_{21} \\ \vdots \\ a_{m1} \end{pmatrix}$，$\boldsymbol{\alpha}_2=\begin{pmatrix} a_{12} \\ a_{22} \\ \vdots \\ a_{m2} \end{pmatrix}$，…，$\boldsymbol{\alpha}_n=\begin{pmatrix} a_{1n} \\ a_{2n} \\ \vdots \\ a_{mn} \end{pmatrix}$，$\boldsymbol{\beta}=\begin{pmatrix} b_1 \\ b_2 \\ \vdots \\ b_m \end{pmatrix}$. 则方程组(1)的向量形式为 $\boldsymbol{\alpha}_1x_1+\boldsymbol{\alpha}_2x_2+\cdots+\boldsymbol{\alpha}_nx_n=\boldsymbol{\beta}$.

3. 向量组的线性相关性

考察下述三个向量的关系：$\boldsymbol{\alpha}_1=(2,\ 3,\ 1,\ 0)$，$\boldsymbol{\alpha}_2=(1,\ 2,\ -1,\ 0)$，$\boldsymbol{\alpha}_3=(4,\ 7,\ -1,\ 0)$，不难发现，第一个向量加上第二个向量的 2 倍等于第三个向量，即 $\boldsymbol{\alpha}_3=\boldsymbol{\alpha}_1+2\boldsymbol{\alpha}_2$，即 $\boldsymbol{\alpha}_3$ 可由 $\boldsymbol{\alpha}_1$，$\boldsymbol{\alpha}_2$ 经线性运算而得到，这时称 $\boldsymbol{\alpha}_3$ 是 $\boldsymbol{\alpha}_1$，$\boldsymbol{\alpha}_2$ 的线性组合. 一般地有

定义 2　设 $\boldsymbol{\alpha}_1$，$\boldsymbol{\alpha}_2$，…，$\boldsymbol{\alpha}_m$ 为 m 个 n 维向量，若存在 k_1，k_2，…，k_m 使得向量

$$\boldsymbol{\beta}=k_1\boldsymbol{\alpha}_1+k_2\boldsymbol{\alpha}_2+\cdots+k_m\boldsymbol{\alpha}_m,$$

则称 $\boldsymbol{\beta}$ 为 $\boldsymbol{\alpha}_1$，$\boldsymbol{\alpha}_2$，…，$\boldsymbol{\alpha}_m$ 的一个线性组合，或称 $\boldsymbol{\beta}$ 可由 $\boldsymbol{\alpha}_1$，$\boldsymbol{\alpha}_2$，…，$\boldsymbol{\alpha}_m$ 线性表示(或线性表出).

由例 3 知，如果存在一组数 x_1，x_2，…，x_n 是线性方程组(1)的解，则(1)的常数列构成的向量 $\boldsymbol{\beta}$ 就可由方程组的系数构成的向量 $\boldsymbol{\alpha}_1$，$\boldsymbol{\alpha}_2$，…，$\boldsymbol{\alpha}_m$ 线性表出. 反之，若(1)的常数列构成的向量 $\boldsymbol{\beta}$ 可由向量组 $\boldsymbol{\alpha}_1$，$\boldsymbol{\alpha}_2$，…，$\boldsymbol{\alpha}_m$ 线性表出，即 $\boldsymbol{\beta}=x_1\boldsymbol{\alpha}_1+x_2\boldsymbol{\alpha}_2+\cdots+x_m\boldsymbol{\alpha}_m$，则 x_1，x_2，…，x_n 必是线性方程组(1)的解. 这就是说，线性方程组解的存在性问题，可以归结为向量的线性组合问题.

例 4　证明向量 $\boldsymbol{\alpha}_4=(1,\ 1,\ -1)$ 可由向量 $\boldsymbol{\alpha}_1=(1,\ 1,\ 1)$，$\boldsymbol{\alpha}_2=(1,\ 2,\ 5)$，

$\boldsymbol{\alpha}_3=(0, 3, 6)$线性表示，并具体将$\boldsymbol{\alpha}_4$由$\boldsymbol{\alpha}_1$，$\boldsymbol{\alpha}_2$，$\boldsymbol{\alpha}_3$表示出来.

解 设$\boldsymbol{\alpha}_4=k_1\boldsymbol{\alpha}_1+k_2\boldsymbol{\alpha}_2+k_3\boldsymbol{\alpha}_3$，即$(1, 1, -1)=(k_1+k_2, k_1+2k_2+3k_3, k_1+5k_2+6k_3)$.

由向量相等，可得$\begin{cases}k_1+k_2=1,\\ k_+2k_2+3k_3=1,\\ k_1+5k_2+6k_3=-1.\end{cases}$ 因为$D=\begin{vmatrix}1&1&0\\1&2&3\\1&5&6\end{vmatrix}=-6\neq0$，所以，根据克莱姆法则，方程组有唯一解，且其解为$k_1=2$，$k_2=-1$，$k_3=\dfrac{1}{3}$.

于是$\boldsymbol{\alpha}_4$能由$\boldsymbol{\alpha}_1$，$\boldsymbol{\alpha}_2$，$\boldsymbol{\alpha}_3$线性表示，且$\boldsymbol{\alpha}_4=2\boldsymbol{\alpha}_1-\boldsymbol{\alpha}_2+\dfrac{1}{3}\boldsymbol{\alpha}_3$.

说明：对于向量$\boldsymbol{\beta}$能否用向量组$\boldsymbol{\alpha}_1$，$\boldsymbol{\alpha}_2$，…，$\boldsymbol{\alpha}_m$线性表示的问题，可转化非齐次线性方程组$\boldsymbol{\alpha}_1x_1+\boldsymbol{\alpha}_2x_2+\cdots+\boldsymbol{\alpha}_nx_n=\boldsymbol{\beta}$的求解问题. 若方程组无解，则向量$\boldsymbol{\beta}$不能用向量组$\boldsymbol{\alpha}_1$，$\boldsymbol{\alpha}_2$，…，$\boldsymbol{\alpha}_m$线性表示；若方程组有唯一解，则向量$\boldsymbol{\beta}$能用向量组$\boldsymbol{\alpha}_1$，$\boldsymbol{\alpha}_2$，…，$\boldsymbol{\alpha}_m$唯一线性表示；若方程组有无穷多解，则向量$\boldsymbol{\beta}$能用向量组$\boldsymbol{\alpha}_1$，$\boldsymbol{\alpha}_2$，…，$\boldsymbol{\alpha}_m$的多种形式线性表示.

向量之间除了运算、线性表示关系外还存在着其他关系，其中最主要的是向量组的线性相关与线性无关.

定义 3 设$\boldsymbol{\alpha}_1$，$\boldsymbol{\alpha}_2$，…，$\boldsymbol{\alpha}_m$是m个n维向量，若存在一组不全为0的数k_1，k_2，…，k_m，使

$$k_1\boldsymbol{\alpha}_1+k_2\boldsymbol{\alpha}_2+\cdots+k_m\boldsymbol{\alpha}_m=0,$$

则称向量组$\boldsymbol{\alpha}_1$，$\boldsymbol{\alpha}_2$，…，$\boldsymbol{\alpha}_m$线性相关，如果仅当$k_1=k_2=\cdots=k_m=0$时，上式才成立. 则称向量组$\boldsymbol{\alpha}_1$，$\boldsymbol{\alpha}_2$，…，$\boldsymbol{\alpha}_m$线性无关.

注意：一个向量组不是线性相关就是线性无关，两者必居其一.

例 5 证明3个向量$\boldsymbol{\alpha}_1=(3, -6, 9)$，$\boldsymbol{\alpha}_2=(1, -2, 3)$，$\boldsymbol{\alpha}_3=(-2, 4, -6)$线性相关.

证明 因为$\boldsymbol{\alpha}_1=3\boldsymbol{\alpha}_2$，若取$k_1=1$，$k_2=-3$，$k_3=0$，它们不全为0，且有$1\boldsymbol{\alpha}_1-3\boldsymbol{\alpha}_2+0\boldsymbol{\alpha}_3=\boldsymbol{0}$，所以$\boldsymbol{\alpha}_1$，$\boldsymbol{\alpha}_2$，$\boldsymbol{\alpha}_3$线性相关.

结论 1 一个向量$\boldsymbol{\alpha}$线性相关的充要条件是$\boldsymbol{\alpha}=\boldsymbol{0}$，即$\boldsymbol{\alpha}$是一个零向量.

证明 由定义知，若$\boldsymbol{\alpha}$线性相关，则存在$k\neq0$，使得$k\boldsymbol{\alpha}=\boldsymbol{0}$，因此得$\boldsymbol{\alpha}=\boldsymbol{0}$；反之，若$\boldsymbol{\alpha}=\boldsymbol{0}$，取$k=1\neq0$，有$1\boldsymbol{\alpha}=\boldsymbol{0}$，则$\boldsymbol{\alpha}$线性相关.

结论 2 任意一个非零向量总是线性无关的.（由结论1直接可得）

结论 3 含两个向量$\boldsymbol{\alpha}_1$，$\boldsymbol{\alpha}_2$的向量组线性相关的充要条件是$\boldsymbol{\alpha}_1$，$\boldsymbol{\alpha}_2$的分向量对应成比例.

结论 4 含有零向量的向量组必线性相关.

证明 设向量组$\boldsymbol{\alpha}_1$，$\boldsymbol{\alpha}_2$，…，$\boldsymbol{\alpha}_m$，不妨设$\boldsymbol{\alpha}_1=\boldsymbol{0}$，则取$k_1=1$，$k_2=k_3=\cdots=k_m=0$，这是一组不全为零的数，且有$1\boldsymbol{\alpha}_1+0\boldsymbol{\alpha}_2+\cdots+0\boldsymbol{\alpha}_m=\boldsymbol{0}$，所以向量组$\boldsymbol{\alpha}_1$，

$\boldsymbol{\alpha}_2$，…，$\boldsymbol{\alpha}_m$ 线性相关.

结论 5　n 个 n 维向量 $e_1=\begin{pmatrix}1\\0\\\vdots\\0\end{pmatrix}$，$e_2=\begin{pmatrix}0\\1\\\vdots\\0\end{pmatrix}$，…，$e_n=\begin{pmatrix}0\\0\\\vdots\\1\end{pmatrix}$ 组成的向量组必线性无关.

证明　设 k_1，k_2，…，k_n 使 $k_1\boldsymbol{e}_1+k_2\boldsymbol{e}_2+\cdots+k_n\boldsymbol{e}_n=\mathbf{0}$，即 $k_1\begin{pmatrix}1\\0\\\vdots\\0\end{pmatrix}+k_2\begin{pmatrix}0\\1\\\vdots\\0\end{pmatrix}+\cdots+k_n\begin{pmatrix}0\\0\\\vdots\\1\end{pmatrix}=\mathbf{0}$. 解之，得 $\begin{pmatrix}k_1\\k_2\\\vdots\\k_n\end{pmatrix}=\begin{pmatrix}0\\0\\\vdots\\0\end{pmatrix}$，即 $k_1=k_2=\cdots=k_n=0$，因此 $\boldsymbol{e}_1$，$\boldsymbol{e}_2$，…，$\boldsymbol{e}_n$ 线性无关.

说明：向量组 e_1，e_2，…，e_n 称为 n 维基本单位向量组.

例 6　设 $\boldsymbol{\alpha}_1=(1, 2, -1)$，$\boldsymbol{\alpha}_2=(2, -3, 1)$，$\boldsymbol{\alpha}_3=(4, 1, -1)$，试讨论它们的线性相关性.

解　设 k_1，k_2，k_3 使 $k_1\boldsymbol{\alpha}_1+k_2\boldsymbol{\alpha}_2+k_3\boldsymbol{\alpha}_3=0$，即 $k_1(1, 2, -1)+k_2(2, -3, 1)+k_3(4, 1, -1)=0$，由此得线性方程组 $\begin{cases}k_1+2k_2+4k_3=0,\\2k_1-3k_2+k_3=0,\\-k_1+k_2-k_3=0,\end{cases}$

因为它的系数行列式 $\begin{vmatrix}1&2&4\\2&-3&1\\-1&1&-1\end{vmatrix}=0$. 所以，上述线性方程组有非零解. 即存在一组不全为零的数(如 $k_1=-2$，$k_2=-1$，$k_3=1$)，使得 $k_1\boldsymbol{\alpha}_1+k_2\boldsymbol{\alpha}_2+k_3\boldsymbol{\alpha}_3=0$ 成立，所以向量 $\boldsymbol{\alpha}_1$，$\boldsymbol{\alpha}_2$，$\boldsymbol{\alpha}_3$ 线性相关.

说明：例 6 中，系数行列式正好是向量组 $\boldsymbol{\alpha}_1$，$\boldsymbol{\alpha}_2$，$\boldsymbol{\alpha}_3$ 的分量构成的行列式，这就表明，n 个 n 维向量的线性相关性与它们的分量构成的行列式密切相关.

结论 6　若 n 个 n 维向量的分量组成的 n 阶行列式 $\begin{vmatrix}a_{11}&a_{12}&\cdots&a_{1n}\\a_{21}&a_{22}&\cdots&a_{2n}\\\vdots&\vdots&\cdots&\vdots\\a_{n1}&a_{n2}&\cdots&a_{nn}\end{vmatrix}$ 的值不等于零，则这 n 个 n 维向量线性无关；若行列式的值等于零，则这 n 个 n 维向量线性相关.

注意：如果向量组所含向量个数与向量维数不相等，就不能用行列式来判断.

下面来讨论线性表出与线性相关这两个概念之间的关系.

设 $\boldsymbol{\alpha}_1=(1, 2, 3)$，$\boldsymbol{\alpha}_2=(2, 4, 6)$，$\boldsymbol{\alpha}_3=(3, 5, 7)$，显然有 $2\boldsymbol{\alpha}_1-\boldsymbol{\alpha}_2+0\boldsymbol{\alpha}_3=\mathbf{0}$. 即 $\boldsymbol{\alpha}_1$，$\boldsymbol{\alpha}_2$，$\boldsymbol{\alpha}_3$ 线性相关. 这时，有 $\boldsymbol{\alpha}_1=\frac{1}{2}\boldsymbol{\alpha}_2+0\boldsymbol{\alpha}_3$，即 $\boldsymbol{\alpha}_1$ 可以用 $\boldsymbol{\alpha}_2$，$\boldsymbol{\alpha}_3$ 线性表出. 反之亦然.

一般地，有下面的定理.

定理 1 向量组 $\boldsymbol{\alpha}_1$，$\boldsymbol{\alpha}_2$，…，$\boldsymbol{\alpha}_m(m\geqslant 2)$线性相关的充要条件是向量组中至少有一个向量可以由其余向量线性表出.

4. 向量组的秩

m 个 n 维向量形成的向量组的线性相关性是对全体 m 个向量而言的. 但是，其中最多有多少个向量是线性无关的呢？如何用向量组中尽可能少的向量去代表向量组的全体向量呢？这是我们要讨论的问题.

例 7 设 $\boldsymbol{\alpha}_1=(1, 0, 1)$，$\boldsymbol{\alpha}_2=(1, -1, 1)$，$\boldsymbol{\alpha}_3=(3, 0, 3)$，讨论向量组的线性相关性.

分析 显然，向量组 $\boldsymbol{\alpha}_1$，$\boldsymbol{\alpha}_2$，$\boldsymbol{\alpha}_3$ 线性相关，但其中部分组 $\boldsymbol{\alpha}_1$，$\boldsymbol{\alpha}_2$ 及 $\boldsymbol{\alpha}_2$，$\boldsymbol{\alpha}_3$ 是线性无关的，它们都含有两个线性无关的向量. 并且，这两个线性无关的向量组中，若再添加 $\boldsymbol{\alpha}_1$，$\boldsymbol{\alpha}_2$，$\boldsymbol{\alpha}_3$ 中的一个向量进去，则变为线性相关. 这就是说，$\boldsymbol{\alpha}_1$，$\boldsymbol{\alpha}_2$ 及 $\boldsymbol{\alpha}_2$，$\boldsymbol{\alpha}_3$ 在向量组 $\boldsymbol{\alpha}_1$，$\boldsymbol{\alpha}_2$，$\boldsymbol{\alpha}_3$ 中作为一个线性无关向量组，所包含的向量的个数最多，因此称之为极大线性无关组.

一般地，有

定义 4 设有向量组 $\boldsymbol{A}$，若其中的 r 个向量 $\boldsymbol{\alpha}_1$，$\boldsymbol{\alpha}_2$，…，$\boldsymbol{\alpha}_r$ 满足：

① $\boldsymbol{\alpha}_1$，$\boldsymbol{\alpha}_2$，…，$\boldsymbol{\alpha}_r$ 线性无关；

② $\boldsymbol{A}$ 中任意一个另外的向量 $\boldsymbol{\alpha}_{r+1}$(如果还有的话)，都使 $\boldsymbol{\alpha}_1$，$\boldsymbol{\alpha}_2$，…，$\boldsymbol{\alpha}_r$，$\boldsymbol{\alpha}_{r+1}$ 线性相关，则称 $\boldsymbol{\alpha}_1$，$\boldsymbol{\alpha}_2$，…，$\boldsymbol{\alpha}_r$ 是向量组 $\boldsymbol{A}$ 的一个极大线性无关组，简称极大无关组.

说明：上述的“极大性”也可理解为，$\boldsymbol{A}$ 中任何一个向量都能由 $\boldsymbol{\alpha}_1$，$\boldsymbol{\alpha}_2$，…，$\boldsymbol{\alpha}_r$ 线性表示.

注意：极大无关组的向量不唯一，但它们所含向量的个数是相等的. (具体可看例 7)

定义 5 向量组 $\boldsymbol{\alpha}_1$，$\boldsymbol{\alpha}_2$，…，$\boldsymbol{\alpha}_m$ 的极大无关组所含向量的个数叫作该向量组的秩，记作

$$R(\boldsymbol{\alpha}_1,\boldsymbol{\alpha}_2,\cdots,\boldsymbol{\alpha}_m).$$

说明：

① 由定义知，一个线性无关的向量组，它的极大无关组就是自身，其秩就是所含向量的个数；

② 特别地，n 维基本向量组 $\boldsymbol{e}_1$，$\boldsymbol{e}_2$，…，$\boldsymbol{e}_n$ 的秩 $R(\boldsymbol{e}_1, \boldsymbol{e}_2, \cdots, \boldsymbol{e}_n)=n$；

③ 全部由零向量组成的向量组的秩为零.

求向量组的极大无关组及其秩，还可以借助于矩阵.

定理 2　$m\times n$ 矩阵 $\boldsymbol{A}$ 的秩为 r 的充要条件是 $\boldsymbol{A}$ 的行向量(或列向量)组的秩为 r.(证明略)

根据这个定理，可将所讨论的 n 维列向量组 $\boldsymbol{\alpha}_1$，$\boldsymbol{\alpha}_2$，…，$\boldsymbol{\alpha}_m$ 写出一个 n 行 m 列的矩阵，并对这个矩阵施以初等行变换，将它化为行阶梯形矩阵，即可求出极大线性无关组和它的秩.

例 8　求向量组 $\boldsymbol{\alpha}_1=\begin{pmatrix}1\\1\\1\\0\end{pmatrix}$，$\boldsymbol{\alpha}_2=\begin{pmatrix}0\\1\\1\\0\end{pmatrix}$，$\boldsymbol{\alpha}_3=\begin{pmatrix}1\\0\\0\\0\end{pmatrix}$，$\boldsymbol{\alpha}_4=\begin{pmatrix}0\\1\\0\\1\end{pmatrix}$ 的一个极大线性无关组和秩.

解　将 $\boldsymbol{\alpha}_1$，$\boldsymbol{\alpha}_2$，$\boldsymbol{\alpha}_3$，$\boldsymbol{\alpha}_4$ 写成

$$(\boldsymbol{\alpha}_1,\boldsymbol{\alpha}_2,\boldsymbol{\alpha}_3,\boldsymbol{\alpha}_4)=\begin{pmatrix}1&0&1&0\\1&1&0&1\\1&1&0&0\\0&0&0&1\end{pmatrix}\xrightarrow[r_2-r_1]{r_3-r_2}\begin{pmatrix}1&0&1&0\\0&1&-1&1\\0&0&0&-1\\0&0&0&1\end{pmatrix}$$

$$\xrightarrow{r_4+r_3}\begin{pmatrix}1&0&1&0\\0&1&-1&1\\0&0&0&-1\\0&0&0&0\end{pmatrix}$$

由此可以看出 $\boldsymbol{\alpha}_1$，$\boldsymbol{\alpha}_2$，$\boldsymbol{\alpha}_4$ 是它的一个极大线性无关组，$R(\boldsymbol{\alpha}_1, \boldsymbol{\alpha}_2, \boldsymbol{\alpha}_3, \boldsymbol{\alpha}_4)=3$. 这 4 个向量中的 $\boldsymbol{\alpha}_1$，$\boldsymbol{\alpha}_3$，$\boldsymbol{\alpha}_4$；$\boldsymbol{\alpha}_2$，$\boldsymbol{\alpha}_3$，$\boldsymbol{\alpha}_4$ 也是极大线性无关组，但 $\boldsymbol{\alpha}_1$，$\boldsymbol{\alpha}_2$，$\boldsymbol{\alpha}_3$ 不是极大线性无关组.

注意：

① 首非零元所在的列对应的原来向量组就是极大无关组；

② 若例 8 中向量 $\boldsymbol{\alpha}_1$，$\boldsymbol{\alpha}_2$，$\boldsymbol{\alpha}_3$，$\boldsymbol{\alpha}_4$ 是行向量，则将 $\boldsymbol{\alpha}_1$，$\boldsymbol{\alpha}_2$，$\boldsymbol{\alpha}_3$，$\boldsymbol{\alpha}_4$ 写成矩阵 $(\boldsymbol{\alpha}_1^{\mathrm{T}}, \boldsymbol{\alpha}_2^{\mathrm{T}}, \boldsymbol{\alpha}_3^{\mathrm{T}}, \boldsymbol{\alpha}_4^{\mathrm{T}})$，可得 $\boldsymbol{\alpha}_1^{\mathrm{T}}$，$\boldsymbol{\alpha}_2^{\mathrm{T}}$，$\boldsymbol{\alpha}_4^{\mathrm{T}}$ 是 $\boldsymbol{\alpha}_1^{\mathrm{T}}$，$\boldsymbol{\alpha}_2^{\mathrm{T}}$，$\boldsymbol{\alpha}_3^{\mathrm{T}}$，$\boldsymbol{\alpha}_4^{\mathrm{T}}$ 一个极大无关组，从而 $\boldsymbol{\alpha}_1$，$\boldsymbol{\alpha}_2$，$\boldsymbol{\alpha}_4$ 是 $\boldsymbol{\alpha}_1$，$\boldsymbol{\alpha}_2$，$\boldsymbol{\alpha}_3$，$\boldsymbol{\alpha}_4$ 的一个极大线性无关组，其中 $\boldsymbol{\alpha}_i^{\mathrm{T}}(i=1, 2, 3, 4)$为 $\boldsymbol{\alpha}_i$ 的向量的转置，即列向量；

③ 若向量组的秩等于向量组所含向量的个数，则向量组线性无关；若向量组的秩小于向量组所含向量的个数，则向量组线性相关.

9.5.2　线性方程组解的结构

上节已经讨论了线性方程组解的存在性问题，在方程组有解的情况下，特别是有无穷多解时，如何去求这些解？这些解之间有怎样的关系？如何去表述这些解呢？这

就是方程组解的结构问题.

1. 齐次线性方程组解的结构

齐次线性方程组$\begin{cases}a_{11}x_1+a_{12}x_2+\cdots+a_{1n}x_n=0,\\a_{21}x_1+a_{22}x_2+\cdots+a_{2n}x_n=0,\\\quad\vdots\qquad\quad\vdots\qquad\cdots\qquad\vdots\quad\vdots\\a_{m1}x_1+a_{m2}x_2+\cdots+a_{mn}x_n=0\end{cases}$的矩阵形式为$\boldsymbol{AX}=\mathbf{0}$.

齐次线性方程组的解有以下两个性质.

性质 1 若$\boldsymbol{X}_1$，$\boldsymbol{X}_2$是齐次线性方程组$\boldsymbol{AX}=\mathbf{0}$的解，则$\boldsymbol{X}_1+\boldsymbol{X}_2$也是$\boldsymbol{AX}=\mathbf{0}$的解.

证明 因为$\boldsymbol{X}_1$，$\boldsymbol{X}_2$是$\boldsymbol{AX}=\mathbf{0}$的解，所以$\boldsymbol{A}(\boldsymbol{X}_1+\boldsymbol{X}_2)=\boldsymbol{AX}_1+\boldsymbol{AX}_2=\mathbf{0}+\mathbf{0}=\mathbf{0}$，即$\boldsymbol{X}_1+\boldsymbol{X}_2$也是$\boldsymbol{AX}=\mathbf{0}$的解.

性质 2 若$\boldsymbol{X}_1$是$\boldsymbol{AX}=\mathbf{0}$的解，$k$为任意常数，则$k\boldsymbol{X}_1$也是$\boldsymbol{AX}=\mathbf{0}$的解.

证明 因为$\boldsymbol{X}_1$是$\boldsymbol{AX}=\mathbf{0}$的解，所以$\boldsymbol{A}(k\boldsymbol{X}_1)=k(\boldsymbol{AX}_1)=\mathbf{0}$，即$k\boldsymbol{X}_1$也是$\boldsymbol{AX}=\mathbf{0}$的解.

综合性质 1、性质 2，得

性质 3 若$\boldsymbol{X}_1$，$\boldsymbol{X}_2$，…，$\boldsymbol{X}_s$是$\boldsymbol{AX}=\mathbf{0}$的解，$k_1$，$k_2$，…，$k_s$为任意常数，则这些解的线性组合$k_1\boldsymbol{X}_1+k_2\boldsymbol{X}_2+\cdots+k_s\boldsymbol{X}_s$也是$\boldsymbol{AX}=\mathbf{0}$的解.

性质 2 表明，如果$\boldsymbol{AX}=\mathbf{0}$有非零解，则非零解一定有无穷多个. 由于方程组的一个解可以看作是一个解向量，所以，对于$\boldsymbol{AX}=\mathbf{0}$的无穷多个解来说，它们构成了一个$n$维的解向量组. 这个解向量组中一定存在一个极大无关的解向量组，其他的所有解向量都可以由它们的线性组合表示. 因此，解齐次线性方程组实际上就是求它的解向量组的极大无关向量组.

定义 6 设$\boldsymbol{\eta}_1$，$\boldsymbol{\eta}_2$，…，$\boldsymbol{\eta}_s$是齐次线性方程组$\boldsymbol{AX}=\mathbf{0}$的一组解向量，且满足：

① $\boldsymbol{\eta}_1$，$\boldsymbol{\eta}_2$，…，$\boldsymbol{\eta}_s$线性无关；

② 齐次线性方程组$\boldsymbol{AX}=\mathbf{0}$的任一解向量都可以由$\boldsymbol{\eta}_1$，$\boldsymbol{\eta}_2$，…，$\boldsymbol{\eta}_s$线性表出，

则称$\boldsymbol{\eta}_1$，$\boldsymbol{\eta}_2$，…，$\boldsymbol{\eta}_s$为齐次线性方程组$\boldsymbol{AX}=\mathbf{0}$的基础解系.

注意：

① 齐次线性方程组的基础解系实际上就是它的解向量组的极大无关向量组；

② 齐次线性方程组的基础解系不唯一；

③ 若齐次线性方程组$\boldsymbol{AX}=\mathbf{0}$只有零解，则方程组就不存在基础解系.

例 9 求齐次线性方程组的一个基础解系$\begin{cases}x_1+x_2-x_3=0,\\2x_1-x_2+4x_3=0,\\x_1+4x_2-7x_3=0.\end{cases}$

解 因为$\boldsymbol{A}=\begin{pmatrix}1&1&-1\\2&-1&4\\1&4&-7\end{pmatrix}\xrightarrow[r_3-r_1]{r_2-2r_1}\begin{pmatrix}1&1&-1\\0&-3&6\\0&3&-6\end{pmatrix}\xrightarrow{r_3+r_2}\begin{pmatrix}1&1&-1\\0&-3&6\\0&0&0\end{pmatrix}$

$$\xrightarrow{\frac{1}{3}r_2}\begin{pmatrix}1 & 1 & -1\\0 & 1 & -2\\0 & 0 & 0\end{pmatrix}\xrightarrow{r_1-r_2}\begin{pmatrix}1 & 0 & 1\\0 & 1 & -2\\0 & 0 & 0\end{pmatrix},$$

最后一个矩阵对应的方程组为$\begin{cases}x_1+x_3=0,\\x_2-2x_3=0,\\x_3=x_3,\end{cases}$即$\begin{cases}x_1=-x_3,\\x_2=2x_3,\\x_3=x_3,\end{cases}$其中 x_3 为自由未知量. 令 $x_3=1$，得齐次线性方程组的一个解为 $\boldsymbol{\eta}=\begin{pmatrix}-1\\2\\1\end{pmatrix}$.

因为 $\boldsymbol{\eta}\neq\mathbf{0}$，所以其作为只有一个向量的向量组而言线性无关；又因为齐次线性方程的任意解都可表示为 $\boldsymbol{X}=C\boldsymbol{\eta}$($C$ 为任意常数). 因此，它就是齐次线性方程组的一个基础解系，只含有一个解向量. 很明显，如果令 $x_3=2$，则可得齐次线性方程组的另一个基础解系 $\boldsymbol{\eta}=\begin{pmatrix}-2\\4\\2\end{pmatrix}$.

上例表明，基础解系不唯一. 而且，在上例中，未知量的个数 $n=3$，系数矩阵的秩 $r=2$，因此，基础解系所含解向量的个数等于未知量的个数减去系数矩阵的秩，即 $n-r=3-2=1$. 一般地，有

定理 3　若齐次线性方程组 $\boldsymbol{AX}=\mathbf{0}$ 的未知量个数为 n，系数矩阵 $\boldsymbol{A}$ 的秩 $\boldsymbol{R}(\boldsymbol{A})=r<n$，则它一定有基础解系，且基础解系包括的解向量个数为 $n-r$.

例 10　解齐次线性方程组$\begin{cases}x_1+x_2+x_3+4x_4-3x_5=0,\\x_1-x_2+3x_3-2x_4-x_5=0,\\2x_1-3x_2+7x_3-7x_4-x_5=0,\\3x_1+x_2+5x_3+6x_4-7x_5=0.\end{cases}$

解　对系数矩阵作初等行变换，得

$$\boldsymbol{A}=\begin{pmatrix}1 & 1 & 1 & 4 & -3\\1 & -1 & 3 & -2 & -1\\2 & -3 & 7 & -7 & -1\\3 & 1 & 5 & 6 & -7\end{pmatrix}\xrightarrow[\substack{r_3-2r_1\\r_4-3r_1}]{r_2-r_1}\begin{pmatrix}1 & 1 & 1 & 4 & -3\\0 & -2 & 2 & -6 & 2\\0 & -5 & 5 & -15 & 5\\0 & -2 & 2 & -6 & 2\end{pmatrix}$$

$$\xrightarrow[-\frac{1}{5}r_3]{-\frac{1}{2}r_2}\begin{pmatrix}1 & 1 & 1 & 4 & -3\\0 & 1 & -1 & 3 & -1\\0 & 1 & -1 & 3 & -1\\0 & -2 & 2 & -6 & 2\end{pmatrix}\xrightarrow[r_4+2r_2]{r_3-r_2}\begin{pmatrix}1 & 0 & 2 & 1 & -2\\0 & 1 & -1 & 3 & -1\\0 & 0 & 0 & 0 & 0\\0 & 0 & 0 & 0 & 0\end{pmatrix}.$$

最后一个矩阵所对应的线性方程组为$\begin{cases} x_1+2x_3+x_4-2x_5=0, \\ x_2-x_3+3x_4-x_5=0, \\ x_3=x_3, \\ x_4=x_4, \\ x_5=x_5, \end{cases}$ 即$\begin{cases} x_1=-2x_3-x_4+2x_5, \\ x_2=x_3-3x_4+x_5, \\ x_3=x_3, \\ x_4=x_4, \\ x_5=x_5, \end{cases}$

其中 x_3，x_4，x_5 为自由未知量.

分别令 $x_3=1$，$x_4=0$，$x_5=0$；$x_3=0$，$x_4=1$，$x_5=0$；$x_3=0$，$x_4=0$，$x_5=1$ 得基础解系为：

$$\boldsymbol{\eta}_1=\begin{pmatrix}-2\\1\\1\\0\\0\end{pmatrix},\boldsymbol{\eta}_2=\begin{pmatrix}-1\\-3\\0\\1\\0\end{pmatrix},\boldsymbol{\eta}_3=\begin{pmatrix}2\\1\\0\\0\\1\end{pmatrix}.$$

所以，原方程的全部解为 $\boldsymbol{X}=\boldsymbol{C}_1\boldsymbol{\eta}_1+C_2\boldsymbol{\eta}_2+C_3\boldsymbol{\eta}_3$（$C_1$，$C_2$，$C_3$ 为任意常数）.

注意：齐次线性方程组 $\boldsymbol{AX}=\boldsymbol{0}$ 的基础解系中解向量的个数和自由未知量的个数相同，为 $n-\boldsymbol{R}(\boldsymbol{A})$个.

2. 非齐次线性方程组解的结构

非齐次线性方程组$\begin{cases} a_{11}x_1+a_{12}x_2+\cdots+a_{1n}x_n=b_1, \\ a_{21}x_1+a_{22}x_2+\cdots+a_{2n}x_n=b_2, \\ \cdots\cdots \\ a_{m1}x_1+a_{m2}x_2+\cdots+a_{mn}x_n=b_m \end{cases}$ 的矩阵形式为 $\boldsymbol{AX}=\boldsymbol{B}$.

若令 $\boldsymbol{B}=\boldsymbol{0}$，则得到对应的齐次线性方程组 $\boldsymbol{AX}=\boldsymbol{0}$ 称为 $\boldsymbol{AX}=\boldsymbol{B}$ 的导出组. 利用导出组的解的结构，可以得出非齐次线性方程组 $\boldsymbol{AX}=\boldsymbol{B}$ 的解的结构.

非齐次线性方程组 $\boldsymbol{AX}=\boldsymbol{B}$ 及其导出组的解，有如下性质：

性质 1　非齐次线性方程组 $\boldsymbol{AX}=\boldsymbol{B}$ 的任意两个解的差是其导出组 $\boldsymbol{AX}=\boldsymbol{0}$ 的一个解.

证明　设 $\boldsymbol{X}_1$，$\boldsymbol{X}_2$ 是 $\boldsymbol{AX}=\boldsymbol{B}$ 的两个解，则 $\boldsymbol{AX}_1=\boldsymbol{B}$，$\boldsymbol{AX}_2=\boldsymbol{B}$. 于是 $\boldsymbol{A}(\boldsymbol{X}_1-\boldsymbol{X}_2)=\boldsymbol{AX}_1-\boldsymbol{AX}_2=\boldsymbol{0}$，即 $\boldsymbol{X}_1-\boldsymbol{X}_2$ 是 $\boldsymbol{AX}=\boldsymbol{0}$ 的解.

性质 2　非齐次线性方程组 $\boldsymbol{AX}=\boldsymbol{B}$ 的一个解 $\boldsymbol{X}_1$，与其导出组 $\boldsymbol{AX}=\boldsymbol{0}$ 的一个解 $\boldsymbol{X}_0$ 的和 $\boldsymbol{X}_1+\boldsymbol{X}_0$ 是 $\boldsymbol{AX}=\boldsymbol{B}$ 的一个解.

证明　因为 $\boldsymbol{X}_1$ 是 $\boldsymbol{AX}=\boldsymbol{B}$ 的解，$\boldsymbol{X}_0$ 是 $\boldsymbol{AX}=\boldsymbol{0}$ 的解，所以 $\boldsymbol{AX}_1=\boldsymbol{B}$，$\boldsymbol{AX}_0=\boldsymbol{0}$. 于是

$$\boldsymbol{A}(\boldsymbol{X}_1+\boldsymbol{X}_0)=\boldsymbol{AX}_1+\boldsymbol{AX}_0=\boldsymbol{B}+\boldsymbol{0}=\boldsymbol{B},$$

即 $\boldsymbol{X}_1+\boldsymbol{X}_0$ 是 $\boldsymbol{AX}=\boldsymbol{B}$ 的一个解.

定理 4　设 $\boldsymbol{X}_1$ 是非齐次线性方程组 $\boldsymbol{AX}=\boldsymbol{B}$ 的一个解，则 $\boldsymbol{AX}=\boldsymbol{B}$ 的任意一解 $\boldsymbol{X}$ 可以用 $\boldsymbol{X}_1$ 与导出组 $\boldsymbol{AX}=\boldsymbol{0}$ 的某个解 $\boldsymbol{\eta}$ 之和来表示，即 $\boldsymbol{X}=\boldsymbol{X}_1+\boldsymbol{\eta}$.

证明　因为 $\boldsymbol{X}$ 与 $\boldsymbol{X}_1$ 是 $\boldsymbol{AX}=\boldsymbol{B}$ 的解，由性质 1 可知，$\boldsymbol{X}-\boldsymbol{X}_1$ 是导出组 $\boldsymbol{AX}=\boldsymbol{0}$ 的一个解，记这个解为 $\boldsymbol{X}-\boldsymbol{X}_1=\boldsymbol{\eta}$，则得 $\boldsymbol{X}=\boldsymbol{X}_1+\boldsymbol{\eta}$.

说明　非齐次线性方程组 $\boldsymbol{AX}=\boldsymbol{B}$ 的任意一解都可用它的某个解 $\boldsymbol{X}_1$(称为特解)与导出组的某个解 $\boldsymbol{\eta}$ 之和来表示. 当 $\boldsymbol{\eta}$ 取遍 $\boldsymbol{AX}=\boldsymbol{0}$ 的全部解时，$\boldsymbol{X}=\boldsymbol{X}_1+\boldsymbol{\eta}$ 就是 $\boldsymbol{AX}=\boldsymbol{B}$ 的所有解. 如果设 $\boldsymbol{\eta}_1$，$\boldsymbol{\eta}_2$，…，$\boldsymbol{\eta}_{n-r}$ 是导出组 $\boldsymbol{AX}=\boldsymbol{0}$ 的一个基础解系，C_1，C_2，…，C_{n-r} 是任一组数，则非齐次线性方程组 $\boldsymbol{AX}=\boldsymbol{B}$ 的全部解为 $\boldsymbol{X}=C_1\boldsymbol{\eta}_1+C_2\boldsymbol{\eta}_2+\cdots+C_{n-r}\boldsymbol{\eta}_{n-r}+\boldsymbol{X}_1$.

这就是说，要求一个非齐次线性方程组的解，只需求它的某个特解，再求出其导出组的基础解系，然后将它们写成上述形式，即得非齐次线性方程组 $\boldsymbol{AX}=\boldsymbol{B}$ 的全部解.

例 11　求线性方程组的解 $\begin{cases}2x_1-x_2+3x_3-x_4=1,\\3x_1-2x_2-2x_3+3x_4=3,\\x_1-x_2-5x_3+4x_4=2,\\7x_1-5x_2-9x_3+10x_4=8.\end{cases}$

解　$$\widetilde{\boldsymbol{A}}=\begin{pmatrix}2&-1&3&-1&1\\3&-2&-2&3&3\\1&-1&-5&4&2\\7&-5&-9&10&8\end{pmatrix}\xrightarrow{r_1\leftrightarrow r_3}\begin{pmatrix}1&-1&-5&4&2\\3&-2&-2&3&3\\2&-1&3&-1&1\\7&-5&-9&10&8\end{pmatrix}$$

$$\xrightarrow[r_4-7r_1]{\substack{r_2-3r_1\\r_3-2r_1}}\begin{pmatrix}1&-1&-5&4&2\\0&1&13&-9&-3\\0&1&13&-9&-3\\0&2&26&-18&-6\end{pmatrix}\xrightarrow[r_4-2r_2]{\substack{r_1+r_2\\r_3-r_2}}\begin{pmatrix}1&0&8&-5&-1\\0&1&13&-9&-3\\0&0&0&0&0\\0&0&0&0&0\end{pmatrix}.$$

从最后一个矩阵可以看出，$\boldsymbol{R}(\boldsymbol{A})=\boldsymbol{R}(\widetilde{\boldsymbol{A}})=2$，秩小于未知数的个数，故方程组有无穷多解. 上述行最简矩阵对应的方程组为 $\begin{cases}x_1=-8x_3+5x_4-1,\\x_2=-13x_3+9x_4-3.\end{cases}$ 令 $x_3=x_4=0$，得 $x_1=-1$，$x_2=-3$. 由此得非齐次线性方程组的一个特解为 $\boldsymbol{X}_1=\begin{pmatrix}-1\\-3\\0\\0\end{pmatrix}$.

对应的导出组的一般解为 $\begin{cases}x_1=-8x_3+5x_4,\\x_2=-13x_3+9x_4,\\x_3=x_3,\\x_4=x_4.\end{cases}$ 对自由未知量 x_3，x_4 分别令 $x_3=1$，

$x_4=0$；$x_3=0$，$x_4=1$ 得导出组的一个基础解系 $\boldsymbol{\eta}_1=\begin{pmatrix}-8\\-13\\1\\0\end{pmatrix}$，$\boldsymbol{\eta}_2=\begin{pmatrix}5\\9\\0\\1\end{pmatrix}$.

于是原方程组的所有解为 $\boldsymbol{X}=C_1\boldsymbol{\eta}_1+C_2\boldsymbol{\eta}_2+\boldsymbol{X}_1=C_1\begin{pmatrix}-8\\-13\\1\\0\end{pmatrix}+C_2\begin{pmatrix}5\\9\\0\\1\end{pmatrix}+\begin{pmatrix}-1\\-3\\0\\0\end{pmatrix}$（$C_1$，$C_2$ 为任意常数）.

习题 9.5

1. 已知向量 $\boldsymbol{\alpha}=(2,\ -1,\ 1)$，$\boldsymbol{\beta}=(3,\ 0,\ -1)$，$\boldsymbol{\gamma}=(0,\ -2,\ 2)$，求 $2\boldsymbol{\alpha}+\boldsymbol{\beta}-4\boldsymbol{\gamma}$.

2. 设有向量组 $\boldsymbol{\alpha}_1=(a,\ b,\ 1)$，$\boldsymbol{\alpha}_2=(1,\ a,\ c)$，$\boldsymbol{\alpha}_3=(c,\ 1,\ b)$，试确定 a，b，c 的值使得 $\boldsymbol{\alpha}_1+2\boldsymbol{\alpha}_2-3\boldsymbol{\alpha}_3=0$.

3. 试将下列线性方程组写成向量的形式：

(1) $\begin{cases}x+y-z=3,\\x-2y+z=0,\\-x+3y-z=-1;\end{cases}$　　(2) $\begin{cases}2x+y-3z=-1,\\3x-y+2z=1,\\x+3y-z=-3.\end{cases}$

4. 判定向量组 $\boldsymbol{\alpha}_1=(2,\ 3,\ 1,\ 0)$，$\boldsymbol{\alpha}_2=(1,\ 2,\ -1,\ 0)$，$\boldsymbol{\alpha}_3=(4,\ 7,\ -1,\ 0)$ 是否线性相关.

5. 讨论下列向量组的线性相关性：

(1) $\boldsymbol{\alpha}_1-\boldsymbol{\alpha}_2$，$\boldsymbol{\alpha}_2-\boldsymbol{\alpha}_3$，$\boldsymbol{\alpha}_3-\boldsymbol{\alpha}_1$；　　(2) $\boldsymbol{\alpha}_1+\boldsymbol{\alpha}_2$，$\boldsymbol{\alpha}_2+\boldsymbol{\alpha}_3$，$\boldsymbol{\alpha}_3+\boldsymbol{\alpha}_4$，$\boldsymbol{\alpha}_4+\boldsymbol{\alpha}_1$.

6. 判断下列向量组是否线性相关，并求出一个极大无关组：

(1) $\boldsymbol{\alpha}_1=(1,\ 1,\ 0)$，$\boldsymbol{\alpha}_2=(0,\ 2,\ 0)$，$\boldsymbol{\alpha}_3=(0,\ 0,\ 3)$；

(2) $\boldsymbol{\alpha}_1=(1,\ 1,\ 1)$，$\boldsymbol{\alpha}_2=(0,\ 2,\ 5)$，$\boldsymbol{\alpha}_3=(2,\ 4,\ 7)$；

(3) $\boldsymbol{\alpha}_1=(1,\ 2,\ 1,\ 3)$，$\boldsymbol{\alpha}_2=(4,\ -1,\ -5,\ -6)$，$\boldsymbol{\alpha}_3=(1,\ -3,\ -4,\ -7)$，$\boldsymbol{\alpha}_4=(2,\ 1,\ -1,\ 0)$.

7. 求向量组的秩：$\boldsymbol{\alpha}_1=(1,\ 0,\ -1)$，$\boldsymbol{\alpha}_2=(-1,\ 0,\ 1)$，$\boldsymbol{\alpha}_3=(0,\ 1,\ -1)$，$\boldsymbol{\alpha}_4=(1,\ 2,\ -1)$.

8. 求下列齐次线性方程组的一个基础解系及全部解：

(1) $\begin{cases} x_1+x_2+2x_3-x_4=0, \\ 2x_1+x_2+x_3-x_4=0, \\ 2x_1+2x_2+x_3+2x_4=0; \end{cases}$　　(2) $\begin{cases} x_1+2x_2+3x_3+3x_4+7x_5=0, \\ 3x_1+2x_2+x_3+x_4-3x_5=0, \\ x_2+2x_3+2x_4+6x_5=0, \\ 5x_1+4x_2+3x_3+3x_4-x_5=0. \end{cases}$

9. 求解下列非齐次线性方程组：

(1) $\begin{cases} x_1-2x_2+3x_3-4x_4=4, \\ x_2-x_3+x_4=-3, \\ x_1+3x_2-3x_4=1, \\ -7x_2+3x_3+x_4=-3; \end{cases}$　　(2) $\begin{cases} x_1-4x_2-3x_3=1, \\ x_1-5x_2-3x_3=0, \\ -x_1+6x_2+4x_3=0. \end{cases}$

本章小结

一、主要内容

本章内容主要包括矩阵的概念与矩阵的运算，矩阵的初等变换，矩阵的秩及求法，逆矩阵的概念及求法，线性方程组解的讨论与线性方程组解的结构及解的求法.

二、学习指导

1. 矩阵与行列式的区别.

(1) 本质不同，矩阵是一个数表，行列式是一个数或表达式；

(2) 数学符号不同，矩阵用小括号或中括号表示，行列式用双竖线表示；

(3) 结构不同，矩阵的行数和列数可以不一样，行列式的行数与列数相同；

(4) 运算不同，特别注意，一个数乘以行列式，只能乘以行列式的一行或一列，一个数乘以矩阵，矩阵的每个元素都要乘以这个数.

2. 矩阵的运算.

(1) 矩阵加、减法 $\boldsymbol{A}_{m\times n}\pm\boldsymbol{B}_{m\times n}$，即对应元素相加、相减，只有同型矩阵才能相加、相减；

(2) 数乘矩阵 $k\boldsymbol{A}$，矩阵的每个元素都要乘以这个数；

(3) 矩阵乘法 $\boldsymbol{A}_{m\times n}\boldsymbol{B}_{n\times k}=\boldsymbol{C}_{m\times k}$，矩阵可乘条件：左矩阵的列数等于右矩阵的行数；

注意矩阵的乘法与数的乘法有不同之处，一般地：

矩阵的乘法不满足交换律，即 $\boldsymbol{AB}\neq\boldsymbol{BA}$；

矩阵的乘法不满足消去律，即当 $\boldsymbol{AB}=\boldsymbol{AC}$，且 $\boldsymbol{A}\neq\boldsymbol{0}$ 时，不一定有 $\boldsymbol{B}=\boldsymbol{C}$；

若 $\boldsymbol{A}$、$\boldsymbol{B}$ 可乘，$\boldsymbol{A}\neq\boldsymbol{0}$，$\boldsymbol{B}\neq\boldsymbol{0}$ 时，可能有 $\boldsymbol{AB}=\boldsymbol{0}$.

(4) 矩阵的转置 $\boldsymbol{A}^{\mathrm{T}}$，$\boldsymbol{A}^{\mathrm{T}}$ 是将 $\boldsymbol{A}$ 的行变列、列变行；

(5) 方阵的行列式 $|\boldsymbol{A}|$，注意长方形矩阵不能取行列式.

3. 矩阵秩的求法.

(1) 定义法：利用定义寻找矩阵中非零子式的最高阶数；

(2) 初等变换法：利用初等行变换将矩阵化为行阶梯形矩阵，其中非零行数即为矩阵的秩.

4. n 阶方阵逆矩阵的求法.

(1)伴随矩阵法：$\boldsymbol{A}^{-1}=\frac{\boldsymbol{A}^*}{|\boldsymbol{A}|}(|\boldsymbol{A}|\neq 0)$；

(2) 初等变换法：$(\boldsymbol{A} \vdots \boldsymbol{E})\xrightarrow{\text{初等行变换}}(\boldsymbol{E} \vdots \boldsymbol{A}^{-1})$.

5. 线性方程组解的判定与求解.

(1) 非齐次线性方程组解的判定与求解.

将非齐次线性方程组的增广矩阵 $\widetilde{\boldsymbol{A}}$ 利用初等行变换化成行阶梯形矩阵便可进行解的判定：

当 $\boldsymbol{R}(\boldsymbol{A})\neq\boldsymbol{R}(\widetilde{\boldsymbol{A}})$时，方程组无解；

当 $\boldsymbol{R}(\boldsymbol{A})=\boldsymbol{R}(\widetilde{\boldsymbol{A}})$时，方程组有解. 若 $\boldsymbol{R}(\boldsymbol{A})=\boldsymbol{R}(\widetilde{\boldsymbol{A}})=$未知数的个数，则方程组有唯一解；若 $\boldsymbol{R}(\boldsymbol{A})=\boldsymbol{R}(\widetilde{\boldsymbol{A}})<$未知数的个数，则方程组有无穷多解.

在有解的情况下，将增广矩阵 $\widetilde{\boldsymbol{A}}$ 利用初等行变换化成行最简矩阵便可求出解.

(2) 齐次线性方程组解的判定与求解.

将齐次线性方程组的系数矩阵 $\boldsymbol{A}$ 利用初等行变换化成行阶梯形矩阵便可进行解的判定：

当 $\boldsymbol{R}(\boldsymbol{A})=$未知数的个数时，则方程组只有零解；

当 $\boldsymbol{R}(\boldsymbol{A})<$未知数的个数时，则方程组有非零解，将 $\boldsymbol{A}$ 化成行最简矩阵便可求出解.

6. 向量组 $\boldsymbol{\alpha}_1$，$\boldsymbol{\alpha}_2$，…，$\boldsymbol{\alpha}_m$ 线性相关性的判定方法.

(1) 定义法.

(2) 初等变换法：若向量组的秩等于向量组所含向量的个数，则向量组线性无关；若向量组的秩小于向量组所含向量的个数，则向量组线性相关.

(3) 行列式方法：对于 n 个 n 维向量组，还可利用其分量组成的 n 阶行列式. 若行列式不等于零，则线性无关；若行列式等于零，则线性相关.

7. 向量组的极大线性无关组与向量组的秩的求法.

若 $\boldsymbol{\alpha}_1$，$\boldsymbol{\alpha}_2$，…，$\boldsymbol{\alpha}_m$ 为列向量组，将向量组写成矩阵$(\boldsymbol{\alpha}_1, \boldsymbol{\alpha}_2, \cdots, \boldsymbol{\alpha}_m)$，若 $\boldsymbol{\alpha}_1$，$\boldsymbol{\alpha}_2$，…，$\boldsymbol{\alpha}_m$ 为行向量组，将向量组写成矩阵$(\boldsymbol{\alpha}_1^{\mathrm{T}}, \boldsymbol{\alpha}_2^{\mathrm{T}}, \cdots, \boldsymbol{\alpha}_m^{\mathrm{T}})$，然后利用初等行变换将矩阵化为行阶梯形矩阵，矩阵的秩就是向量组的秩，首非零元所在的列对应原来的向量组就是极大无关组.

8. 齐次线性方程组 $\boldsymbol{AX}=\boldsymbol{0}$ 的基础解系的求法.

将齐次线性方程组的系数矩阵 $\boldsymbol{A}$ 利用初等行变换化成行最简矩阵，设 $\boldsymbol{R}(\boldsymbol{A})=r$，把 r 个首非零元所对应的自由未知数作为非自由未知数，其余 $n-r$ 个未知数作为自由未知数，依次令一个自由未知数等于 1，其余等于 0，即可得 $n-r$ 个线性无关的解向量 $\boldsymbol{\eta}_1$，$\boldsymbol{\eta}_2$，…，$\boldsymbol{\eta}_{n-r}$，便是基础解系. 齐次方程组的解 $\boldsymbol{X}=C_1\boldsymbol{\eta}_1+C_2\boldsymbol{\eta}_2+\cdots+C_{n-r}\boldsymbol{\eta}_{n-r}$($C_1$，$C_2$，…，$C_{n-r}$ 为任意常数).

注意：若齐次线性方程组只有零解，则没有基础解系.

9. 非齐次线性方程组 $\boldsymbol{AX}=\boldsymbol{B}$ 的解的结构.

非齐次线性方程组的解为 $\boldsymbol{X}=C_1\boldsymbol{\eta}_1+C_2\boldsymbol{\eta}_2+\cdots+C_{n-r}\boldsymbol{\eta}_{n-r}+\boldsymbol{X}_1$，其中 $\boldsymbol{\eta}_1$，$\boldsymbol{\eta}_2$，…，$\boldsymbol{\eta}_{n-r}$ 是其导出组的基础解系，$\boldsymbol{X}_1$ 是 $\boldsymbol{AX}=\boldsymbol{B}$ 的一个特解，C_1，C_2，…，C_{n-r} 为任意常数.

数学文化

矩阵及线性方程组理论的发展

矩阵是数学中一个重要的基本概念，是线性代数的一个主要研究对象，也是数学研究和应用的一个重要工具.

1850 年，英国数学家西尔维斯特(James Joseph Sylvester，1814—1894 年)在研究方程的个数和未知量的个数不相同的线性方程组时，由于无法使用行列式，所以引入矩阵这个术语. 而实际上，矩阵这个概念在诞生之前就已经发展得很好了. 从行列式的大量研究中明显地表现出来，不管行列式的值是否与问题有关，方阵本身都可以研究和使用，矩阵的许多基本性质也是在行列式的发展中建立起来的. 在逻辑上，矩阵的概念应先于行列式的概念，然而在历史上次序正好相反.

1855 年，英国数学家凯莱(Arthur Cayley，1821—1895 年)在研究线性变换下的不变量时，首先引进矩阵，把矩阵作为一个独立的数学概念提出来. 1858 年，他发表了关于这一课题的第一篇论文《矩阵论的研究报告》，系统地阐述了关于矩阵的理论. 文中定义了两个矩阵相等、相加以及数与矩阵的数乘等运算和算律. 同时，定义了零矩阵、单位阵等特殊矩阵，更重要的是在该文中他给出了矩阵相乘、矩阵可逆等概念，以及利用伴随矩阵求逆矩阵的方法，证明了有关的算律，如矩阵乘法没有交换律、结合律，两个非零矩阵乘积可以是零矩阵等结论，定义了转置阵、对称阵、反对称阵等概念.

在矩阵论中，德国数学家费罗贝尼乌斯(Frobenius Ferdinand Georg，1849—1917 年)的贡献是不可磨灭的. 1878 年，他在论文中引进了不变因子和初等因子、正交矩阵、矩阵的相似变换、合同矩阵等概念. 1879 年，他引入矩阵的秩的概念. 他以合乎逻辑的形式整理了不变因子和初等因子的理论，并讨论了正交矩阵和合同矩阵的一些重要性质.

矩阵的理论发展非常迅速，到 19 世纪末，矩阵理论体系已基本形成. 到 20 世纪，矩阵理论得到进一步发展. 现在，矩阵及其理论已广泛地应用于现代科技的各个领域.

线性方程组的研究起源于中国古代，在中国数学经典著作《九章算术》"方程"一章中已作出比较完整的论述. 对于线性方程组，书中给出如何用“算筹(今人称筹算)去演解”，而书中方程组系数排成的数阵，实际上相当于今天的矩阵，其中的算法相当于今天的矩阵的运算. 宋元时期的数学家秦九韶于公元 1247 年完成

《数书九章》一书，其中所述方法实质上相当于现代的对方程组的增广矩阵实施初等行变换从而消去未知量的方法，即高斯消元法.

在西方，线性方程组的研究是在17世纪后期由德国数学家莱布尼茨(Gottfried Wilhelm Leibniz，1646—1716年)开创的，他曾研究含两个未知量的三个线性方程组成的方程组. 18世纪上半叶，英国数学家麦克劳林(Colin Maclaurin，1698—1746年)首次用行列式的方法来求解含有2、3、4个未知量的线性方程组. 1750年，瑞士数学家克莱姆(Cramer Gabriel，1704—1752年)建立了解线性方程组的“克莱姆法则”，用它来解决含有5个未知量5个方程的线性方程组. 18世纪下半叶，法国数学家贝祖(Bezout Etienne，1730—1783年)研究了含有n个未知量n个方程的齐次线性方程组的求解问题，证明了这样的方程组有非零解的条件是系数行列式等于零.

19世纪，英国数学家史密斯(Henry John Stephen Smith)和道奇森(Charles Lutwidge Dodgson，1832—1898年)继续研究了线性方程组理论，前者引进了方程组的增广矩阵和非增广矩阵的概念，后者证明了n个未知量m个方程的方程组有解的充要条件是系数矩阵和增广矩阵的秩相同. 这正是现代方程组理论中的重要结果之一.

大量科学技术问题，最终往往归结为解线性方程组的问题. 因此在线性方程组的数值解得到发展的同时，线性方程组解的结构等理论工作也取得了令人满意的进展. 现在，线性方程组的数值解法在计算数学中占重要地位.

道奇森简介

道奇森(Dodgson，Charles Lutwidge，1832—1898年)英国数学家、逻辑学家. 道奇森生于英国柴郡(Cheshire)的达斯伯里(Daresbury)，毕业于牛津大学.

道奇森主要研究行列式、几何学、竞赛图和竞选数学，以及游戏逻辑. 著作有《行列式的初等理论》(1887)、《平面代数几何学提纲》(1860)、《欧几里得和他的现代对手》等. 他还擅长编著儿童幻想小说，如《爱丽斯漫游奇境记》等，颇为流行.

复习题 9

基础题

1. 计算下列各题：

(1) $(2 \quad 0 \quad -3)\begin{pmatrix} 4 & -1 & 3 \\ -2 & 0 & 5 \\ 5 & 6 & -7 \end{pmatrix}$； (2) $\begin{pmatrix} 1 & 2 & -1 \\ 0 & -2 & 1 \\ 0 & 0 & 1 \end{pmatrix}\begin{pmatrix} 2 & -2 \\ 3 & 0 \\ 1 & 4 \end{pmatrix}$.

2. 求下列矩阵的逆矩阵：

(1) $\begin{pmatrix} 1 & 2 & -1 \\ 3 & 5 & 0 \\ -1 & 0 & 5 \end{pmatrix}$；　　(2) $\begin{pmatrix} 1 & 2 & 3 & 4 \\ 2 & 3 & 1 & 2 \\ 1 & 1 & 1 & -1 \\ 1 & 0 & -2 & -6 \end{pmatrix}$.

3. 利用逆矩阵解线性方程组：

(1) $\begin{cases} x_1-x_2+3x_3=8, \\ 2x_1-x_2+4x_3=11, \\ -x_1+2x_2-4x_3=-11; \end{cases}$　　(2) $\begin{cases} x+2y-z=1, \\ x+y+2z=2, \\ x-y-z=3. \end{cases}$

4. 求下列矩阵的秩：

(1) $\begin{pmatrix} 1 & 2 & 1 \\ 0 & 1 & 0 \\ 2 & 1 & -1 \end{pmatrix}$；　　(2) $\begin{pmatrix} 1 & 0 & -1 & -2 \\ 1 & -1 & 2 & 3 \\ 0 & 2 & 1 & 1 \\ 1 & -4 & 4 & 5 \end{pmatrix}$.

5. 设 $\boldsymbol{\alpha}_1=(1, 2, 3, -1)^{\mathrm{T}}$，$\boldsymbol{\alpha}_2=(0, 1, -1, 2)^{\mathrm{T}}$，$\boldsymbol{\alpha}_3=(-3, 1, 0, -5)^{\mathrm{T}}$，求

(1) $3\boldsymbol{\alpha}_1-2\boldsymbol{\alpha}_2-\boldsymbol{\alpha}_3$；　　(2) $x_1\boldsymbol{\alpha}_1+x_2\boldsymbol{\alpha}_2+x_3\boldsymbol{\alpha}_3$.

6. 设 $\boldsymbol{\alpha}=(-1, 3, 2, 4)$，$\boldsymbol{\beta}=(1, -2, 2, 1)$，且 $3\boldsymbol{\alpha}+\boldsymbol{\gamma}=4\boldsymbol{\beta}$，求 $\boldsymbol{\gamma}$.

7. 判断向量 $\boldsymbol{\beta}$ 能否由向量组 $\boldsymbol{\alpha}_1$，$\boldsymbol{\alpha}_2$，$\boldsymbol{\alpha}_3$ 线性表示. 若能，写出它的一种表示方法：

(1) $\boldsymbol{\beta}=(8, 3, -1, 25)$，$\boldsymbol{\alpha}_1=(-1, 3, 0, -5)$，$\boldsymbol{\alpha}_2=(2, 0, 7, -3)$，$\boldsymbol{\alpha}_3=(-4, 1, -2, 6)$；

(2) $\boldsymbol{\beta}=(2, -30, 13, -26)$，$\boldsymbol{\alpha}_1=(3, -5, 2, -4)$，$\boldsymbol{\alpha}_2=(-1, 7, -3, 6)$，$\boldsymbol{\alpha}_3=(3, 11, -5, 10)$.

8. 判断下列向量组的线性相关性：

(1) $\boldsymbol{\alpha}_1=(1, 1, 1)$，$\boldsymbol{\alpha}_2=(0, 2, 5)$，$\boldsymbol{\alpha}_3=(1, 3, 6)$；

(2) $\boldsymbol{\alpha}_1=(1, -2, 4, -8)$，$\boldsymbol{\alpha}_2=(1, 3, 9, 27)$，$\boldsymbol{\alpha}_3=(1, 4, 16, 64)$，$\boldsymbol{\alpha}_4=(1, -1, 1, -1)$.

9. 求下列向量组的秩及向量组的一个极大线性无关组：

(1) $\boldsymbol{\alpha}_1=(1, 1, 1)$，$\boldsymbol{\alpha}_2=(1, 3, 2)$，$\boldsymbol{\alpha}_3=(1, 1, 4)$；

(2) $\boldsymbol{\alpha}_1=(1, 1, 1, 2)$，$\boldsymbol{\alpha}_2=(3, 1, 2, 5)$，$\boldsymbol{\alpha}_3=(2, 0, 1, 3)$，$\boldsymbol{\alpha}_4=(1, -1, 0, 1)$.

10. 求下列齐次线性方程组的一个基础解系和所有解：

(1) $\begin{cases} x_1-3x_2+x_3-2x_4=0, \\ -5x_1+x_2-2x_3+3x_4=0, \\ -x_1-11x_2+2x_3-5x_4=0, \\ 3x_1+5x_2+x_4=0; \end{cases}$　　(2) $\begin{cases} 3x_1-x_2-8x_3+2x_4+x_5=0, \\ x_1+11x_2-12x_3+34x_4-5x_5=0, \\ 2x_1-x_2-3x_3-7x_4+2x_5=0, \\ x_1-5x_2+2x_3-16x_4+3x_5=0. \end{cases}$

11. 求下列线性方程组的所有解：

(1) $\begin{cases}2x_1+7x_2+3x_3+x_4=6,\\3x_1+5x_2+2x_3+2x_4=4,\\9x_1+4x_2+x_3+7x_4=2;\end{cases}$　　(2) $\begin{cases}2x_1+3x_2+x_3=4,\\x_1-2x_2+4x_3=-5,\\3x_1+8x_2-2x_3=13,\\4x_1-x_2+9x_3=-6.\end{cases}$

提高题

1. 选择题：

(1) 设有矩阵 $\boldsymbol{A}_{3\times2}$，$\boldsymbol{B}_{2\times3}$，$\boldsymbol{C}_{3\times3}$，则下列运算可行的是(　　).

A. $\boldsymbol{AC}$　　B. $\boldsymbol{ABC}$　　C. $\boldsymbol{A}+\boldsymbol{BC}$　　D. $\boldsymbol{AB}-\boldsymbol{BC}$

(2) 以下结论或等式正确的是(　　).

A. 若 $\boldsymbol{A}$，$\boldsymbol{B}$ 都是零矩阵，则 $\boldsymbol{A}=\boldsymbol{B}$

B. 若 $\boldsymbol{AB}=\boldsymbol{AC}$，且 $\boldsymbol{A}\neq\boldsymbol{0}$，则 $\boldsymbol{B}=\boldsymbol{C}$

C. 对角矩阵是对称矩阵

D. 若 $\boldsymbol{A}\neq\boldsymbol{0}$，$\boldsymbol{B}\neq\boldsymbol{0}$，则 $\boldsymbol{AB}\neq\boldsymbol{0}$

(3) 设 $\boldsymbol{A}$ 为 3 阶方阵，且 $|\boldsymbol{A}|=2$，则 $|2\boldsymbol{A}|=$(　　).

A. 2　　B. 2^2　　C. 2^3　　D. 2^4

(4) 若向量组线性相关，则(　　).

A. 组中任一向量都可由其余向量线性表示

B. 组中至少有一向量都可由其余向量线性表示

C. 组中各向量都可以相互线性表示

D. 向量组的部分组线性相关

(5) 以下结论正确的是(　　).

A. 方程个数小于未知量个数的线性方程组一定有解

B. 方程个数等于未知量个数的线性方程组一定有唯一解

C. 方程个数大于未知量个数的线性方程组一定无解

D. 以上结论都不对

2. 当 t 为何值时，齐次线性方程组 $\begin{cases}x_1-2x_2+x_3-x_4=0,\\2x_1+x_2-x_3+x_4=0,\\x_1+7x_2-5x_3+5x_4=0,\\3x_1-x_2-2x_3-tx_4=0\end{cases}$ 只有零解？有非零解？并求非零解.

3. 设非齐次线性方程组 $\begin{cases}ax_1+x_2+x_3=4,\\x_1+bx_2+x_3=3,\\x_1+2bx_2+x_3=4,\end{cases}$ 问 a，b 取何值时，方程组无解？有解？有解时求出其解.

·第三篇·

实践篇

第 10 章 MATLAB 数学实验

计算机已经进入社会各个领域，用以解决大量的科学技术问题，数学软件得到了不断的发展、提高和完善. MATLAB 软件是应用较为广泛的数学软件之一. 在这种背景下，数学实验应运而生，它是高等数学课程的一部分，以其特殊的形式和手段，完成高等数学课堂教学中难以完成的任务，弥补数学教学的不足，从而提高整体教学效果.

本章将简要介绍 MATLAB 的基本操作、绘图，以及一元函数微积分、拉普拉斯变换、线性代数的 MATLAB 求解.

10.1 MATLAB 初步

10.1.1 MATLAB 简介

MATLAB 是“Matrix Laboratory”的缩写，意为“矩阵实验室”. MATLAB 是 MathWorks 公司开发的集符号运算、数据可视化、数据分析及数值计算于一体的，功能强大、可读性强的语言. MATLAB 是国际公认的优秀数学应用软件之一，在许多领域得到了广泛的应用，如控制论、时间序列分析、系统仿真、图像信号处理、科学计算等.

MATLAB R2020a 中文版工作主界面如图 10－1 所示，包括菜单工具栏、命令行窗口、当前文件夹、工作区等.

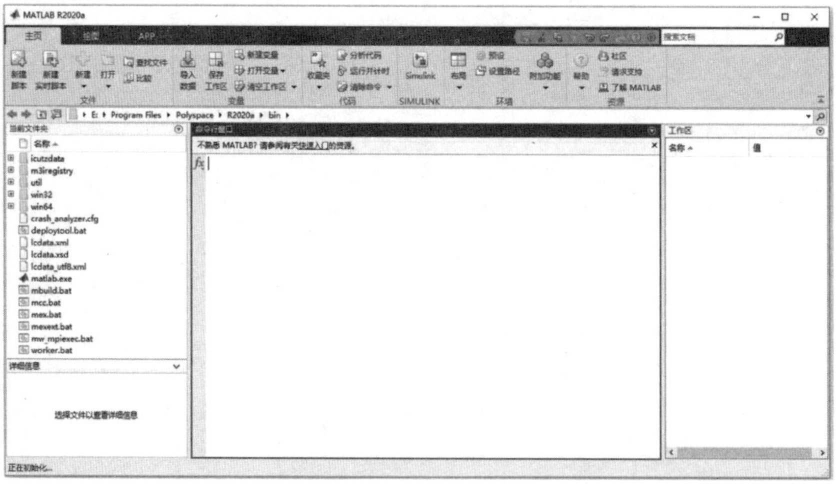

图 10－1

菜单工具栏包括主页、绘图和 APP 等工具栏．其中主页工具栏提供了新建、打开、导入数据、保存工作区、设置路径等功能；绘图工具栏提供了数据的绘图功能；APP 工具栏提供了各应用程序的入口．

当前文件夹显示用户保存的文件，用户可在此快速调用 M 文件．

工作区窗口显示当前内存中所有的 MATLAB 变量名、数据结构、字节及数据类型等信息．

命令行窗口是对 MATLAB 进行操作的主要载体，其是用来输入 MATLAB 的函数和命令，运行后并显示结果的窗口．“≫”是命令提示符，在其后面输入命令，按“Enter”键后，该命令就被执行．

例 1　基本运算操作：将 5 赋值给 x，并计算 $y=x-4$．

解　命令语句如下：

```
≫ x=5; y=x-4   %一行可以输入几个命令，用分号“;”或逗号“,”隔开
y =
    1
```

说明：① “%” 其后面的内容为注释，MATLAB 对 “%” 后的语句不做处理；

② 语句后边用分号 “;” 表示运行后不显示结果；

③ 多个命令用逗号“,”隔开，按 “Enter” 键表示运行后显示结果．

10.1.2　常量、变量及常用函数

1. 常量

MATLAB 中有一些预定义的变量，我们将这些特殊的变量称为常量．表 10－1 给出了 MATLAB 经常使用的常量及其表示的含义．

表 10－1　常量

常量	含义	常量	含义
ans	用于结果的缺省变量名	pi	圆周率
inf	正无穷大，如 1/0	i 或 j	$i=j=\sqrt{-1}$
NaN	不定值，如 0/0	eps	浮点运算的相对精度
realmin	最小可用正实数	realmax	最大的正浮点数

2. 变量

MATLAB 通过变量来存储运算中的初值和运算结果．变量的命名必须符合以下规则：

① 变量名必须以字母开头，由字母、数字或下划线组成，不含标点、空格；

② 变量名区分大小写，如 A 和 a 不是同一个变量；

③ 变量名的长度最多不超过 63 个字符(依版本而定).

例如，在命令窗口输入 x1=1，表示给变量 x1 赋初值 1. 如果输入 X1，因为 X1 未定义，其与 x1 表示不同的变量，则输出结果警告 X1 未定义.

注意： 定义变量时尽量避免与常量名重名，以防止改变常量的值. 如已修改某常量 i 的值，可采用“clear i”命令恢复该常量的初始设定值，也可以通过重新启动 MATLAB 来恢复常量值.

MATLAB 在进行符号运算之前，必须对变量和函数表达式进行说明，可采用 syms 函数来创建符号变量，调用格式为：

```
syms x          创建一个符号变量 x.
syms x y a b    创建多个符号变量，变量之间用空格隔开.
```

3. 函数

MATLAB 为用户提供了丰富的函数，表 10－2 给出了常用函数表.

表 10－2　常用函数表

函数	含义	函数	含义
sin(x)	正弦函数	asin(x)	反正弦函数
cos(x)	余弦函数	acos(x)	反余弦函数
tan(x)	正切函数	atan(x)	反正切函数
cot(x)	余切函数	acot(x)	反余切函数
abs(x)	绝对值	max(x)	最大值
min(x)	最小值	sum(x)	元素的总和
sqrt(x)	开平方	exp(x)	以 e 为底的指数
log(x)	自然对数	log10(x)	以 10 为底的对数
sign(x)	符号函数	fix(x)	取整

注意： MATLAB 中命令和函数一般是小写的；三角函数中的角度单位是弧度，而不是度. 例如，计算角度为 90°的正弦值，应输入命令 sin(pi/2)，其结果为 1.

10.1.3　基本运算

MATLAB 中提供了常用的算术运算符，如表 10－3 所示.

表 10－3　算术运算符

算术运算符	含义	算术运算符	含义
+	加	\	左除
−	减	/	右除
*	乘	^	幂

说明： ①MATLAB 中计算次序与数学计算相同，算术运算符的优先顺序为：

幂、乘或除、加或减，可以用小括号来改变运算优先顺序，且可多层使用；

② 符号运算中的除法一般使用右除，而在矩阵计算时，左除与右除表示不同的运算.

例 2　计算$\frac{2+2\times(5-3)}{2^2}$的值.

解　命令语句如下：

```
≫(2+2*(5-3))/2^2
ans =
    1.5000
```

例 3　求半径为 2 的球的体积 V.

解　方法 1　命令语句如下：

```
≫ r=2; V=4/3*pi*r^3                %计算 r=2 时 V 的值
V =
    33.5103
```

方法 2　命令语句如下：

```
≫ syms r                     %创建符号变量 r
≫ V=4/3*pi*r^3;              %定义体积函数 V
≫ subs(V, 2)                 %subs(V, 2)用于求函数表达式 V 在自变量 r=2 时的函数值
ans =
    33.5103
```

例 4　设函数 $y=x^2+\frac{(x-0.98)^2}{(x+1.25)^3}-5\left(x+\frac{1}{x}\right)$，计算其在 $x=2$，$x=4$ 的值.

解　命令语句如下：

```
≫ x=2;
≫ y1=x^2+(x-0.98)^2/(x+1.25)^3-5*(x+1/x)
y1 =
    -8.4697
≫ x=4; y2=x^2+(x-0.98)^2/(x+1.25)^3-5*(x+1/x)
y2 =
    -5.1870
```

说明： 命令提示符后借助键盘上的向上箭头“↑”和向下箭头“↓”，调出已运行过的命令，进行修改，可简化操作过程. 使用已运行的命令也可以采用复制、粘贴的操作.

习题 10.1

1. 计算$\dfrac{3\times1.2^3-1.4^2}{\sqrt{1.44}}$的值.

2. 计算 $2\cos60°-\sqrt[3]{2}$ 的值.

3. 已知函数 $f(x)=e^x(\cos x+\sin x)$，求 $f\left(\dfrac{\pi}{6}\right)$、$f\left(\dfrac{\pi}{3}\right)$.

4. 计算$\dfrac{\lg(5-\tan135°)}{\pi-2}$的值.

10.2 MATLAB 绘图

在科学研究及工程实践中通常会遇到大量复杂数据，MATLAB 数据可视化能够有效解决该问题，其可以通过图形，从一堆杂乱的离散数据中观察数据间的内在关系，感受图形所传递的内在本质；也可以根据函数表达式绘图，观察函数图形，分析其变化趋势、渐近线等. 因此，MATLAB 绘图是必不可少的有效手段. MATLAB 绘图命令格式简单，可以采用不同的线型、颜色、点标记等来修饰图形，具有很强的数据可视化功能.

10.2.1 一维数组(向量)的创建

MATLAB 的基本数据结构为矩阵，其所有的运算都是基于矩阵进行的. 矩阵为二维数组. 当矩阵只有一行或一列时，即为一维数组. MATLAB 中一维数组(行向量)的创建方法有很多，这里介绍两种简单的方法.

1. 直接创建

具体方法：将所有元素依次写在中括号内，元素之间用空格或逗号隔开. 例如，

```
≫ a=[1 2 3 4]
a =
    1    2    3    4
≫ a=[1, 2, 3, 4]
a =
    1    2    3    4
```

2. 冒号自动生成方式

按“a：h：b”格式，创建从初值 a 开始、以增量 h 为步长、到终值 b 结束的行向量. 当步长为 1 时，h 可以省略. 例如：

```
≫ x=1：2：10
x =
    1    3    5    7    9
≫ x=1：10
x =
    1    2    3    4    5    6    7    8    9    10
```

10.2.2　向量的运算

在 MATLAB 中，可对向量进行运算，其命令调用格式如下：

```
a+b          求向量 a 与 b 的和；
a−b          求向量 a 与 b 的差；
k*a 或 a*k   求实数 k 与向量 a 的乘积；
a.*b         求向量 a 与 b 对应元素相乘后的向量，称为向量的点乘运算；
             类似还有 a./b、a.^k 是向量的点除运算、向量的点幂运算.
```

例 1　在 MATLAB 命令窗口中，对向量 $a=(1\quad 2\quad 3)$ 与 $b=(1\quad -2\quad 0)$ 进行向量的运算.

解　命令语句如下：

```
≫a=[1 2 3]；b=[1 −2 0]；
≫ a+b
≫ans =
    2 0 3
≫ a−b
≫ans =
    0 4 3
≫2*a
≫ans =
    2 4 6
≫ a.*b
≫ans =
    1 −4 0
≫ a.^2
≫ans =
    1 4 9
```

10.2.3　plot 函数绘制二维图形

MATLAB 中 plot 是绘制 x-y 坐标二维图形常用的函数. 其命令调用格式为：

```
plot(y)                 绘制以 y 的元素下标序号为横坐标，y 为纵坐标的二维曲线；
plot(x，y)              绘制以 x 为横坐标，y 为纵坐标的二维曲线；
plot(x，y,'s1s2…')      画过点(x，y)的曲线，s1s2…指定线型、颜色、点标记等参数.
```

常用的线型、颜色、点标记如表 10-4 所示.

表 10-4　线型、颜色、点标记的设置符号

线型		颜色		点标记	
符号	含义	符号	含义	符号	含义
—	实线	*y*	黄	.	点
:	虚线	*m*	洋红	*o*	圆圈
—.	点划线	*c*	青绿色	×	叉号
——	间断线	*r*	红色	+	加号
		g	绿色	*	星号
		b	蓝色	*s*	正方形
		w	白色	d	菱形
		k	黑色	*p*	五角星

例 2　向量 y=[0 0.58 0.70 0.95 0.82 0.25]绘图.

解　命令语句如下：

```
>> y=[0 0.58 0.70 0.95 0.82 0.25];
>> plot(y)
```

得到如图 10-2 所示的图形.

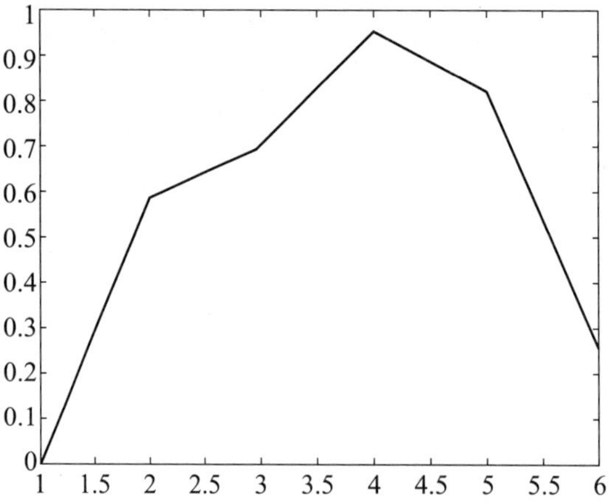

图 10-2

例 3　用红色、圆圈、实线画出 y=sin$x$ 在[0，2π]上的图形.

解　命令语句如下：

```
>> x=0：0.1：2 * pi；y=sin(x)；
>> plot(x，y,'r—o')
```

绘图结果如图 10-3 所示.

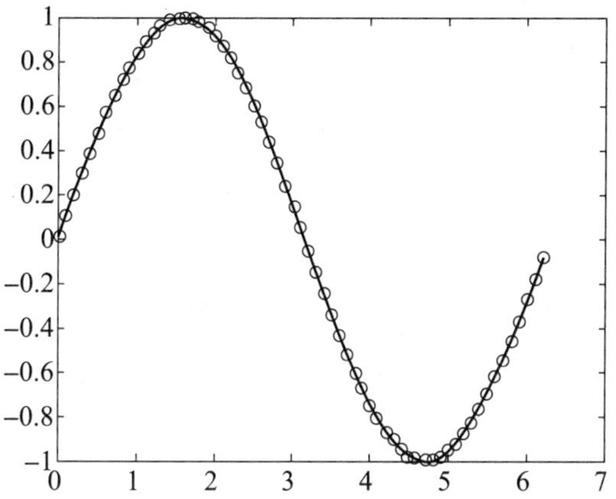

图 10-3

说明：在用 plot 作图前，需先定义函数自变量的范围，创建关于自变量的一维数组.

MATLAB 中有时需要绘制分段函数，或者在一个窗口同时绘制多条曲线，其命令调用格式为：

```
plot(x1，y1,'s1'，x2，y2,'s2'，…)
```

表示画出以(x1，y1)为坐标，满足参数 s1 的第一条曲线；画出以(x2，y2)为坐标，满足参数 s2 的第二条曲线….

例 4　画出分段函数 $y=\begin{cases}-x, & -4\leqslant x<0\\ \sqrt{x}, & 0\leqslant x\leqslant 4\end{cases}$ 的图形.

解　命令语句如下：

```
>> x1=−4：0.1：0；y1=−x1；x2=0：0.1：4；y2=sqrt(x2)；
>> plot(x1，y1，x2，y2)
```

绘图结果如图 10-4 所示.

在实际应用中，常需要在已经存在的图形上绘制新的曲线，并保留原来的曲线，MATLAB 提供了 hold on/off 命令来满足这项需求.

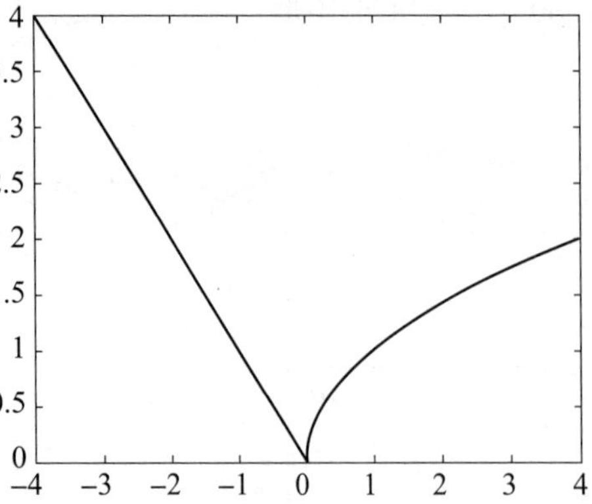

图 10-4

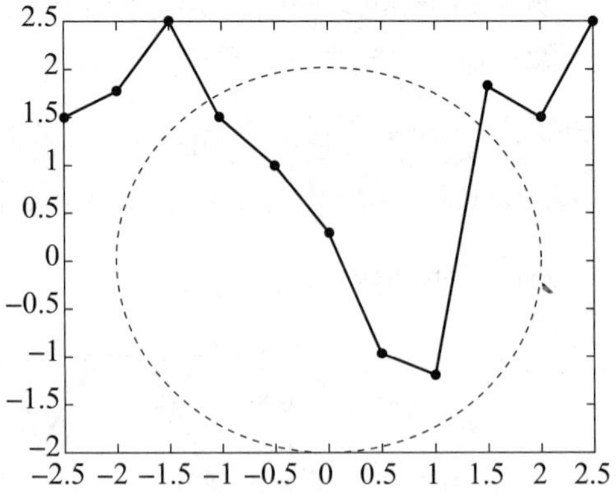

图 10-5

hold on　保持窗口图形，等待添加新的曲线.
hold off　不保留当前图形，绘制新图形后，原图即被刷新.

例 5　在同一坐标系下，采用不同的线型与颜色画出以下两条曲线的图形.

① 以下表(x, y)为坐标做出折线图：

x	−2.5	−2	−1.5	−1	−0.5	0	0.5	1	1.5	2	2.5
y	1.5	1.8	2.5	1.5	1	0.3	−1	−1.2	1.8	1.5	2.5

② 以原点为圆心、2 为半径的圆：参数方程为$\begin{cases}x=2\cos t\\y=2\sin t\end{cases}$，$t\in[0, 2\pi]$.

解　命令语句如下：

```
>> x1=-2.5:0.5:2.5; y1=[1.5 1.8 2.5 1.5 1 0.3 -1 -1.2 1.8 1.5 2.5];
>>plot(x1, y1,'b.-')
>> hold on
>> t=0:0.1:2*pi; x2=2*cos(t); y2=2*sin(t);
>> plot(x2, y2,'r--')
```

绘图结果如图 10-5 所示.

10.2.4　ezplot 函数绘制二维图形

MATLAB 中还提供了 ezplot 函数绘制符号函数图形，使用之前需先用 syms 定义变量，其调用格式为：

ezplot(f, [a, b])	绘制显函数 $f=f(x)$或者隐函数 $f(x, y)=0$ 在区间$[a, b]$上的图形，若区间缺省，默认区间为$[-2\pi, 2\pi]$.
ezplot(x, y, [tmin, tmax])	绘制参数方程 x=x(t)和 y=y(t)确定函数在区间[tmin, tmax]的图形，若区间缺省，默认区间为$[0, 2\pi]$.

例 6　利用 ezplot 函数绘制图形①$y=\left(1+\dfrac{1}{x}\right)^x$，$x\in[-10^5, 10^5]$；②心形线 $x^2+y^2+2x=2\sqrt{x^2+y^2}$.

解　① 命令语句如下：

```
≫ syms x; y=(1+1/x)^x;
≫ ezplot(y, [-10^5, 10^5])
```

② 命令语句如下：

```
≫ syms x y
≫ ezplot(x^2+y^2+2*x-2*sqrt(x^2+y^2))
```

绘图结果如图 10－6 所示.

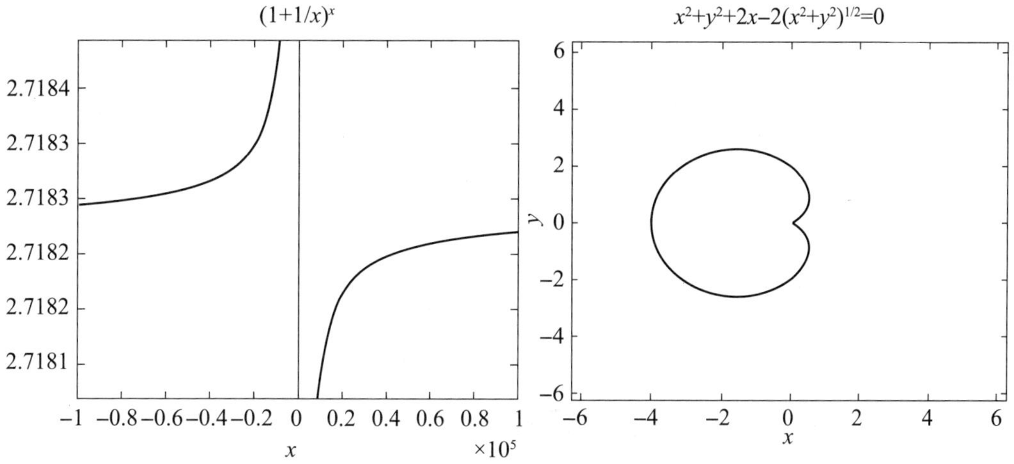

图 10－6

例 7　画出旋轮线$\begin{cases}x=2(t-\sin t)\\ y=2(1-\cos t)\end{cases}$的图形.

解　命令语句如下：

```
≫ syms t
≫ ezplot(2*(t-sin(t)), 2*(1-cos(t)))
```

绘图结果如图 10－7 所示.

说明： plot 与 ezplot 两个函数作图时，自变量定义方法不同，它们并不是所有的二维图形都可以绘制，如 plot 不能画隐函数图形，ezplot 不能画散点图.

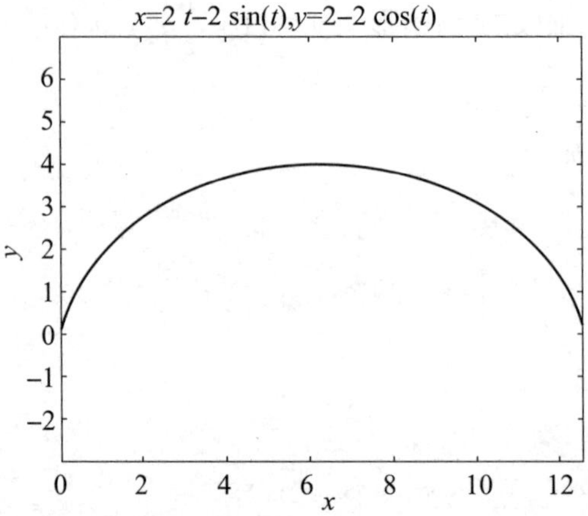

图 10 - 7

习题 10.2

1. 绘制 $x=[1, 2, 3, 4]$，$y=[2, 0, 1, 3]$的图形.
2. 画出函数 $y=x^3-2x^2+1$ 在$[-5, 5]$上的图形.
3. 在同一窗口用不同颜色的线画出$[-2\pi, 2\pi]$上 $y=\sin x$ 与 $y=\cos x$ 的图形.
4. 画出分段函数 $y=\begin{cases} x^2-2x+1, & -4\leqslant x\leqslant 1 \\ e^{x-1}-1, & 1<x\leqslant 4 \end{cases}$ 的图形.

10.3 一元函数微积分的 MATLAB 求解

在数学、物理及应用工程中常常用到符号计算，MATLAB 符号运算可以实现高等数学的所有运算：极限、微分、极值、积分、常微分方程、拉普拉斯变换等，且十分便捷.

10.3.1 极限

MATLAB 用 limit 函数求函数的极限，其命令调用格式为：

limit(f, x, a)	求当 x 趋近于 a 时函数 f 的极限； 当 x 缺省时，自变量由系统默认； 当 a 缺省时，系统默认变量趋近于 0；
limit(f, x, a,'right')	求当 x 从右侧趋近于 a 时函数 f 的极限；
limit(f, x, a,'left')	求当 x 从左侧趋近于 a 时函数 f 的极限．

例 1　求下列极限：

① $\lim\limits_{x\to 0}\dfrac{\sin x}{x}$；②$\lim\limits_{x\to\infty}\left(1+\dfrac{1}{2x}\right)^x$；③$\lim\limits_{x\to 0}(ax^2+bx+c)$；④$\lim\limits_{n\to\infty}\dfrac{n^2-4}{n^2+1}$.

解　①命令语句如下：

```
>> syms x; y=sin(x)/x;
>> limit(y, x, 0)
ans =
1
```

输出结果表示$\lim\limits_{x\to 0}\dfrac{\sin x}{x}=1$.

② 命令语句如下：

```
>> syms x; y=(1+1/(2*x))^x;
>> limit(y, x, inf)
 ans =
exp(1/2)
```

输出结果表示$\lim\limits_{x\to\infty}\left(1+\dfrac{1}{2x}\right)^x=\mathrm{e}^{\frac{1}{2}}$.

③ 命令语句如下：

```
>> syms a b c x; y=a*x^2+b*x+c;
>> limit(y)
 ans =
c
```

输出结果表示$\lim\limits_{x\to 0}(ax^2+bx+c)=c$.

④ 命令语句如下：

```
>> syms n; limit((n^2-4)/(n^2+1), inf)
 ans =
1
```

输出结果表示$\lim\limits_{n\to\infty}\dfrac{n^2-4}{n^2+1}=1$.

注意：计算极限前，函数表达式中的自变量和常量都需要定义.

例 2　求分段函数 $y=\begin{cases}x^2-1, & x\leqslant 1\\ x+2, & x>1\end{cases}$在 $x=1$ 处的左、右极限.

解　命令语句如下：

```
>> syms x; limit(x^2-1, x, 1,'left')
 ans =
```

```
0
>> limit(x+2, x, 1,'right')
 ans =
3
```

输出结果表示 $\lim\limits_{x\to 1^-} y=0$，$\lim\limits_{x\to 1^+} y=3$.

说明：在 MATALB 中，有的极限虽然不存在但是也会输出结果，不会提示错误.

例 3 求极限：① $\lim\limits_{x\to 0^+}\dfrac{1}{x}$；② $\lim\limits_{x\to\infty}\cos x$.

解 ①命令语句如下：

```
>> syms x; limit(1/x, x, 0,'right')
 ans =
inf
```

输出结果表示 $\lim\limits_{x\to 0^+}\dfrac{1}{x}=+\infty$，即此极限不存在.

② 命令语句如下：

```
>> syms x; limit(cos(x), x, inf)
 ans =
-1..1
```

输出结果表示 $\lim\limits_{x\to\infty}\cos x$ 极限不存在.

10.3.2 导数

MATLAB 中用 diff 函数求函数的导数，其命令调用格式为：

diff(f, x, n)	求函数 f 对自变量 x 的 n 阶导数； 当 x 缺省时，自变量由系统默认； 当 n 缺省时，系统默认求一阶导数；
-diff(F, x)/diff(F, y)	求隐函数 F(x, y)=0 对自变量 x 的导数；
diff(y, t)/diff(x, t)	求由参数方程所确定函数 $\begin{cases}x=x(t)\\y=y(t)\end{cases}$ 的导数 $\dfrac{dy}{dx}$.

例 4 求函数的导数：①$y=\sin(x^2)$，求 y'；②$y=x^n$，求 y''.

解 ①命令语句如下：

```
>> syms x; diff(sin(x^2))
 ans =
2 * cos(x^2) * x
```

输出结果表示 $y=\sin(x^2)$的一阶导数 $y'=2x\cos(x^2)$.

② 命令语句如下：

```
≫ syms x n; diff(x^n, x, 2)
 ans =
x^n * n * (n-1)/x^2
```

输出结果表示 $y=x^n$ 的二阶导数 $y''=n(n-1)\frac{x^n}{x^2}=n(n-1)x^{n-2}$.

例 5　求下列导数：

① $y=\frac{2-x}{3+2x}$，求 $y'(1)$；②已知由方程 $xy=e^x+y$ 确定隐函数 $y=y(x)$，求 y'；

③ 求由参数方程所确定函数$\begin{cases}x=a(t-\sin t)\\y=a(1-\cos t)\end{cases}$的导数$\frac{dy}{dx}$.

解　① 命令语句如下：

```
≫ syms x; z=diff((2-x)/(3+2 * x))
z =
-7/(3+2 * x)^2
≫ subs(z, 1)
ans =
      -7/25
```

输出结果表示 $y'(1)=-\frac{7}{25}$.

② 命令语句如下：

```
≫ syms x y; F=x * y-exp(x)-y;
≫ -diff(F, x)/diff(F, y)
 ans =
(-y+exp(x))/(x-1)
```

输出结果表示隐函数的导数 $y'=\frac{e^x-y}{x-1}$.

③ 命令语句如下：

```
≫ syms t a; x=a * (t-sin(t)); y=a * (1-cos(t));
≫diff(y, t)/diff(x, t)
 ans =
sin(t)/(1-cos(t))
```

输出结果表示$\frac{dy}{dx}=\frac{\sin t}{1-\cos t}$.

10.3.3 极值

MATLAB中可用fminbnd函数求无约束一元函数的极值，其命令调用格式为：

```
y='f(x)'; [xmin, ymin]=fminbnd(y, a, b)        求函数y在区间(a, b)内的极小值;
y='-f(x)'; [xmax, ymax]=fminbnd(y, a, b)       求函数y在区间(a, b)内的极大值.
```

例6 求函数$y=x^3-6x^2+9x-3$在区间[0, 4]上的极值.

解 命令语句如下：

```
>>y='x^3-6*x^2+9*x-3'; [xmin, ymin]=fminbnd(y, 0, 4)
xmin =
    3.0000
ymin=
    -3.0000
>>y='-x^3+6*x^2-9*x+3'; [xmax, ymax]=fminbnd(y, 0, 4)
xmax =
    1.0000
ymax =
    -1.0000
```

输出结果表示函数$y=x^3-6x^2+9x-3$在$x=3$处取得极小值$y(3)=-3$，在$x=1$处取得极大值$y(1)=1$.

10.3.4 积分

MATLAB中用int函数求函数的积分，其命令调用格式为：

```
int(f, x)              求函数f对自变量x的不定积分;
                       当x缺省时，自变量由系统默认;
int(f, x, a, b)        函数f对自变量x从a到b的定积分;
                       a与b可以取-inf与inf，表示计算相应的广义积分(反常积分).
```

说明：MATLAB中如果除了自变量外，还有其他的常量，需指明对哪个变量积分；求出的不定积分只是一个原函数，需要自行补充加上任意常数C；如果得到的结果还是有int的式子，说明积分求不出来.

例7 计算下列不定积分、定积分、广义积分：

① $\int (ax+b)\,\mathrm{d}x$； ② $\int \frac{2x}{1+x^2}\mathrm{d}x$； ③ $\int_0^{\frac{\pi}{2}} \frac{\cos x}{\sin x+\cos x}\mathrm{d}x$； ④ $\int_0^{+\infty} x\mathrm{e}^{-x^2}\mathrm{d}x$.

解 ①命令语句如下：

```
>> syms a b x; int(a * x+b, x)
 ans =
1/2 * a * x^2+b * x
```

输出结果表示 $\int (ax+b)\,\mathrm{d}x=\frac{ax^2}{2}+bx+C$.

② 命令语句如下：

```
>> syms x; int(2 * x/(1+x^2))
ans =
log(1+x^2)
```

输出结果表示 $\int \frac{2x}{1+x^2}\mathrm{d}x=\ln(1+x^2)+C$.

③ 命令语句如下：

```
>>syms x; y=cos(x)/(sin(x)+cos(x)); int(y, x, 0, pi/2)
ans =
1/4 * pi
```

输出结果表示 $\int_0^{\frac{\pi}{2}} \frac{\cos x}{\sin x+\cos x}\mathrm{d}x=\frac{\pi}{4}$.

④ 命令语句如下：

```
>> syms x; int(x * exp(-x^2), 0, inf)
ans =
1/2
```

输出结果表示 $\int_0^{+\infty} x\mathrm{e}^{-x^2}\mathrm{d}x=\frac{1}{2}$.

10.3.5 常微分方程

MATLAB 用 dsolve 函数解常微分方程，其命令调用格式为：

dsolve('Dy=f(x, y)','x')	求一阶微分方程 $y'=f(x, y)$的通解；
dsolve('Dy=f(x, y)','y(0)=a','x')	求一阶微分方程 $y'=f(x, y)$满足初始条件的特解；
dsolve('D2y=f(x, y)','y(0)=a, Dy(0)=b','x')	求二阶微分方程 $y''=f(x, y)$满足初始条件的特解.

注意：输入表达式时，用 Dy 表示 y'，用 D2y 表示 y''，依此类推；这里求微分方程的通解或特解时，指定自变量为 x，当 x 缺省时，变量由系统默认为 t.

例 8 求微分方程 $y'=x$ 的通解.

解 命令语句如下：

```
≫syms x y; dsolve('Dy=x','x')
ans =
1/2 * x^2+C1
```

输出结果表示微分方程 $y'=x$ 的通解为 $y=\frac{x^2}{2}+C$.

例 9 求微分方程 $\begin{cases} y''=x+y' \\ y(0)=1,\ y'(0)=0 \end{cases}$ 的特解.

解 命令语句如下：

```
≫syms x y; dsolve('D2y=x+Dy','y(0)=1, Dy(0)=0','x')
ans =
-1/2 * x^2+exp(x)-x
```

输出结果表示所求的特解为 $y=-\frac{x^2}{2}+e^x-x$.

10.3.6 拉普拉斯变换

MATLAB 用 laplace 函数对函数进行拉普拉斯变换，其命令调用格式为：

F=laplace(f, t, s)	求函数 f(t)的拉普拉斯变换 F(s)； 当参数 s 缺省时，返回结果 F 默认为 s 的函数； 当参数 t 缺省时，默认自由变量为 t；
f=ilaplace(F, s, t)	求函数 F(s)的拉普拉斯逆变换 f(t)； f 是以 t 为自变量的函数，F 是以 s 为自变量的函数.

例 10 求函数 $f(t)=e^{at}\cos t$ 的拉普拉斯变换.

解 命令语句如下：

```
≫ syms a t s; F=laplace(exp(a * t) * cos(t), t, s)
F=
(s-a)/((s-a)^2+1)
```

输出结果表示函数的拉普拉斯变换 $F(s)=\frac{s-a}{(s-a)^2+1}$.

例 11 求函数 $F(s)=\frac{2s+3}{s^2-2s+5}$ 的拉普拉斯逆变换.

解 命令语句如下：

```
>>syms t s; f=ilaplace((2*s+3)/(s^2-2*s+5), s, t)
f =
2*exp(t)*cos(2*t)+5/2*exp(t)*sin(2*t)
```

输出结果表示函数的拉普拉斯逆变换为 $f(t)=2e^t\cos 2t+\frac{5}{2}e^t\sin 2t$.

习题 10.3

1. 用 MATLAB 求下列各结果：

(1) 求极限 $\lim\limits_{x\to 0^+}(\tan x)^{\frac{1}{\ln x}}$；

(2) 求函数 $f(x)=x^2e^{-3x}$ 的二阶导数；

(3) 求广义积分 $\int_0^{+\infty}\sin x^2\mathrm{d}x$.

2. 求不定积分 $\int\frac{\sqrt{x}}{(1+x)^2}\mathrm{d}x$.

3. 求定积分 $\int_0^{\pi}\sqrt{\sin x-\sin^3 x}\,\mathrm{d}x$

4. 求微分方程 $y''+4y'+4y=e^{-2x}$ 的通解.

5. 求微分方程 $x^2y'+xy=y^2$ 满足初始条件 $y(1)=1$ 的特解.

6. 求函数 $f(t)=e^{at}(t\geqslant 0$，a 为常数)的拉普拉斯变换.

10.4 线性代数的 MATLAB 求解

MATLAB 能处理数、向量和矩阵，其中数是 1×1 的矩阵，n 维向量是 1×n 或 n×1 的矩阵，故 MATLAB 处理的所有数据均是矩阵，其大部分运算或命令都是在矩阵运算的意义下执行的. MATLAB 中不需要说明矩阵的维数和类型，其会根据用户所输入的内容自动进行配置.

10.4.1 矩阵的创建

1. 键盘输入矩阵

MATLAB 中对于小型矩阵的输入，最简单最直接的方法是键盘输入方法. 具体方法：

所有矩阵元素用中括号[ ]括起来，同一行元素之间用逗号或空格分隔，不同行之间用分号或回车分隔.

例 1 输入矩阵 $A=\begin{pmatrix}1 & -2 & 3\\0 & 5 & 6\end{pmatrix}$.

解 命令语句如下：

```
>> A=[1, -2, 3; 0, 5, 6]
A =
    1    -2    3
    0     5    6
```

注意：在 MATLAB 中输入矩阵时，所有行必须有相同长度的列.

2. 特殊矩阵的创建

MATLAB 提供了一系列特殊矩阵的生成函数，表 10－5 列举了一些常用的特殊矩阵函数调用格式.

表 10－5 常用的矩阵函数

函数	含义	函数	含义
zeros(m, n)	产生 m×n 的零矩阵	randn(m, n)	产生 m×n 的标准正态分布随机矩阵
ones(m, n)	产生 m×n 的元素全为 1 矩阵	rand(m, n)	产生 m×n 的(0, 1)内均匀分布随机矩阵
eye(n)	产生 n 阶单位矩阵	pascal(n)	产生 n 阶的对称正定 pascal 矩阵
magic(n)	产生 n 阶魔术矩阵	linspace (a, b, n)	产生(a, b)内 n 等分的行向量

例 2 用矩阵函数产生 3 阶单位矩阵和 2×3 的(0, 1)内均匀分布随机矩阵.

解 命令语句如下：

```
>> eye(3)
ans =
    1    0    0
    0    1    0
    0    0    1
>>rand(2, 3)
ans =
    0.9501    0.6068    0.8913
    0.2311    0.4860    0.7621
```

10.4.2 矩阵的运算

1. 矩阵的基本运算

MATLAB 中可以对矩阵进行一些基本运算，常见的有：

```
A'                 求矩阵 A 的转置矩阵；
det(A)             求方阵 A 的行列式；
A+B                求矩阵 A 与矩阵 B 的和；
A-B                求矩阵 A 与矩阵 B 的差；
k*A 或 A*k         求实数 k 与矩阵 A 的乘积；
A*B                求矩阵 A 与矩阵 B 的积；
A.*B               求矩阵 A 与矩阵 B 对应元素相乘后的向量，称为向量的点乘运算.
类似还有 A./B、A.^k 是矩阵的点除运算、矩阵的点幂运算.
```

例 3　若 $\boldsymbol{A}=\begin{pmatrix}1&2&3\\4&5&6\\7&8&9\end{pmatrix}$，$\boldsymbol{B}=\begin{pmatrix}1&4&-7\\-2&5&8\\3&-6&0\end{pmatrix}$，求 $\boldsymbol{A}'$，$|\boldsymbol{A}|$，$\boldsymbol{A}+\boldsymbol{B}$，$\boldsymbol{AB}$，$\boldsymbol{A}.*\boldsymbol{B}$.

解　命令语句如下：

```
>>A=[1 2 3; 4 5 6; 7 8 9]; B=[1 4 -7; -2 5 8; 3 -6 0];
>> A'
ans =
    1    4    7
    2    5    8
    3    6    9
>> det(A)
ans =
    0
>> A+B
ans =
    2    6    -4
    2    10   14
    10   2    9
>> A*B
ans =
    6    -4   9
    12   5    12
    18   14   15
>> A.*B
ans =
    1    8    -21
    -8   25   48
    21   -48  0
```

注意：矩阵运算时需要满足相应的阶数要求，如两个矩阵的乘法需要满足第一个矩阵的列数等于第二个矩阵的行数，只有同型矩阵才可以做矩阵的加、减、点乘、点除运算.

2. 矩阵的除法与逆矩阵

MATLAB 中，用 inv 函数求逆矩阵，还可以用逆矩阵或矩阵的除法来解矩阵方程，其调用格式为：

inv(A)	求矩阵 A 的逆矩阵；
inv(A) * B 或 A \ B(左除)	解矩阵方程 AX=B，得 $X=A^{-1}B$；
B * inv(A)或 B/A(右除)	解矩阵方程 XA=B，得 $X=BA^{-1}$.

说明：若矩阵 A 不可逆，则 inv(A)运行后会出现错误.

例 4 已知矩阵 $A=\begin{pmatrix}3 & 1\\ 7 & 3\end{pmatrix}$，$B=\begin{pmatrix}1\\ -2\end{pmatrix}$，求 A 的逆矩阵，并解矩阵方程 AX=B.

解 命令语句如下：

```
>> A=[3 1; 7 3]; B=[1; -2]; %注意 B 为列向量
>> inv(A)
ans =
    1.5000     -0.5000
    -3.5000     1.5000
>> X=inv(A) * B
X =
    2.5000
    -6.5000
```

X 也可以用矩阵的除法来求解.

```
>>X=A \ B
X =
    2.5000
    -6.5000
```

可以使用 sym 命令，设置数据表示为分数.

```
>> sym(X)
ans =
    5/2
    -13/2
```

输出结果表示 A 的逆矩阵为$\begin{pmatrix}1.5 & -0.5\\ -3.5 & 1.5\end{pmatrix}$，矩阵方程的解为 $X=\begin{pmatrix}2.5\\ -6.5\end{pmatrix}=\begin{pmatrix}\frac{5}{2}\\ -\frac{13}{2}\end{pmatrix}$.

10.4.3 线性方程组的求解

1. 解矩阵方程

线性方程组可以表示为矩阵方程 $AX=B$ 的形式，其中 A 为系数矩阵，X 称为未知矩阵，B 称为常数项矩阵. 如果 A 为可逆矩阵，可利用解矩阵方程的方法求解线性方程组，解为 $X=A^{-1}B$.

例 5 解线性方程组 $\begin{cases} x_1+2x_2+3x_3=-7 \\ 2x_1-x_2+2x_3=-8 \\ x_1+3x_2=7 \end{cases}$.

解 命令语句如下：

```
≫ A=[1 2 3; 2 -1 2; 1 3 0]; B=[-7; -8; 7];
≫ inv(A) * B
ans =
    1.0000
    2.0000
   -4.0000
```

输出结果表示线性方程组的解为 $x_1=1$，$x_2=2$，$x_3=-4$.

2. solve 函数解线性方程组

MATLAB 中，用 solve 函数可以求解非齐次线性方程组有唯一解的情况，其调用格式为：

```
[x1, x2, …, xn]=solve('equ1','equ2', …,'equn')
```

其中，x1，x2，…，xn 表示方程的 n 个未知数，equ1，equ2，…，equn 表示 n 个方程.

例 6 解线性方程组 $\begin{cases} x_1+2x_2+3x_3=-6 \\ 2x_1+x_3=0 \\ -x_1+x_2=9 \end{cases}$.

解 命令语句如下：

```
≫ syms x1 x2 x3
[x1 x2 x3]=solve('x1+2 * x2+3 * x3=-6','2 * x1+x3=0','-x1+x2=9')
x1 =
8
x2 =
17
x3 =
-16
```

输出结果表示线性方程组的解为 $x_1=8$，$x_2=17$，$x_3=-16$.

3. rref 函数解线性方程组

MATLAB 中，用 rref 函数可以求解线性方程组，其调用格式为：

```
rref(A) 或 rref([A, B])
```

rref 函数是将矩阵化为行最简形矩阵. rref(A)求解齐次线性方程组，A 为系数矩阵；rref([A, B])求解非齐次线性方程组，[A, B]为增广矩阵. 其本质上就是利用矩阵的初等行变换求解线性方程组.

例 7 解线性方程组 $\begin{cases} x+2y+3z=17 \\ 2x-y+2z=8 \\ x+3y=7 \end{cases}$.

解 命令语句如下：

```
>> A=[1 2 3 ; 2 -1 2; 1 3 0]; B=[17; 8; 7];
>> rref([A, B])
ans=
     1     0     0     1
     0     1     0     2
     0     0     1     4
```

输出结果表示线性方程组的解为 $x=1$，$y=2$，$z=4$.

例 8 解线性方程组 $\begin{cases} x_1+x_2-x_3=0 \\ 2x_1-x_2+4x_3=0 \\ x_1+4x_2-7x_3=0 \end{cases}$.

解 命令语句如下：

```
>> A=[1 1 -1 ; 2 -1 4; 1 4 -7];
>>rref([A])
ans =
     1     0     1
     0     1    -2
     0     0     0
```

输出结果表示线性方程组可化为 $\begin{cases} x_1+x_3=0 \\ x_2-2x_3=0 \end{cases}$，即方程组的解为 $\begin{cases} x_1=-x_3 \\ x_2=2x_3 \end{cases}$ （x_3 为自由未知量）.

习题 10.4

1. 设 $A=\begin{pmatrix}2 & 2 & 3\\ 1 & -1 & 0\\ -1 & 2 & 1\end{pmatrix}$，$B=\begin{pmatrix}1 & 2 & 3\\ 2 & 2 & 1\\ 3 & 4 & 3\end{pmatrix}$，求 A'，$|A|$，AB，$A.*B$.

2. 设 $A=\begin{pmatrix}2 & 1 & 1\\ 3 & 2 & 1\\ 4 & 3 & 2\end{pmatrix}$，求 A^{-1}.

3. 解线性方程组 $\begin{cases}x+2y+3z=4\\ 4x+2y+6z=1.\\ 7x+4y+9z=2\end{cases}$

本章小结

一、主要内容

本章简单介绍了 MATLAB 初步、MATLAB 绘图、一元函数微积分的 MATLAB 求解、线性代数的 MATLAB 求解.

二、学习指导

1. 进入 MATLAB 软件后，熟悉 MATLAB 的界面、基本运算及操作.

2. 熟悉 MATLAB 的各种绘图、一元函数微积分、线性代数等命令及用法，MATLAB 软件的功能远不止本章介绍的内容，可通过阅读 MATLAB 相关书籍，学习 MATLAB 软件更多知识.

数学文化

MATLAB 发展史

20 世纪 70 年代后期，美国新墨西哥大学计算机系系主任克里夫·莫勒尔(Cleve Moler)，在给学生讲授线性代数课程时，他想教学生使用 EISPACK 和 LINPACK 程序库，但他发现学生用 FORTRAN 编写接口程序很费时间．为了减轻学生编程的负担，他利用业余时间为学生编写 EISPACK 和 LINPACK 的接口程序．克里夫·莫勒尔给这个接口程序取名为 MATLAB，即 Matrix 和 Laboratory 的组合．在以后的数年里，MATLAB 在多所大学里作为教学辅助软件使用，并作为面向大众的免费软件广为流传．早期的 MATLAB 软件是为了帮助老师和学生更好地学习，是作为一个辅助工具，之后逐渐演变成了一种实用性很强的工具.

1983年春天，克里夫·莫勒尔到斯坦福大学讲学，MATLAB深深地吸引了工程师约翰·利特尔(John Little). 约翰·利特尔敏锐地觉察到MATLAB在工程领域的广阔前景.

1984年，由克里夫、约翰和史蒂夫·班格特(Steve Bangert)合作成立了MathWorks软件公司，继续进行MATLAB软件的研究和开发. 同年公司推出了MATLAB第一版，同时赋予了它数值计算和数据图示化的功能. 接下来的几年间继续进行MATLAB的研究和开发，逐步将其发展成为一个集数值处理、图形处理、图像处理、符号计算、文字处理、数学建模、实时控制、动态仿真、信号处理为一体的数学应用软件. MATLAB以商品形式出现后，仅短短几年，就以良好的开放性和运行的可靠性，纷纷淘汰原先控制领域里的封闭式软件包(如英国的UMIST，瑞典的LUND和SIMNON，德国的KEDDC)，使它们改以MATLAB为平台加以重建.

九十年代初期，在国际上三十几个数学类科技应用软件中，MATLAB在数值计算方面独占鳌头，而Mathematica和Maple则分居符号计算软件的前两名. MathCAD因其提供计算、图形、文字处理的统一环境而深受中学生欢迎. MATLAB已经成为国际控制界公认的标准计算软件.

1992年，MathWorks公司推出了MATLAB 4.0版. 1993年，MathWorks公司推出了MATLAB 4.1版. 同年MathWorks公司从加拿大滑铁卢大学购得Maple的使用权，以Maple为“引擎”开发了Symbolic Math Toolbox 1.0. MathWorks公司此举加快了结束国际上数值计算、符号计算孰优孰劣这一长期争论的进程，促成了两种计算互补发展的新时代.

1997年，MathWorks公司推出MATLAB 5.0版，允许更多数据结构的使用，如单元数据、多维矩阵、对象与类等，使MATLAB成为一种更方便编程的语言. 1999年，MathWorks公司推出MATLAB 5.3版，在很多方面又进一步改进了MATLAB语言的功能. MATLAB 5.X较MATLAB 4.X无论是在界面还是在内容方面都有长足的进展，其帮助信息采用超文本格式和PDF格式，在Netscape 3.0或IE 4.0及以上版本、Acrobat Reader中可以方便地浏览.

2000年10月底MathWorks公司推出了其全新的MATLAB 6.0正式版，在核心数值算法、界面设计、外部接口、应用桌面等诸多方面进行了极大的改进. 现在的MATLAB支持各种操作系统，它可以运行在十几个操作平台上，其中比较常见的有基于Windows 9X/NT、OS/2、Macintosh、Sun、Unix、Linux等平台的系统. MATLAB已经演变成为一种具有广泛应用前景的全新的计算机高级编程语言，其功能也越来越强大. 2001年，MathWorks公司推出MATLAB 6.1版，MATLAB 6.X版在继承和发展原有的数值计算和图形可视能力的同时，推出了SIMULINK，打通了MATLAB进行实时数据分析、处理和硬件开发的道路.

2006 年 9 月，MATLAB R2006b 正式发布. 从 2006 年开始，MathWorks 公司每年进行两次产品发布，时间分别在每年的 3 月和 9 月，每一次发布都会包含所有的产品模块，如产品的新特点、漏洞修复和新产品模块的推出. MATLAB R2006a (MATLAB 7.2，Simulink 6.4)主要更新了 10 个产品模块，增加了多达 350 个新特性，增加了对 64 位 Windows 的支持，并新推出了 .NET 工具箱.

经过 40 多年的不断研究和开发，MATLAB 现在已经成为国际上流行的科学计算与工程计算工具之一，它是“第四代”计算机语言. 现在的 MATLAB 已经不是最初的矩阵实验室，它已发展成为一种具有广泛应用前景的、全新的计算机高级编程语言.

克里夫·莫勒尔简介

克里夫·莫勒尔(Cleve Barry Moler，1939—　)，美国数学家及计算机科学家，研究数值分析领域，MATLAB 语言创立者，软件公司迈斯沃克首席科学家.

1961 年获得加州理工学院数学学士学位，1965 年获得斯坦福大学数学博士学位，1997 年 2 月 14 日获选美国国家工程院院士.

二十世纪七八十年代，他在新墨西哥州担任计算机科学主席，也是新墨西哥大学数学系的教授. 在此期间，他为计算科学和工程开发了数个数学软件包. 这些软件包最终形成了高级技术计算环境 MATLAB 的基础.

复习题 10

基础题

利用 MATLAB 求解下列各题：

1. 计算 $\dfrac{2\cos 30°-(1.79+3.14)^4}{3.14-2.37}$ 的值.

2. 已知 $f(x)=\dfrac{3x+9}{x^2+2x+10}$，求 $f(5)$ 的值.

3. 用绿色、星号、实线画出函数 $y=\sin(2x+1)$ 在 $[0,2\pi]$ 上的图形.

4. 求 $\lim\limits_{x\to 0} x^2 e^{\frac{1}{x^2}}$.

5. 求 $\lim\limits_{n\to\infty}\sqrt{n}(\sqrt{n+1}-\sqrt{n-1})$.

6. 已知 $y=\dfrac{1}{x-\sqrt{1+x^2}}$，求 y'.

7. 已知 $y=x^3\cos 2x$，求 $y'''(0)$.

8. 求$\int e^{2x}\sin 3x\,dx$.

9. 求$\int_0^1 \ln(1+2x)dx$.

10. 求$\int_{-\infty}^{-1}\frac{1}{x^3}dx$.

提高题

利用 MATLAB 求解下列各题：

1. 求函数 $y=\sin x+\cos x$ 在区间$(0, 2\pi)$的极值.

2. 一汽车制造公司正在测试新开发的汽车发动机的效率，发动机的效率 p(%)与汽车的速度 v(km/h)之间的关系为 $p=0.768v-0.000\,04v^3$. 问发动机的最大效率是多少？(最后结果取整数)

3. 解二元方程组$\begin{cases}x-y=4\\4x-xy=1\end{cases}$.

4. 求微分方程 $y''+4y'+4y=\sin x$ 的通解.

5. 求微分方程 $y''+y'=xe^x$，$y(0)=1$，$y'(0)=0$ 的特解.

6. 求函数 $f(t)=2\sin t-3e^{2t}$ 的拉普拉斯变换.

7. 计算三阶行列式$\begin{vmatrix}1&2&3\\2&2&1\\3&4&3\end{vmatrix}$的值.

8. 解线性方程组$\begin{cases}x_1-2x_2+3x_3-4x_4=4\\x_2-x_3+x_4=-3\\x_1+3x_2-3x_4=1\\3x_3+x_4=-3\end{cases}$.

参考文献

[1] 马凤敏. 高等数学[M]. 4版. 北京：高等教育出版社，2019.
[2] 胡桐春. 应用高等数学[M]. 北京：航空工业出版社，2021.
[3] 邓云辉. 高等数学[M]. 北京：机械工业出版社，2021.
[4] 刘兰明. 高等应用数学基础[M]. 北京：高等教育出版社，2021.
[5] 王建平. 高等数学[M]. 北京：人民邮电出版社，2016.
[6] 侯凤波. 工程数学[M]. 2版. 北京：高等教育出版社，2013.
[7] 盛祥耀. 高等数学(简明版)[M]. 6版. 北京：高等教育出版社，2021.
[8] 吴赣昌. 线性代数(理工类)[M]. 5版. 北京：中国人民大学出版社，2017.
[9] 李晓东. MATLAB从入门到实战[M]. 北京：清华大学出版社，2019.